NELSON SANTOS

Problemas de Físico-Química

IME • ITA • Olimpíadas

ENADE • IME • ITA
Monbukagakusho
OAQ • OBQ • OIAQ
ONNeQ • OPQ • OQRJ

Problemas de Físico-Química – IME, ITA, Olimpíadas

Editor: Paulo André P. Marques
Supervisão Editorial: João Luís Fortes
Capa: Fernando Souza
Diagramação: Abreu's System

FICHA CATALOGRÁFICA

Santos, Nelson

Problemas de Físico-Química – IME, ITA, Olimpíadas

Rio de Janeiro: Editora Ciência Moderna Ltda., 2007.

Física, Química

I — Título

ISBN: 978-85-7393-636-0

CDD 530
540

Editora Ciência Moderna Ltda.
Rua Alice Figueiredo, 46
CEP: 20950-150, Riachuelo – Rio de Janeiro – Brasil
Tel: (0xx21) 2201-6662
Fax: (0xx21) 2201-6896
E-mail: lcm@lcm.com.br
www.lcm.com.br

11/07

Para

Arthur Daniel, meu filho,
o filho que qualquer pai do mundo teria orgulho de ter;

Helena, minha mulher,
que me tornou dependente de seu riso e de sua alegria,

este livro é dedicado.

Ao professor Licínio Ribeiro Viana,
a quem tenho orgulho de chamar de Mestre,
sirva este livro de pequena homenagem
pelo saber, pela competência profissional
e pela dedicação ao magistério.

Para ser grande, sê inteiro: nada
Teu exagera ou exclui.
Sê todo em cada coisa. Põe quanto és
No mínimo que fazes.
Assim em cada lago a lua toda
Brilha, porque alta vive.
RICARDO REIS (HETERÔNIMO DE FERNANDO PESSOA) - 14/2/1933

It is not our abilities that show what we truly are.
It is our choices.
(São as nossas escolhas, Harry, que revelam o que
realmente somos, muito mais do que as nossas qualidades.)
PROFESSOR DUMBLEDORE PARA HARRY EM "HARRY POTTER E A CÂMARA SECRETA",
DE J. K. ROWLING (TRADUÇÃO DE LIA WYLER)

Elen síla lúmenn' omentielvo.
(Uma estrela brilha na hora de nosso encontro.)
SAUDAÇÃO QUENYA USADA POR FRODO PARA CUMPRIMENTAR
GILDOR INGLORION E SUA COMITIVA
EM "O SENHOR DOS ANÉIS", LIVRO I, CAPÍTULO 3.

...e então se passaram 500 anos...

HANS WEIDITZ • *início do século XVI – cerca de 1520* • AN ALCHEMIST
HANS WEIDITZ *(c.1495-c.1536) foi um importante membro de um pequeno grupo de excepcionais gravadores da Renascença alemã, entre eles Albrect Dürer, Hans Holbein, e Hans Burgkmair.*

Proêmio

Foi entre lisonjeado e envaidecido que acedi ao convite para escrever este prefácio.

O Autor, professor brilhante e particularmente criativo, mantém, durante as aulas, os alunos magnetizados, por uma combinação, tão rara quanto feliz, de dois talentos: profundidade na discussão dos temas tratados e leveza na forma de tratá-los.

Desse modo, o estudo teórico que precede a resolução dos problemas é conduzido, a um tempo, com seriedade, mas com bom humor, emanados de uma presença física que tem cativado carismaticamente os alunos nas últimas décadas.

Para os que militam na área de que trata este livro, Nelson Santos dispensa apresentações. É sobejamente conhecido e respeitado.

Sou testemunha, devido a uma amizade de muitos anos, do quanto suas aulas são agradáveis, sem perder o foco de que o aprendizado sólido demanda atenção permanente e esforço disciplinado, seriedade e concentração.

Não há livro didático que substitua a presença física do professor, isso é pacífico. No entanto, um pouco da verve e da criatividade do Autor transparecem na forma como as questões foram aqui resolvidas.

O objetivo deste não é o mesmo que norteia um livro didático, mas uma discussão de questões propostas pelo Instituto Militar de Engenharia, no Rio de Janeiro, pelo Instituto Tecnológico de Aeronáutica, em São José dos Campos, e por olimpíadas de Química de variada procedência.

As duas primeiras instituições são amplamente conhecidas pelo padrão de excelência dos seus cursos e pelo nível alto das questões que o candidato precisa resolver para merecer o ingresso.

As olimpíadas, em qualquer campo, visam a selecionar os melhores da categoria.

Surgidas na Grécia, em 776 a.C., na cidade de Olympia, como competições esportivas, o âmbito desses torneios ampliou-se depois, batizando também provas intelectuais, onde a disputa é tão acirrada quanto o era nas provas primitivas.

O que se encontrará aqui é muito mais do que um rol de respostas dos problemas propostos. Em vez disso, tem-se uma discussão detalhada das resoluções, mesmo nas questões objetivas, ou de múltipla escolha, de modo que o consulente fica munido de um embasamento teórico que lhe permitirá caminhar pelas próprias pernas e superar outras questões do gênero.

Assim, lucramos todos, professores e alunos, interessados nessa faixa tão competitiva de avaliação intelectual, com o lançamento deste trabalho que estou tendo a honra e a satisfação de introduzir.

João Roberto da Paciencia Nabuco, professor.

Introdução

O QUE DIZER A você, meu leitor, numa introdução?

Andava eu de ônibus, tentando – como o fez magistralmente Mario Quintana – apreender a alma desta cidade fantástica que é Porto Alegre.

E foi num adesivo fixado no alto do ônibus que encontrei o melhor conselho que posso dar a qualquer pessoa que queira estudar Química a sério.

Poemas no Ônibus

um haikai

cria, imagina, inventa!
usa a parte colorida
da tua massa cinzenta

RAFAEL VECCHIO

Esqueça o que disseram a você na forma de frases feitas, tais como "Química é difícil", "Química é decoreba", "Química é a arte da regra de três", e outras pérolas. Decida que você vai ter sua própria opinião. Criar, imaginar, inventar – eis a verdadeira natureza do aprendizado de Físico-Química.

Se o seu desejo é ingressar numa escola cujo concurso vestibular é realmente difícil, tal como o IME ou o ITA, ou se decidiu participar de uma Olimpíada de Química, eis o meu convite: aqui estão quase 400 questões a desafiar você, retiradas dos melhores exames de Química, divididas em 10 capítulos. Brigue com cada uma delas. Seu esforço é que fará a diferença. Depois, e só depois de brigar muito, veja a maneira pela qual eu as resolvi (sim, todas estão detalhadamente resolvidas). Tenho a certeza de que você crescerá muito.

Deixo aqui um canal para você se comunicar comigo. Envie um e-mail para **nsfisqui@gmail.com** com qualquer dúvida ou sugestão. Responderei com a possível brevidade.

Renovo meu convite. Venha criar, imaginar, inventar: massa cinzenta bem usada torna a Química colorida. E você fará a diferença!

Nelson Santos

Estudar Melhor

Introdução

O OBJETIVO DESTE TEXTO é oferecer sugestões para um melhor aproveitamento de seu estudo. Aqui relacionamos alguns itens que julgamos importantes para quem se prepara para um concurso, no que diz respeito à *metodologia a ser adotada*, para um bom acompanhamento dos conteúdos necessários. A importância dos itens irá variar de acordo com a personalidade de cada um e a natureza do assunto a ser estudado.

O aspecto básico é que o preparo para um concurso é um empreendimento bastante sério, e que envolve muito *mais que simplesmente executar regularmente os trabalhos solicitados*. Espera-se que um candidato dedique parte significativa de seu tempo e energia aos estudos e atividades diretamente relacionadas a eles. As aulas não costumam esgotar todos os assuntos, mas pretendem expor conceitos fundamentais, com o objetivo de facilitar o estudo individual posterior. Desta forma, o comparecimento às aulas deve ser necessariamente complementado por estudo individual. Embora o candidato tenha responsabilidade sobre seu estudo, sempre haverá ajuda para aqueles que tenham maiores dificuldades. Os professores estão à disposição para discutir estas dificuldades com relação a aspectos de sua preparação.

É muito importante também estar atento às múltiplas formas de aprendizado extra-classe existentes. A freqüência à bibliotecas, os recursos da Internet e a pesquisa ilustram algumas das muitas possibilidades de aquisição de conhecimentos.

Distribuição de Tempo

O problema central no preparo para um concurso é que "*existe muito a ser feito em pouco tempo*". Portanto, falhas nos métodos de estudo devem ser retificadas o mais breve possível. Não é suficiente somente colocar o estudo em horas regulares previamente definidas. É preciso ter certeza de que o tempo está sendo bem utilizado.

Organização do Estudo

1. Tempo de Estudo

Analise quanto do tempo de estudo é realmente produtivo. Pergunte a si mesmo: *Estou realmente aprendendo e raciocinando, ou somente esperando o tempo passar? Estou desperdiçando tempo fazendo uma interminável lista do que deve ser estudado em ocasiões futuras ou "passando a limpo" notas de aula sem pensar no que escrevo?* Tome cuidado em não ficar satisfazendo a consciência com uma série de atividades desnecessárias, que ocupam o tempo, nos livram do esforço de pensar e não são produtivas em vista do objetivo almejado.

2. Planejamento o Trabalho

Planeje o trabalho a ser cumprido nas horas reservadas para o estudo durante a semana e o mês de modo a estar certo de que foi alocado o tempo necessário para cada assunto. *Dê prioridade às atividades mais importantes ou mais difíceis.* O tempo de estudo deve ser arranjado de modo que os assuntos que necessitem um estudo mais cuidadoso ou uma atenção especial sejam feitos em primeiro lugar, quando ainda se está com a "cabeça fria".

3. Descanso

Reserve tempo adequado para um intervalo de descanso. Estudar quando se está cansado é "anti-econômico": uns poucos minutos de descanso possibilitam aproveitar muito melhor as próximas horas de estudo. Outro perigo é o inverso, ou seja, períodos freqüentes de descanso para pouco tempo de estudo.

4. ENTENDER PARA APRENDER

Entender á a chave para aprender e aplicar o que foi aprendido. Se um tópico não foi bem entendido é aconselhável consultar os livros disponíveis, ou então discutir com um colega. Principalmente, não tenha receio de procurar o professor para esclarecer qualquer ponto que não esteja bem entendido. *A simples leitura das notas de aula ou de partes de um livro não é suficiente para efetivar o aprendizado.*

5. PONTOS FUNDAMENTAIS E DETALHES

Muitas vezes o estudo é desperdiçado porque os alunos entendem incorretamente o que se pede. Em todos os tópicos de estudo aparecerão fatos, técnicas ou habilidades a serem dominadas. Também existirão *princípios fundamentais que vão nortear e fundamentar tudo que está sendo aprendido. É importante estar sempre atento de forma a não se fixar apenas nos detalhes.*

6. PENSAR

O aprendizado de qualquer tópico de estudo somente é eficaz quando ocorre durante o processo de se pensar sobre o que se faz. Em todos os assuntos, os professores geralmente procurarão relacionar a teoria apresentada a uma série de exemplos. É importante que durante o tempo de estudo os exemplos apresentados pelo professor sejam revistos, é importante procurar novos exemplos.

7. EXERCÍCIOS

Faça os exercícios das listas propostas pelo professor. O ideal é que todos os exercícios propostos sejam resolvidos. *Quando isto não for pos-*

sível, por falta de tempo disponível, solicite ao professor que recomende os exercícios fundamentais. Procure exercícios nos livros disponíveis, e peça a opinião do professor sobre os exercícios a serem feitos. *Discuta as soluções encontradas com o professor ou com outros colegas, pois, muitas vezes, elas podem estar incorretas.*

Anotações em Aula

8. SABER ANOTAR

Aprenda a tomar notas de aula. Não é suficiente anotar o que o professor escreve no quadro, anote também *pontos relevantes* do que o professor diz. É aconselhável deixar bastante espaço livre em suas notas, para depois colocar suas próprias observações e dúvidas. Use e abuse de letras maiúsculas, cores e grifos para destacar pontos importantes. Não tente tomar nota de tudo o que é dito em uma aula. Faça distinção entre meros detalhes e pontos chave. Muitos dos detalhes podem ser rapidamente recuperados em livros-texto. É importante saber que tomar notas implica em acompanhar a aula e resumir pontos. O ato de tomar notas não substitui o raciocínio.

9. SABER QUANTO ANOTAR

Ficar apavorado por sentir que informações importantes estão sendo perdidas é sinal de que você está anotando em excesso. *Concentre-se nos pontos principais, resumindo-os ao máximo.* Deixe muito espaço em branco e então, assim que for possível, complete-os com exemplos e detalhes para ampliar a idéia geral.

10. SABER ESTUDAR AS ANOTAÇÕES

Procure ler as notas de aula sempre que possível depois de cada aula (e não somente em véspera de provas), marque pontos importantes e faça resumos. Este é um bom modo de começar seu tempo de estudo de cada dia. Ao reescrever suas notas de aula trabalhe, pense e verifique pontos. Não vale a pena recopiá-las de forma mecânica e caprichada.

Leitura

11. ANTES

Antes de começar a ler um livro ou capítulo de um livro, é interessante lê-lo "em diagonal", ou seja, olhar rapidamente todo o texto. Isto dará uma idéia geral do assunto do livro ou capítulo e do investimento de tempo que será preciso para a leitura total.

12. DURANTE

Durante a leitura, pare periodicamente e *reveja mentalmente pontos principais do que acaba de ser lido*. Ao final, olhe novamente o texto "em diagonal", para uma rápida revisão.

13. RITMO

Ajuste a velocidade de leitura para adaptá-la ao nível de *dificuldade* do texto a ser lido.

14. TRECHOS DIFÍCEIS

Ao encontrar dificuldades em partes importantes de um texto, volte a elas sistematicamente. Não perca tempo simplesmente relendo inúmeras vezes o mesmo trecho. Uma boa estratégia costuma ser uma mudança de tópico de estudo e um posterior retorno aos trechos mais difíceis.

15. TRECHOS ESSENCIAIS

Tome notas do essencial do que se está lendo. Tomar notas não significa copiar simplesmente o texto que está sendo lido. Geralmente não se tem muito tempo de reler novamente os textos originais. Portanto, tomar notas é extremamente importante.

16. TEXTOS EM OUTRAS LÍNGUAS

Uma parte dos textos e livros indicados não estarão em português. É importante ter uma técnica para ler textos em línguas das quais não se tem completo domínio. *Em princípio, não tente traduzir todas as palavras desconhecidas. Tente abstrair a idéia geral a partir do entendimento de algumas palavras-chave.* Sugere-se ter um bom dicionário, não apenas um de bolso ou direcionado para estudantes, pois estes são limitados. Para saber qual o melhor pergunte a um professor, ou informe-se em uma livraria que trabalhe com livros estrangeiros.

Assistência à Aula

17. ATENÇÃO

Assistir a aula não quer dizer somente estar de corpo presente em sala. Na época de preparação para um concurso, se passa uma parte significativa do dia dentro de uma sala de aula. Deve-se aprender a aproveitar este tempo, prestando atenção e tirando dúvidas.

18. DÚVIDAS

Não deixe dúvidas que surjam durante uma aula para serem resolvidas depois. *Perguntas geralmente ajudam o andamento da aula, auxiliam o professor e muitas vezes envolvem dúvidas comuns a outros colegas.* Tenha em mente que o bom andamento de um assunto é co-responsabilidade do professor e da turma de alunos. Lembre-se que a dúvida de hoje pode ser um grande problema amanhã e isso irá atrapalhar seu estudo.

19. EM DIA COM A MATÉRIA

Acompanhar as aulas implica ter em dia o assunto das aulas anteriores. *Procure disciplinar-se neste sentido, pois será difícil recuperar uma aula não compreendida.*

Conclusão

Note que nem todas estas sugestões são necessariamente adequadas para todos os estudantes. Cada pessoa deve criar sua própria técnica de estudo. É muito importante pensar sobre isto e reconsiderar técnicas de estudo que não estão sendo adequadas. Uma técnica eficiente de estudo desenvolvida de hoje em diante irá ser extremamente proveitosa durante toda sua vida profissional.

Este texto foi adaptado a partir de trabalhos do professor Hans Kurt Edmund Liesenberg, do Instituto de Computação da Unicamp.

IUPAC Periodic Table of the Elements

Key: atomic number / **Symbol** / name / standard atomic weight

1	2	3	4	5	6	7	8	9	10	11	12	13	14	15	16	17	18
1 **H** hydrogen 1.007 94(7)																	2 **He** helium 4.002 602(2)
3 **Li** lithium 6.941(2)	4 **Be** beryllium 9.012 182(3)											5 **B** boron 10.811(7)	6 **C** carbon 12.0107(8)	7 **N** nitrogen 14.0067(2)	8 **O** oxygen 15.9994(3)	9 **F** fluorine 18.998 4032(5)	10 **Ne** neon 20.1797(6)
11 **Na** sodium 22.989 769 28(2)	12 **Mg** magnesium 24.3050(6)											13 **Al** aluminium 26.981 538 6(8)	14 **Si** silicon 28.0855(3)	15 **P** phosphorus 30.973 762(2)	16 **S** sulfur 32.065(5)	17 **Cl** chlorine 35.453(2)	18 **Ar** argon 39.948(1)
19 **K** potassium 39.0983(1)	20 **Ca** calcium 40.078(4)	21 **Sc** scandium 44.955 912(6)	22 **Ti** titanium 47.867(1)	23 **V** vanadium 50.9415(1)	24 **Cr** chromium 51.9961(6)	25 **Mn** manganese 54.938 045(5)	26 **Fe** iron 55.845(2)	27 **Co** cobalt 58.933 195(5)	28 **Ni** nickel 58.6934(2)	29 **Cu** copper 63.546(3)	30 **Zn** zinc 65.409(4)	31 **Ga** gallium 69.723(1)	32 **Ge** germanium 72.64(1)	33 **As** arsenic 74.921 60(2)	34 **Se** selenium 78.96(3)	35 **Br** bromine 79.904(1)	36 **Kr** krypton 83.798(2)
37 **Rb** rubidium 85.4678(3)	38 **Sr** strontium 87.62(1)	39 **Y** yttrium 88.905 85(2)	40 **Zr** zirconium 91.224(2)	41 **Nb** niobium 92.906 38(2)	42 **Mo** molybdenum 95.94(2)	43 **Tc** technetium [98]	44 **Ru** ruthenium 101.07(2)	45 **Rh** rhodium 102.905 50(2)	46 **Pd** palladium 106.42(1)	47 **Ag** silver 107.8682(2)	48 **Cd** cadmium 112.411(8)	49 **In** indium 114.818(3)	50 **Sn** tin 118.710(7)	51 **Sb** antimony 121.760(1)	52 **Te** tellurium 127.60(3)	53 **I** iodine 126.904 47(3)	54 **Xe** xenon 131.293(6)
55 **Cs** caesium 132.905 451 9(2)	56 **Ba** barium 137.327(7)	57-71 lanthanoids	72 **Hf** hafnium 178.49(2)	73 **Ta** tantalum 180.947 88(2)	74 **W** tungsten 183.84(1)	75 **Re** rhenium 186.207(1)	76 **Os** osmium 190.23(3)	77 **Ir** iridium 192.217(3)	78 **Pt** platinum 195.084(9)	79 **Au** gold 196.966 569(4)	80 **Hg** mercury 200.59(2)	81 **Tl** thallium 204.3833(2)	82 **Pb** lead 207.2(1)	83 **Bi** bismuth 208.980 40(1)	84 **Po** polonium [209]	85 **At** astatine [210]	86 **Rn** radon [222]
87 **Fr** francium [223]	88 **Ra** radium [226]	89-103 actinoids	104 **Rf** rutherfordium [261]	105 **Db** dubnium [262]	106 **Sg** seaborgium [266]	107 **Bh** bohrium [264]	108 **Hs** hassium [277]	109 **Mt** meitnerium [268]	110 **Ds** darmstadtium [271]	111 **Rg** roentgenium [272]							

La lanthanum 138.905 47(7)	58 **Ce** cerium 140.116(1)	59 **Pr** praseodymium 140.907 65(2)	60 **Nd** neodymium 144.242(3)	61 **Pm** promethium [145]	62 **Sm** samarium 150.36(2)	63 **Eu** europium 151.964(1)	64 **Gd** gadolinium 157.25(3)	65 **Tb** terbium 158.925 35(2)	66 **Dy** dysprosium 162.500(1)	67 **Ho** holmium 164.930 32(2)	68 **Er** erbium 167.259(3)	69 **Tm** thulium 168.934 21(2)	70 **Yb** ytterbium 173.04(3)	71 **Lu** lutetium 174.967(1)
89 **Ac** actinium [227]	90 **Th** thorium 232.038 06(2)	91 **Pa** protactinium 231.035 88(2)	92 **U** uranium 238.028 91(3)	93 **Np** neptunium [237]	94 **Pu** plutonium [244]	95 **Am** americium [243]	96 **Cm** curium [247]	97 **Bk** berkelium [247]	98 **Cf** californium [251]	99 **Es** einsteinium [252]	100 **Fm** fermium [257]	101 **Md** mendelevium [258]	102 **No** nobelium [259]	103 **Lr** lawrencium [262]

Notes
- 'Aluminum' and 'cesium' are commonly used alternative spellings for 'aluminium' and 'caesium'.
- IUPAC 2005 standard atomic weights (mean relative atomic masses) are listed with uncertainties in the last figure in parentheses [M. E. Wieser, *Pure Appl. Chem.* 78, 2051 (2006)].
  These values correspond to current best knowledge of the elements in natural terrestrial sources. For elements that have no stable or long-lived nuclides, the mass number of the nuclide with the longest confirmed half-life is listed between square brackets
- Elements with atomic numbers 112 and above have been reported but not fully authenticated

Sumário

CAPÍTULO **1**

Soluções

01 (Olimpíada de Química do Rio de Janeiro 2007) Não conduz bem corrente elétrica:

a) NaCl(aq)
b) KBr(s)
c) Cu
d) C (grafite)
e) Latão

02 (Olimpíada de Química do Rio de Janeiro 2007) Uma solução aquosa de qual composto abaixo não irá conduzir corrente elétrica?

a) $Ca(CH_3COO)_2$
b) $Ba(OH)_2$
c) KOH
d) H_3COH
e) todos os compostos anteriores irão conduzir corrente elétrica.

03 (ITA 2006 / 2007) Durante a utilização de um extintor de incêndio de dióxido de carbono, verifica-se formação de um aerossol esbranquiçado e também que a temperatura do gás ejetado é consideravelmente menor do que a temperatura ambiente. Considerando que o dióxido de carbono seja puro, assinale a opção que indica a(s) substância(s) que torna(m) o aerossol visível a olho nu.

a) Água no estado líquido.
b) Dióxido de carbono no estado líquido.
c) Dióxido de carbono no estado gasoso.
d) Dióxido de carbono no estado gasoso e água no estado líquido.
e) Dióxido de carbono no estado gasoso e água no estado gasoso.

04 (ENADE 2005) Dispõe-se de cada um dos líquidos listados a seguir:

I. Água
II. Ácido sulfúrico concentrado
III. Benzeno
IV. Etanol
V. Tolueno

Ao misturar volumes iguais de dois desses líquidos, qual é o par que forma uma solução cujo volume final mais se aproxima da soma dos volumes individuais dos líquidos misturados?

a) I e II.
b) I e III.
c) II e IV.
d) III e IV.
e) III e V.

05 (ITA 2004 / 2005) A 15°C e 1 atm, borbulham-se quantidades iguais de cloridreto de hidrogênio, $HCl(g)$, nos solventes relacionados abaixo:

I. Etilamina
II. Dietilamina
III. n-Hexano
IV. Água pura

Assinale a alternativa que contém a ordem decrescente CORRETA de condutividade elétrica das soluções formadas.

a) I, II, III e IV
b) II, III, IV e I
c) II, IV, I e III
d) III, IV, II e I
e) IV, I, II e III

06 **(ITA 2001 / 2002)** Considere os sistemas apresentados a seguir:

I. Creme de leite.
II. Maionese comercial.
III. Óleo de soja.
IV. Gasolina.
V. Poliestireno expandido.

Destes, são classificados como sistemas coloidais

a) apenas I e II.
b) apenas I, II e III.
c) apenas II e V.
d) apenas I, II e V.
e) apenas III e IV.

07 **(ITA 2006 / 2007)** Dois recipientes contêm soluções aquosas diluídas de estearato de sódio ($CH_3(CH_2)_{16}COONa$). Em um deles é adicionada uma porção de n-octano e no outro, uma porção de glicose, ambos sob agitação. Faça um esquema mostrando as interações químicas entre as espécies presentes em cada um dos recipientes.

08 **(ITA 2003 / 2004)** São preparadas duas misturas: uma de água e sabão e a outra de etanol e sabão. Um feixe de luz visível incidindo sobre essas duas misturas é visualizado somente através da mistura de água e sabão. Com base nestas informações, qual das duas misturas pode ser considerada uma solução? Por quê?

09 **(ITA 2001 / 2002)** Um béquer de 500 mL contém 400 mL de água pura a 25°C e 1 atm. Uma camada fina de talco é espalhada sobre a superfície da água, de modo a cobri-la totalmente.

a) O que deverá ser observado quando uma gota de detergente é adicionada na região central da superfície da água coberta de talco?
b) Interprete o que deverá ser observado em termos das interações físico-químicas entre as espécies.

10 **(Olimpíada Norte / Nordeste de Química 2001)** Explique por que :

a) O íon Li^+ é menor que o íon Rb^+, mas uma solução de RbCl apresenta maior condutividade elétrica que outra de LiCl;
b) O ângulo HNH na amônia se aproxima mais de um ângulo tetraédrico, enquanto o ângulo HPH na fosfina está mais próximo de 90°.

11 **(Olimpíada Norte / Nordeste de Química 2001)** Compare um gás e um líquido, no que se refere às seguintes propriedades:

a) Densidade;

b) Compressibilidade;

c) Capacidade de se misturar com outras substâncias, na mesma fase, e formar misturas homogêneas.

12 **(IME 2000 / 2001)** Analise as afirmativas abaixo e indique se as mesmas são falsas ou verdadeiras, justificando cada caso.

a) Sólidos iônicos são bons condutores de eletricidade.

b) Compostos apolares são solúveis em água.

c) Caso não sofresse hibridização, o boro formaria a molécula BF.

d) A estrutura geométrica da molécula de hexafluoreto de enxofre é tetraédrica.

13 **(IME 2006 / 2007)** Oleum, ou ácido sulfúrico fumegante, é obtido através da absorção do trióxido de enxofre por ácido sulfúrico. Ao se misturar oleum com água obtém-se ácido sulfúrico concentrado. Supondo que uma indústria tenha comprado 1.000 kg de oleum com concentração em peso de trióxido de enxofre de 20% e de ácido sulfúrico de 80%, calcule a quantidade de água que deve ser adicionada para que seja obtido ácido sulfúrico com concentração de 95% em peso.

Dados: Massas atômicas (u.m.a): S = 32; O = 16; H = 1

a) 42 kg

b) 300 kg

c) 100 kg

d) 45 kg

e) 104,5 kg

14 **(Olimpíada Brasileira de Química 2006)** A curva de solubilidade de um sal hipotético está representada a seguir. A quantidade de água necessária para dissolver 30 g do sal a 70°C é:

a) 10 g

b) 20 g

c) 30 g

d) 50 g

e) 60 g

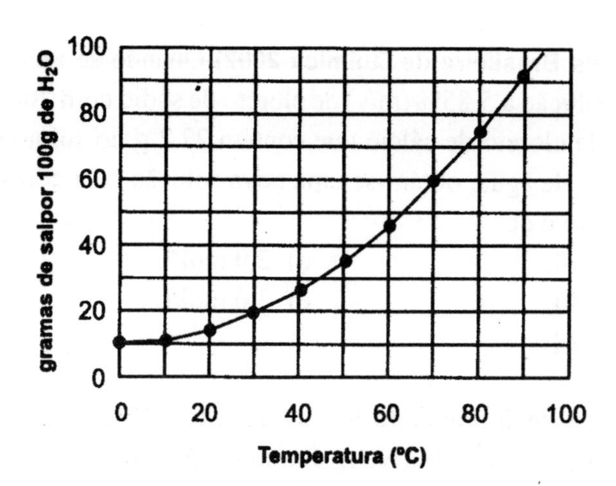

15 **(Olimpíada Portuguesa de Química 2006)** O Oceano Atlântico tem, em média, 28 g de cloreto de sódio por 1 kg de água. A concentração de cloreto de sódio em ppm é:

a) 28000
b) 28
c) 28×10^6
d) Nenhuma das anteriores

16 **(Olimpíada Brasileira de Química 2005)** Determinou-se, em uma solução aquosa, a presença dos seguintes íons: Na^+, Cl^- e SO_4^{2-}. Se, nesta solução, as concentrações dos íons Na^+ e SO_4^{2-} são, respectivamente, 0,05 mol/L e 0,01 mol/L, a concentração, em mol/L, de íons Cl^- será:

a) 0,01
b) 0,02
c) 0,03
d) 0,04
e) 0,05

17 **(Olimpíada Portuguesa de Química 2004 Grécia 2003)** A massa molar da glicose ($C_6H_{12}O_6$) é 180 g/mol e N_A é a constante de Avogadro. Qual das afirmações está incorreta?

a) Uma solução aquosa de glicose 0,5 mol/L tem 90 g de glicose em 1 L de solução.
b) 1 mmol de glicose tem uma massa de 180 mg.
c) 0,0100 mol de glicose tem $0{,}0100 \times 24 \times N_A$ átomos.
d) Em 90,0 g de glicose há $3 \times N_A$ átomos de carbono.
e) Em 100 mL de uma solução 0,10 mol/L há 18 g de glicose.

18 **(Olimpíada Brasileira de Química 2002)** Quando se mistura 200 mL de uma solução a 5,85% (m/v) de cloreto de sódio com 200 mL de uma solução de cloreto de cálcio que contém 22,2 g do soluto e adiciona-se 200 mL de água, obtém-se uma nova solução cuja concentração de íons cloreto é de:

a) 0,1 mol/L
b) 0,2 mol/L
c) 1,0 mol/L
d) 2,0 mol/L
e) 3,0 mol/L

19 **(Olimpíada de Química do Rio de Janeiro 2007)** 20 mL de uma solução de 0,100 M de $Ba(NO_3)_2$ foram misturados com 30 mL de uma solução 0,400 M de NH_4NO_3. A $[NO_3^-]$ na solução resultante é:

a) 0,100 M
b) 0,250 M
c) 0,280 M
d) 0,320 M
e) 0,400 M

20 **(ITA 2000 / 2001)** Um litro de uma solução aquosa contém 0,30 mols de íons Na^+, 0,28 mols de íons Cl^-, 0,10 mols de íons SO_4^{2-} e **x** mols de íons Fe^{3+}. A concentração de íons Fe^{3+} (em mol/L) presentes nesta solução é

a) 0,03
b) 0,06
c) 0,08
d) 0,18
e) 0,26

21 **(Olimpíada Portuguesa de Química 2007) Cogumelos: petisco ou veneno**

A Química Medicinal é um ramo das Ciências Químicas que também abrange conhecimentos das Ciências Biológicas, Medicinais e Farmacêuticas. Esta disciplina envolve a identificação e preparação de compostos biologicamente ativos, bem como a avaliação das suas propriedades biológicas e estudos das suas relações estrutura/atividade.

A *Amanita muscaria* (Fig.3) é um cogumelo de aparência inocente e aspecto apetitoso. Contudo, quando ingerido pelo homem ou animais domésticos, o cogumelo é tóxico. Dependendo da quantidade ingerida são induzidas alterações no sistema nervoso: descoordenação motora, alucinações, crises de euforia ou depressão intensa. Isto é devido à presença de um composto químico, a muscarina (Fig.3 – composto I). A atropina (Fig.3 – composto II), composto isolado da *Atropa belladonna*, é usado como antídoto e, normalmente, é administrada na forma de sal [solução de sulfato de atropina $(C_{17}H_{23}NO_3)_2.H_2SO_4$)] (Fig.3). A dose usual de atropina administrada deve ser de 0,5 mg de cinco em cinco minutos até um máximo de 3 mg.

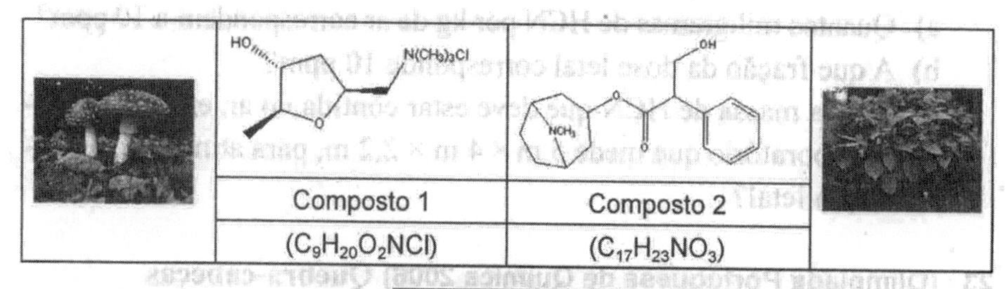

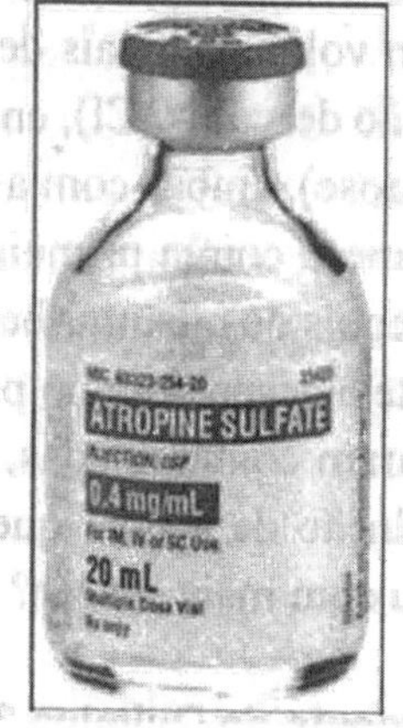

1) Indique a quantidade de sulfato de atropina necessária, para fornecer 3 mg de atropina.
2) Indique o volume de solução que deve ser administrada, num caso de intoxicação com muscarina (ver rótulo do frasco).

	MA(C)	=	12,011
	MA(H)	=	1,008
Nota:	MA(O)	=	15,999
	MA(N)	=	14,007
	MA(S)	=	32,066

22 (Olimpíada Norte / Nordeste de Química 2006) Em um laboratório dedicado ao estudo da toxicidade de produtos químicos, foi estabelecido que:

I. Para evitar danos à saúde, não se pode expor uma pessoa, por mais que oito horas, a uma atmosfera que contenha 10 ppm de HCN.

II. A concentração letal de HCN no ar é de 300 mg/kg de ar (d = 0,0012 g/cm^3).

Pergunta-se:

a) Quantos miligramas de HCN por kg de ar correspondem a 10 ppm?

b) A que fração da dose letal corresponde 10 ppm?

c) Qual a massa de HCN que deve estar contida no ar, em um pequeno laboratório que mede 5 m × 4 m × 2,2 m, para atingir a concentração letal?

23 (Olimpíada Portuguesa de Química 2006) Quebra-cabeças

Dois recipientes contêm volumes iguais de duas soluções distintas: o primeiro tem uma solução de sal (NaCl), enquanto o segundo tem uma solução de açúcar (sacarose), ambas com a mesma concentração.

Alguém encheu uma caneca com a primeira solução e despejou-a no segundo recipiente e, depois de misturar bem, encheu de novo a caneca no segundo recipiente e despejou-a no primeiro.

Ambas as soluções ficaram contaminadas, mas qual delas ficou mais contaminada? Foi a solução de açúcar que ficou com mais sal, ou a solução de sal que ficou com mais açúcar?

24 (Olimpíada Norte / Nordeste de Química 2004) NITRATO UM POLUENTE DOS RECURSOS HÍDRICOS

Em algumas áreas agrícolas as águas dos rios, das represas e até dos poços, apresentam altos teores de nitratos, muitas vezes acima dos limites de segurança para consumo humano, que vai desde 10 ppm para bebês até 45 ppm para adultos. Ao ser ingerido, o excesso de nitrato presente na água se reduz a nitrito causando a meta-hemoglobinemia, conhecida como síndrome do bebê azul. Esse problema também pode ocorrer com pequenos animais do campo que chegam a morrer após o consumo de água com excesso de nitratos. Os nitratos presentes na água podem ser provenientes do uso excessivo de fertilizantes agrícolas, bem como da decomposição de dejetos orgânicos jogados excessivamente nos mananciais. Estes sais são muito solúveis e, portanto, difíceis de serem eliminados da água, a não ser por tratamentos de elevado custo. Assim, a solução para este problema está no respeito ao meio ambiente, neste caso, através do uso racional de fertilizantes e do controle na eliminação de dejetos.

Além de apresentar-se nas formas de nitrato e nitrito, o nitrogênio pode ainda apresentar-se, em recursos hídricos, como amônia, nitrogênio molecular ou nitrogênio orgânico.

a) Escreva as estruturas de Lewis para os íons nitrato e nitrito.
b) Determine as geometrias dos íons nitrato e nitrito.
c) Uma amostra de água que contém 2 mg de nitrito em 100 mL está apropriada para o consumo humano? Justifique sua resposta, determinando o teor em ppm de nitrato nesta amostra.
d) Em quais das formas citadas no texto acima, o nitrogênio se apresenta em seu maior estado de oxidação? E no menor?

25 (Olimpíada Portuguesa de Química 2004) Segundo desafio: contas e + contas

Uma solução aquosa **A** foi preparada dissolvendo 3.96 g de NaCl(s), contendo 2,5% de impurezas insolúveis, no volume final de 600 cm^3. Desta solução **A** foram decantados 300 cm^3 e adicionados a 200 cm^3 de uma solução de concentração 0,13 mol/dm^3 em $CaCl_2$, obtendo-se a solução **B**. A 180 cm^3 desta solução **B** foram adicionados 1,30 g de $AlCl_3$(s) puro e água destilada até perfazer o volume de 200 cm^3, originando a solução **C**. Qual a concentração do íon Cl^-, em cada uma das soluções (**A**, **B** e **C**)? [MA(Al) = 27,0; MA(Cl) = 35,5; MA(Ca) = 40,1; MA(Na) = 23.0]

26 (Olimpíada Norte / Nordeste de Química 2003) Um jovem químico decidiu medir o volume de uma gota de água. Ele encontrou que 110 gotas eram formadas quando 3,00 cm^3 de água eram escoados através de uma bureta. De acordo com os handbooks de Química o comprimento aproximado de uma molécula de água é de 1,50 Å (angstroms) e 1 Å = 10^{-10} m. A densidade da água é 1 00 g/cm^3; a constante de Avogadro é igual a $6,02 \times 10^{23}$ moléculas.

a) Calcule, para uma gota de água:
   I) o volume; II) a massa; III) o número de moléculas.
b) Use os dados determinados para uma gota de água (no item a) e calcule a concentração, em mol/L, da água.
c) Calcule o comprimento de uma cadeia formada por todas as moléculas de água contidas em uma gota.

27 (Olimpíada Portuguesa de Química 2003) Jornalismo científico

O líder de uma seita religiosa, querendo fazer-se passar por cientista, convoca uma conferência de imprensa para anunciar que descobriu o combustível do futuro:

"Comecei por preparar uma solução de 1 litro de hexano (C_6H_{14}) em 1 litro de água. Depois fiz uma diluição de 1:10, juntando mais 10 litros de água. Daqui resultou um combustível que queima no ar, convertendo-se totalmente em energia, sem resíduos e sem necessidade de chaminés ou tubos de escape."

Um jornalista de ciência presente na sala escreveu para o seu jornal: "Falso cientista diz 3 disparates em 3 frases". Quais os erros detectados pelo jornalista?

28 (Olimpíada Portuguesa de Química 2003) Engenharia química

Um engenheiro químico foi encarregado da unidade de destilação de água na barragem de Alqueva-III, altamente contaminada com acetona de efluentes industriais. O objetivo é obter água a partir de uma mistura de acetona : água com a proporção mássica de 40 : 60 ($m_{acetona}$: $m_{água}$). A mistura entra na unidade de destilação (corrente A) com uma vazão de 700 kg/h. Da unidade de destilação saem duas correntes: uma contendo 80% (m/m) de água (B), com uma vazão de 270 kg/h, e outra enriquecida em acetona (C).

a) Calcule a vazão e a composição da corrente C.
b) Calcule a vazão molar de água na corrente B (em mol/hora).
c) Sugira um processo para aumentar a pureza da água obtida na corrente B.

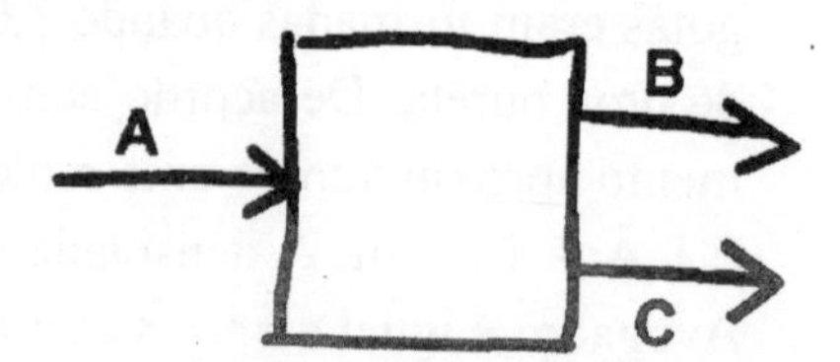

29 (Olimpíada Portuguesa de Química 2001) Primeira porta: a fechadura-funil

A aventura de três amigos no mundo da Química, onde muitas portas se podem abrir...

Sem saberem como, os nossos três amigos encontram-se nas adegas de um antigo castelo, transformadas em laboratório de alquimia. Misturados com as garrafas de vinho vêem-se os mais diversos produtos próprios das práticas alquimistas.

Só há uma porta de saída, com uma fechadura estranha, em forma de funil, onde está gravada a mensagem:

"Para abrir, encher com uma solução contendo um composto de C, H e O nas percentagens de 52%, 13% e 35%, respectivamente, cuja massa molar é inferior à de três mols de água e é muito solúvel nesse líquido".

Como proceder para abrir esta fechadura e sair da adega? Justifique a resposta.

[Massas atômicas relativas: MA(C) = 12,0; MA(H) = 1,0; MA(O) = 16.0]

30 (Olimpíada Norte / Nordeste de Química 2000) Estima-se que a concentração de NO_2 no ar atmosférico, em zonas industriais, seja da ordem de 0,021 ppm.

a) calcule a pressão parcial de NO_2, numa amostra de ar, quando a pressão atmosférica for de 0,98 atm.

b) quantas moléculas de NO_2 estarão presentes, nestas condições e na temperatura de 20°C, num aposento de 4,5 m × 4,3 m × 2,4 m?

c) escreva as equações químicas correspondentes aos seguintes enunciados:

c.1) o dióxido de nitrogênio dissolve-se em água, formando ácido nítrico e óxido nitroso;

c.2) a molécula de óxido nítrico sofre fotodissociação na atmosfera superior;

c.3) na estratosfera o óxido nítrico sofre oxidação pelo ozônio.

CAPÍTULO 2

Reações Envolvendo Soluções

01 (Olimpíada de Química do Rio de Janeiro 2007) Um oleum corresponde a uma mistura de H_2SO_4 e SO_3. Quando se diz "H_2SO_4 a 109%" significa que o peso de 100 g de oleum ficaria 109 g após todo SO_3 livre se combinar com água. Qual o percentual de SO_3 livre em um oleum 109%?

a) 9%
b) 29%
c) 40%
d) 50%
e) 65%

02 (Monbukagakusho 2006 / 2007) A 40.0 L sample of N_2 gas containing SO_2 gas as an impurity was bubbled through a 3% solution of H_2O_2. The SO_2 was converted to H_2SO_4:

$$SO_2 + H_2O_2 \rightarrow H_2SO_4$$

A 25.0 mL portion of 0.0100 mol/L NaOH was added to the solution, and the excess base was back-titrated with 13.6 ml of 0.0100 mol/L HCl. Calculate the parts per million of SO_2 (that is, mL SO_2 / 10^6 ml sample) if the density of SO_2 is 2.85 g/L. (Atomic weights: H = 1.0, N = 14.0, O = 16.0, Na = 23.0, S = 32.0, and Cl = 35.5)

03 **(Olimpíada de Química do Rio de Janeiro 2006)** 2,7 gramas de alumínio são dissolvidos em 500 mL de uma solução aquosa 1,00 mol/L em ácido clorídrico. Todo o hidrogênio produzido é recolhido. Após a secagem, o volume de hidrogênio à pressão de 1 atm e 25°C é:

a) 1,2 litros.
b) 1,6 litros.
c) 2,4 litros.
d) 3,6 litros.
e) 12 litros.

04 **(Olimpíada de Química do Rio de Janeiro 2006)** Uma amostra de 1,45 g de ouro com ferro é dissolvida em ácido e o ferro obtido é o Fe^{2+}(aq). Para titular a solução, são necessários 21,6 mL de $KMnO_4$(aq) 0,102 mol/L. Qual é a porcentagem de ferro no ouro? (dica: o MnO_4^-(aq) é um agente oxidante, e o nox do manganês após a titulação é 2+).

a) 42,4
b) 84,9
c) 8,6
d) 57,8
e) 61,5

05 **(Olimpíada Brasileira de Química 2005)** Hipoclorito de sódio pode ser obtido através da seguinte reação:

$$Cl_2(g) + 2\,NaOH(aq) \rightarrow NaCl(aq) + NaOCl(aq) + H_2O(l).$$

Considerando a existência de cloro gasoso em excesso, qual o volume de uma solução de NaOH de concentração 2 mol/L necessário para produzir hipoclorito em quantidade suficiente para preparar 2 L de uma solução 0,5 mol/L de NaOCl?

a) 1,0 L
b) 2,0 L
c) 3,0 L
d) 4,0 L
e) 5,0 L

06 (Olimpíada Brasileira de Química 2004) A pirita de ferro é um minério constituído de FeS_2 que, em face de sua aparência, é conhecido como ouro de tolo. O tratamento de 1 kg de uma amostra deste minério, de pureza igual a 75%, levou à obtenção 1 kg de ácido sulfúrico 98% em peso. Considerando que o ácido sulfúrico é o único composto de enxofre obtido neste tratamento, pode-se concluir que o rendimento global do processo foi:

a) Menor que 55%
b) Maior ou igual a 55 e menor que 65%
c) Maior ou igual a 65 e menor que 75%
d) Maior ou igual a 75 e menor que 85%
e) Maior que 85%

07 (Olimpíada Portuguesa de Química 2004 Grécia 2003) Quantos mL de solução de NaOH 1,00 mol/L são necessários para neutralizar 100,0 mL de solução 0,100 mol/L de H_3PO_4?

a) 10,0
b) 3,3
c) 30,0
d) 300,0

08 (Olimpíada Brasileira de Química 2003) Na titulação, na presença de alaranjado de metila, de 1,000 g de uma amostra que contém apenas NaOH e Na_2CO_3, foram consumidos 43,25 mL de um solução de HCl 0,500 mol/L. Pode-se concluir que esta amostra possui:

a) 40% de NaOH e 60% de Na_2CO_3
b) 45% de NaOH e 55% de Na_2CO_3
c) 50% de NaOH e 50% de Na_2CO_3
d) 55% de NaOH e 45% de Na_2CO_3
e) 60% de NaOH e 40% de Na_2CO_3

09 (Olimpíada Portuguesa de Química 2007) O ácido nítrico

O ácido nítrico (HNO_3) é uma das substâncias inorgânicas mais importantes. Utiliza-se na síntese de muitos outros compostos, quer orgânicos quer inorgânicos como, por exemplo, o nitrato de amônio (NH_4NO_3), um sal que intervém na composição de fertilizantes. O ácido nítrico puro é um líquido incolor que entra em ebulição a 82,6°C. O *ácido nítrico concentrado* tem uma concentração de 15,3 mol dm^{-3}.

1) Apresente os cálculos necessários para preparar 5,00 dm^3 de uma solução 6,00 mol dm^{-3} de HNO_3 a partir de ácido nítrico concentrado.
2) Num processo de síntese do NH_4NO_3, faz-se reagir 5,00 × 10^2 kg de NH_3 e 5,60 × 10^2 kg de HNO_3. Calcule o rendimento da reação, sabendo que se obtiveram 6,98 × 10^2 kg de NH_4NO_3.
3) O grau de pureza do NH_4NO_3 pode ser determinado por titulação com NaOH. Na titulação de uma amostra de 0,2041 g de NH_4NO_3 preparado industrialmente gastaram-se 24,42 cm^3 de NaOH 0,1023 mol dm^{-3} para se atingir o ponto final. Qual é o grau de pureza da amostra?

Nota: MA(N) = 14,007
MA(H) = 1,008
MA(O) = 15,999

10 (Olimpíada Brasileira de Química 2006) Em um frasco de ácido sulfúrico disponível no laboratório estava escrito: ácido sulfúrico concentrado, 95-98%, 1 L = 1,84 kg. Para determinar a verdadeira concentração, o técnico do laboratório tomou um alíquota de 10 mL e diluiu para 1 L, completando o volume com água destilada. Então, tomou 5 alíquotas de 10 mL cada e titulou com uma solução padronizada de hidróxido de sódio de concentração igual a 0,1820 mol/L. Os volumes gastos nas 5 titulações foram: 20,55 mL, 19,25 mL, 20,55 mL, 20,60 mL e 20,50 mL.

a) Calcule a concentração, em mol/L, da solução diluída.
b) Qual a verdadeira porcentagem em massa da solução de ácido sulfúrico concentrado?
c) Calcule a fração molar de ácido sulfúrico na solução concentrada.

11 (Olimpíada Brasileira de Química 2006) Considere a mistura de 100 mL de uma solução a 10% (m/v) de cloreto de bário com o mesmo volume de uma solução, de mesma concentração, de sulfato de sódio. Determine:

a) A quantidade de matéria existente em cada uma das soluções iniciais;
b) A massa de sulfato de bário que precipita;
c) As concentrações, em porcentagem (m/v), dos sais dissolvidos na solução final.

12 (Olimpíada Portuguesa de Química 2006) Nível de ozônio no ar

Há cerca de 2 mil milhões de anos, o aumento da concentração de ozônio na alta atmosfera criou uma camada que bloqueou a radiação ultravioleta e assim permitiu o desenvolvimento da vida terrestre. Mas o ozônio é um poluente perigoso ao nível do solo!

A concentração de ozônio no ar pode ser medida fazendo borbulhar o ar numa solução aquosa de iodeto, que é oxidado pelo ozônio

$$I^-(aq) + O_3(g) \rightarrow I_3^-(aq) + O_2(g)$$

a) Acertar a equação, considerando que as espécies H_2O e H^+ também participam na reação (é necessário adicioná-las à equação).

b) Desenhar a estrutura do ozônio na notação de Lewis.

c) Uma amostra de ar foi borbulhada durante 30,0 minutos em 10 mL de uma solução aquosa com excesso de KI, com o fluxo de 250 mL de ar por minuto. Ao fim deste tempo, a concentração de I_3^- era de $7{,}76 \times 10^{-7}$ mol dm^{-3}. Calcular o número de mols de ozônio na amostra de ar.

d) Assumindo o comportamento ideal dos gases, calcular a concentração de ozônio na amostra de ar, em mol dm^{-3}.

[Considerar que 1 mol de $O_3(g)$ à temperatura ambiente ocupa 24,4 dm^3]

13 (Olimpíada Portuguesa de Química 2006) Pergunta de algibeira

***Nota do autor**: Aqui cabe uma explicação, por ser o termo praticamente desconhecido no Brasil. Chamam-se perguntas de algibeira a perguntas que se guardavam no bolso (algibeira = bolso) para, quando feitas, demonstrarem os conhecimentos do perguntador...*

O ácido clorídrico é altamente corrosivo e quando ingerido corrói as mucosas, esôfago e estômago, causa disfagia, náuseas, falha circulatória e morte. O hidróxido de sódio é cáustico e se ingerido provoca vômitos, prostração e colapso. Um condenado à morte foi obrigado a beber soluções concentradas destes dois venenos, mas conseguiu fazê-lo sem sofrer qualquer problema. Como?

14 (IME 2003 / 2004) Um calcário composto por $MgCO_3$ e $CaCO_3$ foi aquecido para produzir MgO e CaO. Uma amostra de 2,00 gramas desta mistura de óxidos foi tratada com 100 cm^3 de ácido clorídrico

1,00 molar. Sabendo-se que o excesso de ácido clorídrico necessitou de 20,0 cm^3 de solução de NaOH 1,00 molar para ser neutralizado, determine a composição percentual, em massa, de $MgCO_3$ e $CaCO_3$ na amostra original desse calcário.

15 **(ITA 2003 / 2004)** Deseja-se preparar 57 gramas de sulfato de alumínio [$Al_2(SO_4)_3$] a partir de alumínio sólido (Al), praticamente puro, e ácido sulfúrico (H_2SO_4). O ácido sulfúrico disponível é uma solução aquosa 96% (m/m), com massa específica de 1,84 g cm^{-3}.

a) Qual a massa, em gramas, de alumínio necessária para preparar a quantidade de $Al_2(SO_4)_3$ especificada? Mostre os cálculos realizados.
b) Qual a massa, em gramas, de ácido sulfúrico necessária para preparar a quantidade de $Al_2(SO_4)_3$ especificada? Mostre os cálculos realizados.
c) Nas condições normais de temperatura e pressão (CNTP), qual é o volume, em litros, de gás formado durante a preparação da quantidade de $Al_2(SO_4)_3$ especificada? Mostre os cálculos realizados.
d) Caso a quantidade especificada de $Al_2(SO_4)_3$ seja dissolvida em água acidulada, formando 1 L de solução, qual a concentração de íons Al^{3+} e de íons SO_4^{2-} existentes nesta solução?

16 **(Olimpíada Norte-Nordeste de Química 2003)** Ácido clorídrico concentrado é uma solução de densidade igual a 1,182 g/mL e na qual a fração molar de HCl é igual a 0,221. A partir destas informações, calcule:

a) A porcentagem em massa de HCl no ácido clorídrico concentrado.
b) Que volume de HCl concentrado é necessário para preparar 500 mL de uma solução de concentração 0,124 mol/L.
c) Que volume de uma solução de hidróxido de bário, contendo 4,89 g de hidróxido de bário octa-hidratado, em 500 mL de solução, será necessário para neutralizar 25 mL da solução preparada no item anterior (item b).

17 **(Olimpíada Portuguesa de Química 2003) Análise farmacêutica**

Para controlar a produção de comprimidos de ácido acetilsalicílico (aspirina, ácido monoprótico), um químico dissolveu 1 comprimido em água, perfazendo um volume de 100,0 cm^3. Desta solução retirou 3

amostras de 25,0 cm^3 e titulou cada uma delas com NaOH 0,06 mol dm^{-3}, tendo gasto 21,2 cm^3, 20,8 cm^3 e 21,1 cm^3 nos ensaios de titulação.

Diga, justificando, se o comprimido analisado respeita a composição nele gravada.

[Massa molar do ácido acetilsalicílico: 180,2 g/mol]

18 **(Olimpíada Argentina de Química 2002)** As seguintes reações têm lugar em uma máscara de gás (aparelho de respiração portátil) que às vezes os mineiros usam debaixo da terra:

$$4\ KO_2(s) + 2\ H_2O(l) \rightarrow 4\ KOH(s) + 3\ O_2(g)$$
$$CO_2(g) + KOH(s) \rightarrow KHCO_3(s)$$

H_2O e CO_2 procedem do ar exalado, e o O_2 é inalado à medida que é produzido. O KO_2 é denominado "superóxido de potássio". O CO_2 se converte no sal sólido $KHCO_3$, de forma que o CO_2 não é inalado em quantidades significativas. Se reagirem completamente 1,00 g de $KO_2(s)$, responda:

a) Que volume (expresso em L e medido nas CNPT) ocupará o O_2 produzido?
b) Qual é o volume anterior na temperatura do corpo, 37°C e 1,00 atm?
c) Que volume de CO_2 (em L e medido a 37°C e 1,00 atm) será necessário para que este reaja estequiometricamente com o KOH(s) produzido?
d) Se o KOH(s) produzido for dissolvido em 25 mL de água a 25°C (suponha que este volume não mude pela adição do sólido), que volume de H_2SO_4 0,1435 M (expresso em mL) precisará ser adicionado para neutralizar a base? Qual seria a concentração (expressa em mols por litro) de íons potássio $[K^+]$ na solução final?

Dados:

0°C ≡ 273,15 K

1 atm ≡ 1,01325 bar ≡ 760 torr

R = 0,082 L atm K^{-1} mol^{-1} ≡ 8,31 J K^{-1} mol^{-1}

MA(H) = 1,00; MA(C) = 12,0; MA(N) = 14,0; MA(O) = 16,0; MA(K) = 39,0

19 (Olimpíada Argentina de Química 2002) Um químico tomou uma amostra de 2,000 g de uma mistura de $Cu(OH)_2$ e $CuCO_3$ mas desconhece a composição da mesma. Para descobrir, recordou que o ácido clorídrico reage quantitativamente com ambas substâncias, obtendo-se $CuCl_2$, CO_2 e H_2O como produtos. A reação completa da amostra necessitou 34,82 mL de HCl 1,000 M.

a) Escreva as equações químicas balanceadas que representem as reações entre o HCl e cada componente de a mistura.

b) Qual era a composição porcentual da mistura?

$MM(Cu(OH)_2) = 97{,}56$; $MM(CuCO_3) = 123{,}55$

20 (Olimpíada Brasileira de Química 2001 Swedish Chemistry Olympiad 2001) Um frasco contém sódio metálico contaminado com óxido de sódio (Na_2O) e cloreto de sódio. Uma amostra desse metal contaminado, pesando 0,500 g, foi dissolvida em água:

a) Escreva as equações químicas para as duas reações que ocorrem quando a amostra é dissolvida em água.

Quando 0,500 g dessa amostra de metal contaminado é dissolvido em água, são formados 249 cm^3 de hidrogênio, a uma pressão de 98,0 kPa, a 25°C. Esta solução foi diluída com água para um volume de 250,0 cm^3 e 25,0 cm^3 foram titulados com uma solução de HCl de concentração 0,112 mol/dm^3. Para neutralização foram gastos 18,2 cm^3 da solução de ácido.

b) Calcule a massa de hidrogênio gasoso formado;

c) Escreva a equação química para a reação de titulação e calcule a quantidade de hidróxido de sódio formado na reação entre a água e a amostra;

d) Calcule as quantidades de sódio e óxido de sódio na amostra;

e) Calcule as porcentagens (em massa) de sódio, óxido de sódio e cloreto de sódio na amostra.

Dados:
1 atm = $1{,}01325 \times 10^5$ Pa
Constante universal dos gases (R) = 0,08206 $atm.L.K^{-1}.mol^{-1}$ ou 8,3145 $kPa.dm^3.K^{-1}.mol^{-1}$
Massas atômicas (valores aproximados, em g/mol): H = 1 O = 16 Na = 23 Cl = 35,5

21 (Olimpíada Portuguesa de Química 2000) Uma amostra de sal de cozinha, de massa 0,700 g, foi dissolvida em água até perfazer o volume de 100,0 cm^3. A 20,0 cm^3 desta solução juntou-se excesso de nitrato de prata de forma a precipitar todo o cloreto. O precipitado obtido, depois de lavado e seco, tinha massa de 0,287 g. O sal de cozinha analisado era puro? Justifique.
(Massas atômicas relativas: MA(Na) = 23,0; MA(Ag) = 107,9; MA(Cl) = 35,5)

22 (Olimpíada Brasileira de Quín‹ca 1998) Uma das razões do vasto uso da platina é a sua relativa inércia ˥uímica; entretanto, ela é "solúvel" na "água régia", uma mistura de á‹ ido nítrico e ácido clorídrico, segundo a reação química (não balanc‹ ada) abaixo:
$Pt(s) + HNO_3(aq) + HCl(aq) \rightarrow H_2Pt\,{}^{\prime}l_6 + NO(g) + H_2O(l)$
Faça o balanceamento desta equação ; responda às questões que seguem:

a) Se você dispõe de 11,7 g de platina, quantos gramas de ácido cloroplatínico, H_2PtCl_6, poderá obter?
b) Que volume de óxido de nitrogênio, medido em CNTP, pode ser obtido a partir de 11,7 mg de Pt?
c) Quantos mililitros de ácido nítrico de concentração 10,0 mol/L são necessários para reagir completamente com 11,7 g de Pt?
d) Se você tem 10,0 g de Pt e 180 mL de HCl de concentração 5,00 mol/L, mais excesso de ácido nítrico, qual é o reagente limitante?

Massas atômicas (g/mol): H = 1; N = 14; O = 16; Cl = 35,5 e Pt = 195.
Constante universal dos gases (R) = 0.082 $L.atm.mol^{-1}.K^{-1}$ ou R = 8,314510 J/K.mol (valor recomendado pela IUPAC)

23 (Olimpíada Brasileira de Química 1997) Preparou-se 1 litro de uma solução **A** de $Ba(OH)_2$. Foram retirados 25 mL desta solução A e titulou-se com uma solução de HCl de concentração 0,1 mol/L, havendo um consumo de 100 mL dessa solução. O restante da solução **A** foi abandonada ao ar, durante vários dias, formando-se um precipitado **P** Este precipitado foi separado por filtração, obtendo-se uma solução límpida **B**. Titularam-se 25 mL dessa solução **B** com a solução de HCl, 0,1 mol/L, observando-se um gasto de 75 mL dessa solução. Admitindo-se que, durante a exposição do restante da solução **A** ao ar, não houve evaporação d'água, pede-se:

a) concentração, em quantidade de matéria, da solução **A**;

b) concentração, em quantidade de matéria, da solução **B**;

c) massa, em gramas, do precipitado **P**.

DADOS: Considere os seguintes valores para as massas molares: MM(H) = 1 g/mol; MM(O) = 16 g/mol; MM(Cl) = 35,5 g/mol; MM(Ba) =137 g/mol.

24 (Olimpíada Norte-Nordeste de Química 1996) As propriedades ácidas do suco de limão são atribuídas à presença do ácido cítrico. Assim, a reação entre o componente ácido do suco de limão e o hidróxido de sódio pode ser quimicamente representada pela seguinte equação balanceada:

$$\begin{matrix} H_2C-COOH \\ HOC-COOH \\ H_2C-COOH \end{matrix}\ (aq) + 3\,NaOH(aq) \longrightarrow \begin{matrix} H_2C-COO^-Na^+ \\ HOC-COO^-Na^+ \\ H_2C-COO^-Na^+ \end{matrix}\ (aq) + 3\,H_2O$$

Um estudante, ao titular suco de limão, anotou os seguintes dados:

Alíquota do suco de limão	Água destilada	Indicador fenolftaleína	Volume de NaOH 0,10 mol/L gasto na titulação
3 mL	30 mL	3 gotas	6,0 mL

Baseado na equação e nos dados acima, responda:

a) Classifique a reação que ocorre nesta titulação.

b) Que massa de NaOH é necessária na preparação de 500 mL da solução utilizada na titulação?

c) Por que se adicionam cerca de 30 mL de água destilada antes da titulação?

d) Para que foi usada a fenolftaleína nesta análise?

e) Considerando a quantidade de solução gasta na titulação, calcule o número de mols de NaOH presente nesse volume.

f) Qual o número de mols de ácido cítrico presente nos 3 mL do suco de limão?
g) Qual a concentração, em mol/L e em g/L, do ácido cítrico no suco de limão?
h) Se um indivíduo toma 50 mL desse suco de limão, quantos gramas de ácido cítrico foram ingeridos?
i) O que ocorre quando se espreme limão sobre uma porção de carbonato ácido de sódio?
j) Que outra solução poderia ser utilizada em substituição a de NaOH?

Dados: MM(H) = 1 g/mol; MM(C) = 12 g/mol; MM(O) = 16 g/mol; MM(Na) = 23 g/mol.

CAPÍTULO 3

Propriedades Coligativas das Soluções

01 (Olimpíada de Química do Rio de Janeiro 2007) A pressão de vapor de um líquido irá diminuir se:

a) o líquido for movido para um recipiente no qual sua área superficial seja muito menor.
b) o volume do líquido no recipiente for reduzido.
c) o volume da fase do vapor for aumentado.
d) o número de mols do líquido for reduzido.
e) a temperatura for reduzida.

02 (Olimpíada de Química do Rio de Janeiro 2007) Sobre o ponto de ebulição de um líquido é correto afirmar:

a) é a temperatura na qual líquido e vapor coexistem em equilíbrio.
b) varia com a pressão atmosférica.
c) é a temperatura na qual a pressão de vapor é 1 atm.
d) é diretamente proporcional a massa molecular do líquido.
e) é a temperatura na qual a pressão de vapor é igual à pressão externa.

03 (Olimpíada de Química do Rio de Janeiro 2007) Entre as opções abaixo, assinale aquela que contém a afirmação errada:

a) Um sistema monofásico tanto pode ser uma substância pura quanto uma solução.

b) Existem tanto soluções gasosas, como líquidas, como ainda soluções sólidas.
c) Temperatura de fusão constante é característica apenas de substância pura.
d) A ebulição da água pode acontecer a uma temperatura inferior a 100° C.
e) O leite é uma mistura heterogênea.

04 (Olimpíada de Química do Rio de Janeiro 2006) A pressão de vapor do benzeno (C_6H_6) e do tolueno (C_7H_8) a 25°C são 95,1 mmHg e 28,4 mmHg, respectivamente. Uma solução das duas substâncias é preparada com uma fração molar de tolueno de 0,6. Considerando a solução ideal, a pressão total de vapor sobre a solução, em mmHg, seria:

a) 38,4 mmHg
b) 123,5 mmHg
c) 55,1 mmHg
d) 68,4 mmHg
e) 75,2 mmHg

05 (Olimpíada Brasileira de Química 2002) Considere as seguintes soluções aquosas:

Solução A = contém 0,10 mols de NaCl por 1000 g de solvente
Solução B = contém 0,10 mols de sacarose por 1000 g de solvente
Solução C = contém 0,080 mols de $CaCl_2$ por 1000 g de solvente

Assinale a opção na qual estas soluções estão citadas em ordem crescente de ponto de ebulição.

a) A, B, C
b) A, C, B
c) B, A, C
d) B, C, A
e) C, A, B

06 (Olimpíada Portuguesa de Química 2006) Pergunta de algibeira

***Nota do autor**: Aqui cabe uma explicação, por ser o termo praticamente desconhecido no Brasil. Chamam-se perguntas de algibeira a perguntas que se guardavam no bolso (algibeira = bolso) para, quando feitas, demonstrarem os conhecimentos do perguntador...*

Nas férias de verão à beira-mar, um campista cozinha as batatas em sua panela, em 10 minutos. Nestas férias de inverno, o campista descobriu que as batatas ficavam cruas depois de cozinhá-las durante o mesmo período de tempo. Como se explica este fenômeno?

07 **(IME 2005 / 2006)** Em um balão contendo ácido sulfúrico concentrado foram colocados 1,250 mols de tolueno. A seguir foram gotejados 10,0 mols de ácido nítrico concentrado, mantendo o sistema sob agitação e temperatura controlada, o que gerou uma reação cuja conversão de tolueno é de 40%. Ao final do processo, separou-se todo o produto obtido. Ao produto da reação acima foram acrescentados 7,50 g de uma substância **A**, de peso molecular 150 g, e 14,8 g de outra substância **B**, de peso molecular 296 g. A mistura foi dissolvida em $2,00 \times 10^3$ g de um solvente orgânico cuja constante crioscópica é 6,90°C kg/mol. Determine a variação da temperatura de solidificação do solvente orgânico, considerando que o sólido obtido e as substâncias **A** e **B** não são voláteis e não reagem entre si.

08 **(Olimpíada Portuguesa de Química 2005) O que Einstein disse ao seu cozinheiro**

Em 2005 – Ano Internacional da Física – completam-se 50 anos da morte de Albert Einstein e 100 anos da publicação dos seus 3 artigos mais famosos. As descobertas de Albert Einstein deram também uma importante contribuição para o desenvolvimento da Química e as questões seguintes exploram algumas relações entre Einstein e a Química.

A identificação entre Einstein e os cientistas surge também em livros de divulgação científica.

Neste livro, que poderia chamar-se "Um Cientista na Cozinha", o autor explica a química da cozinha, tal como Einstein a teria explicado ao seu cozinheiro...

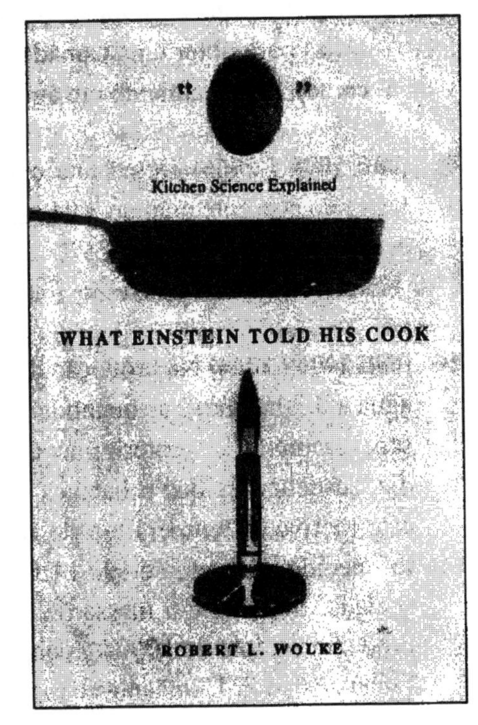

A cor e o aroma de muitos alimentos assados ou "tostados" é devida a uma reação entre açúcares e aminoácidos (ou proteínas), descrita por L. C. Maillard em 1912. O primeiro passo da reação de Maillard pode ser representado pelo esquema de reação seguinte:

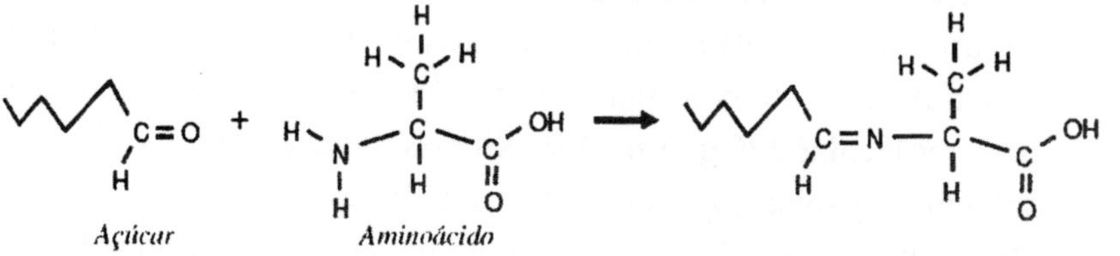

Açúcar *Aminoácido*

a) Identificar o produto de reação em falta no esquema.

b) Identificar a geometria em torno de cada um dos 3 átomos de carbono, do átomo de oxigênio (OH) e do átomo de nitrogênio do aminoácido.

[linear, angular, triangular plana, piramidal trigonal, tetraédrica]

c) Sabendo que a reação de Maillard só ocorre nos alimentos a partir dos 130 – 140°C, indicar, justificando, quais as condições necessárias para obter uma camada tostada num alimento (por exemplo, carne), por cozimento em água.

09 **(IME 2004 / 2005)** Determine o abaixamento relativo da pressão de vapor do solvente quando 3,04 g de cânfora ($C_{10}H_{16}O$) são dissolvidos em 117,2 mL de etanol a 25°C.

Folha de dados: massa específica do etanol a 25°C: 785 kg/m^3

10 **(IME 2003 / 2004)** Na produção de uma solução de cloreto de sódio em água a 0,90% (p/p), as quantidades de solvente e solução são pesadas separadamente e, posteriormente, promove-se a solubilização. Certo dia, suspeitou-se que a balança de soluto estivesse descalibrada. Por este motivo, a temperatura de ebulição de uma amostra de solução foi medida, obtendo-se 100,14°C. Considerando o sal totalmente dissociado, determine a massa de soluto a ser acrescentada de modo a produzir um lote de 1000 kg com a concentração correta.

Folha de dados: Constante ebulioscópica (K_{eb}) da água: 0,52 K kg/mol

11 (IME 2002 / 2003) Um produto anticongelante foi adicionado a 10,0 L de água de um radiador para que a temperatura de congelamento da mistura fosse –18,6°C. A análise elementar do anticongelante forneceu o seguinte resultado em peso: C = 37,5%, O = 50,0% e H = 12,5%. Sabe-se que a constante crioscópica molal da água é 1,86°C kg/mol e sua massa específica é 1,00 kg/dm^3. Determine:

a) a fórmula estrutural plana e o nome do produto utilizado;

b) a massa de produto necessária para alcançar este efeito.

12 (Olimpíada Norte / Nordeste de Química 2002)

I) Uma solução preparada a partir de 20,0 g de um soluto não volátil e 154g do solvente, tetracloreto de carbono (CCl_4), tem uma pressão de vapor de 504 mmHg, a 65°C. Considerando que a pressão de vapor do CCl_4 é de 531 mmHg, a 65°C, qual será a massa molar aproximada do soluto?

II) As propriedades coligativas dependem da natureza ___ e da concentração ____. Preencha cada lacuna com a letra correspondente a opção correta:

a) do soluto; b) do solvente; c) do soluto e do solvente

III) O abaixamento do ponto de congelamento de um solvente, provocado pela adição de um soluto não volátil (Δtc) é igual ao produto da constante crioscópica do solvente (Kc) pela concentração da solução, expressa em:

a) molalidade; b) molaridade; c) normalidade d) osmolaridade

13 (Olimpíada Argentina de Química 2002)

a) Considere uma mistura de etanol (C_2H_6O) e 1–propanol (C_3H_8O). Um deles tem ponto de ebulição normal de 78,5°C, enquanto que o outro ferve a 97°C. Determine os pontos de ebulição normais do etanol e do 1-propanol e justifique sua resposta.

b) O ponto de ebulição normal do propano (C_3H_8) é –42°C. Qual(is) a(s) razão(ões) da grande diferença que existe para o ponto de ebulição do 1-propanol?

c) Suponha que uma mistura de etanol e 1-propanol se comporta idealmente a 36°C e está em equilíbrio com seu vapor. Se a fração molar de etanol na solução é 0,62, calcule sua fração molar na fase vapor a esta temperatura. (As pressões de vapor do etanol e do 1-propanol puros, a 36°C, são 108 torr e 40,0 torr, respectivamente).

14 (IME 2001 / 2002) Uma solução foi preparada dissolvendo-se 2,76g de um álcool puro em 100,00 g de acetona. O ponto de ebulição da acetona pura é 56,13°C e o da solução é 57,16°C. Determine:

a) o peso molecular do álcool,

b) a fórmula molecular do álcool.

Dado: K_{eb} = 1,72°C . kg/mol (constante molal de elevação do ponto de ebulição da acetona)

15 (Olimpíada Norte / Nordeste de Química 2001)

I) Que são propriedades coligativas? Cite e comente três exemplos.

II) A 35°C, a pressão de vapor da acetona é 360 Torr e a do clorofórmio é 300 Torr. A acetona e o clorofórmio podem formar ligações de hidrogênio fracas, da seguinte forma:

$$Cl_3C{-}H \cdots O{=}C(CH_3)_2$$

A pressão de vapor de uma solução equimolar de acetona e clorofórmio é de 250 Torr, a 35°C.

a) Qual seria a pressão de vapor desta solução se o comportamento fosse ideal?

b) A que se deve esse afastamento da idealidade? Explique.

c) Com base no comportamento da solução, diga se o processo de misturar acetona com clorofórmio é um processo exotérmico ou endotérmico. Justifique.

16 **(Olimpíada Brasileira de Química 2001)** Considerando o diagrama de fases do xenônio, apresentado abaixo, responda às questões que seguem:

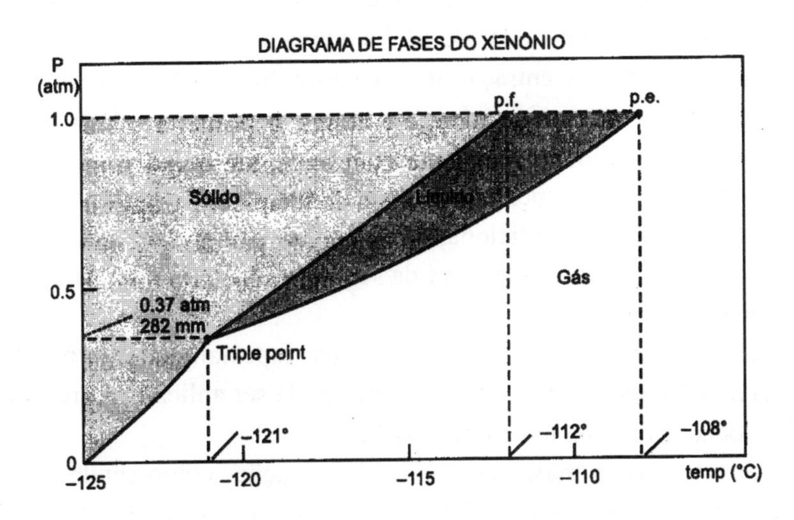

a) Em que fase o xenônio se encontra, à temperatura ambiente e pressão de 1 atm?

b) Se a pressão exercida sobre uma amostra de xenônio é de 0,75 atm e a temperatura é de –112°C, em que fase o xenônio se encontrará?

c) Se a pressão de vapor de uma amostra de xenônio líquido é de 380 mmHg, qual será a temperatura da fase líquida?

d) Qual será a pressão de vapor do sólido a -122°C?

e) Qual é a fase mais densa, a líquida ou a sólida? Explique.

17 **(IME 2000 / 2001)** Uma solução contendo 0,994 g de um polímero, de fórmula geral $(C_2H_4)_n$, em 5,00 g de benzeno, tem ponto de congelamento 0,51°C mais baixo que o do solvente puro. Determine o valor de **n**.
Dado: Constante crioscópica do benzeno = 5,10°C/molal

18 **(IME 1999 / 2000)** Um instrumento desenvolvido para medida de concentração de soluções aquosas não eletrolíticas consta de:

a. um recipiente contendo água destilada;

b. um tubo cilíndrico feito de uma membrana semipermeável, que permite apenas passagem de água, fechado em sua extremidade inferior;

c. um sistema mecânico que permite comprimir a solução no interior do tubo, pela utilização de pesos de massa padrão.

O tubo cilíndrico possui uma seção transversal de 1,0 cm^2 e apresenta duas marcas distanciadas de 12,7 cm uma da outra.

Para medir a concentração de uma solução, coloca-se a solução em questão no interior do tubo, até atingir a primeira marca. Faz-se a imersão do tubo no recipiente com água, até que a primeira marca fique no nível da superfície da água do recipiente. Comprime-se então a solução no tubo, adicionando as massas padrão, até que, no equilíbrio, a solução fique na altura da segunda marca do tubo, anotando-se a massa total utilizada.

Devido a considerações experimentais, especialmente da resistência da membrana, o esforço máximo que pode ser aplicado corresponde à colocação de uma massa de 5,07 kg.

Considerando a massa específica das soluções como sendo a mesma da água e que todas as medidas devem ser realizadas a 27°C, calcule as concentrações mínima e máxima que tal instrumento pode medir.

Dados:
1 atm = 760 mm Hg = 10,33 m H_2O = 1,013 × 10^5 Pa;
aceleração da gravidade = 9,80 m/s^2;
constante universal dos gases = 0,082 atm.L/mol.K;
massa específica da água a 27°C = 1,00 g/cm^3.

19 (IME 1997 / 1998) Uma solução com 102,6 g de sacarose ($C_{12}H_{22}O_{11}$) em água apresenta concentração de 1,2 molar e densidade 1,0104 g/cm^3. Os diagramas de fase dessa solução e da água pura estão representados abaixo.

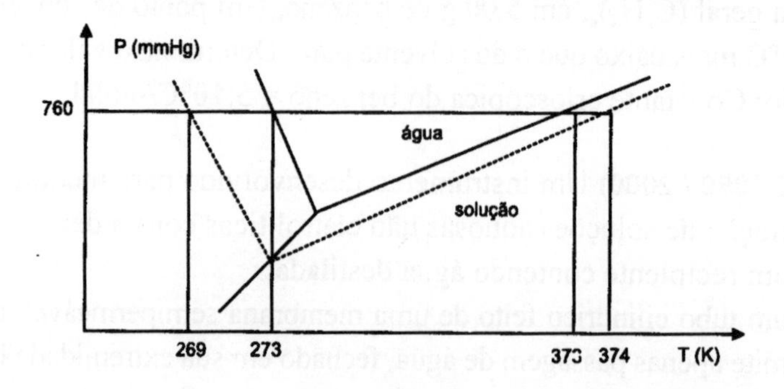

Com base nos efeitos coligativos observados nesses diagramas, calcule as constantes molal ebuliométrica (Ke) e criométrica (Kc) da água.

Dados: Massas atômicas: H = 1 u.m.a. C = 12 u.m.a. O = 16 u.m.a.

20 **(ITA 2006 / 2007)** Dois béqueres, X e Y, contém, respectivamente, volumes iguais de soluções aquosas: concentrada e diluída de cloreto de sódio na mesma temperatura. Dois recipientes hermeticamente fechados mantidos à mesma temperatura constante, são interconectados por uma válvula, inicialmente fechada, cada qual contendo um dos béqueres. Aberta a válvula, após o restabelecimento do equilíbrio químico, verifica-se que a pressão de vapor nos dois recipientes é $\mathbf{P_f}$. Assinale a opção que indica, respectivamente, as comparações CORRETAS entre os dois volumes inicial ($\mathbf{VX_i}$) e final ($\mathbf{VX_f}$), da solução no béquer X, e as pressões de vapor inicial ($\mathbf{PY_i}$) e final ($\mathbf{P_f}$) no recipiente que contém o béquer Y.

a) $VX_i < VX_f$ e $PY_i = P_f$

b) $VX_i < VX_f$ e $PY_i > P_f$

c) $VX_i < VX_f$ e $PY_i < P_f$

d) $VX_i > VX_f$ e $PY_i > P_f$

e) $VX_i > VX_f$ e $PY_i > P_f$

21 **(ITA 2006 / 2007)** Utilizando o enunciado da questão anterior, assinale a opção que indica a curva no gráfico abaixo que melhor representa a quantidade de massa de água transferida ($Q_{água}$) ao longo do tempo (t) de um recipiente para o outro desde o instante em que a válvula é aberta até o restabelecimento do equilíbrio químico.

a) I

b) II

c) III

d) IV

e) V

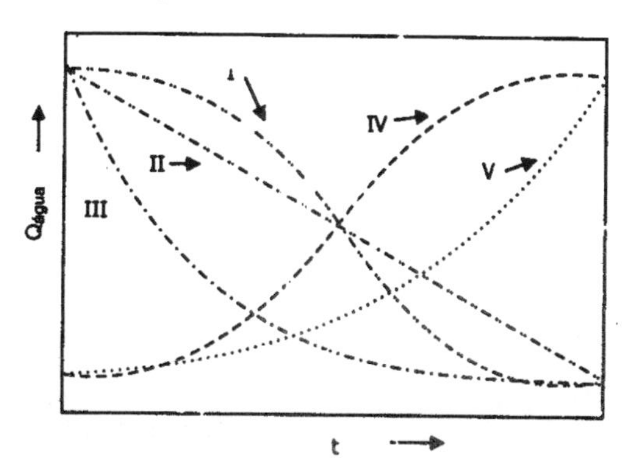

22 **(ITA 2006 / 2007)** Prepara-se, a 25°C, uma solução por meio da mistura de 25 mL de n-pentano e 45 mL de n-hexano. Dados: massa específica do n-pentano = 0,63 g/mL; massa específica do n-hexano = 0,66 g/mL; pressão de vapor do n-pentano = 511 Torr; pressão de vapor do n-hexano = 150 Torr. Determine os seguintes valores, mostrando os cálculos efetuados:

a) Fração molar do n-pentano na solução.
b) Pressão de vapor da solução.
c) Fração molar do n-pentano no vapor em equilíbrio com a solução.

23 **(ITA 2005 / 2006)** O diagrama de fases da água está representado na figura. Os pontos indicados (I, II, III, IV e V) referem-se a sistemas contendo uma mesma massa de água líquida pura em equilíbrio com a(s) eventual(ais) fase(s) termodinamicamente estável(eis) em cada situação. Considere, quando for o caso, que os volumes iniciais da fase vapor são iguais. A seguir, mantendo-se as temperaturas de cada sistema constantes, a pressão é reduzida até P_f. Com base nestas informações, assinale a opção que apresenta a relação ERRADA entre os números de mol de vapor de água (n) presentes nos sistemas, quando a pressão é igual a P_f.

a) $n_I < n_{III}$
b) $n_I < n_{IV}$
c) $n_{III} < n_{II}$
d) $n_{III} < n_V$
e) $n_{IV} < n_V$

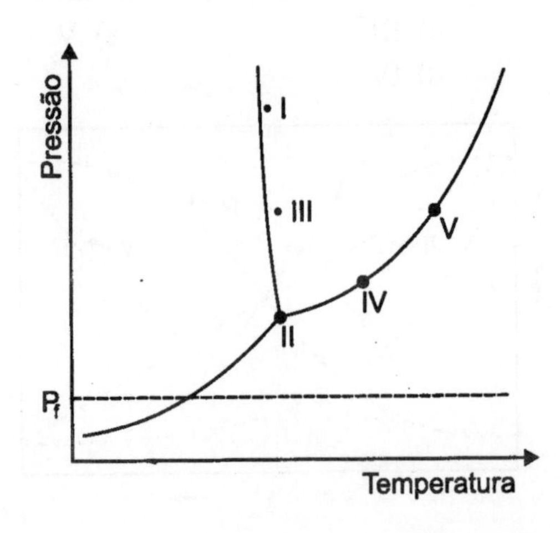

24 (ITA 2005 / 2006) Considere soluções de $SiCl_4/CCl_4$ de frações molares variáveis, todas a 25°C. Sabendo que a pressão de vapor do CCl_4 a 25°C é igual a 114,9 mmHg, assinale a opção que mostra o gráfico que melhor representa a pressão de vapor de CCl_4 (P_{CCl_4}) em função da fração molar de $SiCl_4$ no líquido $(X^l_{SiCl_4})$.

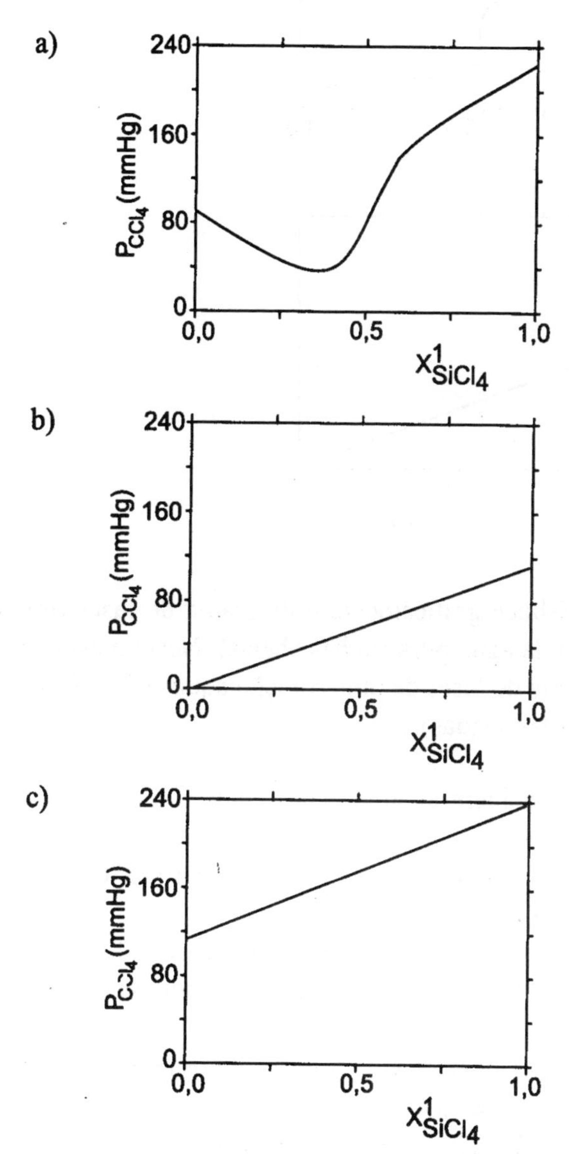

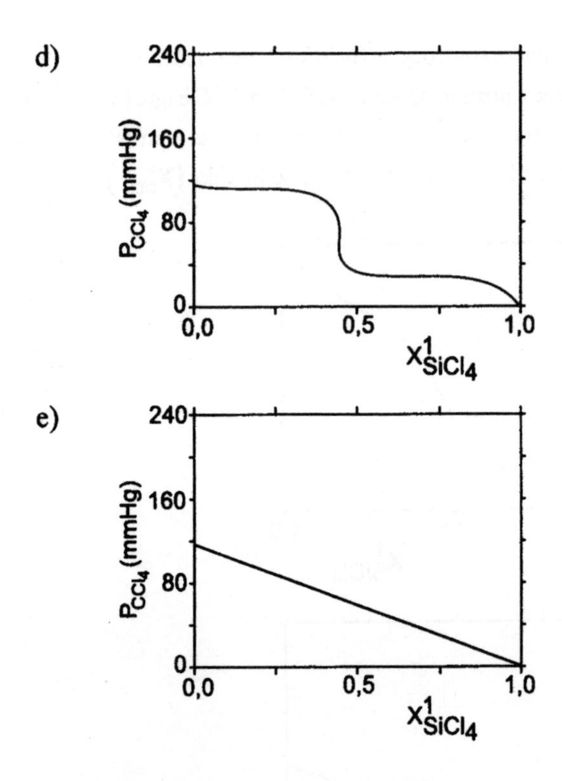

25 (ITA 2005 / 2006) Esboce graficamente o diagrama de fases (pressão versus temperatura) da água pura (linhas cheias). Neste mesmo gráfico, esboce o diagrama de fases de uma solução aquosa 1 mol kg^{-1} em etilenoglicol (linhas tracejadas).

26 (ITA 2004 / 2005) Considere as afirmações abaixo, todas relativas à pressão de 1 atm:

I. A temperatura de fusão do ácido benzóico puro é 122°C, enquanto que a da água pura é 0°C.

II. A temperatura de ebulição de uma solução aquosa 1,00 mol L^{-1} de sulfato de cobre é maior do que a de uma solução aquosa 0,10 mol L^{-1} deste mesmo sal.

III. A temperatura de ebulição de uma solução aquosa saturada em clo reto de sódio é maior do que a da água pura.

IV. A temperatura de ebulição do etanol puro é 78,4°C, enquanto que a de uma solução alcoólica 10% (m/m) em água é 78,2°C.

Das diferenças apresentadas em cada uma das afirmações acima, está(ão) relacionada(s) com propriedades coligativas

a) apenas I e III.
b) apenas I.
c) apenas II e III.
d) apenas II e IV.
e) apenas III e IV.

27 (ITA 2004 / 2005) Dois frascos abertos, um contendo água pura líquida (frasco A) e o outro contendo o mesmo volume de uma solução aquosa concentrada em sacarose (frasco B), são colocados em um recipiente que, a seguir, é devidamente fechado. É CORRETO afirmar, então, que, decorrido um longo período de tempo,

a) os volumes dos líquidos nos frascos A e B não apresentam alterações visíveis.
b) o volume do líquido no frasco A aumenta, enquanto que o do frasco B diminui.
c) o volume do líquido no frasco A diminui, enquanto que o do frasco B aumenta.
d) o volume do líquido no frasco A permanece o mesmo, enquanto que o do frasco B diminui.
e) o volume do líquido no frasco A diminui, enquanto que o do frasco B permanece o mesmo.

28 (ITA 2004 / 2005) Sob pressão de 1 atm, adiciona-se água pura em um cilindro provido de termômetro, de manômetro e de pistão móvel que se desloca sem atrito. No instante inicial (t_0), à temperatura de 25°C, todo o espaço interno do cilindro é ocupado por água pura. A partir do instante (t_1), mantendo a temperatura constante (25°C), o pistão é deslocado e o manômetro indica uma nova pressão. A partir do instante (t_2), todo o conjunto é resfriado muito lentamente a –10°C, mantendo-se-o em repouso por 3 horas. No instante (t_3), o cilindro é agitado, observando-se uma queda brusca da pressão. Faça um esboço do diagrama de fases da água e assinale, neste esboço, a(s) fase(s) (co)existente(s) no cilindro nos instantes t_0, t_1, t_2 e t_3.

29 **(ITA 2002 / 2003)** O abaixamento da temperatura de congelamento da água numa solução aquosa com concentração molal de soluto igual a 0,100 mol kg^{-1} é 0,55°C. Sabe-se que a constante crioscópica da água é igual a 1,86°C kg mol^{-1}. Qual das opções abaixo contém a fórmula molecular **CORRETA** do soluto?

a) $[Ag(NH_3)]Cl$.
b) $[Pt(NH_3)_4Cl_2]Cl_2$.
c) $Na[Al(OH)_4]$.
d) $K_3[Fe(CN)_6]$.
e) $K_4[Fe(CN)_6]$.

30 **(ITA 2002 / 2003)** Uma solução líquida é constituída de 1,2-dibromo etileno ($C_2H_2Br_2$) e 2,3-dibromo propeno ($C_3H_4Br_2$). A 85°C, a concentração do 1,2-dibromo etileno nesta solução é igual a 0,40 (mol/mol). Nessa temperatura as pressões de vapor saturantes do 1,2-dibromo etileno e do 2,3-dibromo propeno puros são, respectivamente, iguais a 173 mmHg e 127 mmHg. Admitindo que a solução tem comportamento ideal, é **CORRETO** afirmar que a concentração (em mol/mol) de 2,3-dibromo propeno na fase gasosa é igual a

a) 0,40.
b) 0,42.
c) 0,48.
d) 0,52.
e) 0,60.

31 **(ITA 2002 / 2003)** Qual das substâncias abaixo apresenta o menor valor de pressão de vapor saturante na temperatura ambiente?

a) CCl_4.
b) $CHCl_3$.
c) C_2Cl_6.
d) CH_2Cl_2.
e) C_2H_5Cl.

32 **(ITA 2002 / 2003)** Na pressão de 1 atm, a temperatura de sublimação do CO_2 é igual a 195 K. Na pressão de 67 atm, a temperatura de ebulição é igual a 298 K. Assinale a opção que contém a afirmação **CORRETA** sobre as propriedades do CO_2.

a) A pressão do ponto triplo está acima de 1 atm.
b) A temperatura do ponto triplo está acima de 298 K.
c) A uma temperatura acima de 298 K e na pressão de 67 atm, tem-se que o estado mais estável do CO_2 é o líquido.
d) Na temperatura de 195 K e pressões menores do que 1 atm, tem-se que o estado mais estável do CO_2 é o sólido.
e) Na temperatura de 298 K e pressões maiores do que 67 atm, tem-se que o estado mais estável do CO_2 é o gasoso.

33 **(ITA 2002 / 2003)** Para minimizar a possibilidade de ocorrência de superaquecimento da água durante o processo de aquecimento, na pressão ambiente, uma prática comum é adicionar pedaços de cerâmica porosa ao recipiente que contém a água a ser aquecida. Os poros da cerâmica são preenchidos com ar atmosférico, que é vagarosamente substituído por água antes e durante o aquecimento. A respeito do papel desempenhado pelos pedaços de cerâmica porosa no processo de aquecimento da água são feitas as seguintes afirmações:

I. a temperatura de ebulição da água é aumentada.

II. a energia de ativação para o processo de formação de bolhas de vapor de água é diminuída.

III. a pressão de vapor da água não é aumentada.

IV. o valor da variação de entalpia de vaporização da água é diminuído.

Das afirmações acima está(ão) **ERRADA(S)**

a) apenas I e III.
b) apenas I, III e IV.
c) apenas II.
d) apenas II e IV.
e) todas.

34 **(ITA 2002 / 2003)** Quando submersos em "águas profundas", os mergulhadores necessitam voltar lentamente à superfície para evitar a formação de bolhas de gás no sangue.

i) Explique o motivo da NÃO formação de bolhas de gás no sangue quando o mergulhador desloca-se de regiões próximas à superfície para as regiões de "águas profundas".

ii) Explique o motivo da NÃO formação de bolhas de gás no sangue quando o mergulhador desloca-se muito lentamente de regiões de "águas profundas" para as regiões próximas da superfície.

iii) Explique o motivo da FORMAÇÃO de bolhas de gás no sangue quando o mergulhador desloca-se muito rapidamente de regiões de "águas profundas" para as regiões próximas da superfície.

35 **(ITA 2002 / 2003)** Determine a massa específica do ar úmido, a 25°C e pressão de 1 atm, quando a umidade relativa do ar for igual a 60%. Nessa temperatura, a pressão de vapor saturante da água é igual a 23,8 mmHg. Assuma que o ar seco é constituído por $N_2(g)$ e $O_2(g)$ e que as concentrações dessas espécies no ar seco são iguais a 79 e 21% (v/v), respectivamente.

36 (ITA 2001 / 2002) Considere as seguintes afirmações relativas aos sistemas descritos abaixo, sob pressão de 1 atm:

I. A pressão de vapor de uma solução aquosa de glicose 0,1 mol/L é menor do que a pressão de vapor de uma solução de cloreto de sódio 0,1 mol/L a 25°C.

II. A pressão de vapor do n-pentano é maior do que a pressão de vapor do n-hexano a 25°C.

III. A pressão de vapor de substâncias puras como: acetona, éter etílico, etanol e água, todas em ebulição, tem o mesmo valor.

IV. Quanto maior for a temperatura, maior será a pressão de vapor de uma substância.

V. Quanto maior for o volume de um líquido, maior será a sua pressão de vapor.

Destas afirmações, estão **CORRETAS**

a) apenas I, II, III e IV.

b) apenas I, II e V.

c) apenas I, IV e V

d) apenas II, III e IV

e) apenas III, IV e V

37 (ITA 2001 / 2002) Considere os valores da temperatura de congelação de soluções 1 milimol/L das seguintes substâncias:

I. $Al_2(SO_4)_3$

II. $Na_2B_4O_7$

III. $K_2Cr_2O_7$

IV. Na_2CrO_4

V. $Al(NO_3)_3 \cdot 9\,H_2O$

Assinale a alternativa **CORRETA** relativa à comparação dos valores dessas temperaturas.

a) $I < II < V < III < IV$.

b) $I < V < II \approx III \approx IV$.

c) $II < III < IV < I < V$.

d) $V < II <$ $IV < I$.

e) $V \approx II < I$ $IV < I$.

38 **(ITA 2001 / 2002)** A figura abaixo representa um sistema constituído por dois recipientes, **A** e **B**, de igual volume, que se comunicam através da válvula **V**. Água pura é adicionada ao recipiente **A** através da válvula **VA**, que é fechada logo a seguir. Uma solução aquosa 1,0 mol/L de NaCl é adicionada ao recipiente **B** através da válvula **VB**, que também é fechada a seguir. Após o equilíbrio ter sido atingido, o volume de água líquida no recipiente **A** é igual a 5,0 mL, sendo a pressão igual a **PA**; e o volume de solução aquosa de NaCl no recipiente **B** é igual a 1,0 L, sendo a pressão igual a **PB**. A seguir, a válvula **V** é aberta (tempo t = zero), sendo a temperatura mantida constante durante todo o experimento.

a) Em um mesmo gráfico de pressão (ordenada) versus tempo (abscissa), mostre como varia a pressão em cada um dos recipientes, desde o tempo t = zero até um tempo t = ∞.

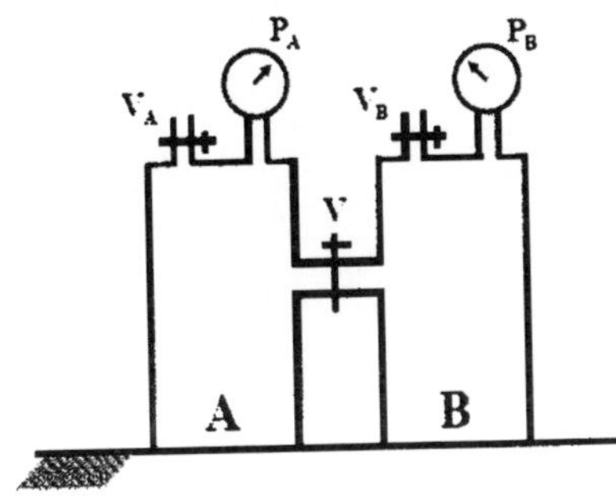

b) Descreva o que se observa neste experimento, desde tempo t = 0 até t = ∞, em termos dos valores das pressões indicadas nos medidores e dos volumes das fases líquidas em cada recipiente.

39 **(ITA 2001 / 2002)** Explique por que água pura exposta à atmosfera e sob pressão de 1,0 atm entra em ebulição em uma temperatura de 100°C, enquanto água pura exposta à pressão atmosférica de 0,7 atm entra em ebulição em uma temperatura de 90°C.

40 **(ITA 2000 / 2001)** Um copo aberto, exposto à atmosfera, contém água sólida em contato com água líquida em equilíbrio termodinâmico. A temperatura e pressão ambientes são mantidas constantes e iguais, respectivamente, a 25°C e 1 atm. Com o decorrer do tempo, e enquanto as duas fases estiverem presentes, é **ERRADO** afirmar que

a) a temperatura do conteúdo do copo permanecerá constante e igual a aproximadamente 0°C.

b) a massa da fase sólida diminuirá.
c) a pressão de vapor da fase líquida permanecerá constante.
d) a concentração (mol/L) de água na fase líquida será igual à da fase sólida.
e) a massa do conteúdo do copo diminuirá.

41 **(ITA 2000 / 2001)** Justificar por que cada uma das opções **d** e **e** da **questão anterior** está **CORRETA** ou **ERRADA**.

CAPÍTULO 4

Termoquímica

01 (Olimpíada de Química do Rio de Janeiro 2007) Em campanhas, pode ser necessário utilizar rações militares de emergência. Elas são fornecidas em embalagens de plástico aluminizado, contendo dois recipientes independentes e impermeáveis. Esta disposição permite o chamado "esquenta ração sem chama". Para o aquecimento do alimento introduz-se água no recipiente externo, através de orifício próprio. Em presença de Fe e NaCl, a reação

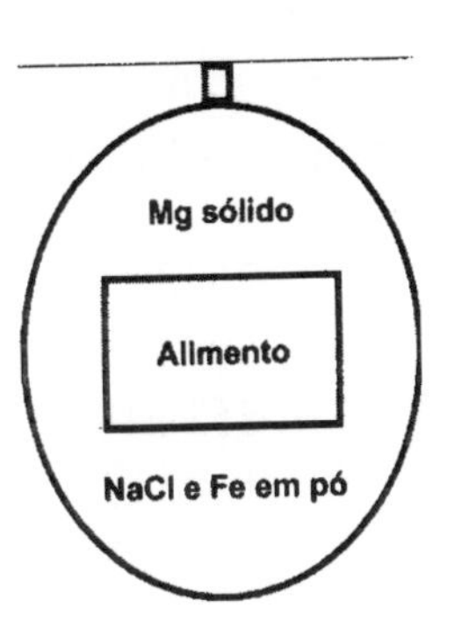

$$Mg(s) + 2\,H_2O(l) \rightarrow Mg(OH)_2(s) + H_2(g)$$

ocorre rapidamente. Se só a água do alimento fosse aquecida e tivéssemos 400g de alimento com 50% de água, calcule a que temperatura chegaria o alimento. Considerando que este se encontra a 25°C e a massa de magnésio consumida é de 2 g. Admita que a água acrescentada seja apenas suficiente para reagir com os 3 g de Mg.

a) 33,61°C
b) 42,23°C
c) 59,46°C
d) 93,92°C
e) 438,52°C

02 (ITA 2006 / 2007) Assinale a opção que indica corretamente a variação CORRETA de entalpia, em kJ/mol, da reação química a 298,15 K e 1 bar, representada pela seguinte equação: $C_4H_{10}(g) \rightarrow C_4H_8(g) + H_2(g)$.
Dados eventualmente necessários: ΔH_f^θ (C_4H_8 (g)) = -11,4; ΔH_f^θ (CO_2(g)) = -393,5; ΔH_f^θ (H_2O(l)) = -285,8 e ΔH_c^θ (C_4H_{10} (g)) = -2877,6, em que ΔH_f^θ e ΔH_c^θ, em kJ/mol, representam as variações de entalpia de formação e de combustão a 298,15 K e 1 bar, respectivamente:

a) -3.568,3
b) -2.186,9
c) +2.186,9
d) +125,4
e) +114,0

03 (Olimpíada Brasileira de Química 2006) O acetileno ou etino (C_2H_2) é um gás de grande uso comercial, sobretudo em maçaricos de oficinas de lanternagem. Assinale a opção que corresponde à quantidade de calor liberada pela combustão completa de **1 mol** de acetileno, a 25°C, de acordo com a reação abaixo:

$2\ C_2H_2(g) + 5\ O_2(g) \rightarrow 4\ CO_2(g) + 2\ H_2O(g)$

Dados: ΔH_f^θ $C_2H_2(g)$ = +227 kJ/mol $CO_2(g)$ = –394 kJ/mol $H_2O(g)$ = –242 kJ/mol

a) 204 kJ
b) 409 kJ
c) 863 kJ
d) 1257 kJ
e) 2514 kJ

04 (Monbukagakusho 2005 / 2006) Answer the following questions concerning termochemistry. Write the number of the correct answer in each answer box.

(A) The heat of combustion of propane is 2220 kJ/mol when the water formed is liquid. Evaluate the heat of formation of propane by using this fact as well the following termochemical equations:

$C(graphite) + O_2 = CO_2 + 394$ kJ

$2\ H_2 + O_2 = 2\ H_2O(l) + 572$ kJ

(1) 64 kJ/mol
(2) 85 kJ/mol
(3) 106 kJ/mol
(4) 137 kJ/mol
(5) 182 kJ/mol

(B) What is the volume of propane needed at STP to raise the temperature of 2.00 L water from 15.0 to 95.0°C using the heat evolved through its combustion, given that the density of water is 1.00 g/cm^3, and the specific heat of water is 4.18 J/g .°C. The calculation should be done under the assumption: 1.00 cm^3 = 1.00 mL.

(1) 4.85 L
(2) 6.75 L
(3) 8.65 L
(4) 11.7 L
(5) 18.5 L

05 **(ITA 2004 / 2005)** A 25°C e 1atm, considere o respectivo efeito térmico associado à mistura de volumes iguais das soluções relacionadas abaixo:

I. Solução aquosa 1 milimolar de ácido clorídrico com solução aquosa 1 milimolar de cloreto de sódio.
II. Solução aquosa 1 milimolar de ácido clorídrico com solução aquosa 1 milimolar de hidróxido de amônio.
III. Solução aquosa 1 milimolar de ácido clorídrico com solução aquosa 1 milimolar de hidróxido de sódio.
IV. Solução aquosa 1 milimolar de ácido clorídrico com solução aquosa 1 milimolar de ácido clorídrico.

Qual das opções abaixo apresenta a ordem decrescente CORRETA para o efeito térmico observado em cada uma das misturas acima?

a) I, III, II e IV
b) II, III, I e IV
c) II, III, IV e I
d) III, II, I e IV
e) III, II, IV e I

06 **(ITA 2004 / 2005)** Assinale a opção que contém a substância cuja combustão, nas condições-padrão, libera maior quantidade de energia.

a) Benzeno
b) Ciclohexano
c) Ciclohexanona
d) Ciclohexeno
e) n-Hexano

07 **(ITA 2004 / 2005)** Considere as reações representadas pelas equações químicas abaixo:

$$A(g) \underset{-1}{\overset{+1}{\rightleftarrows}} B(g) \underset{-2}{\overset{+2}{\rightleftarrows}} C(g) \quad e \quad A(g) \underset{-3}{\overset{+3}{\rightleftarrows}} C(g)$$

O índice positivo refere-se ao sentido da reação da esquerda para a direita e, o negativo, ao da direita para a esquerda. Sendo E_a a energia de ativação e ΔH a variação de entalpia, são feitas as seguintes afirmações, todas relativas às condições-padrão:

I. $\Delta H_{+3} = \Delta H_{+1} + \Delta H_{+2}$
II. $\Delta H_{+1} = -\Delta H_{-1}$
III. $E_{a+3} = E_{a+1} + E_{a+2}$
IV. $E_{a+3} = -E_{a-3}$

Das afirmações acima está(ão) CORRETA(S)

a) apenas I e II.
b) apenas I e III.
c) apenas II e IV.
d) apenas III.
e) apenas IV.

08 **(ITA 2003 / 2004)** Qual das opções a seguir apresenta a equação química balanceada para a reação de formação de óxido de ferro (II) sólido nas condições-padrão?

a) $Fe(s) + Fe_2O_3(s) \rightarrow 3\ FeO(s)$.
b) $Fe(s) + ½\ O_2(g) \rightarrow FeO(s)$.
c) $Fe_2O_3(s) \rightarrow 2\ FeO(s) + ½\ O_2(g)$.
d) $Fe(s) + CO(g) \rightarrow FeO(s) + C(graf)$.
e) $Fe(s) + CO_2(g) \rightarrow FeO(s) + C(graf) + ½\ O_2(g)$.

09 **(ITA 2003 / 2004)** Considere as reações representadas pelas seguintes equações químicas balanceadas:

I. $C_{10}H_8(s) + 12\ O_2(g) \rightarrow 10\ CO_2(g) + 4\ H_2O(g)$.
II. $C_{10}H_8(s) + 9/2\ O_2(g) \rightarrow C_6H_4(COOH)_2(s) + 2\ CO_2(g) + H_2O(g)$.
III. $C_6H_{12}O_6(s) + 6\ O_2(g) \rightarrow 6\ CO_2(g) + 6\ H_2O(g)$.
IV. $C_2H_5OH(l) + O_2(g) \rightarrow 2\ C(s) + 3\ H_2O(g)$.

Das reações representadas pelas equações acima, são consideradas reações de combustão

a) apenas I e III.
b) apenas I, II e III.
c) apenas II e IV.
d) apenas II, III e IV.
e) todas.

10 **(Olimpíada Portuguesa de Química 2004 Grécia 2003)** Misturam-se num calorímetro 10 mL de solução de HCl com 10 mL de solução de NaOH, ambas com a concentração 1 mol/L, registrando-se um aumento da temperatura da mistura ΔT. Usando apenas 5 mL de NaOH (em vez dos 10 mL), a variação de temperatura será:
[Ignorar perdas de calor e considerar iguais os calores específicos das soluções]

a) $(1/2) \times \Delta T$
b) $(2/3) \times \Delta T$
c) $(3/4) \times \Delta T$
d) ΔT

11 **(ITA 2002 / 2003)** Considere as seguintes comparações de calores específicos dos respectivos pares das substâncias indicadas.

I.	tetracloreto de carbono	(l, 25°C)	>	metanol	(l, 25°C)
II.	água pura	(l, -5°C)	>	água pura	(s, -5°C)
III.	alumina	(s, 25°C)	>	alumínio	(s, 25°C)
IV.	isopor	(s, 25°C)	>	vidro de janela	(s, 25°C)

Das comparações feitas, está(ão) **CORRETA(S)**

a) apenas I e II.
b) apenas I, II e III.
c) apenas II.
d) apenas III e IV.
e) apenas IV.

12 **(Olimpíada Brasileira de Química 2002)** A partir das entalpias das reações dadas abaixo:

2 C(grafite) + 2 $H_2 \rightarrow C_2H_4(g)$ $\Delta H^0 = +52,0$ kJ

$C_2H_4Cl_2(g) \rightarrow Cl_2(g) + C_2H_4(g)$ $\Delta H^0 = +116,0$ kJ

Podemos concluir que a entalpia molar de formação (em kJ/mol) do $C_2H_4Cl_2(g)$, será igual a:

a) –64 kJ/mol
b) +64 kJ/mol
c) –168 kJ/mol
d) +168 kJ/mol
e) +220 kJ/mol

13 **(ITA 2001 / 2002)** A figura abaixo mostra como a capacidade calorífica, Cp, de uma substância varia com a temperatura, sob pressão constante.

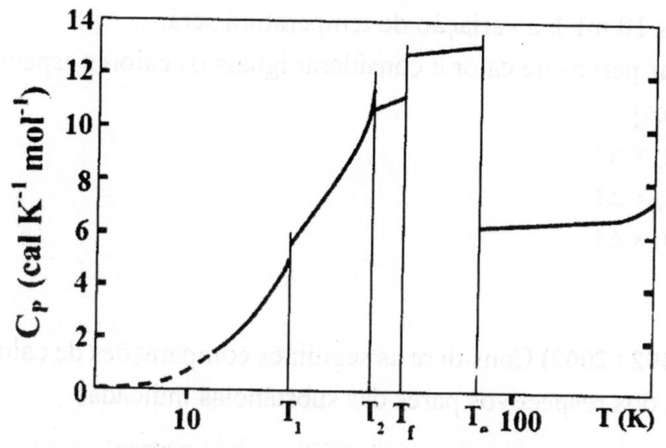

Considerando as informações mostradas na figura acima, é **ERRADO** afirmar que

a) a substância em questão, no estado sólido, apresenta mais de uma estrutura cristalina diferente.
b) a capacidade calorífica da substância no estado gasoso é menor do que aquela no estado líquido.
c) quer esteja a substância no estado sólido, líquido ou gasoso, sua capacidade calorífica aumenta com o aumento da temperatura.
d) caso a substância se mantenha no estado líquido em temperaturas inferiores a Tf, a capacidade calorífica da substância líquida é maior do que a capacidade calorífica da substância na fase sólida estável em temperaturas menores do que Tf.

e) a variação de entalpia de uma reação envolvendo a substância em questão no estado líquido aumenta com o aumento da temperatura.

14 (ITA 2001 / 2002) Considere uma reação química representada pela equação: Reagentes → Produtos. A figura abaixo mostra esquematicamente como varia a energia potencial (Ep) deste sistema reagente em função do avanço da reação química. As letras **a**, **b**, **c**, **d** e **e** representam diferenças de energia.

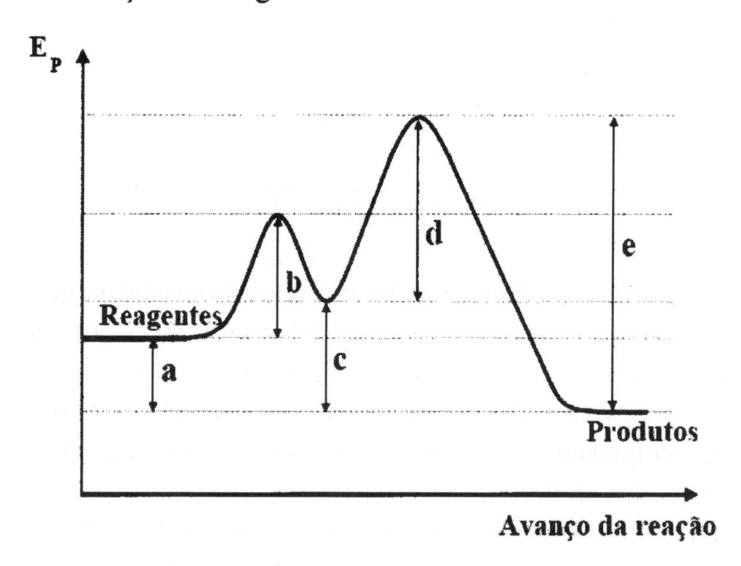

Com base nas informações apresentadas na figura é **CORRETO** afirmar que

a) a energia de ativação da reação direta é a diferença de energia dada por **c – a + d**.

b) a variação de entalpia da reação é a diferença de energia dada por **e – d**.

c) a energia de ativação da reação direta é a diferença de energia dada por **b + d**.

d) a variação de entalpia da reação é a diferença de energia dada por **e – (a + b)**.

e) a variação de entalpia da reação é a diferença de energia dada por **e**.

15 **(ITA 2000 / 2001)** A figura abaixo mostra como a entalpia dos reagentes e dos produtos de uma reação química do tipo A(g) + B(g) → C(g) varia com a temperatura.

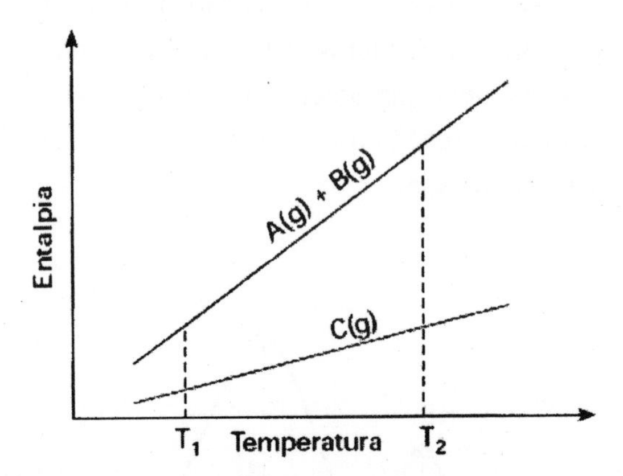

Levando em consideração as informações fornecidas nesta figura, e sabendo que a variação de entalpia (ΔH) é igual ao calor trocado pelo sistema à pressão constante, é **ERRADO** afirmar que

a) na temperatura T_1 a reação ocorre com liberação de calor.

b) na temperatura T_1, a capacidade calorífica dos reagentes é maior que a dos produtos.

c) no intervalo de temperatura compreendido entre T_1 e T_2, a reação ocorre com absorção de calor (ΔH > zero).

d) o ΔH, em módulo, da reação aumenta com o aumento de temperatura.

e) tanto a capacidade calorífica dos reagentes como a dos produtos aumentam com o aumento da temperatura.

16 **(ITA 2000 / 2001)** Justificar por que cada uma das **cinco** opções da **questão anterior** está **CORRETA** ou **ERRADA**.

17 **(Olimpíada Norte-Nordeste de Química 2006)** A energia obtida na oxidação da glicose fornece metade da energia necessária ao organismo humano. As entalpias de formação (ΔH_f) de glicose, dióxido de carbono e água no estado líquido são, respectivamente:

- 1268 kJ/mol; - 393,5 kJ/mol e - 285,8 kJ/mol.

a) Escreva a equação da reação de oxidação completa da glicose.
b) Calcule a entalpia de combustão da glicose.
c) Calcule a massa de glicose necessária para um coração humano bater por um ano, se ele bate, exatamente 70 vezes por minuto, e uma batida requer 1,00 J de energia.
d) Calcule o número de vezes que uma pessoa tem que respirar somente para manter o coração trabalhando. Considere que a cada respiração são inalados 500 mL de ar, que o volume de oxigênio usado é 5% do ar inalado e que, à temperatura do corpo humano, o volume molar do oxigênio é de 25,4 dm^3/mol.

18 (Olimpíada Portuguesa de Química 2006) Ligação química

A curva de energia potencial das espécies moleculares HF e HI (energia em função da distância entre os átomos, **r**) está representada no gráfico abaixo. A partir do gráfico, responda às questões seguintes.

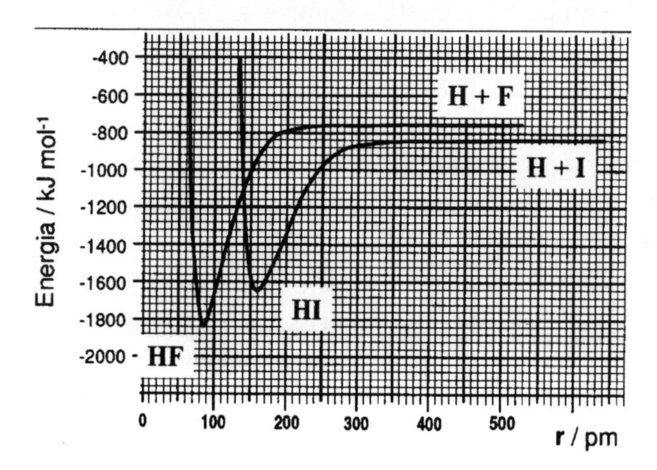

a) Quais os comprimentos de ligação nestas duas moléculas?
b) Qual a energia libertada na formação de HF a partir de H + F?
c) Qual é a energia necessária para provocar a dissociação do HI?
d) Qual o valor da distância (**r**) a partir da qual se pode dizer que os átomos de H e I deixam de ter interação mútua? Justificar brevemente.
e) Qual a energia da reação HF + I → HI + F?

19 (ITA 2005 / 2006) Uma substância A apresenta as seguintes propriedades:

Temperatura de fusão a 1 atm	= -20°C	Calor específico de A(s)	= 1,0 J g^{-1}°C^{-1}
Temperatura de ebulição a 1 atm	= 85°C	Calor específico de A(l)	= 2,5 J g^{-1}°C^{-1}
Variação de entalpia de fusão	= 180 J g^{-1}	Calor específico de A(g)	= 0,5 J g^{-1}°C^{-1}
Variação de entalpia de vaporização	= 500 J g^{-1}		

À pressão de 1 atm, uma amostra sólida de 25 g da substância A é aquecida de -40°C até 100°C, a uma velocidade constante de 450 J min^{-1}. Considere que todo calor fornecido é absorvido pela amostra. Construa o gráfico de temperatura (°C) versus tempo (min) para todo o processo de aquecimento considerado, indicando claramente as coordenadas dos pontos iniciais e finais de cada etapa do processo. Mostre os cálculos necessários.

20 (IME 2004 / 2005) O consumo de água quente de uma casa é de 0,489 m^3 por dia. A água está disponível a 10,0°C e deve ser aquecida até 60,0°C pela queima de gás propano. Admitindo que não haja perda de calor para o ambiente e que a combustão seja completa, calcule o volume (em m^3) necessário deste gás, medido a 25,0°C e 1,00 atm, para atender à demanda diária.

Folha de dados:	constante dos gases:	R = 82,0·10^{-6} m^3·atm/K·mol
	massa específica da água:	1,00·10^3 kg/m^3
	calor específico da água:	1,00 kcal/kg·°C
	calores de formação a 298 K a partir de seus elementos:	$C_3H_8(g)$ = –25,0 kcal/mol $H_2O(g)$ = –58,0 kcal/mol $CO_2(g)$ = –94,0 kcal/mol

21 (ITA 2003 / 2004) Um dos sistemas propelentes usados em foguetes consiste de uma mistura de hidrazina (N_2H_4) e peróxido de hidrogênio (H_2O_2). Sabendo que o ponto triplo da hidrazina corresponde à temperatura de 2,0°C e à pressão de 3,4 mmHg, que o ponto crítico corresponde à temperatura de 380°C e à pressão de 145 atm e que na pressão de 1 atm as temperaturas de fusão e de ebulição são iguais a 1,0 e 113,5°C, respectivamente, pedem-se:

a) Um esboço do diagrama de fases da hidrazina para o intervalo de pressão e temperatura considerados neste enunciado.

b) A indicação, no diagrama esboçado no item a), de todos os pontos indicados no enunciado e das fases presentes em cada região do diagrama.

c) A equação química completa e balanceada que descreve a reação de combustão entre hidrazina e peróxido de hidrogênio, quando estes são misturados numa temperatura de 25°C e pressão de 1 atm. Nesta equação, indique os estados físicos de cada substância.

d) O cálculo da variação de entalpia da reação mencionada em c).

Dados eventualmente necessários: variação de entalpia de formação (ΔH_f^0), na temperatura de 25°C e pressão de 1 atm, referem-se a:

$N_2H_4(g)$: $\Delta H_f^0 = 95{,}4$ kJ mol^{-1} $N_2H_4(l)$: $\Delta H_f^0 = 50{,}6$ kJ mol^{-1}

$H_2O_2(l)$: $\Delta H_f^0 = -187{,}8$ kJ mol^{-1} $H_2O(g)$: $\Delta H_f^0 = -241{,}8$ kJ mol^{-1}

22 (Olimpíada Portuguesa de Química 2003 Grécia 2003 Problemas Preparatórios) Ligação Química: o cátion molecular O_2^{2+}

O_2^{2+} é uma molécula cuja existência é inesperada. De fato, seria de esperar que a repulsão entre dois cátions O^+ tornasse impossível a formação do O_2^{2+}. Contudo, o cátion O_2^{2+} foi já observado experimentalmente. Embora as forças de repulsão sejam importantes a curta distância, a formação de uma ligação covalente tripla $[O{\equiv}O]^{2+}$ estabiliza o sistema.

A curva de energia potencial desta molécula (energia em função da distância O – O) está representada no gráfico abaixo. A partir do gráfico, responda às questões seguintes.

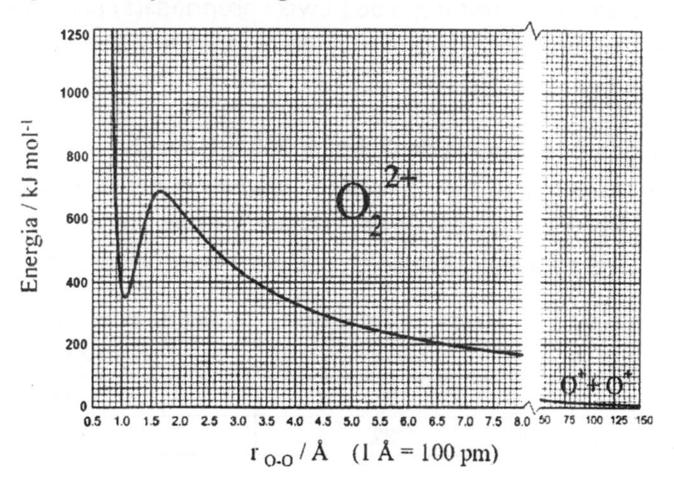

1 Qual deve ser a energia cinética mínima de dois íons O^+ para que da sua colisão resulte a formação de O_2^{2+}?
2 Qual a distância mínima a que se devem aproximar dois íons O^+ para formar O_2^{2+}?
3 Qual a energia necessária para provocar a dissociação do O_2^{2+}?
4 Foi afirmado que o O_2^{2+} poderia ser usado para armazenar energia. Sendo verdade, que quantidade de energia poderia ser armazenada por molécula de O_2^{2+}?
5 Qual é o comprimento da ligação O – O nesta molécula?
6 Tendo em conta a ordem de ligação, o comprimento de ligação O – O na molécula de O_2 será menor ou maior que no cátion O_2^{2+}?

23 (Olimpíada Argentina de Química 2002) A metilhidrazina (CH_6N_2) é queimada com tetróxido de dinitrogênio nos motores de controle de altitude do ônibus espacial e a reação pode ser representada pela seguinte equação:

$4\ CH_6N_2(l) + 5\ N_2O_4(l) \rightarrow 4\ CO_2(g) + 12\ H_2O(l) + 9\ N_2(g)$

As duas substâncias reagem instantaneamente quando se põem em contacto, produzindo uma temperatura de chama de 3000 K. A energia liberada por 0,100 g de CH_6N_2 à temperatura atmosférica constante depois de que os produtos esfriaram para 25°C é de 750 J.

a) Calcular o ΔH por mol de metilhidrazina consumida.
b) Quanta energia (expressa em kJ) é liberada na produção de 44,0 g de N_2?
c) Desenhe a(s) estrutura(s) de Lewis apropriada(s) para descrever as ligações químicas da molécula de N_2O_4. (Os átomos de nitrogênio estão ligados entre si).

24 (Olimpíada Portuguesa de Química 2002) Energia

Três jovens químicos são chamados a ajudar um Rei com muitos problemas... O Rei disse: preciso do vosso conselho, pois vou escolher um novo combustível para aquecimento do palácio e hesito entre 3 propostas:

Combustível	Massa molar/ g mol^{-1}	Calor de combustão/ kJ mol^{-1}
Octano (C_8H_{18})	114	5448
Etino (C_2H_2)	26	1299
Metanol (CH_3OH)	32	726

O forneiro-mor está preocupado com o peso dos depósitos de combustível; a minha filha preocupa-se com o CO_2 libertado e o efeito estufa... quero saber qual destes combustíveis produz maior quantidade de calor por quilograma queimado, e qual liberta a menor quantidade de CO_2 por kJ de calor produzido.

25 (IME CG 2001 / 2002) Calcule o calor da reação

$$H_2(g) + Cl_2(g) \rightarrow 2\ HCl(g)$$

a 25°C, sabendo-se que as energias de ligação de H_2, Cl_2 e HCl à mesma temperatura e 1 atm são iguais a +436 kJ mol^{-1}, +243 kJ mol^{-1} e +431 kJ mol^{-1}, respectivamente.

26 (Olimpíada Norte-Nordeste de Química 2001) Dado o gráfico abaixo, que representa a energia, em kcal/mol, posta em jogo no decorrer de uma reação química:

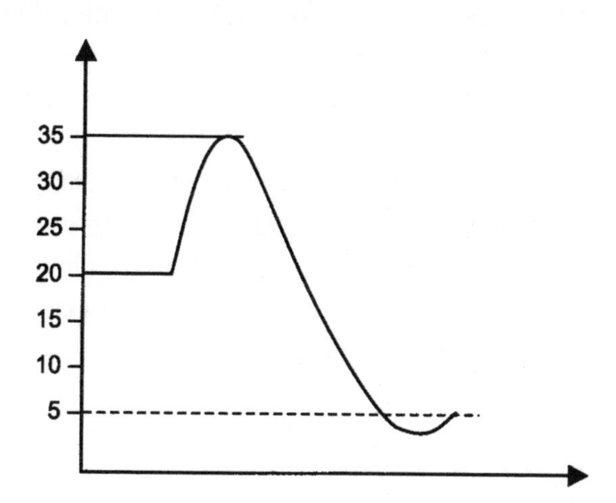

a) Indique a grandeza que deve ser representada no eixo dos "x";
b) Indique a grandeza que deve ser representada no eixo dos "y";
c) Classifique a reação, segundo a variação de energia ocorrida no processo;
d) Indique o efeito da adição de um catalisador, no perfil do gráfico;
e) Calcule a energia de ativação da reação "direta";
f) Calcule a variação de entalpia (ΔH) nesta reação.

27 (Olimpíada Brasileira de Química 2001) A queima de metano na presença de oxigênio pode produzir três produtos distintos, contendo carbono: fuligem (partículas muito pequenas de grafite), monóxido de carbono gasoso e dióxido de carbono gasoso.

a) Escreva três equações químicas equilibradas, correspondendo às reações de metano gasoso com oxigênio que levam a cada um dos produtos acima citados. Em todos os casos admita que o outro produto é a água, $H_2O(l)$;

b) Determina as entalpias padrões de cada uma das reações do item (a);

c) Por que, havendo oxigênio em quantidade suficiente, o $CO_2(g)$ é o produto "carbônico" predominante na combustão do metano?

Dados: ΔH_f^o (kJ/mol) CO(g) = -110,5 $CO_2(g)$ = -393,5 $H_2O(l)$ = -285,83 $CH_4(g)$ = -74,81

28 (IME CG 2000 / 2001) Uma bomba calorimétrica de cobre, hermeticamente fechada, de 1500 g de massa e 300 cm^3 de capacidade, pressurizada com oxigênio puro a 26,85°C, contém uma amostra de 3 g de carbono. Este conjunto é imerso num vaso adiabático que contém 2000 g de água. Quando a temperatura do sistema atinge 20°C, um dispositivo elétrico provoca a queima da amostra, consumindo completamente os reagentes e elevando a temperatura para 31,3°C. Calcule:

a) a pressão de O_2 antes da imersão da bomba no vaso;

b) a energia térmica liberada pela reação.

	Calor específico do cobre:	0,093 cal/g.K
Dados:	Calor específico da água:	1,00 cal/g.K
	Constante universal dos gases:	82,06 cm^3.atm/mol.K

29 (ITA 2000 / 2001) A 25ºC e pressão de 1 atm, a queima completa de um mol de n-hexano produz dióxido de carbono e água no estado gasoso e libera 3883 kJ, enquanto que a queima completa da mesma quantidade de n-heptano produz as mesmas substâncias no estado gasoso e libera 4498 kJ.

a) Escreva as equações químicas, balanceadas, para as reações de combustão em questão.

b) Utilizando as informações fornecidas no enunciado desta questão, faça uma estimativa do valor do calor de combustão do n-decano. Deixe claro o raciocínio utilizado na estimativa realizada.

c) Caso a água formada na reação de combustão do n-hexano estivesse no estado líquido, a quantidade de calor liberado seria MAIOR, MENOR OU IGUAL a 3883 kJ? Por quê?

30 (Olimpíada Portuguesa de Química 2000) Dados um copo com água, outro com HCl(aq) e outro com NaOH(aq) concentrados, todos à mesma temperatura, como fazer para retirar, o mais rapidamente possível, um diamante retido num cubo de gelo, usando estes líquidos. Justifique.

CAPÍTULO 5

Termodinâmica Química

01 (Olimpíada de Química do Rio de Janeiro 2007) A que temperatura as moléculas de O_2 teriam a mesma velocidade média dos átomos de He a 27°C?

a) 216°C
b) 300°C
c) 1000°C
d) 2127°C
e) 2700°C.

02 (Olimpíada de Química do Rio de Janeiro 2007) Sabe-se que a energia da luz azul é maior que a da luz vermelha. Então pode-se concluir que:

a) um fóton da luz vermelha é maior do que um fóton da luz azul.
b) os comprimentos de onda das duas são iguais, pois estes independem de energia.
c) a freqüência da luz vermelha é maior do que a freqüência da luz azul.
d) um fóton da luz azul é mais rápido do que o da luz vermelha.
e) o comprimento de onda da luz vermelha é maior do que o da luz azul.

03 (IME 2006 / 2007) Considere os seguintes processos conduzidos a 25°C e 1 atm:

(1) $4\ Fe(s) + 3\ O_2(g) \rightarrow 2\ Fe_2O_3(s)$
(2) $H_2O(s) \rightarrow H_2O(l)$

(3) $CH_4(g) + 2\ O_2(g) \rightarrow CO_2(g) + 2\ H_2O(g)$
(4) $Cu_2S(s) \rightarrow 2\ Cu(s) + S(s)$, com $\Delta G = +86{,}2$ kJ
(5) $S(s) + O_2(g) \rightarrow SO_2(g)$, com $\Delta G = -300{,}4$ kJ
(6) $Cu_2S(s) + O_2(g) \rightarrow 2Cu(s) + SO_2(g)$
(7) $2\ NO(g) + O_2(g) \rightarrow 2\ NO_2(g)$

Assinale a afirmativa correta.

a) Os processos (1), (4) e (5) não são espontâneos.
b) O processo (2) é exotérmico e apresenta variação de entropia positiva.
c) O processo (3) é endotérmico e apresenta variação de entropia negativa.
d) Os processos (2) e (7) apresentam variação de entropia positiva.
e) Os processos (1), (2) e (6) são espontâneos.

Obs: ΔG = Variação da energia livre de Gibbs

04 **(ITA 2006 / 2007)** Amostras de massas iguais de duas substâncias, I e II, foram submetidas independentemente a um processo de aquecimento em atmosfera inerte e a pressão constante. O gráfico abaixo mostra a variação da temperatura em função do calor trocado entre cada uma das amostras e a vizinhança.

Dados: ΔH_f e ΔH_v representam as variações de entalpia de fusão e de vaporização, respectivamente, e C_p é o calor específico.

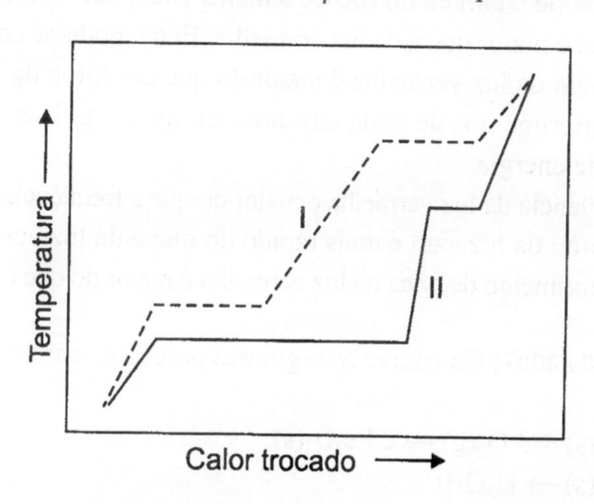

Assinale a opção ERRADA em relação à comparação das grandezas termodinâmicas.

a) $\Delta H_f(I) < \Delta H_f(II)$

b) $\Delta H_v(I) < \Delta H_v(II)$

c) $c_p,I(s) < c_p,II(s)$

d) $c_p,II(g) < c_p,I(g)$

e) $c_p,II(l) < c_p,I(l)$

05 **(ITA 2006 / 2007)** Um recipiente aberto contendo inicialmente 30 g de um líquido puro a 278 K, mantido à pressão constante de 1 atm, é colocado sobre uma balança. A seguir, é imersa no líquido uma resistência elétrica de 3Ω conectada, por meio de uma chave S, a uma fonte que fornece uma corrente elétrica constante de 2 A. No instante em que a chave S é fechada, dispara-se um cronômetro. Após 100 s, a temperatura do líquido mantém-se constante a 330 K e verifica-se que a massa do líquido começa a diminuir a uma velocidade constante de 0,015 g/s. Considere a massa molar do líquido igual a M. Assinale a opção que apresenta a variação de entalpia de vaporização (em J/mol) do líquido.

a) 500 M
b) 600 M
c) 700 M
d) 800 M
e) 900 M

06 **(ITA 2006 / 2007)** Utilizando o enunciado da questão anterior, assinale a opção que apresenta o valor do trabalho em módulo (em kJ) realizado no processo de vaporização após 180 s de aquecimento na temperatura de 330 K.

a) 4,4 / M
b) 5,4 / M
c) 6,4 / M
d) 7,4 / M
e) 8,4 / M

07 **(Olimpíada de Química do Rio de Janeiro 2006)** Quantos fótons de luz violeta com comprimento de onda de 4000 Å são equivalentes a 1 J de energia?

a) $6,3 \times 10^{15}$
b) $7,5 \times 10^{14}$
c) $4,0 \times 10^{10}$
d) $2,0 \times 10^{18}$
e) impossível saber, já que a energia de um fóton é desconhecida.

08 (Olimpíada de Química do Rio de Janeiro 2006) Marque a sentença correta:

a) a energia interna de um gás ideal depende da temperatura, mas não depende da pressão.
b) a entropia mede a idade do universo.
c) durante reações químicas espontâneas há um aumento de entropia (não existe exceção).
d) a entropia de substâncias elementares é igual a zero por definição.
e) as reações químicas espontâneas ocorrem sempre com liberação de energia.

09 (ITA 2005 / 2006) Considere as seguintes afirmações a respeito da variação, em módulo, da entalpia (ΔH) e da energia interna (ΔU) das reações químicas, respectivamente representadas pelas equações químicas abaixo, cada uma mantida a temperatura e pressão constantes:

I. $H_2O(g) + 1/2\ O_2(g) \rightarrow H_2O_2(g)$; $|\Delta H_I| > |\Delta U_I|$
II. $4\ NH_3(g) + N_2(g) \rightarrow 3\ N_2H_4(g)$; $|\Delta H_{II}| < |\Delta U_{II}|$
III. $H_2(g) + F_2(g) \rightarrow 2\ HF(g)$; $|\Delta H_{III}| < |\Delta U_{III}|$
IV. $HCl(g) + 2\ O_2(g) \rightarrow HClO_4(l)$; $|\Delta H_{IV}| < |\Delta U_{IV}|$
V. $CaO(s) + 3\ C(s) \rightarrow CO(g) + CaC_2(s)$; $|\Delta H_V| < |\Delta U_V|$

Das afirmações acima, estão CORRETAS

a) apenas I, II e V.
b) apenas I, III e IV.
c) apenas II, IV e V.
d) apenas III e V.
e) todas.

10 (ITA 2005 / 2006) Uma reação química hipotética é representada pela seguinte equação: $X(g) + Y(g) \rightarrow 3\ Z(g)$. Considere que esta reação seja realizada em um cilindro provido de um pistão, de massa desprezível, que se desloca sem atrito, mantendo-se constantes a pressão em 1 atm e a temperatura em 25°C. Em relação a este sistema, são feitas as seguintes afirmações:

I. O calor trocado na reação é igual à variação de entalpia.
II. O trabalho realizado pelo sistema é igual a zero.
III. A variação da energia interna é menor do que a variação da entalpia.
IV. A variação da energia interna é igual a zero.
V. A variação da energia livre de Gibbs é igual à variação de entalpia.

Então, das afirmações anteriores, estão CORRETAS

a) apenas I, II e IV
b) apenas I e III
c) apenas II e V
d) apenas III e IV
e) apenas III, IV e V

11 (ENADE 2005) Os carbonatos de metais alcalinos e alcalino-terrosos podem ser obtidos a partir de seus óxidos, conforme a equação abaixo:

$M_xO(s) + CO_2(g) \rightleftarrows M_xCO_3(s)$, para M = Na, K, Ca e Mg

O diagrama a seguir apresenta os valores da energia de Gibbs padrão, Δ_rG^θ, para a formação de alguns destes carbonatos, em função da temperatura.

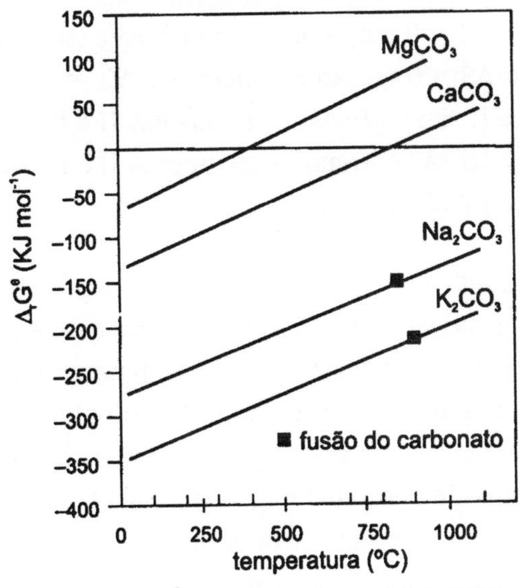

(MAIA & OSÓRIO. Quím. Nova, 26(4), 2003)

Com base neste diagrama, é correto afirmar que

a) a entropia de formação dos carbonatos é constante.
b) a entropia de formação dos carbonatos é positiva.
c) a formação dos carbonatos é favorecida pelo aumento de temperatura.
d) o carbonato de cálcio se decompõe espontaneamente acima de 400°C.
e) os carbonatos de metais alcalinos são mais instáveis que os de metais alcalino-terrosos.

12 (Olimpíada Brasileira de Química 2005) Dentre as radiações eletromagnéticas citadas abaixo, assinale aquela que apresenta o menor comprimento de onda:

a) visível
b) ultravioleta
c) microondas
d) infravermelho
e) ondas de rádio

13 (Olimpíada Brasileira de Química 2005) Analise as proposições para previsão da ocorrência de uma transformação química, sob pressão e temperatura constantes:

I. $\Delta H > 0$ e $\Delta S > 0$ reação não espontânea e $\Delta G < 0$;
II. $\Delta H < 0$ e $\Delta S > 0$ reação espontânea e $\Delta G < 0$;
III. $\Delta H > 0$ e $\Delta S < 0$ reação não espontânea e $\Delta G > 0$;
IV. $\Delta H < 0$ e $\Delta S < 0$ reação espontânea e $\Delta G = 0$.

a) apenas I e II são corretas
b) apenas I e III são corretas
c) apenas I e IV são corretas
d) apenas II e III são corretas
e) apenas II e IV são corretas

14 (ITA 2004 / 2005) Um cilindro provido de um pistão móvel, que se desloca sem atrito, contém 3,2 g de gás hélio que ocupa um volume de 19,0 L sob pressão $1{,}2 \times 10^5\ N\ m^{-2}$. Mantendo a pressão constante, a temperatura do gás é diminuída de 15 K e o volume ocupado pelo gás diminui para 18,2 L. Sabendo que a capacidade calorífica molar do gás hélio à pressão constante é igual a $20{,}8\ J\ K^{-1}\ mol^{-1}$, a variação da energia interna neste sistema é aproximadamente igual a

a) -0,35 kJ.
b) -0,25 kJ.
c) -0,20 kJ.
d) -0,15 kJ.
e) -0,10 kJ.

15 (Olimpíada Brasileira de Química 2004) Assinale a opção que apresenta valores de ΔH e ΔS para uma reação que ocorre espontaneamente a qualquer temperatura:

a) $\Delta H < 0$ e $\Delta S < 0$
b) $\Delta H > 0$ e $\Delta S < 0$
c) $\Delta H > 0$ e $\Delta S = 0$
d) $\Delta H = 0$ e $\Delta S < 0$
e) $\Delta H < 0$ e $\Delta S > 0$

16 (ITA 2003 / 2004) Considere as reações representadas pelas seguintes equações químicas balanceadas:

a. $C_2H_5OH(l) + O_2(g) \rightarrow 2\ C(s) + 3\ H_2O(g)$ $\Delta H_I(T); \Delta E_I(T)$

b. $C_2H_5OH(l) + 2\ O_2(g) \rightarrow 2\ CO(g) + 3\ H_2O(l)$ $\Delta H_{II}(T); \Delta E_{II}(T)$

sendo $\Delta H(T)$ e $\Delta E(T)$, respectivamente, as variações da entalpia e da energia interna do sistema na temperatura T. Assuma que as reações acima são realizadas sob pressão constante na temperatura T, e que a temperatura dos reagentes é igual à dos produtos.

Considere que, para as reações representadas pelas equações acima, sejam feitas as seguintes comparações:

I. $|\Delta E_I| = |\Delta E_{II}|$

II. $|\Delta H_I| = |\Delta H_{II}|$

III. $|\Delta H_{II}| > |\Delta E_{II}|$

IV. $|\Delta H_I| < |\Delta E_I|$

Das comparações acima, está(ão) **CORRETA(S)**:

a) apenas I. c) apenas II. e) apenas IV.
b) apenas I e II. d) apenas III.

17 (ITA 2003 / 2004) Considere as seguintes radiações eletromagnéticas:

I. Radiação gama.
II. Radiação visível.
III. Radiação ultravioleta.
IV. Radiação infravermelho.
V. Radiação microondas.

Dentre estas radiações eletromagnéticas, aquelas que, via de regra, estão associadas a transições eletrônicas em moléculas são

a) apenas I, II e III. c) apenas II e III. e) todas.
b) apenas I e IV. d) apenas II, III e IV.

18 (ITA 2002 / 2003) Sabendo que o estado fundamental do átomo de hidrogênio tem energia igual a -13,6 eV, considere as seguintes afirmações:

I. O potencial de ionização do átomo de hidrogênio é igual a 13,6 eV.
II. A energia do orbital 1s no átomo de hidrogênio é igual a -13,6 eV.
III. A afinidade eletrônica do átomo de hidrogênio é igual a -13,6 eV.

IV. A energia do estado fundamental da molécula de hidrogênio, $H_2(g)$, é igual a -(2 x 13,6) eV.

V. A energia necessária para excitar o elétron do átomo de hidrogênio do estado fundamental para o orbital 2s é menor do que 13,6 eV.

Das afirmações feitas, estão **ERRADAS**

a) apenas I, II e III.
b) apenas I e III.
c) apenas II e V.
d) apenas III e IV.
e) apenas III, IV e V.

19 **(ITA 2002 / 2003)** Num cilindro, provido de um pistão móvel sem atrito, é realizada a combustão completa de carbono (grafita). A temperatura no interior do cilindro é mantida constante desde a introdução dos reagentes até o final da reação. Considere as seguintes afirmações:

I. A variação da energia interna do sistema é igual a zero.

II. O trabalho realizado pelo sistema é igual a zero.

III. A quantidade de calor trocada entre o sistema e a vizinhança é igual a zero.

IV. A variação da entalpia do sistema é igual à variação da energia interna.

Destas afirmações, está(ão) **CORRETA(S)**

a) apenas I.
b) apenas I e IV.
c) apenas I, II e III.
d) apenas II e IV.
e) apenas III e IV.

20 **(Olimpíada Portuguesa de Química 2006) Uma breve história do Universo**

A Química é a linguagem da vida. A vida é baseada em átomos, moléculas e reações complexas que envolvem átomos e moléculas. Qual a origem dos átomos? De acordo com o modelo atualmente aceito, a formação de partículas complexas acompanhou a expansão e arrefecimento do universo.

A temperatura do Universo em expansão pode ser estimada a partir da equação

$$T = \frac{10^{10}}{t^{1/2}}$$

sendo **T** a temperatura média do universo em kelvins (K) e **t** a idade do universo em segundos (s).

a) Estimar a temperatura do universo quando este tinha a idade de 1 s e se iniciou a síntese dos núcleos de hélio.
b) Estimar a idade do universo quando este atingiu a temperatura de 3000 K e se formaram os primeiros átomos neutros.
c) As primeiras moléculas estáveis formaram-se quando a temperatura se tornou suficientemente baixa (cerca de 1000 K). Qual a idade do universo nessa altura?
d) Estimar a temperatura do universo ao fim de 300 milhões de anos, quando se formaram as primeiras estrelas e galáxias.
e) Estimar a temperatura média atual do universo, sabendo que a sua idade é de cerca de 15 mil milhões de anos.

21 (Olimpíada Portuguesa de Química 2006) Efeito Fotoelétrico

Em 2005 – Ano Internacional da Física – completam-se 50 anos da morte de Albert Einstein e 100 anos da publicação dos seus 3 artigos mais famosos. As descobertas de Albert Einstein deram também uma importante contribuição para o desenvolvimento da Química e as questões seguintes exploram algumas relações entre Einstein e a Química.

Para explicar o efeito fotoelétrico – um dos mistérios da Física no início do século XX – Einstein usou o conceito de quanta, proposto por Planck 5 anos antes, e uma suposição extraordinária: a de que um raio de luz, normalmente considerado uma onda, poderia também ser tratado como um feixe de partículas, denominadas fótons.

Quando uma superfície de sódio metálico é irradiada com fótons de freqüência $7{,}0 \times 10^{14}\ s^{-1}$, são ejetados elétrons com uma energia cinética de $5{,}8 \times 10^{-20}$ J.

a) Qual a energia mínima acima da qual um fóton pode arrancar um elétron ao sódio metálico, por efeito fotoelétrico?
[$h = 6{,}63 \times 10^{-34}$ J s]
b) Sabendo que os elementos $_3Li$, $_{11}Na$ e $_{19}K$ pertencem ao mesmo grupo da Tabela Periódica, prever, justificando, qual dos correspondentes metais – Li(s), Na(s) e K(s) – poderá apresentar efeito fotoelétrico quando irradiado com fótons de energia inferior à calculada no item anterior.

22 (ITA 2005 / 2006) Para cada um dos processos listados abaixo, indique se a variação de entropia será maior, menor ou igual a zero. Justifique suas respostas.

a) N_2 (g, 1 atm, T = 300 K) → N_2 (g, 0,1 atm, T = 300 K)
b) C (grafite) → C (diamante)
c) solução supersaturada → solução saturada
d) sólido amorfo → sólido cristalino
e) N_2 (g) → N_2 (g, adsorvido em sílica)

23 (Olimpíada Portuguesa de Química 2005) "CSI": O teste do Luminol

A solução de Luminol ($C_8H_7N_3O_2$) e H_2O_2 é utilizada em cenas de crime para detectar vestígios de sangue. Objetos que tenham estado em contacto com sangue contêm hemoglobina e Fe^{2+} (mesmo depois de limpos), originando manchas de brilho violeta quando aspergidas com a solução de Luminol.

De forma simplificada, o íon Fe^{2+} presente na hemoglobina catalisa a reação entre o Luminol e o H_2O_2, da qual resulta o íon 3-aminoftalato ($C_8H_5NO_4^{2-}$) num estado eletrônico excitado. Na transição para estado fundamental, o íon 3-aminoftalato emite uma radiação de comprimento de onda 425 nm.

1) Qual a freqüência da radiação emitida nesta reação?
2) Qual a diferença de energia entre os estados fundamental e excitado do íon 3-aminoftalato?
3) Classificar a reação de desexcitação do íon 3-aminoftalato como exoenergética ou endoenergética. Justificar.
4) De acordo com o processo descrito, o teste do Luminol só pode ser feito uma vez ou pode ser repetido várias vezes num mesmo objeto? Justificar.

[$c = 3{,}0 \times 10^8\ ms^{-1}$; $h = 6{,}6 \times 10^{-34}$ J s]

24 (Olimpíada Brasileira de Química 2004) O fenol (C_6H_5OH) é um composto utilizado industrialmente na produção de plásticos e corantes. Quando 2,0 g desse composto são queimados completamente, a quantidade de calor liberada é de 64,98 kJ. Utilize os dados da próxima tabela para responder às questões que seguem.

Substância	ΔH^0_f, 25°C (kJ/mol)	S^0, 25°C (J/mol.K)
C(grafite)	0,00	5,69
$H_2(g)$	0,00	130,6
$O_2(g)$	0,00	205,0
$CO_2(g)$	-395,5	213,6
$H_2O(g)$	-285,85	69,91
$C_6H_5OH(s)$	?	144,0

a) Calcule a entalpia padrão de combustão, ΔH_c, para o fenol, a 25°C.
b) Calcule a entalpia padrão de formação, ΔH_f, para o fenol, a 25°C.
c) Calcule o valor da energia livre, ΔG^0, para a reação de combustão do fenol, a 25°C.

25 (Olimpíada Portuguesa de Química 2004 Grécia 2003) A molécula de hidrogênio e o cátion molecular H_2^+

A curva de energia potencial destas espécies moleculares (energia em função da distância H – H) está representada no gráfico abaixo. A partir do gráfico, responda às questões seguintes.

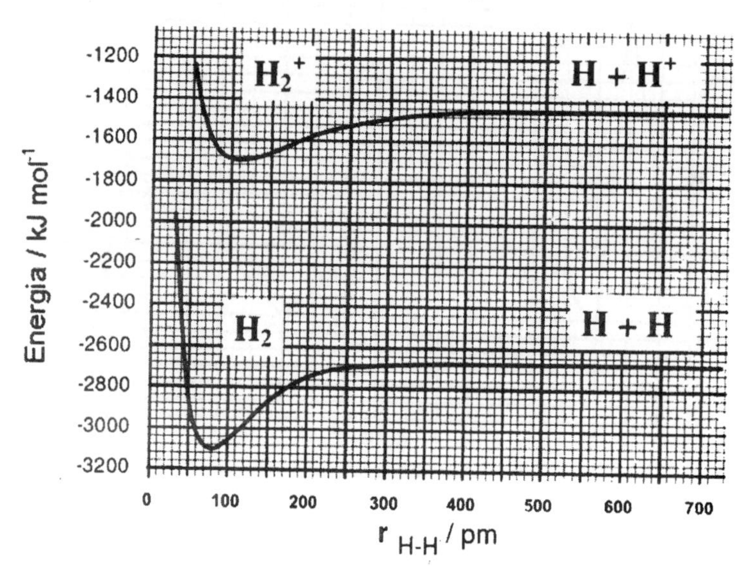

a) Quais os comprimentos de ligação H – H nestas duas espécies moleculares?
b) Quais as energias de ligação do H_2 e do H_2^+?

c) Qual a energia de ionização da molécula de H_2?
d) Qual a energia de ionização do átomo de hidrogênio, H?
e) Se a molécula de H_2 for ionizada por efeito de radiação eletromagnética de freqüência $3,9 \times 10^{15}$ Hz, qual será a velocidade dos elétrons extraídos?
[$h = 6,63 \times 10^{-34}$ J s; $N_A = 6,022 \times 10^{23}$ mol^{-1}; m_e (massa do elétron) $= 9,1 \times 10^{-31}$ kg]

26 (IME 2003 / 2004) A incidência de radiação eletromagnética sobre um átomo é capaz de ejetar o elétron mais externo de sua camada de valência. A energia necessária para a retirada deste elétron pode ser determinada pelo princípio da conservação de energia, desde que se conheça sua velocidade de ejeção.
Para um dado elemento, verificou-se que a velocidade de ejeção foi de $1,00 \times 10^6$ m/s, quando submetido a 1070,9 kJ/mol de radiação eletromagnética.

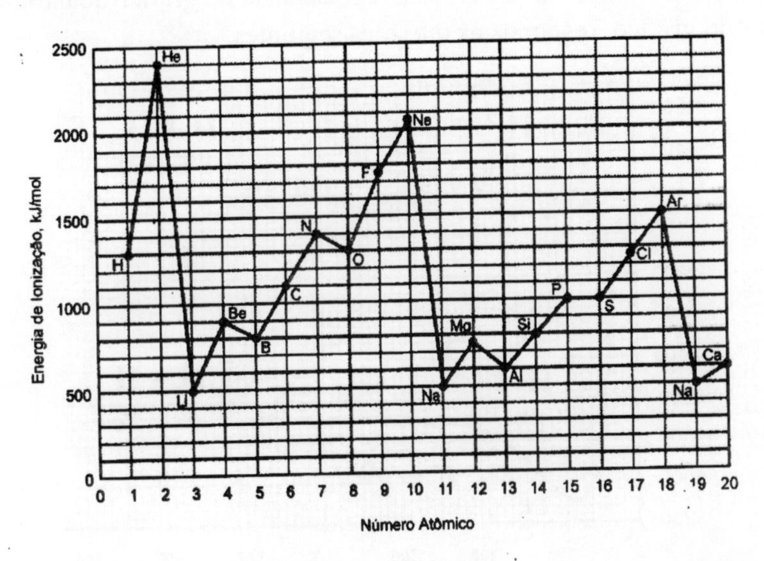

Considerando a propriedade periódica apresentada no gráfico (Energia de Ionização x Número Atômico) e a massa do elétron igual a $9,00 \times 10^{-31}$ kg, determine:

a) o elemento em questão, sabendo que este pertence ao terceiro período da Tabela Periódica;
do da Tabela Periódica;

b) o número atômico do próximo elemento do grupo;

c) as hibridizações esperadas para o primeiro elemento deste grupo.

Observação: após a realização da prova, membros da Comissão Organizadora do Concurso lamentaram a pequena imprecisão no número atômico 19, reportado como sódio e não como potássio. Este engano em nada atrapalha a resolução da questão.

27 **(IME 2002 / 2003)** O valor experimental para o calor liberado na queima de benzeno líquido a 25°C, com formação de dióxido de carbono e água líquida, é 780 kcal/mol. A combustão é feita em uma bomba calorimétrica a volume constante. Considerando comportamento ideal para os gases formados e R = 2,0 cal/mol.K, determine:

a) o calor padrão de combustão do benzeno a 25°C;

b) se o calor calculado no item anterior é maior ou menor quando a água é formada no estado gasoso. Justifique sua resposta.

28 **(Olimpíada Argentina de Química 2002)** Em um compartimento de uma bomba calorimétrica (volume constante) rodeado de 945 g de água, a combustão de 1,048 g de benzeno, $C_6H_6(l)$, elevou a temperatura da água desde 23,640°C a 32,692°C. A capacidade calorífica do calorímetro é de 891 $J°C^{-1}$ e a da água 4,184 $J\ g^{-1}°C^{-1}$.

a) Escreva a equação química balanceada para a reação de combustão do benzeno.

b) Calcule ΔU_{comb} (C_6H_6) expresso em $kJ\ mol^{-1}$.

29 **(IME 2001 / 2002)** Uma amostra de 0,640 g de naftaleno sólido $(C_{10}H_8)$ foi queimada num calorímetro de volume constante, produzindo somente dióxido de carbono e água. Após a reação, verificou-se um acréscimo de 2,4°C na temperatura do calorímetro. Sabendo-se que a capacidade calorífica do calorímetro era de 2570 cal/°C e considerando-se que a variação de pressão foi muito pequena, calcule a entalpia de formação do naftaleno.

Dados:		
	1) entalpia de formação do $CO_2(g)$:	–94,1 kcal/mol
	2) entalpia de formação da água(l):	–68,3 kcal/mol

30 (Olimpíada Portuguesa de Química 2001 IChO Lodz Polônia 1991)
A energia dos estados estacionários do átomo de hidrogênio é dada por $E_n = (-2{,}18 \times 10^{-18} / n^2)$ J, onde n é o número quântico principal. A série de Lyman corresponde a fótons emitidos por transições descendentes para o nível n = 1.

a) Calcular as diferenças de energia entre os níveis n = 2 e n = 1 e entre n = 7 e n = 1, no átomo de hidrogênio.

b) Em que zona do espectro da radiação electromagnética se situa a série de Lyman?

c) Um fóton emitido na primeira ou sexta linha da série de Lyman poderá
   i) ionizar outro átomo de hidrogênio no seu estado fundamental?
   ii) Remover um elétron num cristal de cobre (a energia mínima para remover um elétron do cobre metálico é $7{,}44 \times 10^{-19}$ J)?

31 (IME 2000 / 2001) Uma mistura de metano e ar atmosférico, a 298 K e 1 atm, entre em combustão num reservatório adiabático, consumindo completamente o metano. O processo ocorre a pressão constante e os produtos formados (CO_2, H_2O, N_2 e O_2) permanecem em fase gasosa. Calcule a temperatura final do sistema e a concentração molar final de vapor d´água, sabendo-se que a pressão inicial do CH_4 é de 1/16 atm e a do ar é de 15/16 atm. Considere o ar atmosférico constituído somente por N_2 e O_2 e o trabalho de expansão desprezível.

Dados:

Constante universal dos gases: $R = 0{,}082$ atm.L.mol^{-1}.K^{-1}

Entalpia de formação a 298K:
$CO_2(g)$ = -94050 cal/mol
$H_2O(g)$ = -57800 cal/mol
$CH_4(g)$ = -17900 cal/mol

Variação de entalpia ($H^0_T - H^0_{298\,K}$) em cal/mol:

T (K)	$CO_2(g)$	$H_2O(g)$	$N_2(g)$	$O_2(g)$
1700	17580	13740	10860	11470
2000	21900	17260	13420	14150

32 **(Olimpíada de Química Norte / Nordeste 2000)** Na tabela seguinte figuram as entalpias-padrão e as energias livres de formação de algumas substâncias iônicas cristalinas e em solução aquosa 1 m (molal):

Substância	ΔH_f^0 (kJ/mol)	ΔG_f^0 (kJ/mol)
$AgNO_3$(s)	-124,4	-33,4
$AgNO_3$(aq., 1m)	-101,7	-34,2
$MgSO_4$(s)	-1283,7	-1169,6
$MgSO_4$(aq., 1m)	-1374,8	-1198,4

a) escreva a reação de **formação** do $AgNO_3$(s). Com base nesta reação, a entropia do sistema aumenta ou diminui no processo de formação do $AgNO_3$(s)?

b) com os valores de ΔH_f^0 e de ΔG_f^0 do $AgNO_3$(s), determine a entropia de formação desta substância. O resultado é compatível com a resposta no item (**a**)?

c) a dissolução de $AgNO_3$(s) em água é um processo exotérmico ou endotérmico? E o da dissolução do $MgSO_4$(s) em água?

d) com os dados da tabela, calcule a variação de entropia das dissoluções de $AgNO_3$(s) e de $MgSO_4$(s) em água.

e) compare e discuta os resultados do item (**d**), em termos da variação de entropia dos processos de dissolução de sólidos cristalinos.

CAPÍTULO 6

Cinética Química

01 **(Olimpíada de Química do Rio de Janeiro 2007)** Uma reação qualquer tem a velocidade equacionada por v = k [A] [B]. Pode-se afirmar que a constante de velocidade k de reações químicas não depende de:

a) Temperatura
b) Energia de ativação
c) Energia cinética das moléculas
d) Pressão
e) Presença de catalisador

02 **(ITA 2006 / 2007)** Um recipiente fechado contendo a espécie química A é mantido a volume (V) e temperatura (T) constantes. Considere que essa espécie se decomponha de acordo com a equação:

$$A(g) \rightarrow B(g) + C(g)$$

A tabela abaixo mostra a variação da pressão total (P_t) do sistema em função do tempo (t):

t (s)	0	55	200	380	495	640	820
P_t (mmHg)	55	60	70	80	85	90	95

Considere sejam feitas as seguintes afirmações:

I. A reação química obedece à lei de velocidade de ordem zero.

II. O tempo de meia-vida da espécie A independe da sua pressão parcial.

III. Em um instante qualquer, a pressão parcial de A, P_A, pode ser calculada pela equação: $\mathbf{P_A = 2 . P_0 - Pt}$, em que P_0 é a pressão do sistema no instante inicial.

IV. No tempo de 640 s, a pressão P_i é igual a 45 mmHg, em que P_i é a soma das pressões parciais de B e C.

Então, das afirmações acima, está(ão) CORRETA(S):

a) apenas I e II.
b) apenas I e IV.
c) apenas II e III.
d) apenas II e IV.
e) apenas IV.

03 (Olimpíada de Química do Rio de Janeiro 2006) A reação

$$(CH_3)_3COH + Br^- \rightarrow (CH_3)_3CBr + OH^-$$

ocorre segundo as etapas:

$(CH_3)_3COH \rightarrow (CH_3)_3C^+ + OH^-$ (Etapa lenta)

$(CH_3)_3C^+ + Br^- \rightarrow (CH_3)_3CBr$ (Etapa rápida)

A lei de velocidade da reação pode ser dada por:

a) $v = K\left[(CH_3)_3COH\right]\left[Br^-\right]$

b) $v = K\left[(CH_3)_3COH\right]$

c) $v = K\left[(CH_3)_3CBr\right]\left[OH^-\right]$

d) $v = K\left[(CH_3)_3C^+\right]\left[OH^-\right]$

e) $v = K\left[(CH_3)_3C^+\right]\left[Br^-\right]$

04 (Olimpíada Brasileira de Química 2006) Considere a reação entre um prego de ferro e solução de ácido clorídrico descrita pela equação:

$$Fe + 2\,HCl \rightarrow FeCl_2 + H_2$$

A velocidade da reação pode ser medida de diferentes maneiras e representada graficamente. Dentre os gráficos, o que representa corretamente a velocidade dessa reação é:

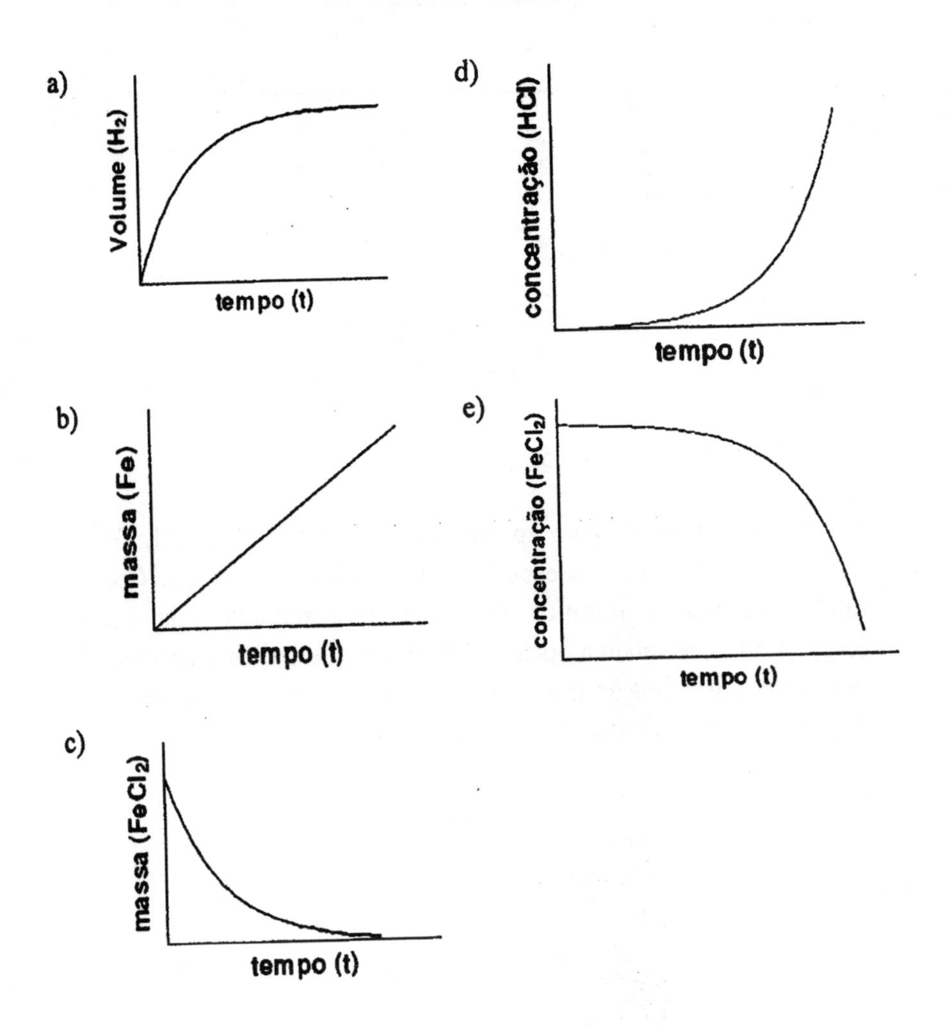

05 (ITA 2005 / 2006) Considere quatro séries de experimentos em que quatro espécies químicas (X, Y, Z e W) reagem entre si, à pressão e temperatura constantes. Em cada série, fixam-se as concentrações de três espécies e varia-se a concentração (C_0) da quarta. Para cada série, determina-se a velocidade inicial da reação (v_0) em cada experimento. Os resultados de cada série são apresentados na figura, indicados pelas curvas X, Y, Z e W, respectivamente. Com base nas informações fornecidas, assinale a opção que apresenta o valor CORRETO da ordem global da reação química.

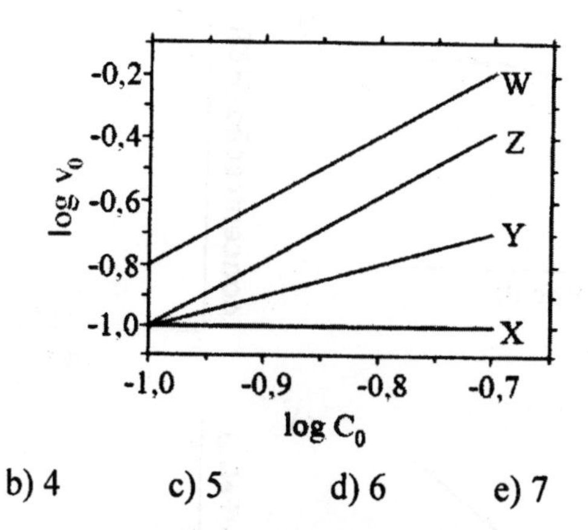

a) 3 b) 4 c) 5 d) 6 e) 7

06 (ITA 2005 / 2006) A figura apresenta cinco curvas (I, II, III, IV e V) da concentração de uma espécie **X** em função do tempo. Considerando uma reação química hipotética representada pela equação $X(g) \rightarrow Y(g)$, assinale a opção CORRETA que indica a curva correspondente a uma reação química que obedece a uma lei de velocidade de segunda ordem em relação à espécie **X**.

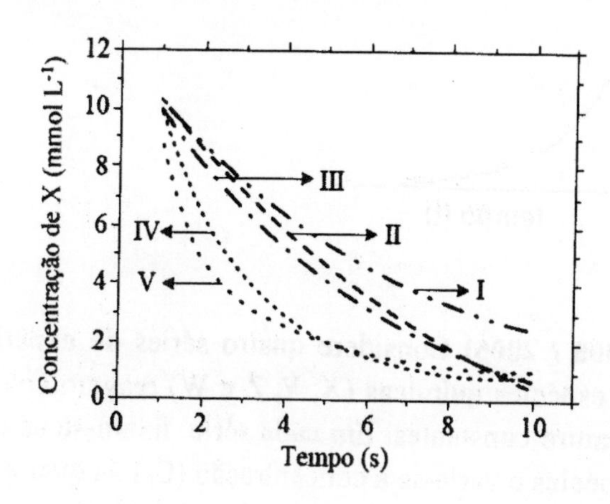

a) Curva I
b) Curva II
c) Curva III
d) Curva IV
e) Curva V

07 (ITA 2004 / 2005) Considere as seguintes equações que representam reações químicas genéricas e suas respectivas equações de velocidade:

I. A → produtos $v_I = k_I [A]$

II. 2 B → produtos $v_{II} = k_{II} [B]^2$

Considerando que, nos gráficos, [X] representa a concentração de A e de B para as reações I e II, respectivamente, assinale a opção que contém o gráfico que melhor representa a lei de velocidade das reações I e II.

a)
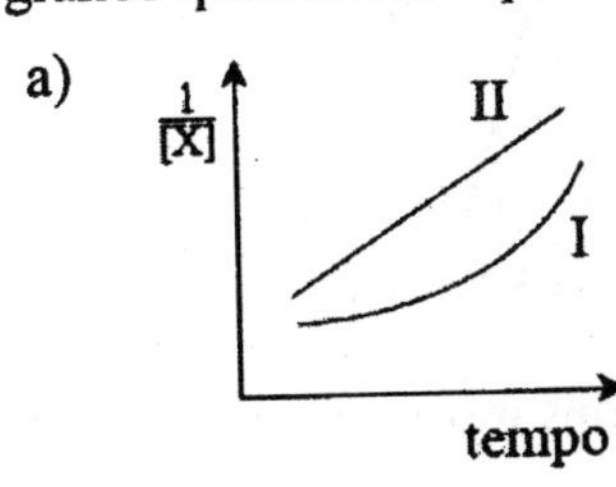

d)
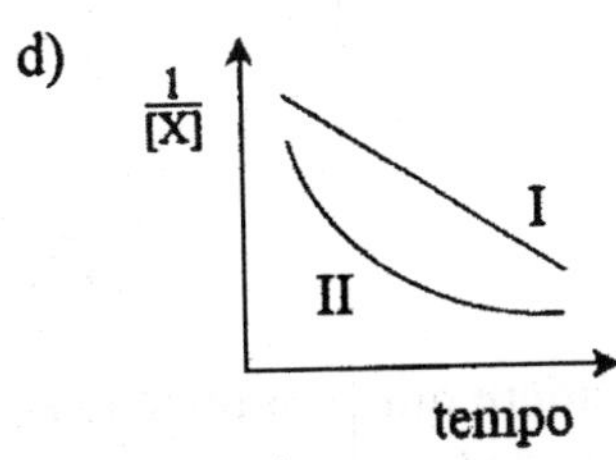

b)
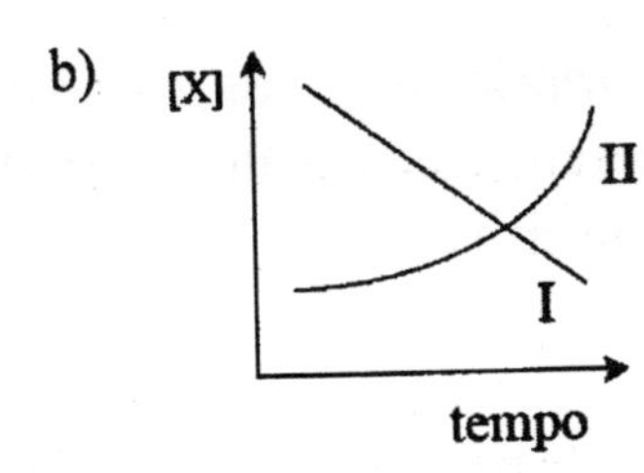

e)
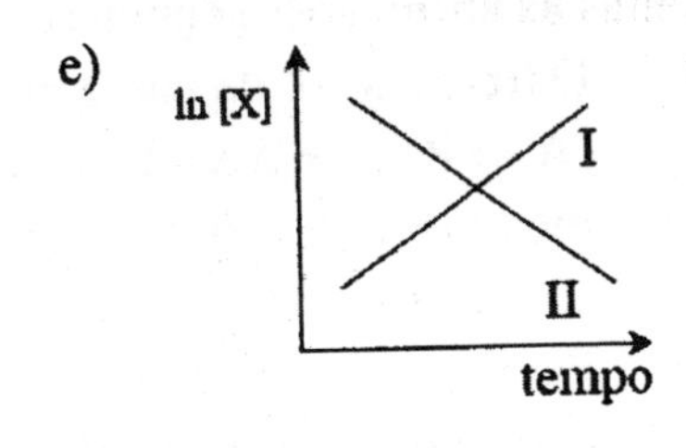

c)
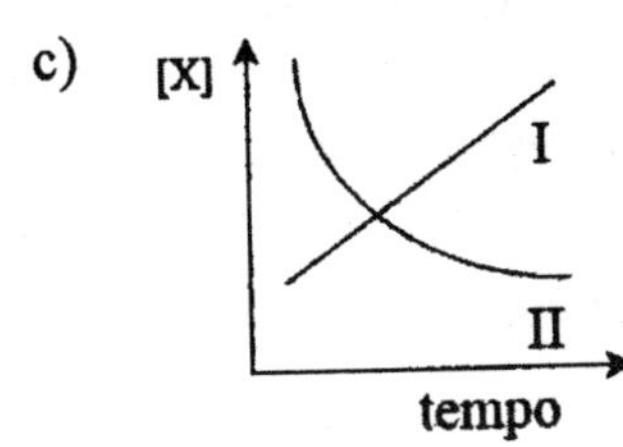

08 (Olimpíada Brasileira de Química 2004) Para a reação:

$$2\,NO(g) + Cl_2(g) \rightarrow 2\,NOCl(g)$$

a equação de velocidade é dada por $V = k.\,[NO]^2\,.\,[Cl_2]$.

Se as concentrações de NO e Cl_2, no início da reação são, ambas, iguais a 0,02 $mol.dm^{-3}$, então, a velocidade desta reação, quando a concentração de NO houver diminuído para 0,01 $mol.dm^{-3}$ será igual a:

a) $1,0 \times 10^{-4}$ k
b) $1,5 \times 10^{-4}$ k
c) $5,0 \times 10^{-4}$ k
d) $1,5 \times 10^{-6}$ k
e) $5,0 \times 10^{-6}$ k

09 **(ITA 2003 / 2004)** A figura a seguir mostra como o valor do logaritmo da constante de velocidade (k) da reação representada pela equação química $A \xrightarrow{k} R$ varia com o recíproco da temperatura.

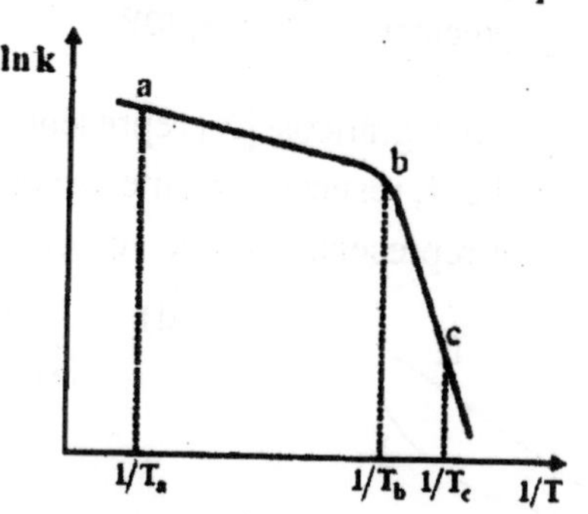

Considere que, em relação às informações mostradas na figura, sejam feitas as afirmações seguintes:

I. O trecho a – b da curva mostra a variação de ln k da reação direta ($A \rightarrow R$) com o recíproco da temperatura, enquanto o trecho b – c mostra como varia ln k da reação inversa ($R \rightarrow A$) com o recíproco da temperatura.

II. Para temperaturas menores que T_b, o mecanismo controlador da reação em questão é diferente daquele para temperaturas maiores que Tb.

III. A energia de ativação da reação no trecho a – b é menor que a no trecho b – c.

IV. A energia de ativação da reação direta ($A \rightarrow R$) é menor que a da reação inversa ($R \rightarrow A$).

Das afirmações acima, está(ão) **CORRETA(S)**

a) apenas I e IV.
b) apenas I, II e IV.
c) apenas II.
d) apenas II e III.
e) apenas III.

10 **(Olimpíada Brasileira de Química 2003)** Assinale a opção que corresponde à fração de substrato que reagiu, em uma reação de primeira ordem, após um período de quatro vezes a meia-vida:

a) 15/16
b) 1/16
c) 7/8
d) 3/4
e) 1/4

11 **(ITA 2002 / 2003)** A decomposição química de um determinado gás A(g) é representada pela equação: A(g) → B(g) + C(g). A reação pode ocorrer numa mesma temperatura por dois caminhos diferentes (I e II), ambos com lei de velocidade de primeira ordem. Sendo v a velocidade da reação, k a constante de velocidade, ΔH a variação de entalpia da reação e $t_{1/2}$ o tempo de meia-vida da espécie A, é **CORRETO** afirmar que

a) $\Delta H_I < \Delta H_{II}$

b) $\frac{k_I}{k_{II}} = \frac{(t_{1/2})_{II}}{(t_{1/2})_I}$

c) $k_I = \frac{[B][C]}{[A]}$

d) $v_{II} = k_{II}\frac{[B][C]}{[A]}$

e) $\frac{v_I}{v_{II}} = \frac{k_{II}}{k_I}$

12 **(ITA 2002 / 2003)** Considere a reação representada pela equação química 3 A(g) + 2 B(g) → 4 E(g). Esta reação ocorre em várias etapas, sendo que a etapa mais lenta corresponde à reação representada pela seguinte equação química: A(g) + C(g) → D(g). A velocidade inicial desta última reação pode ser expressa por $-\frac{\Delta[A]}{\Delta t} = 5{,}0 \text{ mol s}^{-1}$. Qual é a velocidade inicial da reação (mol s^{-1}) em relação à espécie E?

a) 3,8.
b) 5,0.
c) 6,7.
d) 20.
e) 60.

13 **(Olimpíada Brasileira de Química 2002)** Moléculas de butadieno (C_4H_6) podem acoplar para formar C_8H_{12}. A expressão da velocidade para esta reação é: $v = k[C_4H_6]^2$, e a constante de velocidade estimada é 0,014 L/mol.s. Se a concentração inicial de C_4H_6 é 0,016 mol/L, o tempo, em segundos, que deverá se passar para que a concentração decaia para 0,0016 mol/L, será da ordem de:

a) 10^{-2}
b) 10^{-1}
c) 10^{2}
d) 10^{3}
e) 10^{4}

14 (ITA 2001 / 2002) A equação química que representa a reação de decomposição do iodeto de hidrogênio é:

$2\ HI(g) \rightarrow H_2(g) + I_2(g) \qquad \Delta H\ (25°C) = -51,9\ kJ.$

Em relação a esta reação, são fornecidas as seguintes informações:

a) A variação da energia de ativação aparente dessa reação ocorrendo em meio homogêneo é igual a 183,9 kJ.

b) A variação da energia de ativação aparente dessa reação ocorrendo na superfície de um fio de ouro é igual a 96,2 kJ.

Considere, agora, as seguintes afirmações relativas a essa reação de decomposição:

I. A velocidade da reação no meio homogêneo é igual a da mesma reação realizada no meio heterogêneo.

II. A velocidade da reação no meio homogêneo diminui com o aumento da temperatura.

III. A velocidade da reação no meio heterogêneo independe da concentração inicial de iodeto de hidrogênio.

IV. A velocidade da reação na superfície do ouro independe da área superficial do ouro.

V. A constante de velocidade da reação realizada no meio homogêneo é igual a da mesma reação realizada no meio heterogêneo.

Destas afirmações, estão **CORRETAS**

a) apenas I, III e IV.
b) apenas I e IV.
c) apenas II, III e V.
d) apenas II e V.
e) nenhuma.

15 (IME 2006 / 2007) Para a reação hipotética A + B → Produtos, tem-se os seguintes dados:

A (MOL L^{-1})	B (MOL L^{-1})	v (MOL L^{-1} H^{-1})
10,00	10,00	100,00

Considerando a mesma reação, verificou-se também a seguinte correlação:

A (MOL L^{-1})	B (MOL L^{-1})	v (MOL L^{-1} H^{-1})
10α	β	$\alpha^{\beta}\alpha^{\alpha}$

onde α e β são, respectivamente, as ordens da reação em relação a A e a B.

Sabendo que $\alpha/\beta = 10{,}0$, determine:

a) a constante de velocidade k;

b) os valores numéricos das ordens parciais e global da reação.

16 (IME 2005 / 2006) Para a reação foram realizados três experimentos, conforme a tabela abaixo:

Experimento	[A] mol/L	[B] mol/L	Velocidade de reação mol/(L . min)
I	0,10	0,10	$2{,}0 \times 10^{-3}$
II	0,20	0,20	$8{,}0 \times 10^{-3}$
III	0,10	0,20	$4{,}0 \times 10^{-3}$

Determine:

a) a lei da velocidade da reação acima;

b) a constante de velocidade;

c) a velocidade de formação de **C** quando as concentrações de **A** e **B** forem ambas 0,50 M.

17 (ITA 2005 / 2006) A equação química hipotética $A \rightarrow D$ ocorre por um mecanismo que envolve as três reações unimoleculares abaixo (I, II e III). Nestas reações, ΔH_i representa as variações de entalpia, e E_{ai}, as equações de ativação.

I.	$A \rightarrow B$;	rápida	,	ΔH_I	E_{aI}
II.	$B \rightarrow C$;	lenta	,	ΔH_{II}	E_{aII}
III.	$C \rightarrow D$;	rápida	,	ΔH_{III}	E_{aIII}

Trace a curva referente à energia potencial em função do caminho da reação $A \rightarrow D$, admitindo que a reação global $A \rightarrow D$ seja exotérmica e considerando que: $\Delta H_{II} > \Delta H_I > 0$; $E_{aI} < E_{aIII}$.

18 (IME 2004 / 2005) O propeno pode ser obtido através da reação de isomerização do ciclopropano, conforme apresentado na reação abaixo:

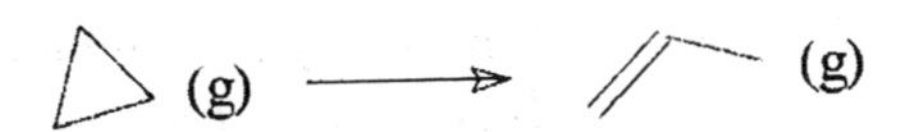

O estudo teórico da cinética, considerando diferentes ordens para esta reação, fornece as seguintes equações:

$[\Delta] = 0{,}100 - kt$, se a reação for de ordem zero;

$\ln\left(\frac{[\Delta]}{0{,}100}\right) = -kt$, se a reação for de primeira ordem; e

$\frac{1}{[\Delta]} - \frac{1}{0{,}100} = kt$, se a reação for de segunda ordem,

onde k é a constante de velocidade. Segundo este estudo, foram obtidos dados experimentais da concentração de ciclopropano [Δ] ao longo do tempo t, apresentados nos gráficos abaixo em três formas diferentes. Considerando as informações mencionadas, determine a expressão da velocidade de reação para a isomerização do ciclopropano.

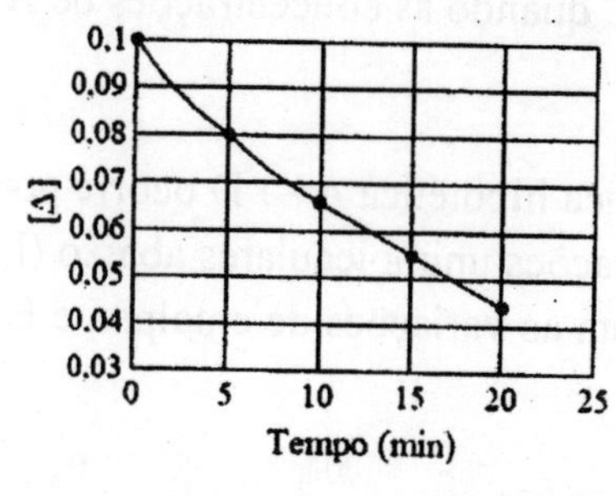

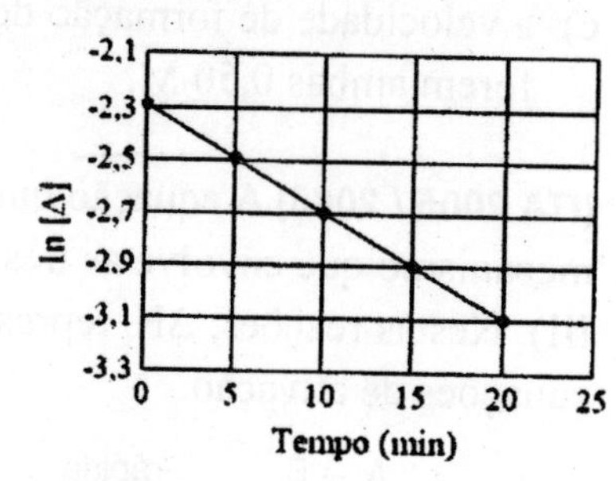

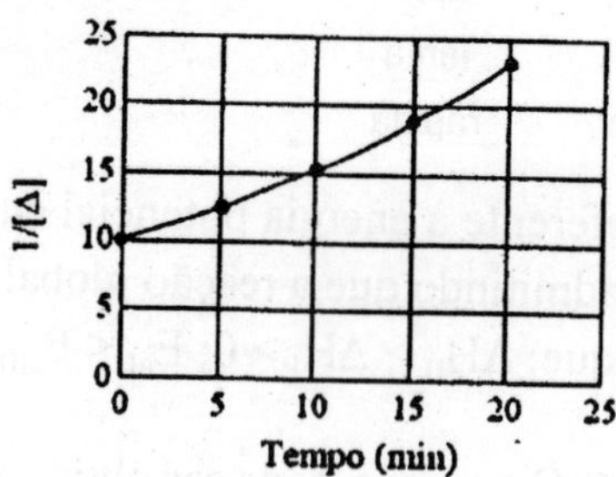

19 **(ITA 2004 / 2005)** Considere que na figura seguinte, o frasco A contém peróxido de hidrogênio, os frascos B e C contêm água e que se observa borbulhamento de gás no frasco C. O frasco A é aberto para a adição de 1 g de dióxido de manganês e imediatamente fechado. Observa-se então, um aumento do fluxo de gás no frasco C. Após um período de tempo, cessa o borbulhamento de gás no frasco C, observando-se que ainda resta sólido no frasco A. Separando-se este sólido e secando-o, verifica-se que sua massa é igual a 1 g.

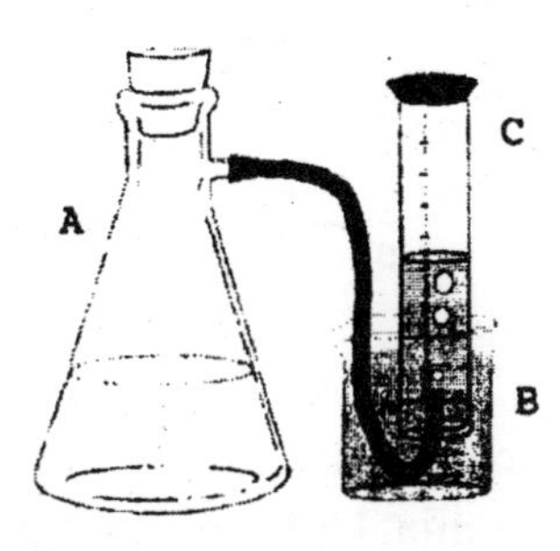

a) Escreva a equação química que descreve a reação que ocorre com o peróxido de hidrogênio, na ausência de dióxido de manganês.
b) Explique por que o fluxo de gás no frasco C aumenta quando da adição de dióxido de manganês ao peróxido de hidrogênio.

20 **(ITA 2003 / 2004)** Certa reação química exotérmica ocorre, em dada temperatura e pressão, em duas etapas representadas pela seguinte seqüência das equações químicas:

$$A + B \rightarrow E + F + G$$
$$E + F + G \rightarrow C + D$$

Represente, em um único gráfico, como varia a energia potencial do sistema em transformação (ordenada) com a coordenada da reação (abscissa), mostrando claramente a variação de entalpia da reação, a energia de ativação envolvida em cada uma das etapas da reação e qual destas apresenta a menor energia de ativação. Neste mesmo gráfico, mostre como a energia potencial do sistema em transformação varia com a coordenada da reação, quando um catalisador é adicionado ao sistema reagente. Considere que somente a etapa mais lenta da reação é influenciada pela presença do catalisador.

21 **(ITA 2003 / 2004)** O gráfico a seguir mostra a variação, com o tempo, da velocidade de troca de calor durante uma reação química.

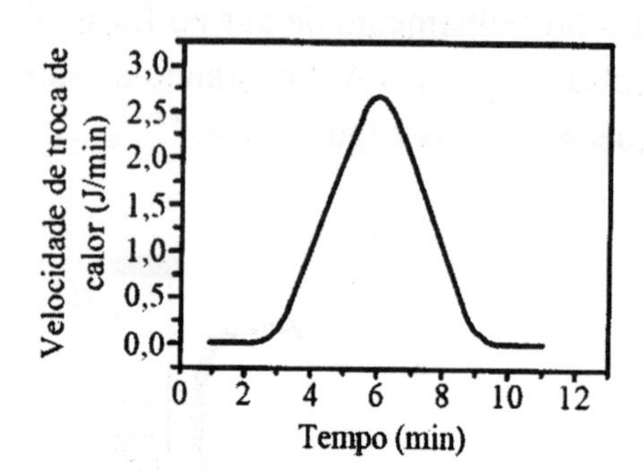

Admita que 1 mol de produto tenha se formado desde o início da reação até o tempo t = 11 min. Utilizando as informações contidas no gráfico, determine, de forma aproximada, o valor das quantidades abaixo, mostrando os cálculos realizados.

a) Quantidade, em mols, de produto formado até t = 4 min.
b) Quantidade de calor, em kJ mol^{-1}, liberada na reação até t = 11 min.

22 **(ITA 2003 / 2004)** Um recipiente aberto, mantido à temperatura ambiente, contém uma substância A(s) que se transforma em B(g) sem a presença de catalisador. Sabendo-se que a reação acontece segundo uma equação de velocidade de ordem zero, responda com justificativas às seguintes perguntas:

a) Qual a expressão algébrica que pode ser utilizada para representar a velocidade da reação?
b) Quais os fatores que influenciam na velocidade da reação?
c) É possível determinar o tempo de meia-vida da reação sem conhecer a pressão de B(g)?

23 **(Olimpíada Brasileira de Química 2003)** Uma das reações que ocorrem nos motores de carro e sistemas de exaustão é:

$NO_2(g) + CO(g) \rightarrow NO(g) + CO_2(g)$

Os dados experimentais para esta reação são os seguintes:

Experimento	[NO_2] inicial (mol/dm³)	[CO] inicial (mol/dm³)	Velocidade inicial (mol/dm³)
1	0,10	0,10	0,0050
2	0,40	0,10	0,0800
3	0,10	0,20	0,0050

a) Escreva a equação da lei de velocidade desta reação.

Considerando o seguinte mecanismo para esta reação:

Etapa 1: $NO_2 + NO_2 \rightarrow NO_3 + NO$

Etapa 2: $NO_3 + CO \rightarrow NO_2 + CO_2$

b) Qual a etapa determinante da reação? Justifique.

c) Desenhe um diagrama de energia (energia *versus* caminho da reação) para esta reação.

24 (Olimpíada Portuguesa de Química 2003) Investigação científica

Um estudante de doutoramento foi incumbido de testar as propriedades catalíticas do novo material, designado por ***AM-53***, na redução de NO (gás nocivo formado, por exemplo, nos motores de combustão). A reação que se pretende catalisar é

$$2\,NO(g) \rightarrow O_2(g) + N_2(g)$$

Na presença de AM-53, a concentração inicial de NO reduz-se de 0,43 mol dm^{-3} a 0,09 mol dm^{-3} em 120 segundos. No ensaio de controle (sem AM-53), ao fim do mesmo tempo, a concentração de N_2 formado era de 0,17 mol dm^{-3}.

a) A partir destes resultados, diga, justificando, se o AM-53 é um bom catalisador para esta reação.

b) Se a concentração inicial de N_2 fosse diferente de zero, qual a variação mais provável observada na velocidade média desta reação (em qualquer dos ensaios)? Justifique.

c) Qual o efeito previsível do aumento da temperatura na velocidade desta reação? Justifique.

25 (ITA 2002 / 2003) A figura a seguir apresenta esboços de curvas representativas da dependência da velocidade de reações químicas com a temperatura.

Na Figura A é mostrado como a velocidade de uma reação de combustão de explosivos depende da temperatura.
Na Figura B é mostrado como a velocidade de uma reação catalisada por enzimas depende da temperatura.
Justifique, para cada uma das Figuras, o efeito da temperatura sobre a velocidade das respectivas reações químicas.

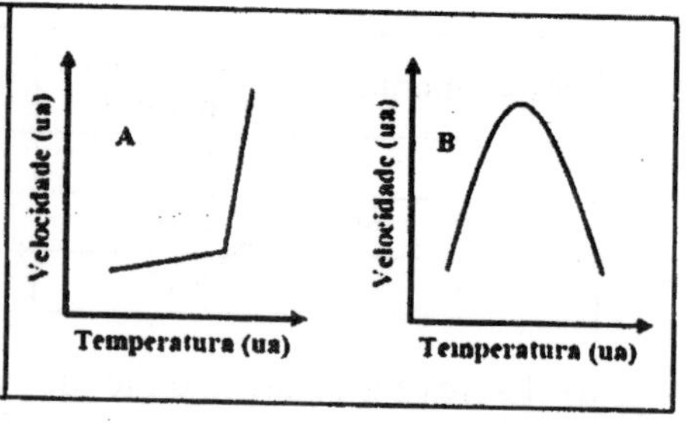

26 (Olimpíada Argentina de Química 2002)

I. A decomposição do N_2O_5 (em NO_2 e O_2) é uma reação de primeira ordem e a 35°C o valor de sua constante de velocidade (k) é 0,0086 min^{-1}.

a) Calcule o tempo de meia-vida.

b) Se partimos de 4 mol de N_2O_5 e foram transcorridos 321,6 min desde o início da reação de decomposição, calcule a quantidade de N_2O_5 que fica sem se decompor ao fim desse período de tempo.

II. Por sua vez, a decomposição do NO_2 pode ser representada pela a equação:

$$2\,NO_2(g) \rightarrow 2\,NO(g) + O_2(g)$$

e para esta, $k = 4{,}87 \times 10^{-3}\ M^{-1}\ s^{-1}$ a 65°C e a energia de ativação tem um valor de $1{,}039 \times 10^5\ J\ mol^{-1}$. Tendo em conta esta informação:

c) Indique qual é a ordem total da reação de decomposição do NO_2.

d) Calcule a constante de velocidade de a reação a 100°C.

27 (IME 2001 / 2002) Considere a seguinte reação:

$$2\,A + B \rightarrow C$$

A partir dos dados fornecidos na tabela abaixo, calcule a constante de velocidade da reação e o valor da concentração **X**. Considere que as ordens de reação em relação aos reagentes são iguais aos respectivos coeficientes estequiométricos.

Teste	Concentração de A mol / L	Concentração de B mol / L	Velocidade da reação mol / L . s
1	10	X	v
2	X	20	2 v
3	15	30	13500

28 (ITA 2001 / 2002) A equação química que representa a reação de decomposição do gás N_2O_5 é:

$$2\,N_2O_5(g) \rightarrow 4\,NO_2(g) + O_2(g).$$

A variação da velocidade de decomposição do gás N_2O_5 é dada pela equação algébrica: **v = k . [N_2O_5]**, em que **k** é a constante de velocidade desta reação, e **[N_2O_5]** é a concentração, em mol/L, do N_2O_5, em cada tempo.

A tabela abaixo fornece os valores de ln [N_2O_5] em função do tempo, sendo a temperatura mantida constante.

Tempo (s)	ln [N_2O_5]
0	-2,303
50	-2,649
100	-2,996
200	-3,689
300	-4,382
400	-5,075

a) Determine o valor da constante de velocidade (**k**) desta reação de decomposição. Mostre os cálculos realizados.

b) Determine o tempo de meia-vida do N_2O_5 no sistema reagente. Mostre os cálculos realizados.

29 (ITA 2001 / 2002) Em um béquer, a 25°C e 1 atm, foram misturadas as seguintes soluções aquosas: permanganato de potássio ($KMnO_4$), ácido oxálico ($H_2C_2O_4$) e ácido sulfúrico (H_2SO_4). Nos minutos seguintes após a homogeneização desta mistura, nada se observou. No entanto, após a adição de um pequeno cristal de sulfato de manganês ($MnSO_4$) a esta mistura, observou-se o descoramento da mesma e a liberação de um gás.

Interprete as observações feitas neste experimento. Em sua interpretação devem constar:

a) a justificativa para o fato de a reação só ser observada após a adição de sulfato de manganês sólido, e

b) as equações químicas balanceadas das reações envolvidas.

30 (Olimpíada Portuguesa de Química 2001 OIAQ Caracas Venezuela 2000) A cinética da reação de hidrogenação de benzotiofeno (BT) a 2,3-dihidrobenzotiofeno (DHBT), utilizando como catalisador um complexo de ródio, foi realizada a diferentes temperaturas, variando as concentrações dos reagentes e do catalisador. As velocidades iniciais de reação foram determinadas para cada caso, obtendo-se a seguinte tabela:

[Catal.] (mol dm^{-3})	[BT] (mol dm^{-3})	[H_2] (mol dm^{-3})	T (°C)	v (mol dm^{-3} s^{-1})
$6{,}0 \times 10^{-4}$	$5{,}0 \times 10^{-2}$	$2{,}3 \times 10^{-3}$	125	$10{,}3 \times 10^{-7}$
$8{,}0 \times 10^{-4}$	$5{,}0 \times 10^{-2}$	$2{,}3 \times 10^{-3}$	125	$13{,}7 \times 10^{-7}$
$6{,}0 \times 10^{-4}$	$5{,}0 \times 10^{-2}$	$3{,}0 \times 10^{-3}$	125	$13{,}6 \times 10^{-7}$
$6{,}0 \times 10^{-4}$	$1{,}0 \times 10^{-2}$	$2{,}3 \times 10^{-3}$	125	$10{,}3 \times 10^{-7}$
$6{,}0 \times 10^{-4}$	$5{,}0 \times 10^{-2}$	$2{,}3 \times 10^{-3}$	110	$3{,}7 \times 10^{-7}$

a) Determine a ordem da reação em relação às concentrações de catalisador, BT e H_2 (as ordens de reação devem ser números inteiros).

b) Estabeleça a Lei da Velocidade experimental para esta reação.

c) Calcule as constantes de velocidade para as temperaturas 125°C e 110°C.

31 (Olimpíada Portuguesa de Química 2001) A fechadura-temporizador

A aventura de três amigos no mundo da Química, onde muitas portas se podem abrir...

A passagem secreta conduz a um quarto vazio, com outra porta fechada e outra fechadura estranha! Esta contém um mecanismo que permite misturar instantaneamente 10 mL de uma solução de Br_2 (aq, $2{,}4 \times 10^{-2}$ mol dm^{-3}) com 10 mL de uma solução de HCOOH (aq, 2,0 mol dm^{-3}). As instruções são:

"Empurre a porta no momento em que a concentração de Br_2(aq) atingir o valor de $8{,}45 \times 10^{-3}$ mol dm^{-3}, nunca antes, nunca depois."

Sabendo que o bromo molecular reage com o ácido fórmico segundo a equação

$$Br_2(aq) + HCOOH(aq) \rightarrow 2\,Br^-(aq) + 2\,H^+(aq) + CO_2(g)$$

e que a velocidade média da reação nestas condições é:

$3{,}8 \times 10^{-5}$ mol dm^{-3} s^{-1} no intervalo [0,50] s,

$3{,}3 \times 10^{-5}$ mol dm^{-3} s^{-1} no intervalo [50,100] s,

$2{,}7 \times 10^{-5}$ mol dm^{-3} s^{-1} no intervalo [100,150] s,

quanto tempo após a mistura deve ser aberta a porta? 50 s? 100 s? 150 s? Justifique.

32 (IME 2000 / 2001) A reação em fase gasosa a A + b B → c C + d D foi estudada em diferentes condições, tendo sido obtidos os seguintes resultados experimentais:

Concentração inicial (mol . L^{-1})		Velocidade inicial (mol . L^{-1} . h^{-1})
[A]	[B]	
$1,0 \times 10^{-3}$	$1,0 \times 10^{-3}$	3×10^{-5}
$2,0 \times 10^{-3}$	$1,0 \times 10^{-3}$	12×10^{-5}
$2,0 \times 10^{-3}$	$2,0 \times 10^{-3}$	48×10^{-5}

A partir dos dados acima, determine a constante de velocidade da reação.

33 (Olimpíada Norte-Nordeste de Química 2000) Cloreto de sulfurila, SO_2Cl_2, se decompõe em fase gasosa, produzindo SO_2(g) e Cl_2(g). A concentração do SO_2Cl_2 foi acompanhada em uma experiência e verificou-se que o gráfico do ln (logaritmo) de [SO_2Cl_2] contra o tempo é linear e que, em 240 segundos, a concentração caiu de 0,400 mol/L para 0,280 mol/L.

a) qual a constante de velocidade da reação $SO_2Cl_2(g) \rightarrow SO_2(g) + Cl_2(g)$?
b) qual a meia-vida desta reação?
c) qual a diferença entre velocidade média e velocidade instantânea de uma reação?
d) comente dois exemplos – que podem ser observados no cotidiano – da influência da temperatura na velocidade de uma reação.

34 (Olimpíada Portuguesa de Química 2000) Considere o seguinte mecanismo proposto para a decomposição do peróxido de hidrogênio:

$$H_2O_2(aq) + I^-(aq) \rightarrow H_2O(l) + IO^-(aq)$$
$$H_2O_2(aq) + IO^-(aq) \rightarrow H_2O(l) + O_2(g) + I^-(aq)$$

a) Escreva a reação global da reação.
b) Diga qual é o catalisador desta decomposição. Justifique.
c) Quais são os intermediários desta reação? Justifique.

CAPÍTULO 7

Equilíbrio Químico

01 (IME 2006 / 2007 prova objetiva) Um vaso fechado de volume V contém inicialmente dois mols do gás A. Após um determinado tempo, observa-se o equilíbrio químico:

$$A \rightleftarrows 2B$$

cuja constante de equilíbrio é $Kp = \frac{p^2B}{pA}$ (onde pA e pB representam as pressões parciais dos componentes A e B). No equilíbrio, o número de mols de A é n_1.

Em seguida, aumenta-se a pressão do vaso admitindo-se dois mols de um gás inerte I. Após novo equilíbrio, o número de mols de A é n_2. Quanto vale n_2/n_1 se, durante todo o processo, a temperatura fica constante e igual a T (em K)?

a) 1

b) 2

c) 4

d) $2\frac{R.T}{V.Kp}$

e) $4\left(\frac{R.T}{V.Kp}\right)^2$

02 (Olimpíada de Química do Rio de Janeiro 2006) A constante de reação depende da:

a) concentração de reagentes
b) temperatura
c) pressão
d) energia de ativação
e) concentração dos produtos

03 (Olimpíada de Química do Rio de Janeiro 2006) Para a reação:

$$SO_2(g) + Cl_2(g) \rightleftarrows SO_2Cl_2(g)$$

a uma temperatura particular, Kc = 55,5. Se 1 mol de $SO_2(g)$ e 1 mol de $Cl_2(g)$ são colocados em um recipiente de 10,0 L, qual será a concentração de $SO_2Cl_2(g)$ ao se atingir o equilíbrio?

a) 0,055 mol/L
b) 0,034 mol/L
c) 0,13 mol/L
d) 0,84 mol/L
e) 0,066 mol/L.

04 (Olimpíada de Química do Rio de Janeiro 2006) Analise as situações abaixo, em que se tem um recipiente com êmbolo móvel, sobre o qual se pode fazer variar o volume, sempre mantendo constante a temperatura do sistema.

I. Supondo que haja apenas as substâncias que seguem em equilíbrio no sistema $CO(g) + 2\ H_2(g) \rightleftarrows CH_3OH(g)$. Se aumentarmos o volume do sistema, diminuirá a proporção de CH_3OH na mistura gasosa.

II. Supondo que se tenha o mesmo equilíbrio anterior $CO(g) + 2\ H_2(g) \rightleftarrows CH_3OH(g)$ $\Delta H < 0$. O aumento de temperatura do sistema acarretará na redução da proporção de $CH_3OH(g)$ na mistura gasosa.

III. Supondo agora que se tenha apenas as substâncias que seguem em equilíbrio no sistema $CH_4(g) + 2\ O_2(g) \rightleftarrows CO_2(g) + 2\ H_2O(g)$. Nesse caso, tanto a alteração de volume no sistema como a adição de Ar(g) ao mesmo terá o mesmo efeito sobre a proporção dos gases em reação.

IV. Supondo que haja apenas água líquida e vapor d'água em equilíbrio no recipiente. Pode-se garantir a validade da Lei de Boyle para uma expansão isotérmica do sistema.

Assinale a alternativa com as afirmativas verdadeiras:

a) apenas I e II
b) apenas II e III
c) apenas I, II e III
d) apenas I e IV
e) todas

05 (Olimpíada Brasileira de Química 2006) Considere as assertivas abaixo, que se referem à ação dos catalisadores:

I. Alteram a velocidade da reação;

II. Diminuem a energia de ativação;

III. Transformam as reações em reações espontâneas;

IV. Deslocam o equilíbrio da reação para o lado dos produtos.

Estão corretas somente as assertivas:

a) I e II
b) I e III
c) I e IV
d) II e III
e) III e IV

06 (ITA 2005 / 2006) Considere um calorímetro adiabático e isotérmico, em que a temperatura é mantida rigorosamente constante e igual a 40°C. No interior deste calorímetro é posicionado um frasco de reação cujas paredes permitem a completa e imediata troca de calor. O frasco de reação contém 100 g de água pura a 40°C. Realizam-se cinco experimentos, adicionando uma massa m_1 de um sal X ao frasco de reação. Após o estabelecimento do equilíbrio termodinâmico, adiciona-se ao mesmo frasco uma massa m_2 de um sal Y e mede-se a variação de entalpia de dissolução (ΔH). Utilizando estas informações e as curvas de solubilidade apresentadas na figura, excluindo quaisquer condições de metaestabilidade, assinale a opção que apresenta a correlação CORRETA entre as condições em que cada experimento foi realizado e o respectivo ΔH.

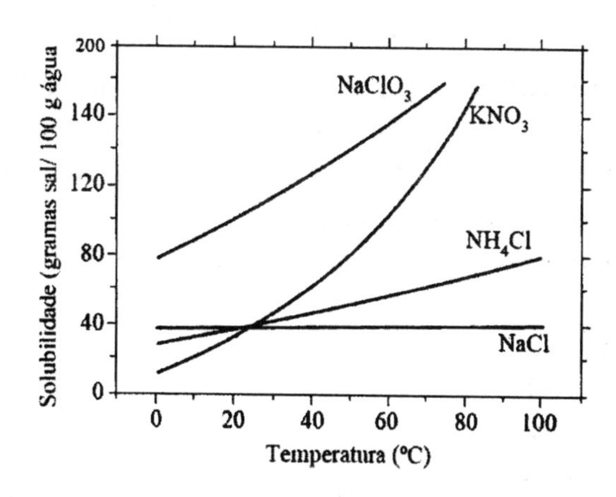

a) Experimento 1: $X = KNO_3$; $m_1 = 60$ g; $Y = KNO_3$; $m_2 = 60$ g; $\Delta H > 0$
b) Experimento 2: $X = NaClO_3$; $m_1 = 40$ g; $Y = NaClO_3$; $m_2 = 40$ g; $\Delta H > 0$
c) Experimento 3: $X = NaCl$; $m_1 = 10$ g; $Y = NaCl$ $m_2 = 10$ g; $\Delta H < 0$
d) Experimento 4: $X = KNO_3$; $m_1 = 60$ g; $Y = NaClO_3$; $m_2 = 60$ g; $\Delta H = 0$
e) Experimento 5: $X = KNO_3$; $m_1 = 60$ g; $Y = NH_4Cl$; $m_2 = 60$ g; $\Delta H < 0$

07 **(ITA 2005 / 2006)** Um recipiente fechado, mantido a volume e temperatura constantes, contém a espécie química **X** no estado gasoso a pressão inicial P_0. Esta espécie decompõe-se em **Y** e **Z** de acordo com a seguinte equação química:

$$X(g) \rightarrow 2\,Y(g) + \tfrac{1}{2}\,Z(g).$$

Admita que **X, Y** e **Z** tenham comportamento de gases ideais. Assinale a opção que apresenta a expressão CORRETA da pressão (P) no interior do recipiente em função do andamento da reação, em termos da fração α de moléculas de **X** que reagiram.

a) $P = [1 + (1/2)\alpha]P_0$
b) $P = [1 + (2/2)\alpha]P_0$
c) $P = [1 + (3/2)\alpha]P_0$
d) $P = [1 + (4/2)\alpha]P_0$
e) $P = [1 + (5/2)\alpha]P_0$

08 **(Monbukagakusho 2005 / 2006)** Under the presence of a proper catalyst, 1.00 mole of N_2 and 3.00 mole of H_2 were mixed in a reaction vessel with a volume of V L and maintained at a certain temperature. The following reaction then occurred in this gas mixture:

$$N_2 + 3\,H_2 \rightleftarrows 2\,NH_3$$

The total pressure of the mixture was 30.0 atm at the beginning and settled down to 25.0 atm after equilibration. Answer the following questions concerning this reversible reaction. Write the number of the correct answer in each answer box.

(A) Wich is the mole fraction of NH_3 at equilibrium?

(1) 0.20
(2) 0.46
(3) 0.57
(4) 0.72
(5) 0.83

(B) Nitrogen has two kinds of natural isotope, hydrogen also has two. How many NH_3 molecules with a different mass can exist?

(1) 4
(2) 5
(3) 6
(4) 7
(5) 8

09 **(Olimpíada Brasileira de Química 2004)** Para a seguinte reação:

$NO(g) + CO(g) \rightarrow \frac{1}{2} N_2(g) + CO_2(g) \qquad \Delta H = -374 \text{ kJ}$

As condições que favorecem a máxima conversão de reagentes em produto são:

a) baixa temperatura e alta pressão;
b) baixa temperatura e baixa pressão;
c) alta temperatura e baixa pressão;
d) alta temperatura e alta pressão;
e) apenas alta temperatura.

10 **(ITA 2003 / 2004)** A figura a seguir representa o resultado de dois experimentos diferentes (I) e (II) realizados para uma mesma reação química genérica (reagentes → produtos). As áreas hachuradas sob as curvas representam o número de partículas reagentes com energia cinética igual ou maior que a energia de ativação da reação (E_{at}). Baseado nas informações apresentadas nesta figura, é **CORRETO** afirmar que

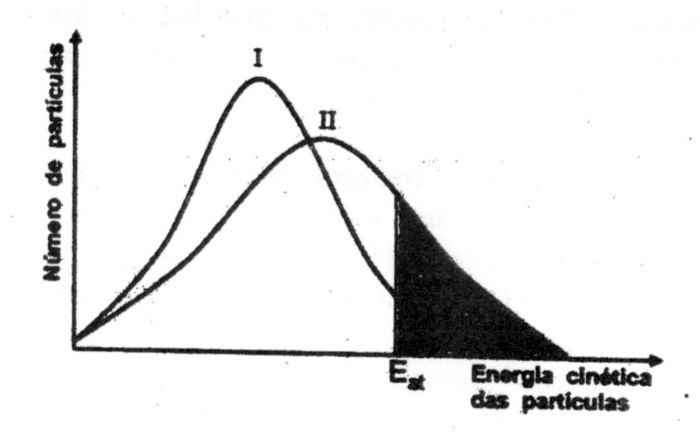

a) a constante de equilíbrio da reação nas condições do experimento I é igual à da reação nas condições do experimento II.
b) a velocidade medida para a reação nas condições do experimento I é maior que a medida nas condições do experimento II.

c) a temperatura do experimento I é menor que a temperatura do experimento II.
d) a constante de velocidade medida nas condições do experimento I é igual à medida nas condições do experimento II.
e) a energia cinética média das partículas, medida nas condições do experimento I, é maior que a medida nas condições do experimento II.

11 (Olimpíada Brasileira de Química 2003) Dada a reação $2\ SO_2(g) + O_2(g) \rightleftarrows 2\ SO_3(g)$, a constante de equilíbrio desta reação pode ser expressa em Kc ou Kp. Qual a relação entre Kp e Kc para esta reação?

a) $Kp = Kc$
b) $Kp = Kc\ (RT)^{-1}$
c) $Kp = Kc\ (RT)^{1/2}$
d) $Kp = Kc\ (RT)^2$
e) $Kp = Kc\ (RT)$

12 (Olimpíada Brasileira de Química 2003) A redução de magnetita por H_2, em alto-forno, é um dos principais processos de obtenção de ferro. Esta reação ocorre segundo a equação (não balanceada) abaixo:

$Fe_3O_4(s) + H_2(g) \rightarrow Fe(s) + H_2O(g)$

Se esta reação é efetivada a 200°C, sob pressão total de 1,50 atm e com $Kp = 5{,}30 \times 10^{-6}$, a pressão parcial de hidrogênio é de:

a) 0,80 atm
b) 1,00 atm
c) 1,26 atm
d) 1,43 atm
e) 1,62 atm

13 (ITA 2002 / 2003) Dois compartimentos, 1 e 2, têm volumes iguais e estão separados por uma membrana de paládio, permeável apenas à passagem de hidrogênio. Inicialmente, o compartimento 1 contém hidrogênio puro (gasoso) na pressão $P_{H_2,puro} = 1$ atm, enquanto que o compartimento 2 contém uma mistura de hidrogênio e nitrogênio, ambos no estado gasoso, com pressão total $P_{mist} = (P_{H_2} + P_{N_2}) = 1$ atm. Após o equilíbrio termodinâmico entre os dois compartimentos ter sido atingido, é **CORRETO** afirmar que:

a) $P_{H_2,puro} = 0$
b) $P_{H_2,puro} = P_{N_2,mist}$
c) $P_{H_2,puro} = P_{mist}$
d) $P_{H_2,puro} = P_{H_2,mist}$
e) $P_{compartimento\ 2} = 2\,atm$

14 (Olimpíada Brasileira de Química 2002) A 500°C, NO reage com Cl_2, para formar NOCl, segundo a reação:

$2\,NO + Cl_2 \rightleftarrows 2\,NOCl \qquad K_c = 2{,}1 \times 10^3$

Em qualquer mistura destas três espécies, em equilíbrio, podemos afirmar que:

a) A concentração de pelo menos uma das espécies, NO ou Cl_2, será muito maior que a concentração de NOCl
b) A concentração de pelo menos uma das espécies, NO ou Cl_2, será muito menor que a concentração de NOCl
c) A concentração de NOCl será exatamente 2100 vezes o produto das concentrações de NO e Cl_2
d) A concentração de ambos, NO e Cl_2, será muito maior que a concentração de NOCl
e) A concentração de ambos, NO e Cl_2, será muito menor que a concentração de NOCl

15 (Olimpíada Brasileira de Química 2002) A 1800 K, oxigênio dissocia "levemente" em seus átomos

$O_2(g) \rightleftarrows 2\,O(g) \qquad Kp = 1{,}7 \times 10^{-8}$

Se você toma 1,0 mol de O_2 em um recipiente de 10 L e aquece a 1800 K, o número de átomos de oxigênio (O(g)) que estarão presentes no frasco, será da ordem de:

a) 10^{17} b) 10^{19} c) 10^{21} d) 10^{23} e) 10^{25}

16 (ITA 2001 / 2002) Considere as seguintes afirmações relativas ao gráfico apresentado ao lado:

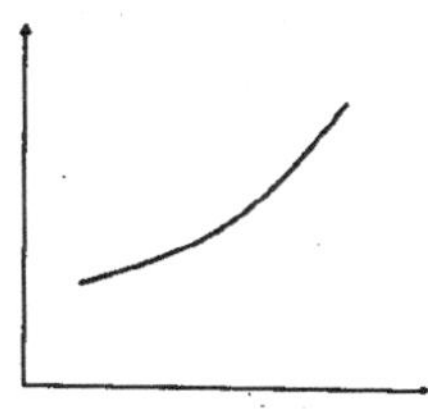

I. Se a ordenada representar a constante de equilíbrio de uma reação química exotérmica e a abscissa, a temperatura, o gráfico pode representar um trecho da curva relativa ao efeito da temperatura sobre a constante de equilíbrio dessa reação.
II. Se a ordenada representar a massa de um catalisador existente em um sistema reagente e a abscissa, o tempo, o gráfico pode representar um trecho relativo à variação da massa do catalisador em função do tempo de uma reação.

III. Se a ordenada representar a concentração de um sal em soluçã aquosa e a abscissa, a temperatura, o gráfico pode representar un trecho da curva de solubilidade deste sal em água.

IV. Se a ordenada representar a pressão de vapor de um equilíbri líquido ⇄ gás e a abscissa, a temperatura, o gráfico pode repre sentar um trecho da curva de pressão de vapor deste líquido.

V. Se a ordenada representar a concentração de $NO_2(g)$ existent dentro de um cilindro provido de um pistão móvel, sem atritc onde se estabeleceu o equilíbrio $N_2O_4(g) \rightleftarrows 2\ NO_2(g)$, e a abscis sa, a pressão externa exercida sobre o pistão, o gráfico pode re presentar um trecho da curva relativa à variação da concentraçã de NO_2 em função da pressão externa exercida sobre o pistão, temperatura constante.

Destas afirmações, estão **CORRETAS**

a) apenas I e III.
b) apenas I, IV e V.
c) apenas II, III e V.
d) apenas II e V.
e) apenas III e IV.

17 **(ITA 2001 / 2002)** O frasco mostrado na figura ao lado contém uma solução aquosa saturada em oxigênio, em contato com ar atmosférico, sob pressão de 1 atm e temperatura de 25°C. Quando gás é borbulhado através desta solução, sendo a pressão de entrada do gás maior do que a pressão de saída, de tal forma que a pressão do gás em contato com a solução possa ser considerada constante e igual a 1 atm, é E RADO afirmar que a concentração de oxigênio dissolvido na soluç

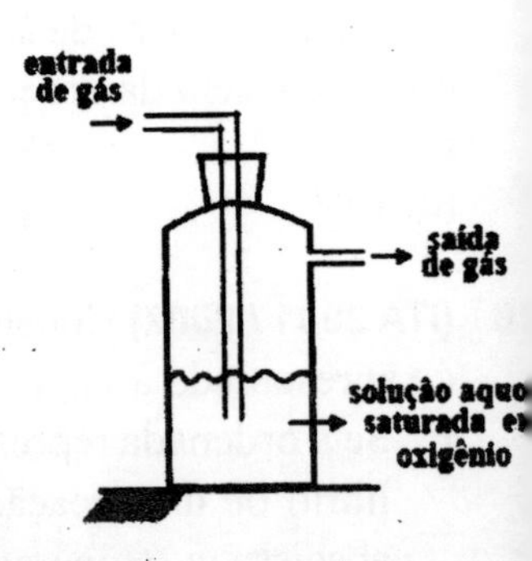

a) permanece inalterada, quando o gás borbulhado, sob temperatu de 25°C, é ar atmosférico.

b) permanece inalterada, quando o gás borbulhado, sob temperatu de 25°C é nitrogênio gasoso.

c) aumenta, quando o gás borbulhado, sob temperatura de 15°C, é ar atmosférico.
d) aumenta, quando o gás borbulhado, sob temperatura de 25°C, é oxigênio praticamente puro.
e) permanece inalterada, quando o gás borbulhado, sob temperatura de 25°C, é uma mistura de argônio e oxigênio, sendo a concentração de oxigênio nesta mistura igual à existente no ar atmosférico.

18 **(ITA 2000 / 2001)** Considere as seguintes afirmações relativas a reações químicas em que não haja variação de temperatura e pressão:

I. Uma reação química realizada com a adição de um catalisador é denominada heterogênea se existir uma superfície de contato visível entre os reagentes e o catalisador.
II. A ordem de qualquer reação química em relação à concentração do catalisador é igual a zero.
III. A constante de equilíbrio de uma reação química realizada com a adição de um catalisador tem valor numérico maior do que o da reação não catalisada.
IV. A lei de velocidade de uma reação química realizada com a adição de um catalisador, mantidas constantes as concentrações dos demais reagentes, é igual àquela da mesma reação não catalisada.
V. Um dos produtos de uma reação química pode ser o catalisador desta mesma reação.

Das afirmações feitas, estão CORRETAS

a) apenas I e III.
b) apenas I e V.
c) apenas I, II e IV.
d) apenas II, IV e V.
e) apenas III, IV e V.

19 **(ITA 2000 / 2001)** Sulfato de cobre sólido penta-hidratado ($CuSO_4 \cdot 5\ H_2O(c)$) é colocado em um recipiente fechado, de volume constante, previamente evacuado, provido de um medidor de pressão e de um dispositivo de entrada/saída para reagentes. A 25°C é estabelecido, dentro do recipiente, o equilíbrio representado pela equação química:

$$CuSO_4 \cdot 5\ H_2O(c) \rightleftarrows CuSO_4 \cdot 3\ H_2O(c) + 2\ H_2O(g)$$

Quando o equilíbrio é atingido, a pressão dentro do recipiente é igual a 7,6 mmHg. A seguir, a pressão de vapor da água é aumentada para 12 mmHg e um novo equilíbrio é restabelecido na mesma temperatura. A respeito do efeito de aumento da pressão de vapor da água sobre o equilíbrio de dissociação do $CuSO_4 . 5\ H_2O(c)$, qual das opções seguintes contém a afirmação ERRADA?

a) O valor da constante de equilíbrio Kp é igual a $1,0 \times 10^{-4}$.
b) A quantidade de água na fase gasosa permanece praticamente inalterada.
c) A concentração (em mol/L) de água na fase $CuSO_4 . 3\ H_2O(c)$ permanece inalterada.
d) A concentração (em mol/L) de água na fase sólida total permanece inalterada.
e) A massa total do conteúdo do recipiente aumenta.

20 **(ITA 2000 / 2001)** Justificar por que cada uma das opções **a**, **c** e **d** da **questão anterior** está **CORRETA** ou **ERRADA**.

21 **(IME 2006 / 2007)** Dois experimentos foram realizados a volume constante e à temperatura T. No primeiro, destinado a estudar a formação do gás fosgênio, as pressões parciais encontradas no equilíbrio foram 0,130 atm para o cloro, 0,120 atm para o monóxido de carbono e 0,312 atm para o fosgênio. No segundo, estudou-se a dissociação de n mols de fosgênio de acordo com a reação:

$$COCl_2(g) \rightleftarrows CO(g) + Cl_2(g)$$

sendo a pressão total P, no equilíbrio a 1 atm. Calcule o grau de dissociação α do fosgênio após o equilíbrio ser alcançado.

22 **(ITA 2006 / 2007)** Um cilindro de volume V contém as espécies A e B em equilíbrio químico representado pela seguinte equação: $A(g) \rightleftarrows 2\ B(g)$. Inicialmente, os números de mols de A e de B são, respectivamente, iguais a nA_1 e nB_1. Realiza-se, então, uma expansão isotérmica do sistema até que o seu volume duplique (2 V) de forma que os números de mols de A e de B passem a ser, respectivamente, nA_2 e nB_2. Demonstrando o seu raciocínio, apresente a expressão algébrica que relaciona o número final de mols de B (nB_2) unicamente com nA_1, nA_2 e nB_1.

23 **(Olimpíada de Química do Rio de Janeiro 2006)** A amônia é um composto muito importante. Ela é largamente utilizada na produção de fertilizantes. Atualmente, a amônia é produzida a partir do nitrogênio e do hidrogênio através do processo Haber-Bosch.

a) Escreva a equação química para esta reação.

b) Calcule a entalpia, a entropia, e a energia livre de Gibbs da reação sob condições padrões. A reação é espontânea? (Use os valores da tabela 1).

A reação da letra **a** tem uma elevada energia de ativação.

c) O que acontecerá se você misturar nitrogênio e hidrogênio na temperatura ambiente?

São dados os valores das propriedades termodinâmicas da reação de formação da amônia a 800 K e a 1300 K na tabela 2.

d) Calcule as energias livre de Gibbs nas duas temperaturas. Nessas temperaturas, a reação é espontânea?

e) Calcule a fração molar de NH_3 formada teoricamente a 298,15 K, 800 K e 1300 K na pressão padrão. (Assuma que os gases tenham comportamento ideal, e que os reagentes são adicionados em proporções estequiométricas).

Num processo industrial, procura-se ter uma reação rápida e com alta taxa de rendimento. Da letra **c**, temos que a reação tem uma alta energia de ativação. E da letra **d**, temos que o rendimento diminui com o aumento da temperatura.

f) Diga o efeito da adição de um catalisador sobre a entalpia, entropia, energia livre de Gibbs, rendimento e a velocidade da reação de formação da amônia.

g) Diga o efeito que um aumento de pressão gera sobre o rendimento da reação.

Tabela 1

Substância	ΔH_f^0 (kJ mol^{-1})	S^0 (J mol^{-1} K^{-1})
N_2(g)	0	191,6
NH_3(g)	-45,9	192,8
H_2(g)	0	130,7

Tabela 2

Temperatura	ΔH (kJ)	ΔS (J K^{-1})
800 K	-107,4	-225,4
1300 K	-112,4	-228

24 (ITA 2005 / 2006) Uma reação química genérica pode ser representada pela seguinte equação: A(s) $\rightleftarrows$ B(s) + C(g). Sabe-se que, na temperatura T_{eq}, esta reação atinge o equilíbrio químico, no qual a pressão parcial de C é dada por $P_{C,eq}$. Quatro recipientes fechados (I, II, III e IV), mantidos na temperatura T_{eq}, contêm as misturas de substâncias e as condições experimentais especificadas abaixo:

I. A(s) + C(g); $P_{C,I} < P_{C,eq}$ III. A(s) + C(g); $P_{C,III} >> P_{C,eq}$

II. A(s) + B(s); $P_{C,II} = 0$ IV. B(s) + C(g); $P_{C,IV} > P_{C,eq}$

Para cada um dos recipientes, o equilíbrio químico citado pode ser atingido? Justifique suas respostas.

25 (Olimpíada Norte / Nordeste de Química 2005) Obtenção de hidrogênio

O hidrogênio pode ser obtido através da reação de um metal ativo com ácido clorídrico. Para isto 654 g de zinco, de pureza 90%, são tratados com uma solução de ácido clorídrico, 40% em peso e densidade 1,198 g/mL. Para assegurar a completa dissolução do zinco, utiliza-se um excesso de 30% do ácido clorídrico em relação à quantidade teoricamente necessária.

a) Escreva e ajuste a equação dessa reação.

b) Calcule o volume de solução de ácido clorídrico que foi utilizado e o que reagiu com o zinco.

O hidrogênio obtido na reação acima foi recolhido em um recipiente indeformável, no qual previamente havia sido feito vácuo, a 27°C, e obteve-se uma pressão de 684 mm de Hg.

c) Calcule o volume do recipiente.

No mesmo recipiente que contém o hidrogênio são introduzidos 4,2 mols de selênio e se aquece a mistura a 1000 K produzindo o seguinte equilíbrio: Se(g) + H_2(g) $\rightleftarrows$ SeH_2(g), cujo Kp = 5,0 a 1000 K.

d) Determine as pressões parciais dos gases e a nova pressão total no recipiente, no equilíbrio.

26 (Olimpíada Brasileira de Química 2005 German Chemistry Olympiad 2005) Os halogênios formam uma série de inter-halogênios que são mais ou menos estáveis. Um destes é cloreto de bromo (BrCl) que, a 500°C, decompõe em seus elementos. A constante de equilíbrio, referente à decomposição de 2 mols de BrCl, a esta temperatura, é Kc = 32. Analise o sistema 1:

$$c(BrCl) = c(Br_2) = c(Cl_2) = 0{,}25 \text{ mol/L}.$$
$$c = \text{concentração}$$

a) Escreva a equação química para a decomposição do BrCl
b) Mostre, por cálculo, que o sistema 1 não está em equilíbrio
c) Em que direção procederá a reação no sistema 1
d) Calcule o Kp para esta reação
e) Calcule as concentrações de BrCl, Br_2 e Cl_2, no sistema 1 em equilíbrio

27 (Olimpíada Portuguesa de Química 2005) "Alka-Seltzer®"
O Alka-Seltzer é um anti-ácido digestivo cuja imagem de marca é a efervescência que acompanha a dissolução das pastilhas em água. Cada pastilha de Alka-Seltzer contém 325 mg de aspirina, 1700 mg de bicarbonato de sódio ($NaHCO_3$) e 1000 mg de ácido cítrico. A *efervescência* é devida à libertação de CO_2 por reação do $NaHCO_3$ em meio ácido (que é garantido pelo ácido cítrico):

$$HCO_3^-(aq) + H_3O^+(aq) \rightleftarrows H_2CO_3(aq) + H_2O$$
$$H_2CO_3(aq) \rightleftarrows CO_2(aq) + H_2O$$

À temperatura ambiente, a solubilidade do CO_2 em água é de cerca de 90 cm^3 de CO_2 por 100 cm^3 de água e só 1% do CO_2 dissolvido se apresenta na forma H_2CO_3.

1) Qual o valor da solubilidade do CO_2 expressa em mol dm^{-3}?
2) Qual o volume máximo de CO_2 que se pode formar por reação completa do $NaHCO_3$ de uma pastilha de Alka-Seltzer? Considerar que 1 mol de $CO_2(g)$ ocupa 24,4 dm^3 nas condições da reação.
3) O volume de $CO_2(g)$ libertado quando se dissolve uma pastilha de Alka-Seltzer num copo com 100 cm^3 de água é menor do que o máximo possível. Por quê?
4) Indicar dois procedimentos que permitam aumentar o volume de $CO_2(g)$ libertado pela dissolução de uma pastilha de Alka-Seltzer.
[MA(H) = 1,0; MA(C)= 12,0; MA(O)= 16,0; MA(Na)= 23,0]

28 (ITA 2004 / 2005) A 25°C e 1 atm, um recipiente aberto contém um solução aquosa saturada em bicarbonato de sódio em equilíbrio com seu respectivo sólido. Este recipiente foi aquecido à temperatura de ebulição da solução por 1 hora. Considere que o volume de água perdido por evaporação foi desprezível.

a) Explique, utilizando equações químicas, o que ocorre durante o aquecimento, considerando que ainda se observa bicarbonato de sódio sólido durante todo esse processo.

b) Após o processo de aquecimento, o conteúdo do béquer foi resfriado até 25°C. Discuta qual foi a quantidade de sólido observada logo após o resfriamento, em relação à quantidade do mesmo (maior, menor ou igual) antes do aquecimento. Justifique a sua resposta.

29 (ITA 2004 / 2005) Considere uma reação química endotérmica entre reagentes, todos no estado gasoso.

a) Esboce graficamente como deve ser a variação da constante de velocidade em função da temperatura.

b) Conhecendo-se a função matemática que descreve a variação da constante de velocidade com a temperatura é possível determinar a energia de ativação da reação. Explique como e justifique.

c) Descreva um método que pode ser utilizado para determinar a ordem da reação.

30 (ITA 2003 / 2004) Uma mistura gasosã é colocada a reagir dentro de um cilindro provido de um pistão móvel, sem atrito e sem massa, o qual é mantido à temperatura constante. As reações que ocorrem dentro do cilindro podem ser genericamente representadas pelas seguintes equações químicas:

I. $A(g) + 2\,B(g) \rightleftarrows 3\,C(g)$ II. $C(g) \rightleftarrows C(l)$

O que ocorre com o valor das grandezas abaixo (Aumenta? Diminui? Não altera?), quando o volume do cilindro é duplicado? Justifique suas respostas.

b) Quantidade, em mols, da espécie B.

c) Quantidade, em mols, da espécie C líquida.

d) Constante de equilíbrio da equação I.

e) Razão $[C]^3/[B]^2$.

31 (Olimpíada Portuguesa de Química 2003 Holanda 2002 exame final)

Produção de Metanol

O metanol (CH_3OH) é um produto químico que é usado na produção de aditivos para a gasolina e plásticos comuns. Considere uma fábrica de produção de metanol baseada na reação:

$$CO + 2\,H_2 \rightleftarrows CH_3OH$$

O hidrogênio e o monóxido de carbono necessários são obtidos pela reação:

$$CH_4 + H_2O \rightleftarrows CO + 3\,H_2$$

As três unidades da fábrica são: o "reator 1", para a produção de H_2 e CO, o "reator 2", e o "separador", para separar entre metanol produzido e H_2 e CO não consumidos. Estas unidades estão representadas esquematicamente na Figura. Quatro posições são indicadas por α, β, γ e δ.

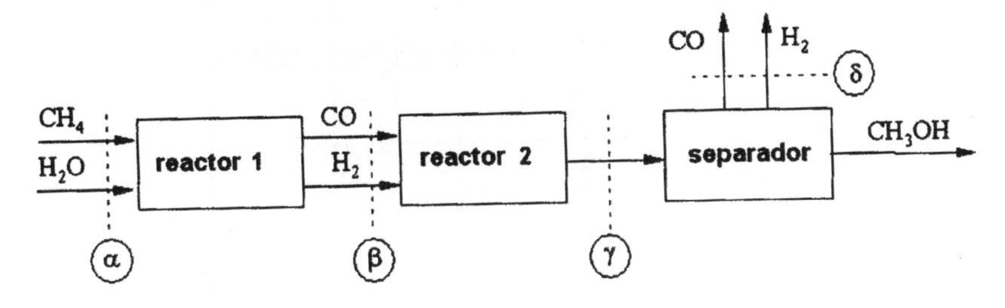

A vazão de metanol na posição γ é $n[CH_3OH,\gamma] = 1000$ mol s^{-1}. A fábrica foi projetada de forma a que 2/3 do CO sejam convertidos em metanol. Assuma que a reação no "reator 1" é completa.

1 Calcule as vazões de CO e H_2 na posição β.

2 Calcule as vazões de CO e H_2 na posição γ.

3 Calcule as vazões de CH_4 e H_2O necessários na posição α.

4 Na posição γ todas as espécies estão em fase gasosa. Calcule as pressões parciais, em MPa, para o CO, o H_2 e o CH_3OH na posição γ usando a equação:

$$p_i = p\frac{n_i}{n_{tot}}$$

onde n_i é a vazão e p_i a pressão parcial do composto i, n_{tot} é a vazão total na posição considerada, e p a pressão total do sistema, com o valor p = 10 Mpa.

5 Quando o reator é suficientemente grande, a reação atinge o equilíbrio. Nesta situação, as pressões parciais na posição γ obedecem à equação:

$$K_p = \frac{pCH_3OH \times p_0^2}{pCO \times pH_2^2}$$

onde p_0 é uma constante (0,1 MPa) e Kp é função da temperatura, como representado na Figura (a escala vertical é logarítmica).

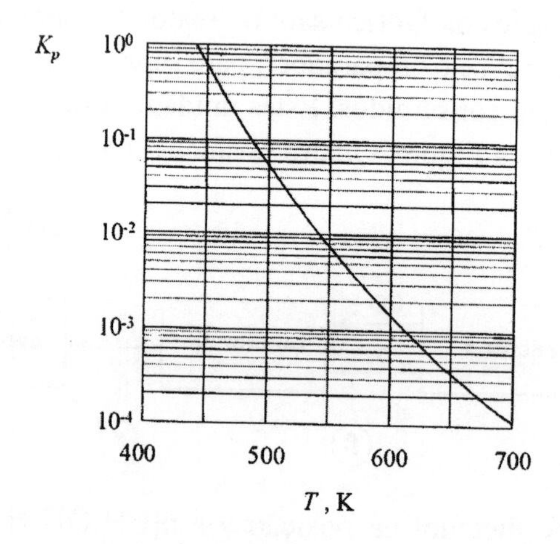

Calcule Kp e indique a que temperatura T a que reação deve ocorrer para que atinja este equilíbrio.

32 **(IME 2002 / 2003)** A reação de desidrogenação do etano a eteno, conduzida a 1060 K, tem constante de equilíbrio Kp igual a 1,0. Sabendo-se que a pressão da mistura reacional no equilíbrio é igual a 1,0 atm, determine:

a) a pressão parcial, em atmosferas, do eteno no equilíbrio;

b) a fração de etano convertido a eteno.

33 **(IME 2001 / 2002)** Um mol de ácido acético é adicionado a um mol de álcool etílico. Estabelecido o equilíbrio, 50% do ácido é esterificado. Calcule o número de mols de éster quando um novo equilíbrio for alcançado, após a adição de 44 g de acetato de etila.

34 (IME CG 2001 / 2002) A reação de formação do fosgênio é

$$CO(g) + Cl_2(g) \rightleftarrows COCl_2(g)$$

Numa experiência realizada a temperatura e volume constantes, onde as pressões de Cl_2 e CO anteriores à reação correspondiam a 0,462 atm e 0,450 atm, respectivamente, encontrou-se uma pressão total no equilíbrio de 0,578 atm.

Depois que o equilíbrio foi alcançado, adicionou-se mais cloro ao sistema, de modo que a sua pressão parcial, no novo equilíbrio, atingiu 0,20 atm. As pressões parciais do CO e do $COCl_2$, no novo equilíbrio, variaram de 0,044 atm em relação aos seus valores no equilíbrio inicial.

Considerando o sistema ideal, calcule:

a) a constante de equilíbrio em função das pressões parciais (Kp);

b) a pressão total do sistema na nova situação de equilíbrio.

35 (ITA 2001 / 2002) Em um balão fechado e sob temperatura de 27°C, $N_2O_4(g)$ está em equilíbrio com $NO_2(g)$. A pressão total exercida pelos gases dentro do balão é igual a 1,0 atm e, nestas condições, $N_2O_4(g)$ encontra-se 20% dissociado.

b) Determine o valor da constante de equilíbrio para a reação de dissociação do $N_2O_4(g)$. Mostre os cálculos realizados.

c) Para a temperatura de 27°C e pressão total dos gases dentro do balão igual a 0,10 atm, determine o grau de dissociação do $N_2O_4(g)$. Mostre os cálculos realizados.

36 (Olimpíada Portuguesa de Química 2001 OIAQ Santiago de Compostela Espanha 1999)

Introduzem-se 4,40 g de CO_2 num recipiente de 1,00 L que contém carbono sólido em excesso, a 1000 K, de forma que se atinge o equilíbrio

$$CO_2(g) + C(s) \rightleftarrows 2\ CO(g)$$

A constante de equilíbrio Kp para esta reação a 1000 K é 1,90 [$K_c = 2{,}32 \times 10^{-2}$].

a) Calcular a pressão total em equilíbrio.

b) Se após o equilíbrio se introduzir uma quantidade adicional de He(g) até duplicar a pressão total, qual a quantidade de substância de CO no equilíbrio nestas novas condições?

c) Se uma vez atingido o equilíbrio em **a)** se duplicar o volume do recipiente, introduzindo He(g) para manter a pressão total, qual a quantidade de substância de CO em equilíbrio nas novas condições?
d) Se a quantidade inicial de C(s) no recipiente fosse 1,20 g, quantos mols de CO_2 se deveriam introduzir de modo a que no equilíbrio apenas restassem vestígios de carbono sólido (10^{-5} g)?
[Massas atômicas relativas: MA(C)=12.0, MA(O)=16.0]

37 (Olimpíada Portuguesa de Química 2001) Quinta Porta: uma surpresa!
A aventura de três amigos no mundo da Química, onde muitas portas se podem abrir...
A quarta porta abre para um corredor mal iluminado, ao fundo do qual há uma porta entreaberta. Os nossos amigos percorrem o corredor e entram de rompante numa sala que, afinal, é uma sala de aulas da sua Escola, onde está a decorrer a prova Global de Química do 10º ano! O tempo está se acabando e ainda têm que resolver este problema:
"Considere o equilíbrio em fase gasosa:

$$2\,SO_2(g) + O_2(g) \rightleftarrows 2\,SO_3(g) \text{ (reação exotérmica)}$$

Num recipiente fechado, com a capacidade de 10,0 dm^3, introduziram-se a uma dada temperatura 6,0 mol de dióxido de enxofre e 3,0 mol de oxigênio molecular. Atingido o equilíbrio, verificou-se que havia no reator 4,5 mol de trióxido de enxofre.
1) Calcule a concentração das diferentes espécies químicas presentes no equilíbrio.
2) Indique, justificando, qual o sentido em que evoluirá o sistema por
   a) aumento da temperatura do reator;
   b) aumento da pressão total do sistema por diminuição do volume do reator;
   c) aumento da pressão por adição de um gás inerte;
   d) adição de um catalisador."

38 (IME CG 2000 / 2001) Um pesquisador estudou a reação

$$A(aq) + B(aq) \rightleftarrows C(aq) + D(aq)$$

em um sistema com volume de 0,5 dm^3 e à temperatura de 70°C, tendo obtido os seguintes resultados:

Experimento	Número de mols no equilíbrio			
	A	B	C	D
1	1,00	0,20	0,20	1,00
2	3,00	0,30	0,40	2,25
3	2,30	0,10	0,50	0,46

Nas mesmas condições experimentais e concentrações iniciais de A e B iguais a 1,00 M, determine o número de mols de C no equilíbrio.

39 **(Olimpíada Brasileira de Química 2000 Canadian Chemistry Olympiad Final Selection Examination 2000)** Uréia, $CO(NH_2)_2$, reage com água produzindo dióxido de carbono e amônia. Os dados termodinâmicos para os possíveis reagentes e produtos são dados abaixo (negligencie a solubilidade do dióxido de carbono e da amônia em água líquida).

Composto	ΔH_f^0 (kJ . mol^{-1})	S° (J . K^{-1} . mol^{-1})
$CO(NH_2)_2(s)$	-333,51	104,60
H_2O (l)	-285,83	69,91
H_2O (g)	-241,82	188,83
CO_2 (g)	-393,51	213,74
NH_3 (g)	-46,11	192,45

a) Considere a hidrólise de uréia com $H_2O(l)$ (reação A) e com $H_2O(g)$ (reação B), respectivamente. Calcule ΔH^0, ΔS^0 e ΔG^0, a 25°C, para cada reação e especifique se a reação é espontânea ou não.

b) Considerando que ambos, ΔH^0 e ΔS^0, são independentes da temperatura, encontre a temperatura na qual a reação A ocorrerá espontaneamente.

c) Calcule Kp a 25°C para cada reação, expressando esse valor em unidades apropriadas.

$$R = 8{,}314 \text{ J . K}^{-1} \text{. mol}^{-1}.$$

40 (Olimpíada Brasileira de Química 2000) Considerando a reação hipotética A + B $\rightleftarrows$ C, que ocorre na direção direta, numa única etapa e cujo perfil energético está representado na figura a seguir.

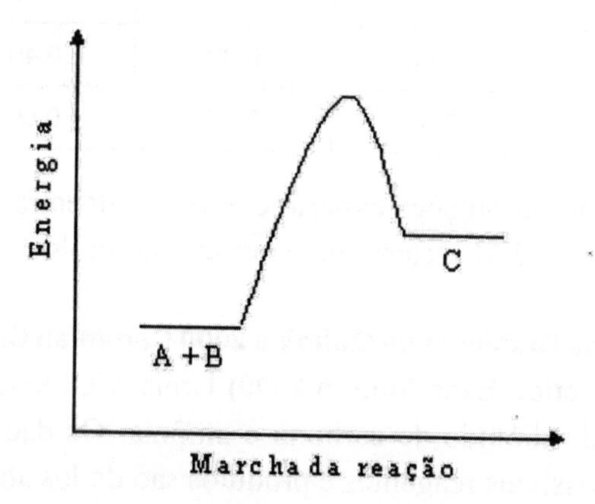

Responda:

a) Que reação é mais rápida no equilíbrio, a direta ou a inversa?
b) O equilíbrio favorece aos produtos ou aos reagentes?
c) Em geral, como um catalisador alteraria o perfil energético dessa reação?
d) Um catalisador afetaria a razão entre as constantes de velocidade das reações direta e inversa?
e) Como varia a constante de equilíbrio dessa reação, com a temperatura?

Justifique suas respostas.

41 (Olimpíada Portuguesa de Química 2000) O íon Cu^{2+}(aq) oxida o estanho sólido a Sn^{2+}(aq) reduzindo-se a Cu^{+}(aq). O valor da constante de equilíbrio para esta reação a 25°C é $K = 6 \times 10^9$ Preparou-se 1,0 dm^3 de solução de Cu^{2+}, dissolvendo uma certa quandidade de sulfato de cobre, e nesta solução foi mergulhada uma placa de estanho. Quando a reação atingiu o equilíbrio a concentração de Sn^{2+} era 1,0 mol dm^{-3}. Qual foi a massa de sulfato de cobre utilizada para preparar a solução inicial?

CAPÍTULO 8

Equilíbrio Iônico

01 (Olimpíada de Química do Rio de Janeiro 2007) Um precipitado será formado quando uma solução aquosa de ácido clorídrico for adicionado a uma solução aquosa de:

a) $HgNO_3$
b) $Ba(NO_3)_2$
c) $NaNO_3$
d) $ZnSO_4$
e) $FeSO_4$

02 (Olimpíada de Química do Rio de Janeiro 2007) Kps para o iodato de chumbo II, $Pb(IO_3)_2$ é $3,2 \times 10^{-14}$ a uma dada temperatura. Qual a solubilidade de $Pb(IO_3)_2$ em mol/L?

a) $1,8 \times 10^{-7}$
b) $3,6 \times 10^{-7}$
c) $2,0 \times 10^{-5}$
d) $4,0 \times 10^{-5}$
e) $8,0 \times 10^{-5}$

03 (Olimpíada de Química do Rio de Janeiro 2007) Qual das seguintes substâncias, a ser adicionada em água, não irá alterar o pH?

a) $NaHCO_3$
b) NH_4Cl
c) KCN
d) KCl
e) CO_2

04 (Olimpíada de Química do Rio de Janeiro 2007) Misturando-se 1 L de solução aquosa de HCl de pH = 1 com 10 L de solução aquosa de HCl de pH = 4, qual das opções abaixo contém o valor *aproximado* de pH da mistura?

a) pH = 0,4
b) pH = 1,0
c) pH = 2,0
d) pH = 4,0
e) pH = 5

05 (Olimpíada de Química do Rio de Janeiro 2007) Assinale a alternativa contendo os ácidos na ordem crescente de pKa:

a) $CH_3COOH < HOOCCHClCOOH < HOOCCH_2COOH < HCOOH < CH_3(CH_2)_6COOH$
b) $HOOCCHClCOOH < CH_3(CH_2)_6COOH < HOOCCH_2COOH < HCOOH < CH_3COOH$
c) $HOOCCHClCOOH < HOOCCH_2COOH < HCOOH < CH_3COOH < CH_3(CH_2)_6COOH$
d) $CH_3COOH < HOOCCH_2COOH < HOOCCHClCOOH < HCOOH < CH_3(CH_2)_6COOH$
e) $CH_3(CH_2)_6COOH < CH_3COOH < HCOOH < HOOCCH_2COOH < HOOCCHClCOOH$

06 (IME 2006 / 2007 prova objetiva) A ciência procura reunir semelhantes em classes ou grupos, com objetivo de facilitar metodologicamente o estudo de tais entes. Na química, uma classificação inicial ocorreu em meados do século XVIII e dividiu as substâncias em orgânicas e inorgânicas ou minerais.

Abaixo, são apresentadas correlações de nomes, fórmulas e classificações de algumas substâncias inorgânicas.

Correlação	Nome da substância	Fórmula	Classificação
I	Carbonato ácido de potássio	$KHCO_3$	Sal de hidrólise ácida
II	Óxido de alumínio	Al_2O_3	Óxido anfótero
III	Cianeto de sódio	NaCN	Sal de hidrólise básica
IV	Óxido de cálcio	CaO	Óxido básico
V	Hidróxido estanoso	$Sn(OH)_4$	Base de Arrhenius

Assinale a alternativa na qual ambas as correlações são **falsas.**

a) I e V
c) III e V
e) II e IV
b) II e III
d) I e III

07 **(IME 2006 / 2007 prova objetiva)** A solução formada a partir da dissolução de 88 g de ácido n-butanóico e 16 g de hidróxido de sódio em um volume de água suficiente para completar 1,00 L apresenta pH igual a 4,65. Determine qual será o novo pH da solução formada ao se adicionar mais 0,03 mols do hidróxido em questão.

a) 7,00
b) 4,60
c) 4,65
d) 4,70
e) 9,35

08 **(ITA 2006 / 2007)** Assinale a opção que apresenta um sal que, quando dissolvido em água, produz uma solução aquosa ácida.

a) Na_2CO_3
b) CH_3COONa
c) CH_3NH_3Cl
d) $Mg(ClO_4)_2$
e) NaF

09 **(ITA 2006 / 2007)** Um indicador ácido-base monoprótico tem cor vermelha em meio ácido e cor laranja em meio básico. Considere que a constante de dissociação desse indicador seja igual a $8,0 \times 10^{-5}$. Assinale a opção que indica a quantidade, em mols, do indicador que, quando adicionada a 1 L de água pura, seja suficiente para que 80% de suas moléculas apresentem a cor vermelha após alcançar o equilíbrio químico.

a) $1,3 \times 10^{-5}$
b) $3,2 \times 10^{-5}$
c) $9,4 \times 10^{-5}$
d) $5,2 \times 10^{-4}$
e) $1,6 \times 10^{-3}$

10 (ITA 2006 / 2007) Nas condições ambientes, a 1 L de água pura, adiciona-se 0,01 mol de cada uma das substâncias A e B descritas nas opções abaixo. Dentre elas, qual solução apresenta a maior condutividade elétrica?

a) A = NaCl e B = $AgNO_3$
b) A = HCl e B = NaOH
c) A = HCl e B = CH_3COONa
d) A = KI e B = $Pb(NO_3)_2$
e) A = $Cu(NO_3)_2$ e B = ZnCl2

11 (Monbukagakusho 2006 / 2007) Which of the following descriptions 1) to 4) is correct?

1) The pH of the solution that results when 10 mL of 1.0×10^{-5} mol/L HCl is diluted to 10 L with distilled water is 8.
2) The pH of the solution that results when 10 mL of 1.0×10^{-3} mol/L NaOH is diluted to 1.0 L with distilled water is 9.
3) The pH of the solution that results when 10 mL of 1.0×10^{-2} mol/L CH_3COOH is diluted to 1.0 L with distilled water is 4.
4) The pH of the solution that results when 10 mL of 1.0×10^{-3} mol/L H_2SO_4 is diluted to 1.0 L with distilled water is 5.

12 (Olimpíada de Química do Rio de Janeiro 2006) Assinale a opção que representa a solução de maior concentração molar de íons:

a) 30,3 g de nitrato de potássio em 300 mL de solução
b) 0,3 mol de iodeto de sódio em 400 mL de solução
c) 1 L de solução 0,25 mol/L de ácido sulfúrico
d) 500 mL de solução 0,5 mol/L de hidróxido de sódio
e) Solução de ácido sulfúrico com 20% em massa de soluto e densidade 1,5 g/mL

13 (Olimpíada de Química do Rio de Janeiro 2006) A cocaína, $C_{17}H_{21}NO_4$, é solúvel em água até 0,17 g/100 mL. Uma solução saturada tem um pH de 10,08. Qual é o Kb da cocaína?

a) $1,2 \times 10^{-10}$
b) $1,2 \times 10^{2}$
c) $8,5 \times 10^{-8}$
d) $1,8 \times 10^{-5}$
e) $2,6 \times 10^{-6}$

14 (ITA 2005 / 2006) São fornecidas as seguintes informações a respeito de titulação ácido-base:

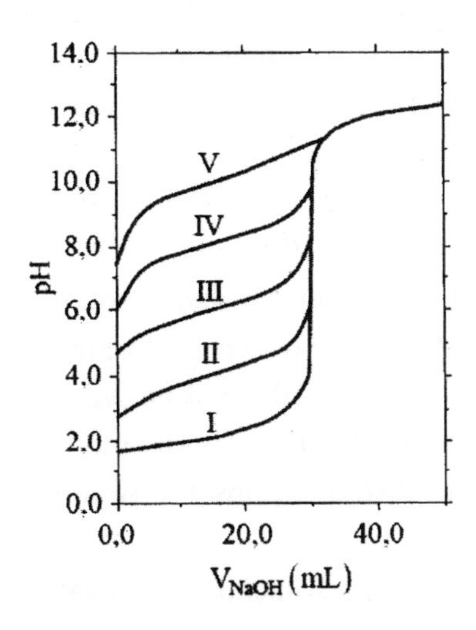

a) A figura mostra as curvas de titulação de 30,0 mL de diferentes ácidos (I, II, III, IV e V), todos a 0,10 mol L^{-1}, com uma solução aquosa 0,10 mol L^{-1} em NaOH.

b) O indicador fenolftaleína apresenta o intervalo de mudança de cor entre pH 8,0 a 10,0, e o indicador vermelho de metila, entre pH 4,0 a 6,0.

Considerando estas informações, é CORRETO afirmar que

a) o indicador vermelho de metila é mais adequado que a fenolftaleína para ser utilizado na titulação do ácido IV.

b) o indicador vermelho de metila é mais adequado que a fenolftaleína para ser utilizado na titulação do ácido V.

c) o ácido III é mais forte que o ácido II.

d) os dois indicadores (fenolftaleína e vermelho de metila) são adequados para a titulação do ácido I.

e) os dois indicadores (fenolftaleína e vermelho de metila) são adequados para a titulação do ácido III.

15 (ITA 2005 / 2006) Considere as afirmações abaixo, todas relativas à temperatura de 25°C, sabendo que os produtos de solubilidade das substâncias hipotéticas XY, XZ e XW são, respectivamente,iguais a 10^{-8}, 10^{-12} e 10^{-16}, naquela temperatura.

I. Adicionando-se $1,0 \times 10^{-3}$ mol do ânion W proveniente de um sal solúvel a 100 mL de uma solução aquosa saturada em XY sem corpo de fundo, observa-se a formação de um sólido.

II. Adicionando-se $1,0 \times 10^{-3}$ mol do ânion Y proveniente de um sal solúvel a 100 mL de uma solução aquosa saturada em XW sem corpo de fundo, não se observa a formação de sólido.

III. Adicionando-se $1,0 \times 10^{-3}$ mol de XZ sólido a 100 mL de uma solução aquosa contendo $1,0 \times 10^{-3}$ mol L^{-1} de um ânion Z proveniente de um sal solúvel, observa-se um aumento da quantidade de sólido.

IV. Adicionando-se uma solução aquosa saturada em XZ sem corpo de fundo a uma solução aquosa saturada em XZ sem corpo de fundo, observa-se a formação de um sólido.

Das afirmações acima, está(ao) CORRETA(S)

a) apenas I e II.
b) apenas I e III.
c) apenas II.
d) apenas III e IV.
e) apenas IV.

16 (Monbukagakusho 2005 / 2006) What is the pH of 50 mL of the 0.14 mol/L HCl solution mixed with 50 mL of 0.10 mol/L NaOH solution? Write the number of the correct answer in the answer box. log 2 = 0.30.

(1) 1.5
(2) 1.7
(3) 1.9
(4) 2.1
(5) 2.3

17 (ENADE 2005) Qual a solubilidade do carbonato de cálcio, em mol . L^{-1}, presente em uma solução aquosa de $CaCl_2$ cuja concentração é de 0,2 mol . L^{-1}?

Dado: Kps do $CaCO_3 = 8,7 \times 10^{-9}$

a) $8,7 \times 10^{-9}$
b) $8,7 \times 10^{-8}$
c) $4,4 \times 10^{-8}$
d) $1,8 \times 10^{-9}$
e) $1,8 \times 10^{-8}$

18 (Olimpíada Brasileira de Química 2005) Uma solução pode ser denominada solução tampão, quando contém concentrações aproximadamente iguais de um:

a) ácido forte e seu sal
b) ácido e uma base fortes
c) ácido e uma base fracos
d) ácido forte e sua base conjugada
e) ácido fraco e sua base conjugada

19 (ITA 2004 / 2005) Esta tabela apresenta a solubilidade de algumas substâncias em água, a 15°C:

Substância	Solubilidade (g soluto / 100 g H2O)
ZnS	0,00069
$ZnSO_4 \cdot 7\,H_2O$	96
$ZnSO_3 \cdot 2\,H_2O$	0,16
$Na_2S \cdot 9\,H_2O$	46
$Na_2SO_4 \cdot 7\,H_2O$	44
$Na_2SO_3 \cdot 2\,H_2O$	32

Quando 50 mL de uma solução aquosa 0,10 mol L^{-1} em sulfato de zinco são misturados a 50 mL de uma solução aquosa 0,010 mol L^{-1} em sulfito de sódio, à temperatura de 15°C, espera-se observar

a) a formação de uma solução não saturada constituída pela mistura das duas substâncias.
b) a precipitação de um sólido constituído por sulfeto de zinco.
c) a precipitação de um sólido constituído por sulfito de zinco.
d) a precipitação de um sólido constituído por sulfato de zinco.
e) a precipitação de um sólido constituído por sulfeto de sódio.

20 (ITA 2004 / 2005) Utilizando os dados fornecidos na tabela da questão anterior, é CORRETO afirmar que o produto de solubilidade do sulfito de sódio em água, a 15°C, é igual a

a) 8×10^{-3}.
b) $1,6 \times 10^{-2}$.
c) $3,2 \times 10^{-2}$.
d) 8.
e) 32.

21 **(ITA 2004 / 2005)** Qual das opções a seguir apresenta a seqüência CORRETA de comparação do pH de soluções aquosas dos sais $FeCl_2$, $FeCl_3$, $MgCl_2$, $KClO_2$, todas com mesma concentração e sob mesma temperatura e pressão?

a) $FeCl_2 > FeCl_3 > MgCl_2 > KClO_2$
b) $MgCl_2 > KClO_2 > FeCl_3 > FeCl_2$
c) $KClO_2 > MgCl_2 > FeCl_2 > FeCl_3$
d) $MgCl_2 > FeCl_2 > FeCl_3 > KClO_2$
e) $FeCl_3 > MgCl_2 > KClO_2 > FeCl_2$

22 **(ITA 2004 / 2005)** A 25°C, borbulha-se $H_2S(g)$ em uma solução aquosa 0,020 mol L^{-1} em $MnCl_2$, contida em um erlenmeyer, até que seja observado o início de precipitação de MnS(s). Neste momento, a concentração de H^+ na solução é igual a $2{,}5 \times 10^{-7}$ mol L^{-1}.

Dados eventualmente necessários, referentes à temperatura de 25°C:

I. $MnS + H_2O(l) \rightleftarrows Mn^{2+}(aq) + HS^-(aq) + OH^-(aq)$ $K_I = 3 \times 10^{-11}$
II. $H_2S(aq) \rightleftarrows HS^-(aq) + H^+(aq)$ $K_{II} = 9{,}5 \times 10^{-8}$
III. $H_2O(l) \rightleftarrows H^+(aq) + OH^-(aq)$ $K_{III} = 1{,}0 \times 10^{-14}$

Assinale a opção que contém o valor da concentração, em mol L^{-1}, de H_2S na solução no instante em que é observada a formação de sólido.

a) $1{,}0 \times 10^{-10}$
b) 7×10^{-7}
c) 4×10^{-2}
d) $1{,}0 \times 10^{-1}$
e) $1{,}5 \times 10^{4}$

23 **(Olimpíada Brasileira de Química 2004)** Dispõe-se de 2 litros de solução aquosa de HCl de pH igual a 1,0. Que volume desta solução deve-se tomar para que, após a adição de quantidade suficiente de água, obtenha-se 1 litro de uma solução de pH igual a 2,0?

a) 10 mL
b) 100 mL
c) 500 mL
d) 900 mL
e) Não é possível obter a solução desejada porque a solução disponível é mais diluída

24 (ITA 2003 / 2004) Na temperatura de 25°C e pressão igual a 1 atm, a concentração de H_2S numa solução aquosa saturada é de aproximadamente 0,1 mol L^{-1}. Nesta solução, são estabelecidos os equilíbrios representados pelas seguintes equações químicas balanceadas:

I. $H_2S(aq) \rightleftarrows H^+(aq) + HS^-(aq)$ $K_I(25°C) = 9,1 \times 10^{-8}$

II. $HS^-(aq) \rightleftarrows H^+(aq) + S^{2-}(aq)$ $K_{II}(25°C) = 1,2 \times 10^{-15}$

Assinale a informação **ERRADA** relativa a concentrações aproximadas (em mol L^{-1}) das espécies presentes nesta solução.

a) $[H^+]^2[S^{2-}] \simeq 1\times10^{-23}$
b) $[S^{-2}] \simeq 1\times10^{-15}$
c) $[H^+]^2 \simeq 1\times10^{-7}$
d) $[HS^-] \simeq 1\times10^{-4}$
e) $[H_2S] \simeq 1\times10^{-1}$

25 (ITA 2003 / 2004) Quatro copos (I, II, III e IV) contêm, respectivamente, soluções aquosas de misturas de substâncias nas concentrações especificadas a seguir:

I. Acetato de sódio 0,1 mol L^{-1} + cloreto de sódio 0,1 mol L^{-1}.
II. Ácido acético 0,1 mol L^{-1} + acetato de sódio 0,1 mol L^{-1}.
III. Ácido acético 0,1 mol L^{-1} + cloreto de sódio 0,1 mol L^{-1}.
IV. Ácido acético 0,1 mol L^{-1} + hidróxido de amônio 0,1 mol L^{-1}.

Para uma mesma temperatura, qual deve ser a seqüência **CORRETA** do pH das soluções contidas nos respectivos copos?

Dados eventualmente necessários:

Constante de dissociação do ácido acético em água a 25°C:
$K_a = 1,8 \times 10^{-5}$.

Constante de dissociação do hidróxido de amônio em água a 25°C:
$K_b = 1,8 \times 10^{-5}$.

a) $pH_I > pH_{IV} > pH_{II} > pH_{III}$
b) $pH_I \simeq pH_{IV} > pH_{III} > pH_{II}$
c) $pH_{II} \simeq pH_{III} > pH_I > pH_{IV}$
d) $pH_{III} > pH_I > pH_{II} > pH_{IV}$
e) $pH_{III} > pH_I > pH_{IV} > pH_{II}$

26 **(Olimpíada Brasileira de Química 2003)** Considere as seguintes soluções:

1. H_2O
2. Na_2CO_3 0,25 mol/L
3. HCl 0,5 mol/L
4. KOH 0,6 mol/L

Em qual (ou quais) destas soluções a adição de igual volume de NaOH 0,5 mol/L provocará uma diminuição no valor do pH:

a) somente 4
b) somente 1 e 3
c) somente 2 e 4
d) somente 1, 2 e 3
e) todas

27 **(Olimpíada Portuguesa de Química 2003 Grécia 2003, Problemas Preparatórios) Titulação de ácidos fracos**

O ácido ascórbico (Vitamina C, $C_6H_8O_6$) é um ácido fraco com a seguinte equação de dissociação:

$C_6H_8O_6 + H_2O \rightleftarrows C_6H_7O_6^- + H_3O^+$ $\quad Ka = 6{,}8 \times 10^{-5}$

50,00 cm^3 de uma solução 0,1000 mol dm^{-3} de ácido ascórbico foram titulados com uma solução 0,2000 mol dm^{-3} de hidróxido de sódio (NaOH). Nas questões seguintes, escolha a resposta correta, justificando sucintamente.

1 O pH inicial da solução de ácido ascórbico é:

a) 7,00
b) 2,58
c) 4,17
d) 1,00

2 O volume de titulante necessário para atingir o ponto de equivalência é:

a) 50,00 cm^3
b) 35,00 cm^3
c) 25,00 cm^3
d) 20,00 cm^3

3 O pH da solução no ponto de equivalência é:

a) 7,00
b) 8,50
c) 8,43
d) 8,58

4 Um indicador apropriado para esta titulação é:

a) Azul de bromotimol (zona de viragem: 6,0 - 7,6)
b) Vermelho de fenol (zona de viragem: 6,8 - 8,2)
c) Fenolftaleína (zona de viragem: 8,0 - 9,8)
d) Timolftaleína (zona de viragem: 9,3 - 10,5)

5 O pH da solução após adição de 26,00 cm^3 de titulante é:

a) 13,30
b) 1,30
c) 11,00
d) 11,42

28 (ITA 2002 / 2003) Considere os equilíbrios químicos abaixo e seus respectivos valores de pK (pK = −log K), válidos para a temperatura de 25°C (K representa constante de equilíbrio químico).

				pK
Fenol:	$C_6H_5OH(aq)$	$\rightleftarrows$	$H^+(aq) + C_6H_5O^-(aq)$	9,89
Anilina:	$C_6H_5NH_2(l) + H_2O(l)$	$\rightleftarrows$	$C_6H_5NH_3^+(aq) + OH^-(aq)$	9,34
Ácido acético:	$CH_3COOH(aq)$	$\rightleftarrows$	$CH_3COO(aq) + H^+(aq)$	4,74
Amônia:	$NH_3(g) + H_2O(l)$	$\rightleftarrows$	$NH_4^+(aq) + OH^-(aq)$	4,74

Na temperatura de 25°C e numa razão de volumes ≤ 10, misturam-se pares de soluções aquosas de mesma concentração. Assinale a opção que apresenta o par de soluções aquosas que ao serem misturadas formam uma solução tampão com pH próximo de 10.

a) $C_6H_5OH(aq)$ / $C_6H_5NH_2(aq)$.
b) $C_6H_5NH_2(aq)$ / $C_6H_5NH_3Cl(aq)$.
c) $CH_3COOH(aq)$ / $NaCH_3COO(aq)$.
d) $NH_3(aq)$ / $NH_4Cl(aq)$.
e) $NaCH_3COO(aq)$ / $NH_4Cl(aq)$.

29 (ITA 2002 / 2003) A uma determinada quantidade de dióxido de manganês sólido, adicionou-se um certo volume de ácido clorídrico concentrado até o desaparecimento completo do sólido. Durante a reação química do sólido com o ácido observou-se a liberação de um gás (Experimento 1). O gás liberado no Experimento 1 foi borbulhado em uma solução aquosa ácida de iodeto de potássio, observando-se a liberação de um outro gás com coloração violeta (Experimento 2). Assinale a opção que contém a afirmação **CORRETA** relativa às observações realizadas nos experimentos acima descritos.

a) No Experimento 1, ocorre formação de $H_2(g)$.
b) No Experimento 1, ocorre formação de $O_2(g)$.
c) No Experimento 2, o pH da solução aumenta.
d) No Experimento 2, a concentração de iodeto na solução diminui.
e) Durante a realização do Experimento 1, a concentração de íons manganês presentes no sólido diminui.

30 (ITA 2002 / 2003) Duas soluções aquosas (I e II) contêm, respectivamente, quantidades iguais (em mol) e desconhecidas de um ácido forte, $K >> 1$, e de um ácido fraco, $K \cong 10^{-10}$ (K = constante de dissociação do ácido). Na temperatura constante de 25°C, essas soluções são tituladas com uma solução aquosa 0,1 mol L^{-1} de NaOH . A titulação é acompanhada pela medição das respectivas condutâncias elétricas das soluções resultantes. Qual das opções abaixo contém a figura com o par de curvas que melhor representa a variação da condutância elétrica (Cond.) com o volume de NaOH (V_{NaOH}) adicionado às soluções I e II, respectivamente?

a) 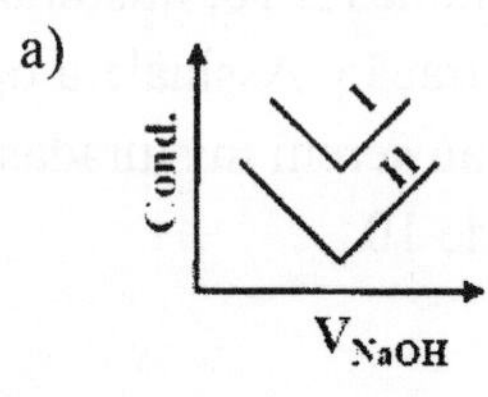

d) 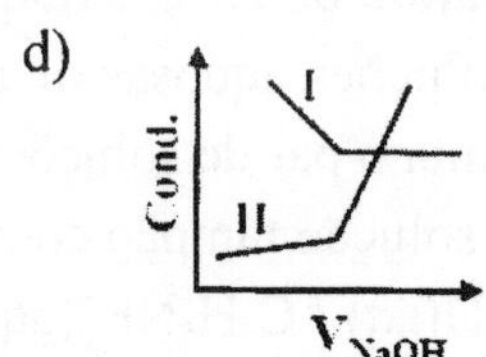

b) 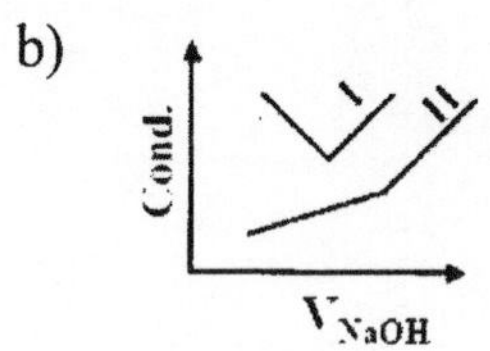

e) 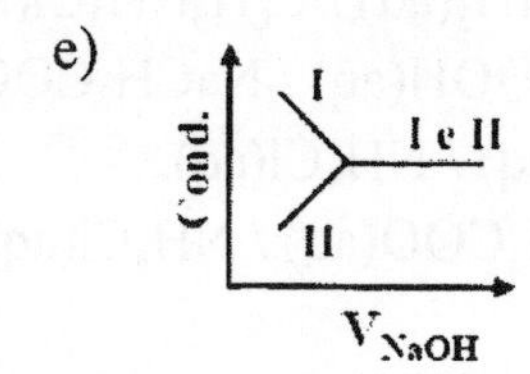

c) 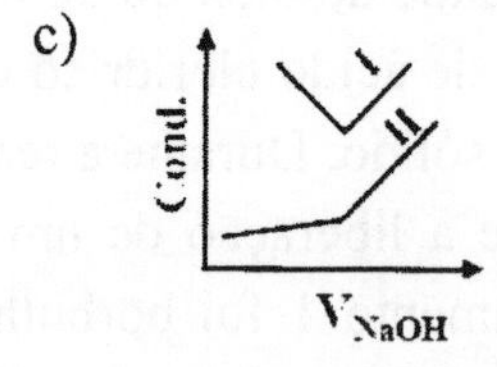

31 (Olimpíada Brasileira de Química 2002) Quando misturamos 1 L de uma solução de ácido clorídrico que apresenta pH igual a 1, com 1 L de uma outra solução do mesmo ácido de pH igual a 3, obtemos uma nova solução cujo pH será igual a:

a) 1,0
b) 1,3
c) 2,0
d) 2,6
e) 3,0

32 **(Olimpíada Brasileira de Química 2002)** Que par de soluções produzirá um tampão de pH menor que 7, quando volumes iguais destas soluções forem misturados:

a) HCl 0,10 mol/L e NaCl 0,10 mol/L
b) HCl 0,10 mol/L e NaOH 0,05 mol/L
c) HCl 0,05 mol/L e $CH_3CO_2^-Na^+$ 0,10 mol/L
d) NH_3 0,05 mol/L e $NH_4^+Cl^-$ 0,05 mol/L
e) NH_3 0,05 mol/L e $CH_3CO_2^-Na^+$ 0,05 mol/L

33 **(Olimpíada Brasileira de Química 2002)** A nicotina (Nic), $C_{10}H_{14}N_2$, contém, em sua molécula, dois átomos nitrogênios básicos, que reagem com água para formar uma solução básica:

$Nic(aq) + H_2O(l) \rightleftarrows NicH^+(aq) + OH^-(aq)$

$NicH^+(aq) + H_2O(l) \rightleftarrows NicH_2^{2+}(aq) + OH^-(aq)$

Sendo K_{b1} é $7{,}0 \times 10^{-7}$ e K_{b2} é $1{,}1 \times 10^{-10}$, o pH aproximado de uma solução 0,20 mol/L de nicotina será:

a) 8
b) 9
c) 10
d) 11
e) 12

34 **(ITA 2001 / 2002)** Para as mesmas condições de temperatura e pressão, considere as seguintes afirmações relativas à condutividade elétrica de soluções aquosas:

I. A condutividade elétrica de uma solução 0,1 mol/L de ácido acético é menor do que aquela do ácido acético glacial (ácido acético praticamente puro).
II. A condutividade elétrica de uma solução 1 mol/L de ácido acético é menor do que aquela de uma solução de ácido tri-cloroacético com igual concentração.
III. A condutividade elétrica de uma solução 1 mol/L de cloreto de amônio é igual àquela de uma solução de hidróxido de amônio com igual concentração.
IV. A condutividade elétrica de uma solução 1 mol/L de hidróxido de sódio é igual àquela de uma solução de cloreto de sódio com igual concentração.
V. A condutividade elétrica de uma solução saturada em iodeto de chumbo é menor do que aquela do sal fundido.

Destas afirmações, estão **ERRADAS**

a) apenas I e II.
b) apenas I, III, e IV.
c) apenas II e V.
d) apenas III, IV e V.
e) todas.

35 **(ITA 2001 / 2002)** Seja **S** a solubilidade de Ag_3PO_4 em 100 g de água pura numa dada temperatura. A seguir, para a mesma temperatura, são feitas as seguintes afirmações a respeito da solubilidade de Ag_3PO_4 em 100 g de diferentes soluções aquosas:

I. A solubilidade do Ag_3PO_4 em solução aquosa 1 mol/L de HNO_3 é maior do que **S**.
II. A solubilidade do Ag_3PO_4 em solução aquosa 1 mol/L de $AgNO_3$ é menor do que **S**.
III. A solubilidade do Ag_3PO_4 em solução aquosa 1 mol/L de Na_3PO_4 é menor do que **S** .
IV. A solubilidade do Ag_3PO_4 em solução aquosa 1 mol/L de KCN é maior do que **S** .
V. A solubilidade do Ag_3PO_4 em solução aquosa 1 mol/L de $NaNO_3$ é praticamente igual a **S**.

Destas afirmações, estão **CORRETAS**

a) apenas I, II e III.
b) apenas I, III e IV.
c) apenas II, III e IV.
d) apenas II, III e V.
e) todas.

36 **(ITA 2001 / 2002)** Considere as soluções aquosas obtidas pela dissolução das seguintes quantidades de solutos em um 1 L de água:

I. 1 mol de acetato de sódio e 1 mol de ácido acético.
II. 2 mols de amônia e 1 mol de ácido clorídrico.
III. 2 mols de ácido acético e 1 mol de hidróxido de sódio.
IV. 1 mol de hidróxido de sódio e 1 mol de ácido clorídrico.
V. 1 mol de hidróxido de amônio e 1 mol de ácido acético.

Das soluções obtidas, apresentam efeito tamponante

a) apenas I e V.
b) apenas I, II e III.
c) apenas I, II, III e V.
d) apenas III, IV e V.
e) apenas IV e V.

37 **(ITA 2000 / 2001)** A 25°C, adiciona-se 1,0 mL de uma solução aquosa 0,10 mol/L em HCl a 100 mL de uma solução aquosa 1,0 mol/L em HCl. O pH da mistura final é

a) 0
b) 1
c) 2
d) 3
e) 4

38 **(ITA 2000 / 2001)** Considere as afirmações abaixo relativas à concentração (mol/L) das espécies químicas presentes no ponto de equivalência da titulação de um ácido forte (do tipo HA) com uma base forte (do tipo BOH):

I. A concentração do ânion A^- é igual à concentração do cátion B^+.
II. A concentração do cátion H^+ é igual à constante de dissociação do ácido HA.
III. A concentração do cátion H^+ consumido é igual à concentração inicial do ácido HA.
IV. A concentração do cátion H^+ é igual à concentração do ânion A^-.
V. A concentração do cátion H^+ é igual à concentração do cátion B^+.

Das afirmações feitas, estão **CORRETAS**

a) apenas I e III.
b) apenas I e V.
c) apenas I, II e IV.
d) apenas II, IV e V.
e) apenas III, IV e V.

39 **(ITA 2000 / 2001)** Justificar por que cada uma das **cinco** afirmações da **questão anterior** está **CORRETA** ou **ERRADA**.

40 **(ITA 2000 / 2001)** Em um béquer, contendo uma solução aquosa 1,00 mol/L em nitrato de prata, foi adicionado uma solução aquosa contendo um sal de cloreto ($\mathbf{M_yCl_x}$). A mistura resultante foi agitada, filtrada e secada, gerando 71,7 gramas de precipitado. Considerando que não tenha restado cloreto no líquido sobrenadante, o número de mols de íons $\mathbf{M^{x+}}$ adicionado à mistura, em função de **x** e **y** é

a) x/y
b) 2x/y
c) y/2x
d) 2y/x
e) x^2/y

41 (ITA 2000 / 2001) A calcinação de 1,42 g de uma mistura sólida constituída de $CaCO_3$ e $MgCO_3$ produziu um resíduo sólido que pesou 0,76 g e um gás. Com estas informações, qual das opções a seguir é a relativa à afirmação **CORRETA**?

a) Borbulhando o gás liberado nesta calcinação em água destilada contendo fenolftaleína, com o passar do tempo a solução irá adquirir uma coloração rósea.
b) A coloração de uma solução aquosa, contendo fenolftaleína, em contato com o resíduo sólido é incolor.
c) O volume ocupado pelo gás liberado devido à calcinação da mistura, nas CNTP, é de 0,37 L.
d) A composição da mistura sólida inicial é 70% (m/m) de $CaCO_3$ e 30% (m/m) de $MgCO_3$.
e) O resíduo sólido é constituído pelos carbetos de cálcio e magnésio.

42 (Olimpíada Portuguesa de Química 2007) Canibalismo químico

A Química Medicinal é um ramo das Ciências Químicas que também abrange conhecimentos das Ciências Biológicas, Medicinais e Farmacêuticas. Esta disciplina envolve a identificação e preparação de compostos biologicamente ativos, bem como a avaliação das suas propriedades biológicas e estudos das suas relações estrutura / atividade.

O meio fortemente ácido no estômago é necessário para o bom funcionamento do nosso corpo. Mas uma excessiva produção de ácido causa, numa fase inicial, indisposição e poderá provocar gastrite ou mesmo úlceras, que são lesões localizadas nas paredes do estômago, resultantes da sua destruição. A causa do aparecimento das úlceras é sempre os danos provocados pelo ácido clorídrico e pelas enzimas produzidas no estômago. Normalmente há mecanismos protetores das paredes do estômago, contudo se essa proteção falha, os danos surgem na parede do estômago, que é digerida pelas enzimas, como se fosse um alimento.

Alka-Seltzer® é o nome do medicamento produzido pela Bayer, que é muito usado como anti-ácido. Cada comprimido de Alka-Seltzer® contém 1,0 g de hidrogenocarbonato de sódio ($NaHCO_3$), 0,3 g de hidrogenocarbonato de potássio ($KHCO_3$) e 0,8 g de ácido cítrico (Fig.2). No entanto, há muitos outros medicamentos que são usados no controlo da acidez do estômago, cuja diferença está, principalmente, na base que é usada como *princípio ativo*. Por exemplo, pessoas com problemas de hipertensão devem evitar o hidrogenocarbonato de sódio e podem tomar leite de magnésia Philips®, que contém 0,8 g de hidróxido de magnésio ($Mg(OH)_2$) por comprimido ou o Di-Gel®, que contém 0,8 g de hidróxido de alumínio ($Al(OH)_3$) também por comprimido. Quem apresente problemas de descalcificação pode optar por tomar Tiralac®, que contém 0,6 g de carbonato de cálcio ($CaCO_3$) por comprimido e, assim, resolver dois problemas com um só medicamento.

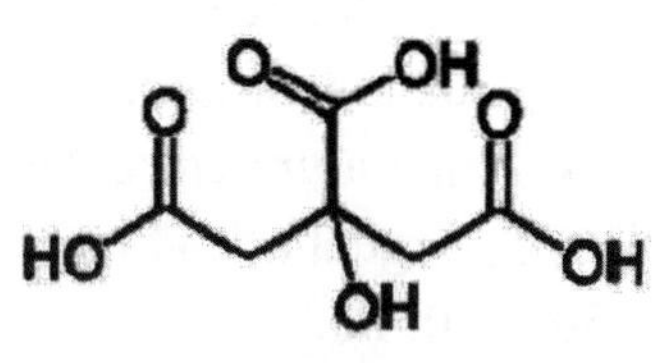

Figura 2

1 – Escreva as equações químicas acertadas das reações dos *princípios ativos*, de cada um dos medicamentos mencionados, com o ácido clorídrico existente no estômago.

2 – Explique, por meio de equações químicas acertadas a razão pela qual o comprimido de Alka-Seltzer® faz efervescência quando é misturado com água.

3 – Se a concentração de ácido clorídrico no estômago for de $5,3 \times 10^{-2}$ mol/dm^3. quantos comprimidos de Tiralac® são necessários para elevar o pH (pH = $-\log[H^+]$) do estômago para o seu valor normal de 2,3.

	MA(C)	=	12,011
Nota:	MA(Ca)	=	40,08
	MA(O)	=	15,999

43 **(IME 2006 / 2007)** Um frasco exibe o seguinte rótulo: "Solução 1,0M de A". Se a informação do rótulo estivesse correta, então 0,10 L da solução, quando misturados a um mesmo volume de uma solução 0,50 M de B, produziria 3,0 g de um único preciptado A_2B. No entanto, ao se executar experimentalmente este procedimento, foram encontrados 4,0 g do precipitado. Calcule a molaridade correta da solução de A.

Dado: massa molar de A_2B = 100 g/mol

44 **(ITA 2006 / 2007)** Em um recipiente que contém 50,00 mL de uma solução aquosa 0,100 mol/L em HCN foram adicionados 8,00 mL de uma solução aquosa 0,100 mol/L em NaOH. Dado: K_a (HCN) = $6,2 \times 10^{-10}$.

a) Calcule a concentração de íons H^+ da solução resultante, deixando claros os cálculos efetuados e as hipóteses simplificadoras.

b) Escreva a equação química que representa a reação de hidrólise dos íons CN^-.

45 **(Olimpíada Norte / Nordeste de Química 2006)** Cal queimada (CaO) é produzida industrialmente pelo aquecimento de carbonato de cálcio a uma temperatura entre 900 e 1000°C. A constante de equilíbrio (K), a 920°C, é igual a 1,34 bar e a reação é realizada à pressão constante de $1,50 \times 10^5$ Pa.

a) Escreva a equação química para esta reação.

b) Calcule a pressão parcial do dióxido de carbono no equilíbrio.

A cal queimada reage com água produzindo hidróxido de cálcio, que é parcialmente solúvel em água, com uma solubilidade de 1,26 g/L, a 20°C.

c) Escreva a equação química da reação desta reação.

d) Calcule a concentração de íons cálcio e o pH de uma solução saturada de hidróxido de cálcio, a 20°C.

Quando se faz passar uma corrente de dióxido de carbono através de uma solução de hidróxido de cálcio observa-se a formação de um precipitado.

e) Escreva as equações das reações envolvidas neste processo.

46 **(Olimpíada Brasileira de Química 2006 Belarusian Chemistry Olympiad 2006)** 1,000 g de uma amostra impura de carbeto de cálcio foi dissolvida em 100,0 g de água. O gás produzido foi coletado e seu volume foi determinado como sendo 312,7 mL, medido a 24,50°C e 1,125 atm. O volume da solução remanescente foi de 98,47 mL. Esta solução foi transferida para um frasco graduado e diluída com água para 250,00 mL. Na titulação de uma alíquota de 10,00 mL da solução diluída foram consumidos 11,98 mL de uma solução aquosa de HNO_3 0,0148 mol/L.

a) Qual a porcentagem, em massa, de impurezas na amostra de carbeto de cálcio?
b) Calcule a densidade e o pH da solução obtida na reação de carbeto de cálcio e água.
c) Qual seria o pH se a amostra fosse dissolvida em 100,0 g de uma solução de ácido clorídrico (c= 0,440% em massa) e não em água? Mostre os cálculos. Considere que a densidade da solução resultante é a mesma da solução preparada com água pura.

47 (Olimpíada Portuguesa de Química 2006) Solubilidade de sais de cálcio

O valor da constante de solubilidade do hidróxido de cálcio, $Ca(OH)_2$, é $Ks = 6{,}5 \times 10^{-6}$.

a) O hidróxido de cálcio pode ser obtido por mistura de soluções aquosas de cloreto de cálcio e de hidróxido de potássio. Qual a reação química que descreve o processo?
b) Qual a massa de hidróxido de cálcio que se obtém por mistura de 0,10 dm^3 de uma solução de cloreto de cálcio 2,0 mol dm^{-3} com 0,10 dm^3 de uma solução de hidróxido de potássio de igual concentração?
c) Foi preparada uma solução por dissolução de 1 g de cloreto de cálcio em 1 dm^3 de água. Posteriormente, o pH desta solução foi ajustado para o valor de 12. Indicar, justificando, se ocorreu precipitação de hidróxido de cálcio devido a este ajuste de pH. Considerar que não há variação de volume.

[MA(Ca) = 40,1; MA(H) = 1,0; MA(O) = 16,0; Ma(Cl) = 35,5]

48 (Olimpíada Brasileira de Química 2005 Belarusian Chemistry Olympiad 2005) Um certo composto X é produzido comercialmente em larga escala. As propriedades químicas de X são representadas pelas seguintes equações:

$X + O_2 \rightarrow Y_1 + H_2O$

$X + Na \rightarrow Y_2 + H_2$

$X + CuO \rightarrow Y_3 + Y_4 + N_2$

$X + H_2S \rightarrow Y_5$

$X + CO_2 \rightarrow Y_6 + H_2O$

Em temperatura e pressão padrões, 1 L de água dissolve 750 L de X. A concentração de íons H^+ na solução saturada é $5,43 \times 10^{-13}$ mol/L. A densidade desta solução é 0,880 g/mL.

a) Identifique o composto X e escreva sua fórmula química. Justifique sua resposta.
b) Escreva as equações químicas para as reações de X com O_2, Na, CuO, H_2S e CO_2.
c) Calcule a porcentagem em massa e a concentração molar de X em sua solução saturada.
d) Qual é o pH desta solução?
e) Qual será o pH desta solução após ser diluída com igual volume de água?

49 (Olimpíada Brasileira de Química 2005) Considere a solução formada a partir da dissolução de 74 g de ácido propanóico (CH_3CH_2COOH, pKa = 4,88) e 16 g de NaOH em um volume de água suficiente para completar 1,00 L de solução.

b) Escreva a equação química da reação que ocorre entre esses compostos.
c) Após a reação, quantos mols de ácido e quantos mols de base conjugada estarão presentes?
d) Calcule o pH desta solução.
e) O que ocorrerá com o pH desta solução se adicionarmos de 0,01 mol de NaOH?

50 (Olimpíada Portuguesa de Química 2005) O Jovem Einstein

Em 2005 – Ano Internacional da Física – completam-se 50 anos da morte de Albert Einstein e 100 anos da publicação dos seus 3 artigos mais famosos. As descobertas de Albert Einstein deram também uma importante contribuição para o desenvolvimento da Química e as questões seguintes exploram algumas relações entre Einstein e a Química.

O reconhecimento universal do trabalho de Einstein leva a que o seu nome seja utilizado como sinônimo de "cientista". Tal é o caso de uma empresa que vende estojos de química, e outros produtos de divulgação científica para jovens, com a marca "Young Einstein"

O estojo de química para jovens anuncia experiências de "formação de sólidos, libertação de gases e mudanças de cor".

a) Um indicador com zona de viragem $4{,}2 < pH < 5{,}8$ apresenta uma forma ácida de cor amarela e uma forma básica de cor vermelha. Indicar, justificando, a cor observada quando uma gota deste indicador é adicionada a uma solução de HCl com concentração $1{,}0 \times 10^{-6}$ mol dm^{-3}.

b) O clorato de potássio ($KClO_3$) é um desinfetante sólido que se decompõe por aquecimento, numa reação que liberta oxigênio gasoso e forma um sal sem oxigênio. Calcular o volume de O_2 que se pode formar por reação completa de 1 mol de $KClO_3(s)$.

[Considerar que 1 mol de $O_2(g)$ ocupa 24,4 dm^3, à temperatura ambiente]

c) O AgCl é um sólido muito pouco solúvel. A constante de equilíbrio da reação $AgCl(s) \rightleftarrows Ag^+(aq) + Cl^-(aq)$ (constante de solubilidade) é $Ks = 1{,}6 \times 10^{-10}$. Calcular a massa do sólido formado quando se misturam 0,01 dm^3 de uma solução de NaCl 0,09 mol dm^{-3} com 0,02 dm^3 de uma solução de $AgNO_3$ 0,06 mol dm^{-3}.

[MA(Ag) = 108,0; MA(Cl) = 35,5]

51 **(ITA 2004 / 2005)** Explique em que consiste o fenômeno denominado chuva ácida. Da sua explicação devem constar as equações químicas que representam as reações envolvidas.

52 **(ITA 2004 / 2005)** Considere a curva de titulação abaixo, de um ácido fraco com uma base forte.

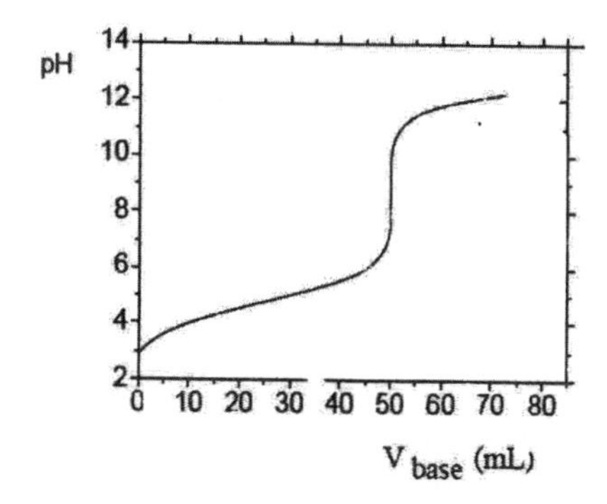

a) Qual o valor do pH no ponto de equivalência?
b) Em qual(ais) intervalo(s) de volume de base adicionado o sistema se comporta como tampão?
c) Em qual valor de volume de base adicionado pH = pKa?

53 (Olimpíada Norte / Nordeste de Química 2004) Chuva ácida

O pH da chuva, quando o ar está limpo, é da ordem de 6,5. Este pH ligeiramente ácido é conseqüência da presença de dióxido de carbono no ar, que faz da chuva uma solução diluída de um ácido muito fraco, o ácido carbônico.

Em algumas regiões, no entanto, a água da chuva pode se apresentar muito mais ácida e seu pH pode alcançar valores inferiores a 3,0. A chuva cujo pH é inferior a 5,6 é considerada uma chuva ácida. A acidez da chuva é provocada, na maioria das vezes, pela presença de poluentes no ar, especialmente óxidos de nitrogênio e enxofre, provenientes das chaminés das indústrias e das descargas dos automóveis. Algumas vezes, a acidez se deve à presença de poluentes naturais provenientes de erupções vulcânicas ou até mesmo de raios. Os vulcões emitem óxidos de enxofre e ácido sulfúrico e os raios produzem óxidos de nitrogênio e ácido nítrico.

A chuva ácida, decorrente da contaminação do ar, é um problema ambiental importante que deve ser enfrentado pois pode apresentar consideráveis danos sobre a vida vegetal e animal em nosso planeta.

a) Por que o ácido carbônico é considerado um ácido fraco?
b) E, dos ácidos citados no texto acima, quais são considerados ácidos fortes? Justifique sua resposta.
c) Escreva as equações correspondentes à seqüência de reações que levam à formação de ácido sulfúrico a partir de dióxido de enxofre, reagindo primeiro com oxigênio e em seguida com água.
d) Desprezando a contribuição do ácido carbônico (ácido fraco), e considerando um rendimento de 100% nas reações do item (c), e ainda, que todo o ácido sulfúrico formado seja dissolvido na água da chuva, qual a massa de dióxido de enxofre necessária para que uma de chuva de 100 mm numa extensão de 50 quilômetros quadrados apresente um pH igual a 3?

e) A chuva ácida provoca algum dano a monumentos e construções de mármore? Justifique sua resposta.

Para a resolução do item (d) considere que a chuva ocorre numa região onde o único poluente que contribui significativamente para acidez da chuva é o dióxido de enxofre.

54 **(Olimpíada Brasileira de Química 2004 XXXVI Bulgarian Chemistry Olympiad 2004)** Sabe-se que o suco gástrico contém ácido clorídrico. Os constituintes básicos do medicamento chamado "*Dr. Stomi*", usado contra a alta acidez do suco gástrico, são $NaHCO_3$ e ácido cítrico (H_3Cit). Este medicamento pode ser tomado na forma de pó ou em solução aquosa.

a) Calcule o valor do pH do suco gástrico, se 20 mL do mesmo reagem completamente com 13,5 mL de solução de hidróxido de sódio 0,1 mol.dm^{-3}.

b) Quantos gramas de $NaHCO_3$ deve conter uma dose desse medicamento, na forma de pó, para neutralizar 0,35 g de ácido clorídrico?

c) Soluções de $NaHCO_3$ são ligeiramente básicas, pH = 8,3. Calcule, com aproximação razoável, a constante de dissociação do ácido carbônico, de acordo com a equação abaixo:

$$H_2CO_3 \rightleftarrows 2\,H^+ + CO_3^{2-}$$

Outro medicamento contra acidez gástrica chamado "*Stopacid*" contém $CaCO_3$. O valor do pH de uma solução saturada de $CaCO_3$, a 20°C, é 9,9.

d) Calcule, com aproximação razoável, a solubilidade em mol/L e o produto de solubilidade (Ks) do $CaCO_3$, tendo em mente a hidrólise do sal.

55 **(IME 2003 / 2004)** Calcule a concentração de uma solução aquosa de ácido acético cujo pH é 3,00 sabendo que a constante de dissociação do ácido é $1,75 \times 10^{-5}$.

56 **(ITA 2003 / 2004)** Uma solução aquosa foi preparada em um balão volumétrico de capacidade igual a 1 L, adicionando-se um massa correspondente a 0,05 mol de dihidrogenofosfato de potássio (KH_2PO_4) sólido a 300 mL de uma solução aquosa de hidróxido de potássio (KOH) 0,1 mol L^{-1} e completando-se o volume do balão com água destilada.

Dado eventualmente necessário: $pK_a = -\log K_a = 7,2$, em que K_a = constante de dissociação do $H_2PO_4^-$ em água a 25°C.

a) Escreva a equação química referente à reação que ocorre no balão quando da adição do KH_2PO_4 à solução de KOH.
b) Determine o pH da solução aquosa preparada, mostrando os cálculos realizados.
c) O que ocorre com o pH da solução preparada (Aumenta? Diminui? Não altera?) quando a 100 mL desta solução for adicionado 1 mL de solução aquosa de HCl 0,1 mol L^{-1}? Justifique sua resposta.
d) O que ocorre com o pH da solução preparada (Aumenta? Diminui? Não altera?) quando 100 mL desta solução for adicionado 1 mL de solução aquosa de KOH 0,1 mol L^{-1}? Justifique sua resposta.

57 (Olimpíada Brasileira de Química 2003) As concentrações de íons em solução são, freqüentemente, expressas em termos de pX que é definido como o logaritmo decimal negativo da concentração molar do íon X. Por exemplo: a acidez de uma solução pode se reportada em termos de pH.

a) A água é um eletrólito fraco parcialmente dissociado em íons H^+ e OH^-. O pH da água pura, a 25°C, é igual a 7,00. Calcule a constante de equilíbrio para a dissociação da água a esta temperatura.
b) Qual é o grau de dissociação da água a 25°C?
c) Calcule o pH de uma solução aquosa que contém 0,125 g de NaOH por 250 mL de solução.
d) Qual será o pH da solução descrita no item (c) após ser diluída um milhão de vezes? Mostre os cálculos para justificar sua resposta.

58 (Olimpíada Brasileira de Química 2003 National Germany Competition for the IChO in 2003) Óxido de cálcio pode ser produzido industrialmente a partir do aquecimento de carbonato de cálcio a 900 - 1000°C:

a) Escreva a equação química para esta reação.

A constante de equilíbrio para esta reação, K, é igual a 1,34 a 920°C. A reação é realizada em um recipiente com pressão constante de $1,00 \times 10^5$ Pa.

b) Calcule a pressão parcial de CO_2 no equilíbrio.

Óxido de cálcio reage com água, produzindo hidróxido de cálcio.

c) Escreva a equação química para esta reação.

Hidróxido de cálcio é parcialmente solúvel em água, com uma solubilidade igual a 1,26 g/L a 20°C.

d) Calcule a concentração de íons cálcio e o pH de uma solução saturada de hidróxido de cálcio a 20°C.

Quando dióxido de carbono é passado através de uma solução de hidróxido de cálcio observa-se a formação de um precipitado.

e) Escreva as equações químicas para todas as reações envolvidas neste processo.

59 (Olimpíada Portuguesa de Química 2003) Um caso de polícia... científica (química forense)

Sherlock Holmes, reconhecido como *"o primeiro detetive a utilizar a Química como meio de detecção"* [Royal Society of Chemistry, 2001] aceitou colaborar com o Laboratório da Polícia Científica, da Polícia Judiciária, no intrincado caso do ânion desaparecido.

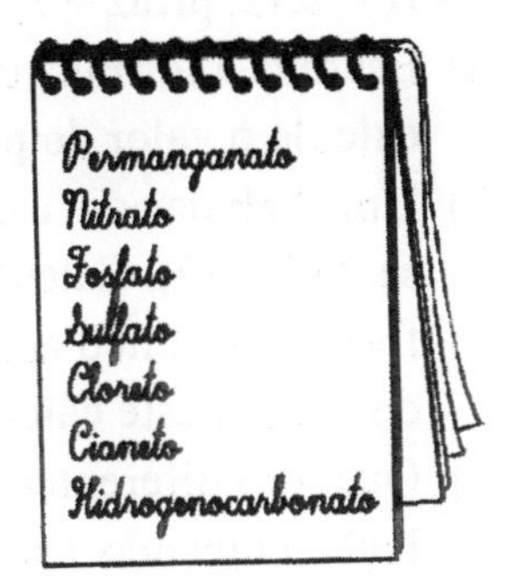

Dr. Watson: Admiro a sua confiança na ciência química para identificar os íons da lista...

Sherlock Holmes: Meu caro Watson, já identifiquei o ânion que contém enxofre, o que contém manganês, o que contém nitrogênio e oxigênio. o que tem carga –3, o que é anfotérico, o que tem 2 átomos... e creio que esta última solução tem o ânion que falta!

Dr. Watson: Mas, afinal, qual é o ânion que falta?

Sherlock Holmes: É elementar, meu caro Watson...

a) Estabeleça a relação entre a descrição e os ânions da lista (indicando nome e fórmula) e identifique o ânion em falta.

b) Sugira um teste para identificar a presença desse íon numa solução.

60 (Olimpíada Portuguesa de Química 2002) Ácido fosfórico

Cada organizador das Olimpíadas Internacionais de Química fornece aos participantes um conjunto de Problemas Preparatórios, que exemplificam as questões mais difíceis da prova final. As perguntas seguintes são baseadas nos Problemas Preparatórios das 34as Olimpíadas Internacionais de Química (IChO34), a realizar em Groningen, na Holanda, de 5 a 14 de julho próximo.

O ácido fosfórico, H_3PO_4, é um componente muito importante dos fertilizantes agrícolas. Além disso, o ácido fosfórico e seus sais têm inúmeras aplicações na indústria alimentar e de detergentes. Pequenas quantidades de ácido fosfórico são freqüentemente usadas para obter o sabor ácido em bebidas.

As 3 constantes de ionização do ácido fosfórico, a 25°C, são:

pKa1 = 2,12; pKa2 = 7,21; pKa3 = 12,32. [Nota: pK = -log K; K = 10^{-pK}]

a) Escreva a fórmula da base conjugada do íon di-hidrogenofosfato e calcule o valor do pKb desta base a 25°C.

b) Uma bebida com a densidade de 1,00 g/mL contém 0,05% em massa de H_3PO_4. Calcule o pH dessa bebida, sabendo que o ácido fosfórico é o único ácido presente. Considerar apenas a 1ª ionização do ácido neste cálculo. [MM(H_3PO_4)= 98,0]

c) Qual das diferentes espécies de fosfato é mais abundante numa solução contendo 1,0 mol dm^{-3} de ácido fosfórico e cujo pH = 7,00?

61 (Olimpíada Portuguesa de Química 2002) Contaminação de água

Três jovens químicos são chamados a ajudar um Rei com muitos problemas... Devido à velha canalização de chumbo, a água da maior cisterna do palácio está contaminada com Pb^{2+}. Um cortesão sugeriu a adição de cloreto de sódio à água da cisterna para resolver o problema: o $PbCl_2$ é muito pouco solúvel e, na presença de excesso de Cl^-, os íons em solução respeitam a condição $[Pb^{2+}(aq)] \times [Cl^-(aq)]^2 = 2,4 \times 10^{-4}$. Segundo esta sugestão, qual a quantidade mínima de cloreto de sódio que é necessário adicionar, por cada 1000 dm^3 de água, para garantir uma concentração de Pb^{2+} inferior ao limite máximo admissível de 50 μg/L ($2,4 \times 10^{-7}$ mol dm^{-3})? Parece-vos que devo adotar este procedimento?

[MA(Na) = 23; MA(Cl) = 35,5]

62 (Olimpíada Portuguesa de Química 2002) Desperdício de recursos

Três jovens químicos são chamados a ajudar um Rei com muitos problemas... O fotógrafo real prepara brometo de prata para películas fotográficas juntando volumes iguais de soluções de NaBr 1,0 mol dm^{-3} e de $AgNO_3$ 1,0 mol dm^{-3}:

$$Ag^+(aq) + Br^-(aq) \rightleftarrows AgBr(s)$$

O aprendiz quer reduzir o desperdício de prata que fica em solução após o equilíbrio, através de um processo alternativo: adicionar 103 g de NaBr sólido a 1 dm^3 da solução de $AgNO_3$ 1,0 mol dm^{-3}. Será que assim fica menos prata em solução? Sugiram-me outros métodos para diminuir o desperdício de prata.

[MA(Na) = 23; MA(Br) = 80]

63 (Olimpíada Portuguesa de Química 2002) TPC...

Três jovens químicos são chamados a ajudar um Rei com muitos problemas... Por fim o Rei exclamou: "Agora estou convencido da vossa sabedoria e vou confiar em vós para um problema realmente sério: ajudem-me a fazer este TPC (trabalho para casa) do meu filho."

Numa solução 0,1 mol dm^{-3} de HCN, a concentração do íon CN^- é $7{,}0 \times 10^{-6}$ mol dm^{-3}, a 25°C.

a) Escreva a equação que traduz a ionização do cianeto de hidrogênio em água.
b) Escreva os pares ácido / base conjugados existentes na solução.
c) Calcule a concentração das diferentes espécies no equilíbrio.
d) Determine o pH da solução.

64 (Olimpíada Portuguesa de Química 2001 IChO Copenhagen Dinamarca 2000) O dióxido de carbono, CO_2, é um ácido diprótico em solução aquosa. Os valores de pKa a 0°C são

$CO_2(aq) + H_2O \rightleftarrows HCO_3^-(aq) + H^+(aq)$ pKa1 = 6,630

$HCO_{3^-}(aq) \rightleftarrows CO_3^{2-}(aq) + H+(aq)$ pKa2 = 10,640

a) A concentração total de dióxido de carbono numa solução aquosa saturada de dióxido de carbono à pressão parcial de 1 atm a 0°C é 0,0752 mol dm^{-3}. Calcular o volume de CO_2 que pode ser dissolvido em 1 L de água nestas condições.

b) Calcular a concentração de equilíbrio dos íons H^+ e a concentração de equilíbrio do CO_2 nessa solução.

[Constante dos gases R = 0,082057 L atm mol^{-1} K^{-1}].

65 (Olimpíada Portuguesa de Química 2001) Terceira porta: a passagem secreta

A aventura de três amigos no mundo da Química, onde muitas portas se podem abrir...

A porta anterior dá acesso a uma biblioteca ricamente decorada, mas que tem apenas uma estante com 8 livros, cujos títulos são os nomes de íons:

Cloreto	Hidrogenossulfato	Iodato	Mercúrio(II)
Iodeto	Sulfato	Nitrato	Carbonato

Os nossos amigos descobrem que a estante é a porta de uma passagem secreta, que abre quando os livros são ordenados segundo as instruções de uns versos de pé quebrado:

"Todos têm solução
e primeiro vem o cátion,
depois a espécie anfotérica é arrumada
logo seguida da sua base conjugada.
Os dois seguintes contêm iodo na sua composição
Mas o primeiro é poliatômico, o segundo não.

Dos restantes,
um liberta CO_2 quando por ácido atacado,
e depois vem outro
que com $Ag^+(aq)$ forma precipitado.
Sobra um que com nada disto se importa,
Mas por ser o último abre a porta."

Indique a ordenação correta dos íons, justificando a resposta com fórmulas ou equações químicas em todos os casos que seja possível.

66 (ITA 2000 / 2001) Quando se deseja detectar a presença de NH_4^+ em soluções aquosas, aquece-se uma mistura da solução que contém esse íon com uma base forte, NaOH por exemplo; testa-se então o gás produzido com papel indicador tornassol vermelho umedecido em água. Explique por que esse experimento permite detectar a presença de íons NH_4^+ em soluções aquosas. Em sua explicação devem constar a(s) equação(ões) química(s) balanceada(s) da(s) reação(ões) envolvida(s).

67 (Olimpíada Norte / Nordeste de Química 2000) Em um laboratório havia um frasco com uma amostra de ácido sulfúrico. Este frasco estava com o rótulo deteriorado e, além do nome do produto, lia-se apenas sua densidade: 1,728 g/mL. 10 mL deste ácido foram diluídos para 500 mL e, uma alíquota de 25 mL foi titulada com uma solução de hidróxido de sódio de concentração 27,28 g/L. Nesta titulação foram gastos 20,23 mL do titulante. Pede-se:

a) a concentração, em mol/L da amostra original de ácido sulfúrico;

b) a porcentagem de ácido sulfúrico por peso dessa mesma amostra;

c) o pH da solução ácida, após a diluição para 500 mL;

d) o volume, desta mesma solução, necessário para a completa neutralização de 5,0 g de uma amostra de MgO de título 85%.

A resposta numérica deve ser escrita com conveniente quantidade de **algarismos significativos.**

68 (Olimpíada Brasileira de Química 2000 Chemistry Olympiad Final National Competititon 2000 Sweden) Se ácido acético (HAc) é adicionado a uma solução de benzoato de sódio (NaB), ácido benzóico (HB) e íons acetato (Ac^-) são formados, em alguma extensão, de acordo com a equação química: $B^- + HAc \rightleftarrows HB + Ac^-$.

a) Calcule a constante de equilíbrio para esta reação, sabendo que o pKa(HAc) = 4,77 e o pKa(HB) = 4,20.

Uma solução aquosa é preparada a partir de 0,050 mol de benzoato de sódio e 0,050 mol de ácido acético e é diluída para 0,500 dm^3. A solubilidade do ácido benzóico é 0,020 mol/dm^3.

b) Mostre que há a formação de um precipitado de ácido benzóico.

c) Calcule a quantidade de ácido benzóico precipitado.

d) Calcule o pH da solução.

69 (IME 1999 / 2000) Mistura-se 500 cm^3 de uma solução de $AgNO_3$, 0,01 M, com 500 cm^3 de outra solução que contém 0,005 mols de NaCl e 0,005 mols de NaBr. Determine as concentrações molares de Ag^+, Cl^- e Br^- na solução final em equilíbrio.

Dados:
Kps (AgCl) = $1,8 \times 10^{-10}$
Kps (AgBr) = $5,0 \times 10^{-13}$

70 (Olimpíada Ibero-Americana de Química 1999 Santiago de Compostela Espanha) Para preparar 100 mL de uma solução tampão de pH 4,00 se dispõe, unicamente, de uma solução de ácido acético 0,50 mol/L ($K_a = 1,75 \times 10^{-5}$) e de hidróxido de sódio sólido.

1 Explicar, por meio das reações químicas correspondentes, como se pode preparar esta solução tampão.

2 Calcular a massa, em gramas, de NaOH necessária para preparar a solução tampão (supor que a adição de hidróxido de sódio sólido à solução de ácido acético não produz variação de volume).

3 Calcular as concentrações de ácido acético e de acetato de sódio na solução tampão.

4.1 Se adicionar 5,0 mL de uma solução de ácido clorídrico $1,0 \times 10^{-2}$ mol/L a 20,0 mL da solução tampão preparada, qual será a variação de pH que ocorre? Escreva a equação química correspondente.

4.2 Calcular a variação de pH que ocorre quando adicionamos 5,0 mL de ácido clorídrico $1,0 \times 10^{-2}$ mol/L a 20,0 mL da solução de ácido acético inicial. Escreva a equação química correspondente.

5.1 Se a outra porção de 20,0 mL da solução tampão adicionar 5,0 mL de uma solução de hidróxido de sódio $1,0 \times 10^{-2}$ mol/L qual será a variação de pH que ocorre? Escreva a equação química correspondente.

5.2 Calcular a variação de pH que se produz quando adicionamos 5,0 mL de hidróxido de sódio $1,0 \times 10^{-2}$ mol/L a 20 mL da solução de ácido acético inicial. Escreva a equação química correspondente.

6 Marque a qualidade da capacidade tampão da solução preparada.

Massas molares: Na: 22,99 g mol^{-1} O: 16,00 g mol^{-1} H: 1,01 g mol^{-1}

CAPÍTULO 9

Eletroquímica

01 **(Olimpíada Portuguesa de Química 2007)** Acertar e/ou completar equações químicas:

1) $2\ Na + \_\_\_\_\_ \rightarrow 2\ NaOH + H_2$
2) $FeCl_3 + SnCl_2 \rightarrow FeCl_2 + SnCl_4$
3) $H_2O_2 + KMnO_4 + HCl \rightarrow O_2 + KCl + MnCl_2 + H_2O$
4) $NaCl + Hg(NO_3)_2 \rightarrow HgCl_2 + NaNO_3$
5) $HCl + NaHCO_3 \rightarrow NaCl + H_2O + \_\_\_\_\_$
6) $Ba(OH)_2 + H_3PO_4 \rightarrow Ba_3(PO_4)_2 + H_2O$
7) $Ti(SO_4)_2 + H_2O \rightarrow \_\_\_\_\_ + TiOSO_4$
8) $Na_2S_2O_3 + I_2 \rightarrow NaI + Na_2S_4O_6$
9) $KI + \_\_\_\_\_ \rightarrow AgI + KNO_3$
10) $ZnSO_4 + K_4[Fe(CN)_6] \rightarrow K_2Zn_3[Fe(CN)_6]_2 + K_2SO_4$
11) $FeSO_4 + 2\ NaOH \rightarrow Fe(OH)_2 + \_\_\_\_\_$
12) $MnO_2 + H_2C_2O_4 + H_2SO_4 \rightarrow Mn_2(SO_4)_3 + H_2O + CO_2$

02 **(Monbukagakusho 2006 / 2007)** Which of the following metals 1) to 6) reacts with water to evolve hydrogen gas at room temperature?

1) Ag
2) Ca
3) Cu
4) Fe
5) Pb
6) Zn

03 (Olimpíada de Química do Rio de Janeiro 2006) Qual dos seguintes NÃO pode ser um agente oxidante?

a) Cl^-
b) ClO^-
c) ClO_3^-
d) ClO_4^-
e) Cl_2

04 (Monbukagakusho 2005 / 2006) Are the underlined atoms oxidated or reduced in the following reactions?

a) $CO_2 + \underline{H}_2 \rightarrow CO + H_2O$
b) $2\ HI + \underline{Cl}_2 \rightarrow I_2 + 2\ HCl$
c) $2\ \underline{Na} + Cl_2 \rightarrow 2\ NaCl$
d) $\underline{Mg} + 2\ HCl \rightarrow MgCl_2 + H_2$
e) $\underline{Zn} + H_2SO_4 \rightarrow ZnSO_4 + H_2$

	a	b	c	d	e
(1)	a: oxidized	b: reduced	c: oxidized	d: oxidized	e: oxidized
(2)	a: oxidized	b: oxidized	c: reduced	d: oxidized	e: oxidized
(3)	a: oxidized	b: reduced	c: reduced	d: reduced	e: oxidized
(4)	a: reduced	b: reduced	c: oxidized	d: oxidized	e: oxidized
(5)	a: oxidized	b: reduced	c: oxidized	d: oxidized	e: reduced

05 (ENADE 2005) O alumínio é o terceiro elemento mais abundante na crosta terrestre depois do oxigênio e do silício. Tem grande aplicação industrial, sendo utilizado na fabricação de recipientes, embalagens, na construção civil e na indústria aeroespacial, entre outros usos. Com relação às propriedades do alumínio, pode-se afirmar que:

I. forma o íon Al^{3+} que é paramagnético;
II. seu íon Al^{3+} tem forte efeito polarizante;
III. pode ser obtido pela eletrólise ígnea da bauxita;
IV. seus haletos agem como ácidos de Lewis.

São corretas apenas as afirmações:

a) II e IV.
b) III e IV.
c) I, II e III.
d) I, II e IV.
e) II, III e IV.

06 (ITA 2004 / 2005) Considere as reações envolvendo o sulfeto de hidrogênio representadas pelas equações seguintes:

I. $2\ H_2S(g) + H_2SO_3(aq) \rightarrow 3\ S(s) + 3\ H_2O(l)$

II. $H_2S(g) + 2\ H^+(aq) + SO_4^{2-}(aq) \rightarrow SO_2(g) + S(s) + 2\ H_2O(l)$

III. $H_2S(g) + Pb(s) \rightarrow PbS(s) + H_2(g)$

IV. $2\ H_2S(g) + 4\ Ag(s) + O_2(g) \rightarrow 2\ Ag_2S(s) + 2\ H_2O(l)$

Nas reações representadas pelas equações acima, o sulfeto de hidrogênio é agente redutor em

a) apenas I.
b) apenas I e II.
c) apenas III.
d) apenas III e IV.
e) apenas IV.

07 (Olimpíada Brasileira de Química 2004) Considere as afirmações relativas à comparação entre os seguintes elementos químicos: Cl, Na e S:

I. O Cl apresenta a maior energia de ionização

II. O Cl é o mais oxidante

III. O S é o mais redutor

IV. O Na apresenta o maior raio atômico

Destas afirmações, estão corretas:

a) apenas I e II
b) apenas I e IV
c) apenas I, II e IV
d) apenas II, III e IV
e) I, II, III e IV

08 (Olimpíada Brasileira de Química 2004) O cobalto e seus compostos têm variadíssimas aplicações. São empregados em cerâmica, vidraria, fabrico de esmaltes (sua mais antiga aplicação), no fabrico de numerosas ligas, de aços especiais, na preparação de sais para a agricultura etc. Em seus sais, o cobalto, se apresenta nos estados de oxidação I, II e III; estes dois últimos dão cor azul brilhante aos vidros e cerâmicas. Em 1948, descobriu-se que o cobalto fazia parte intrínseca da vitamina B12, na qual ocupa o centro da molécula. O Co-60, isótopo radioativo deste elemento, constitui atualmente a fonte de radioatividade mais utilizada, sendo empregado na esterilização a frio de alimentos e, também, no tratamento do câncer.

a) Escreva as configurações eletrônicas do Co, Co^+, Co^{+2} e Co^{+3}.

b) Qual o estado de oxidação mais estável do cobalto em solução aquosa ácida?

A uma solução de $CoSO_4$ foi adicionado NaOH em excesso, precipitando $Co(OH)_2$. Uma pequena porção de $Co(OH)_2$ foi oxidada a $Co(OH)_3$, neste processo 12,305g do precipitado seco foi dissolvido completamente em um 1 L de H_2SO_4 1mol.dm^{-3}, na presença de H_2O_2. Uma análise química mostrou que a concentração de cobalto na solução era de 0,125 mol.dm^{-3}. Considere que o volume da solução permanece inalterado após a adição do sólido.

c) Escreva a equação química para esta reação.

d) Calcule a porcentagem em massa de $Co(OH)_2$ que foi oxidado.

09 (Olimpíada Brasileira de Química 2004 51st Chemistry Olympiad Estonia 2004) X e Y são elementos não-metálicos do terceiro período. Seus compostos de hidrogênio, A e B, têm igual massa molecular. Nas reações dos compostos A e B com ácido nítrico concentrado, ocorre a formação de monóxido de nitrogênio e também dos compostos C (a partir de A) e D (a partir de B), nos quais, os elementos X e Y apresentam seus números de oxidação máximos. Os compostos C e D podem também ser obtidos pela reação dos respectivos óxidos, E e F, com água. O número de átomos no óxido E é 3,5 vezes o número de átomos no óxido F.

a) Escreva as fórmulas (símbolos) e nomes dos elementos X e Y e dos compostos de A a F.

b) Escreva as equações das reações:

I) $A + HNO_3 \rightarrow$ III) $E \rightarrow C$

II) $B + HNO_3 \rightarrow$ IV) $F \rightarrow D$

c) Calcule o volume de NO liberado quando, exatamente, 1 litro de solução de HNO_3 64,0% (d=1,387 g.cm^{-3}) reage com quantidade equivalente do composto B.

10 (Olimpíada Portuguesa de Química 2004) Perguntas de algibeira

1) *Numa brincadeira de mau gosto, alguém adicionou um punhado de sal de cozinha a uma garrafa de água de 50 cm^3, colocando-a junto a outra igual que continha apenas água.* Estando ambas as garrafas cheias (volumes iguais), como distingui-las, sem as abrir ou perfurar?

2) *O peróxido de hidrogênio (H_2O_2, vulgarmente conhecido por água oxigenada) decompõe-se, com o tempo, em oxigênio e água.* Qual a forma mais simples de limitar a extensão desta reação no frasco de água oxigenada do estojo de primeiros socorros?
3) *Um prego vulgar foi deixado na superfície da Lua pela missão Apolo 11 (1969). Recuperado esta semana, foi acidentalmente misturado com pregos da mesma época, encontrados na garagem de um astronauta... (incrível, não?).* Como distingui-lo agora?

Nota: Justificar todas as respostas, usando equações químicas sempre que possível.

11 (Olimpíada Portuguesa de Química 2004) Soluções (des)coloridas

Indique um procedimento adequado para remover a cor das soluções abaixo indicadas:

1) Solução aquosa de sulfato de cobre [azul marinho];
2) Solução aquosa de fenolftaleína [rosa choque];
3) Solução de bromo (Br_2) em diclorometano (CH_2Cl_2) [vermelho acastanhado];
4) Solução aquosa de iodo e amido [azul escuro].

tendo à disposição apenas os seguintes materiais existentes numa cozinha:

A) Vinagre (de vinho branco);
B) Sal (das cozinhas);
C) Esfregão de palha-de-aço (essencialmente ferro);
D) Faqueiro de prata (verdadeira).
E) Óleo vegetal (insaturado);
F) Pastilhas de vitamina C (anti-oxidante);
G) Lata de tinta preta (o que é que faz isto numa cozinha?!!)

Nota: O objetivo é obter soluções incolores! Utilizar apenas um produto em cada solução e justificar todas as respostas, usando equações químicas sempre que possível.

12 **(ITA 2003 / 2004)** Qual das opções a seguir apresenta o gráfico que mostra, esquematicamente, a variação da condutividade elétrica de um metal sólido com a temperatura?

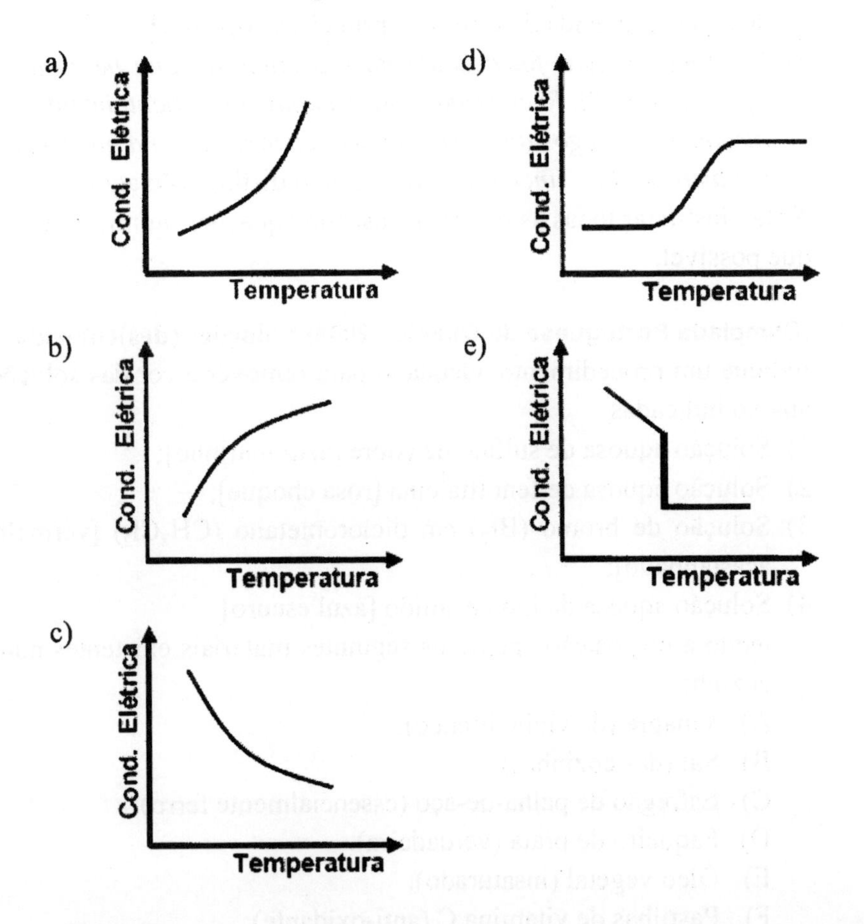

13 **(ITA 2003 / 2004)** Considere os metais P, Q, R e S e quatro soluções aquosas contendo, cada uma, um dos íons P^{p+}, Q^{q+}, R^{r+}, S^{s+} (sendo p, q, r, s números inteiros e positivos). Em condições-padrão, cada um dos metais foi colocado em contato com uma das soluções aquosas e algumas das observações realizadas podem ser representadas pelas seguintes equações químicas:

I. $q\,P + p\,Q^{q+} \rightarrow$ não ocorre reação.

II. $r\,P + p\,R^{r+} \rightarrow$ não ocorre reação.

III. $r\,S + s\,R^{r+} \rightarrow s\,R + r\,S^{s+}$.
IV. $s\,Q + q\,S^{s+} \rightarrow q\,S + s\,Q^{q+}$.

Baseado nas informações acima, a ordem crescente do poder oxidante dos íons P^{p+}, Q^{q+}, R^{r+} e S^{s+} deve ser disposta da seguinte forma:

a) $R^{r+} < Q^{q+} < P^{p+} < S^{s+}$.
b) $P^{p+} < R^{r+} < S^{s+} < Q^{q+}$.
c) $S^{s+} < Q^{q+} < P^{p+} < R^{r+}$.
d) $R^{r+} < S^{s+} < Q^{q+} < P^{p+}$.
e) $Q^{q+} < S^{s+} < R^{r+} < P^{p+}$.

14 (Olimpíada Portuguesa de Química 2003 Argentina 2002 exame final) Química do Enxofre

O enxofre é uma substância que se encontra na natureza no estado elementar, em grandes depósitos subterrâneos. O enxofre queima em presença de O_2 produzindo um gás incolor muito irritante, **A**. Ao borbulhar este gás em água forma-se o ácido **B**. A adição de peróxido de hidrogênio à solução de **B** origina **C**, que ao ser tratado com uma solução que contém íons bário forma um precipitado branco, **D**. Quando **D** é calcinado misturado com carbono num cadinho de porcelana e o resíduo da calcinação é tratado com ácido clorídrico, ocorre libertação de um gás muito tóxico de odor desagradável, **E**. Quando **E** é borbulhado sobre uma solução que contém íons cádmio obtém-se um precipitado de cor amarela **F**. A reação do gás **E** com o gás **A** permite recuperar o enxofre.

1 Escreva as equações devidamente acertadas para todas as reações químicas dos processos descritos.
2 Selecionar duas reações químicas da alínea anterior que sejam de tipo redox, indicando, em cada caso, a espécie que se oxida e a que se reduz.
3 O gás **A** reagiu com o gás **E** formando 0,96 gramas de enxofre e 0,36 gramas de água. Que quantidades de **A** e **E**, expressas em mols, reagiram?

[MA(S) = 32; MA(O)=16; MA(H)=1]

15 (ITA 2002 / 2003) Uma mistura de azoteto de sódio, NaN_3(c), e de óxido de ferro (III), Fe_2O_3(c), submetida a uma centelha elétrica reage muito rapidamente produzindo, entre outras substâncias, nitrogênio gasoso e ferro metálico. Na reação entre o azoteto de sódio e o óxido de ferro (III) misturados em proporções estequiométricas, a relação (em mol/mol) $N_2(g)/Fe_2O_3(c)$ é igual a

a) 1/2
b) 1
c) 3/2
d) 3
e) 9

16 (Olimpíada Norte / Nordeste de Química 2002) Abaixo, tem-se a equação não balanceada da reação de dióxido de enxofre com cloro para a produção de óxido de dicloro:

$SO_2(g) + Cl_2(g) \rightarrow OSCl_2(g) + Cl_2O(g)$.

a) Escreva a equação balanceada desta reação.
b) Considerando a equação balanceada, uma redução do volume do recipiente, mantendo as quantidades de reagentes, favoreceria ou desfavoreceria a produção de $Cl_2O(g)$? Justifique.
c) Nesta reação, que elemento é oxidado e que elemento é reduzido?
d) Enumere todos os compostos envolvidos nesta reação, em ordem crescente de velocidade de efusão.

17 (Olimpíada Brasileira de Química 2002 49th Chemistry Olympiad Final National Competition 2002 Estonia) O Professor Snape deu a Harry Potter uma ordem para preparar um quarto de onça de um pó especial **A**. A inalação de um pouco dos vapores que são formados no aquecimento do pó **A**, faz você dar risadas, a inalação de grandes quantidades destes vapores "coloca seu cérebro em repouso". Para a preparação deste pó mágico o professor mandou Harry tomar alguns cristais de uréia, adicionar um pouco de suco gástrico e ferver a mistura até parar de borbulhar. À mistura obtida ele mandou adicionar uma solução de *lunar caustic* (nitrato de prata) e em seguida coletar o precipitado **B** formado. Este último experimento deveria ser realizado ao luar. Após a remoção do precipitado, a fase líquida deveria ser evaporada e o sólido branco, então obtido, seria o produto desejado.

a) Ajude Harry a lembrar:
   I) a fórmula estrutural da uréia (CH_4N_2O);
   II) um outro nome da uréia.

Hermione encontrou que este pó branco contém 35% de nitrogênio e 60 % de oxigênio, por massa, e contém também hidrogênio.

b) Ajude Harry a decobrir:
   III) a fórmula do pó A;
   IV) o nome do pó A.
c) Ajude Harry a entender que substâncias estão contidas nos vapores obtidos quando o pó A é aquecido: (dica: são dois compostos binários com o mesmo número de átomos).
   V) Desenhe as fórmulas desses compostos;
   VI) Dê seus nomes triviais.
d) Ajude Harry a escrever as equações das reações:
   VII) Uréia + suco gástrico → ....
   VIII) .... → B + A
   IX) A → .... (aquecimento de A)
e) Ajude Harry a calcular quantas onças de uréia ele deve tomar para preparar a quantidade desejada do pó, se o rendimento da reação é de 40%? (1 onça ≈ 28,5 g)
f) É possível Harry utilizar seu habitual pote de estanho para realizar este experimento?
g) Por que é importante realizar a última reação "ao luar"?

18 **(Olimpíada Brasileira de Química 2002)** Uma das maneiras de recuperar ouro a partir de seus minérios é a dissolução em solução de cianeto em presença de oxigênio, segundo a equação química, não balanceada, mostrada a seguir:

$Au(s) + NaCN(aq) + O_2(g) + H_2O(l) \rightarrow NaAu(CN)_2(aq) + NaOH(aq)$

O somatório dos coeficientes obtidos após o balanceamento desta equação será:

a) Menor que 10
b) Maior que 10 e menor que 14
c) Maior que 14 e menor que 18
d) Maior que 18 e menor que 22
e) Maior que 22

19 **(ITA 2001 / 2002)** A adição de glicose sólida ($C_6H_{12}O_6$) a clorato de potássio ($KClO_3$) fundido, a 400°C, resulta em uma reação que forma dois produtos gasosos e um sólido cristalino. Quando os produtos gasosos formados nessa reação, e resfriados à temperatura ambiente, são borbulhados em uma solução aquosa 0,1 mol/L em hidróxido de sódio, contendo algumas gotas de fenolftaleína, verifica-se a mudança de cor desta solução de rosa para incolor. O produto sólido cristalino apresenta alta condutividade elétrica, tanto no estado líquido como em solução aquosa. Assinale a opção **CORRETA** que apresenta os produtos formados na reação entre glicose e clorato de potássio:

a) ClO_2(g), H_2(g), C(s).
b) CO_2(g), H_2O(g), KCl(s).
c) CO(g), H_2O(g), $KClO_4$(s).
d) CO(g), CH_4(g), $KClO_2$(s).
e) Cl_2(g), H_2O(g), K_2CO_3(s).

20 **(Olimpíada Brasileira de Química 2001 48th Chemistry Olympiad Final National Competition 2001 Estonia)** Os compostos do elemento químicos **Q** são vastamente distribuídos na natureza, no entanto, ele raramente ocorre como elemento. O elemento **Q** não possui qualquer modificação alotrópica. Na reação com oxigênio ele forma os produtos A e B com diferentes composições quantitativas.

O composto A é neutro sem qualquer propriedade oxidante ou redutora notável. Nas reações do composto A com compostos binários, podem ser obtidos ácidos e bases. As reações que ocorrem não são reações redox.

O composto B possui ambas propriedades, oxidantes e redutoras. Na reação com oxidantes fortes (por exemplo, $KMnO_4$, em meio ácido) o composto B comporta-se como redutor, sendo oxidado para a substância elementar Y. Quando aquecido na presença de MnO_2, o composto B desproporciona (isto é, o elemento é um agente oxidante e redutor, ao mesmo tempo) para dar a substância elementar Y e o composto A.

A redução do composto A usando metal ativo produz o elemento Q como uma substância elementar X e um composto D, que pode reagir com ácidos e óxidos ácidos com a formação da substância A.

O composto B pode oxidar o iodeto de potássio, produzindo uma substância elementar diatômica Z e um hidróxido C.

a) Identifique o elemento **Q**;

b) Escreva fórmula e nome para as substâncias A, B, C, D, X, Y e Z.;

c) Escreva as equações para as seguintes reações:

i. formação de A

ii. A $\rightarrow$ base

iii. A $\rightarrow$ ácido

iv. D + ácido $\rightarrow$?

v. D + óxido ácido $\rightarrow$?

d) Escreva as equações para as seguintes reações redox e especifique os números de oxidação dos elementos:

i. B $\xrightarrow{MnO_2}$ Y + A

ii. A $\rightarrow$ X

iii. B $\rightarrow$ Z + C

21 **(ITA 2000 / 2001)** Uma camada escura é formada sobre objetos de prata expostos a uma atmosfera poluída contendo compostos de enxofre. Esta camada pode ser removida quimicamente envolvendo os objetos em questão com uma folha de alumínio. A equação química que melhor representa a reação que ocorre neste caso é

a) $3\,Ag_2S(s) + 2\,Al(s) \rightarrow 6\,Ag(s) + Al_2S_3(s)$

b) $3\,Ag_2O(s) + 2\,Al(s) \rightarrow 6\,Ag(s) + Al_2O_3(s)$

c) $3\,AgH(s) + Al(s) \rightarrow 3\,Ag(s) + AlH_3(s)$

d) $3\,Ag_2SO_4(s) + 2\,Al(s) \rightarrow 6\,Ag(s) + Al_2S_3(s) + 6\,O_2(g)$

e) $3\,Ag_2SO_3(s) + 2\,Al(s) \rightarrow 6\,Ag(s) + Al_2S_3(s) + 9/2\,O_2(g)$

22 **(ITA 2000 / 2001)** Assinale a opção relativa aos números de oxidação CORRETOS do átomo de cloro nos compostos $KClO_2$, $Ca(ClO)_2$, $Mg(ClO_3)_2$ e $Ba(ClO_4)_2$, respectivamente.

a) −1, −1, −1 e −1.

b) +3, +1, +2 e +3

c) +3, +2, +4 e +6

d) +3, +1, +5 e +6

e) +3, +1, +5 e +7

23 (ITA 2000 / 2001) Quando relâmpagos ocorrem na atmosfera, energia suficiente é fornecida para a iniciação da reação de nitrogênio com oxigênio, gerando monóxido de nitrogênio, o qual, em seguida, interage com oxigênio, gerando dióxido de nitrogênio, um dos responsáveis pela acidez de chuvas.

a) Escreva a equação química, balanceada, de cada uma das três transformações mencionadas no enunciado.
b) Descreva o método industrial utilizado para obter ácido nítrico. De sua descrição devem constar a matéria prima utilizada, as equações químicas balanceadas para reações que ocorrem durante cada etapa do processo e a concentração (em %(m/m)) do ácido vendido comercialmente.
c) Cite três aplicações para o ácido nítrico.

24 (Olimpíada Portuguesa de Química 2000) Indique três métodos para retirar a cor azul a uma solução de sulfato de cobre. Justifique devidamente a sua escolha.

25 (ITA 2006 / 2007) Um dos métodos de síntese do clorato de potássio ($KClO_3$) é submeter uma solução de cloreto de potássio (KCl) a um processo eletrolítico, utilizando eletrodos de platina. São mostradas abaixo as semi-equações que representam as semi-reações em cada um dos eletrodos e os respectivos potenciais elétricos na escala do eletrodo de hidrogênio nas condições-padrão (E^0):

				$E°(V)$
ELETRODO I:	$Cl^-(aq) + 3\,H_2O(l)$	$\rightleftarrows$	$ClO_3^-(aq) + 6\,H^+(aq) + 6\,e^-$ (CM)	1,45
ELETRODO II:	$2\,OH^-(aq) + H_2(g)$	$\rightleftarrows$	$2\,H_2O(l) + 2\,e^-$ (CM)	-0,83

a) Faça um esquema da célula eletrolítica.
b) Indique o cátodo.
c) Indique a polaridade dos eletrodos.
d) Escreva a equação que representa a reação química global balanceada.

26 (Monbukagakusho 2006 / 2007) In the electrolysis of an aqueous solution of sodium hydroxide using platinum electrodes the reactions that occur at the anode and the cathode are respectively

1) $Na^+ + e^- \rightarrow Na$
2) $2\ H_2O + 2\ e^- \rightarrow H_2 + 2\ OH^-$
3) $Na \rightarrow Na^+ + e^-$
4) $2\ OH^- \rightarrow H_2 + O_2 + 2\ e^-$
5) $4\ OH^- \rightarrow 2\ H_2O + O_2 + 4\ e^-$

27 (ITA 2005 / 2006) Duas células (**I** e **II**) são montadas como mostrado na figura. A célula **I** contém uma solução aquosa 1 mol L^{-1} em sulfato de prata e duas placas de platina. A célula **II** contém uma solução aquosa 1 mol L^{-1} em sulfato de cobre e duas placas de cobre. Uma bateria fornece uma diferença de potencial elétrico de 12 V entre os eletrodos **Ia** e **IIb**, por um certo intervalo de tempo. Assinale a opção que contém a afirmativa ERRADA em relação ao sistema descrito.

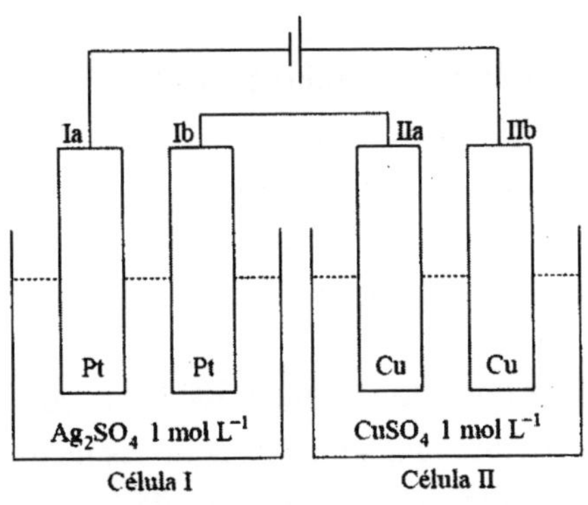

a) Há formação de $O_2(g)$ no eletrodo **Ib**.
b) Há um aumento da massa do eletrodo **Ia**.
c) A concentração de íons Ag^+ permanece constante na célula **I**.
d) Há um aumento de massa do eletrodo **IIa**.
e) A concentração de íons Cu^{2+} permanece constante na célula **II**.

28 (Monbukagakusho 2005 / 2006) A 0.100 mol/L aqueous solution of copper sulfate (II) whose volume was 300 mL was electrolyzed with a current of 863 mA for an hour, using a pair of platinum electrodes. Answer the following questions concerning this electrolysis. Write the number of the correct answer in each answer box.

(A) What quantity of electrons passed during this electrolysis?

(1) 2.40×10^{-2} mol
(2) 3.22×10^{-2} mol
(3) 6.65×10^{-2} mol
(4) 8.73×10^{-2} mol
(5) 9.47×10^{-2} mol

(B) What was the volume of gas generated from the anode, under 25°C and 0.90 atm?

(1) 125 mL
(2) 184 mL
(3) 219 mL
(4) 276 mL
(5) 329 mL

(C) What was the concentration of $CuSO_4$ aqueous solution after the electrolysis, assuming the volume of the solution to be constant?

(1) 3.42×10^{-2} mol/L
(2) 4.63×10^{-2} mol/L
(3) 5.84×10^{-2} mol/L
(4) 7.05×10^{-2} mol/L
(5) 8.13×10^{-2} mol/L

29 (Olimpíada Brasileira de Química 2005) A corrente necessária para, no período de 100 horas, produzir 1 kg de magnésio a partir de cloreto de magnésio fundido situa-se entre:

a) 5,0 e 10,0 A
b) 10,0 e 15,0 A
c) 15,0 e 20,0 A
d) 20,0 e 25,0 A
e) 25,0 e 30,0 A

30 (Olimpíada Brasileira de Química 2004) Se três cubas eletrolíticas que contêm, respectivamente, soluções aquosas de ácido acético, ácido sulfúrico e ácido fosfórico, forem conectadas em série e submetidas à circulação de uma corrente elétrica contínua, por um determinado tempo:

a) ocorrerá o desprendimento da mesma quantidade de hidrogênio gasoso nas três cubas;
b) ocorrerá o desprendimento de uma maior quantidade de hidrogênio gasoso na cuba que contém ácido acético;
c) ocorrerá o desprendimento de uma maior quantidade de hidrogênio gasoso na cuba que contém ácido sulfúrico;
d) ocorrerá o desprendimento de uma maior quantidade de hidrogênio gasoso na cuba que contém ácido fosfórico;
e) não há dados suficientes para se determinar as quantidades relativas de hidrogênio gasosos desprendido em cada uma das três cubas.

31 (Olimpíada Brasileira de Química 2003) Um eletrodo de vanádio é oxidado eletroliticamente. A massa do eletrodo diminui de 114 mg após a passagem de 650 coulombs de corrente. Qual o número de oxidação do vanádio no produto:

a) +1
b) +2
c) +3
d) +4
e) +5

32 (Olimpíada Brasileira de Química 2003) Que produtos são formados durante a eletrólise de uma solução concentrada de cloreto de sódio?

I. $Cl_2(g)$
II. $NaOH(aq)$
III. $H_2(g)$

a) Somente I
b) Somente II
c) Somente I e II
d) Somente I e III
e) I, II e II

33 (IME 2002 / 2003) Uma célula eletrolítica de eletrodos inertes, contendo 1,0 L de solução de ácido sulfúrico 30% em peso, operou sob corrente constante durante 965 minutos. Ao final da operação, retirou-se uma alíquota de 2,0 mL do eletrólito, a qual foi diluída a 50,0 mL e titulada com solução padrão 0,40 mol/L de hidróxido de sódio.
Sabendo-se que a titulação consumiu 41,8 mL da solução da base, determine a corrente que circulou pela célula. Considere que a massa específica da solução de ácido sulfúrico 30% em peso é 1,22 g/cm^3 e a massa específica da água é 1,00 g/cm^3.

34 (Olimpíada Brasileira de Química 2002) A reação básica que ocorre em uma cela na qual Al_2O_3 e sais de alumínio são eletrolisados é:

$$Al^{3+} + 3\,e^- \rightarrow Al(s)$$

Se a cela opera a 5,0 V e $1{,}0 \times 10^5$ A, quantos gramas de alumínio metálico serão depositados em 8 horas de operação da cela?

a) 27 kg
b) 85 kg
c) 180 kg
d) 270 kg
e) 540 kg

35 (IME CG 2001 / 2002) Uma célula eletrolítica fechada, usada para produção de mistura gasosa de H_2 e O_2, possui dois eletrodos inertes imersos numa solução diluída de hidróxido de sódio. No volume livre de 4,5 L, acima da solução, há uma válvula com um manômetro. A temperatura da célula é mantida constante em 27°C. No início da eletrólise, a válvula é fechada, sendo fornecida à célula uma corrente constante de 30 A. Calcule o tempo para a leitura do manômetro atingir 1,64 atm.

Dados:
Constante universal dos gases: R = 0,082 atm L / K mol
Constante de Faraday: F = 96500 C = 1608 A . min

36 (IME 2000 / 2001) Construiu-se uma célula eletrolítica de eletrodos de platina, tendo como eletrólito uma solução aquosa de iodeto de potássio. A célula operou durante um certo intervalo de tempo sob corrente constante de 0,2 A. Ao final da operação, o eletrólito foi completamente transferido para um outro recipiente e titulado com solução 0,1 M de tiossulfato de sódio. Sabendo-se que foram consumidos 25 mL da solução de tiossulfato na titulação, determine o tempo durante o qual a célula operou.

Dados:
Constante de Faraday, F = 96.500C

$S_4O_6^{-2} + 2\,e^- \rightleftarrows 2\,S_2O_3^{-2}$ $E^0 = 0{,}08$ V

$I_2 + 2\,e^- \rightleftarrows 2\,I^-$ $E^0 = 0{,}54$ V

37 (ITA 2000 / 2001) Uma célula eletrolítica foi construída utilizando-se 200 mL de uma solução aquosa 1,0mol/L em NaCl com pH igual a 7 a 25°C, duas chapas de platina de mesmas dimensões e uma fonte estabilizada de corrente elétrica. Antes de iniciar a eletrólise, a temperatura da solução foi aumentada e mantida num valor constante igual a 60°C. Nesta temperatura, foi permitido que corrente elétrica fluísse pelo circuito elétrico num certo intervalo de tempo. Decorrido esse intervalo de tempo, o pH da solução, ainda a 60°C, foi medido novamente e um valor igual a 7 foi encontrado. Levando em consideração os fatos mencionados neste enunciado e sabendo que o valor numérico da constante de dissociação da água (K_w) para a temperatura de 60°C é igual a $9{,}6 \times 10^{-14}$, é CORRETO afirmar que

a) o caráter ácido-base da solução eletrolítica após a eletrólise é neutro.

b) o caráter ácido-base da solução eletrolítica após a eletrólise é alcalino.

c) a reação anódica predominante é aquela representada pela meia-equação:

$$4\ OH^-(aq) \rightarrow 2\ H_2O(l) + O_2(g) + 4\ e^-(CM).$$

d) a reação catódica, durante a eletrólise, é aquela representada pela meia-equação:

$$Cl_2(g) + 2\ e^-(CM) \rightarrow 2\ Cl^-(aq).$$

e) A reação anódica, durante a eletrólise, é aquela representada pela meia-equação:

$$H_2(g) + 2\ OH^-(aq) \rightarrow 2\ H_2O(l) + 2\ e^-(CM).$$

38 **(ITA 2000 / 2001)** Justificar por que cada uma das opções **b** e **c** da questão anterior está CORRETA ou ERRADA.

39 **(OQRJ 2007)** Analise as alternativas:

I. A coloração de uma solução de iodo desaparece com a adição de Zn metálico a essa solução.

II. Quando se adiciona Ag metálica a uma solução de iodo, a coloração da solução não desaparece.

III. Quando se adiciona Ni metálico a uma solução de iodeto, a solução permanece incolor.

IV. Quando se adiciona Ag metálica a uma solução de iodeto, a solução fica colorida.

V. Quando se adiciona Ni metálico a uma solução de iodo, a coloração não desaparece.

VI. Ao ser adicionada a uma solução de iodeto uma solução de alvejante doméstico – solução de hipoclorito (ClO^-) –, a solução é colorida.

Folha de dados		Alguns potenciais de redução
I_2(aq) é colorido		I^-(aq) é incolor
Zn^{2+}(aq) + 2 e^-	→ Zn(s)	E^0 = –0,76 V
I_2(aq) + 2 e^-	→ 2 I^-(aq)	E^0 = +0,54 V
Ni^{2+}(aq) + 2 e^-	→ Ni(s)	E^0 = –0,20 V
ClO^- + H_2O + 2 e^-	→ Cl^-(aq) + 2 OH^-(aq)	E^0 = +0,84 V
Ag^+(aq) + e^-	→ Ag(s)	E^0 = +0,80 V
2 H^+(aq) + 2 e^-	→ H_2(g)	E^0 = 0,00 V

Estão corretas:

a) I, II, III e VI
b) I, II e III
d) II, IV e VI
c) III, IV e V
e) Todas são corretas.

40 IME 2006 / 2007) Dada a reação Cu + 2 HCl → $CuCl_2$ + H_2 assinale a afirmativa correta sabendo-se que os potenciais-padrão de redução do cobre e do hidrogênio são respectivamente 0,34 V e 0,00 V.

a) A reação produz corrente elétrica.
b) A reação não ocorre espontaneamente.
c) A reação ocorre nas pilhas de Daniell.
d) O cobre é o agente oxidante.
e) O hidrogênio sofre oxidação.

41 (ITA 2006 / 2007) Considere duas placas X e Y de mesma área e espessura. A placa X é constituída de ferro com uma das faces recoberta de zinco. A placa Y é constituída de ferro com uma das faces recoberta de cobre. As duas placas são mergulhadas em béqueres, ambos contendo água destilada aerada. Depois de um certo período, observa-se que as placas passaram por um processo de corrosão, mas não se verifica a corrosão total de nenhuma das faces dos metais. Considere sejam feitas as seguintes afirmações a respeito dos íons formados em cada um dos béqueres:

I. Serão formados íons Zn^{2+} no béquer contendo a placa X.
II. Serão formados íons Fe^{2+} no béquer contendo a placa X.
III. Serão formados íons Fe^{2+} no béquer contendo a placa Y.
IV. Serão formados íons Fe^{3+} no béquer contendo a placa Y.
V. Serão formados íons Cu^{2+} no béquer contendo a placa Y.

Então, das afirmações acima, estão **CORRETAS**:

a) apenas I, II e IV.
b) apenas I, III e IV.
c) apenas II, III e IV.
d) apenas II, III e V.
e) apenas IV e V.

42 **(ITA 2006 / 2007)** Duas células (I e II) são montadas como mostrado na figura. A célula I consiste de uma placa A(c) mergulhada em uma solução aquosa 1 mol L^{-1} em AX, que está interconectada por uma ponte salina a uma solução 1 mol L^{-1} em BX, na qual foi mergulhada a placa B(c). A célula II consiste de uma placa B(c) mergulhada em uma solução aquosa 1 mol L^{-1} em BX, que está interconectada por uma ponte salina à solução 1 mol L^{-1} em CX, na qual foi mergulhada a placa C(c). Considere que durante certo período as duas células são interconectadas por fios metálicos, de resistência elétrica desprezível. Assinale a opção que apresenta a afirmação **ERRADA** a respeito de fenômenos que ocorrerão no sistema descrito.

Dados eventualmente necessários: $E°A^+(aq)|A(c) = 0,400V$; $E°B^+(aq)|B(c) = -0,700V$ e $E°C^+(aq)|C(c) = 0,800V$.

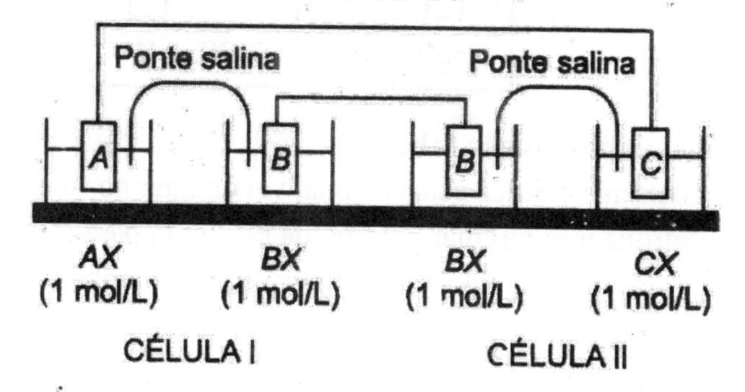

a) A massa da placa C aumentará.
b) A polaridade da semicélula B | B^+ (aq) da célula II será negativa.
c) A massa da placa A diminuirá.
d) A concentração de B^+(aq) na célula I diminuirá.
e) A semicélula A | A^+(aq) será o cátodo.

43 **(ITA 2006 / 2007)** Considere a reação química representada pela equação abaixo e sua respectiva força eletromotriz nas condições-padrão:

$O_2(g) + 4\,H^+(aq) + 4\,Br^-(aq) \rightleftarrows 2\,Br_2(g) + 2\,H_2O(l),\ \Delta E^0 = 0{,}20\,V$

Agora, considere que um recipiente contenha todas as espécies químicas dessa equação, de forma que todas as concentrações sejam iguais às das condições-padrão, exceto a de H^+. Assinale a opção que indica a faixa de pH na qual a reação química ocorrerá espontaneamente.

a) $2{,}8 < pH < 3{,}4$

b) $3{,}8 < pH < 4{,}4$

c) $4{,}8 < pH < 5{,}4$

d) $5{,}8 < pH < 6{,}4$

e) $6{,}8 < pH < 7{,}4$

44 **02 (Olimpíada de Química do Rio de Janeiro 2006)** Considere a pilha de Daniell como esquematizada abaixo:

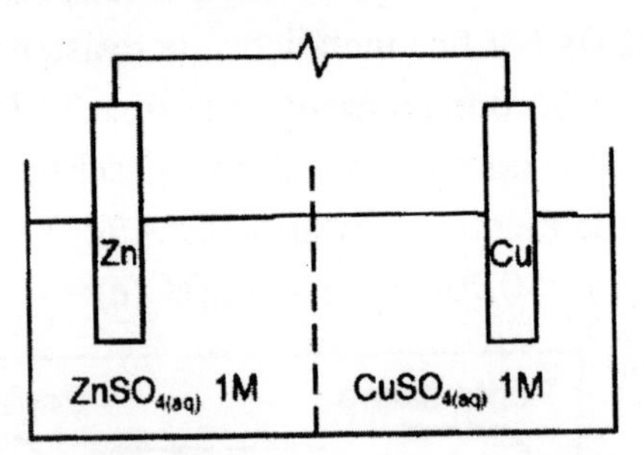

Assinale a proposição **falsa**:

a) A corrente elétrica convencional vai circular no sentido anti-horário.

b) Elétrons irão circular pelo fio da esquerda para a direita.

c) Ânions sulfato irão migrar, através da membrana porosa, da esquerda para a direita.

d) Haverá redução da massa do eletrodo de zinco.

e) Haverá deposição de metal no lado direito do sistema.

45 **(Olimpíada Brasileira de Química 2006)** Considere uma pilha formada por duas lâminas metálicas, uma de zinco e outra de cobre imersos em suas respectivas soluções de Zn^{2+} e Cu^{2+} separados por uma ponte salina, conforme figura a seguir. Nessa pilha, é ligada uma lâmpada entre os eletrodos e após certo tempo de funcionamento, observa-se que a lâmina de zinco sofre uma diminuição de massa e a de cobre um aumento. Com relação a esta pilha é correto afirmar que:

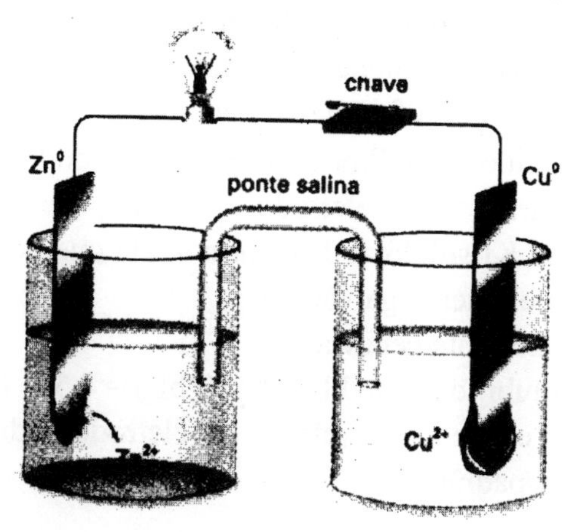

a) O cobre sofre oxidação.
b) O íon Cu^{2+} é o agente redutor.
c) O eletrodo de zinco é o pólo (–).
e) No cátodo ocorre reação de oxidação.
e) O sentido do fluxo de elétrons é do eletrodo de cobre para o de zinco passando pelo circuito externo.

46 **(IME 2005 / 2006)** Os eletrodos de uma bateria de chumbo são Pb e PbO_2. A reação global de descarga é

$Pb + PbO_2 + 2\ H_2SO_4 \rightarrow 2\ PbSO_4 + 2\ H_2O$.

Admita que o "coeficiente de uso" seja de 25,0%. Este coeficiente representa a fração do Pb e PbO_2 presentes na bateria que são realmente usados nas reações dos eletrodos.

Calcule:

a) a massa mínima de chumbo em quilogramas (incluindo todas as formas em que se encontra esse elemento) que deve existir numa bateria para que ela possa fornecer uma carga de $38,6 \times 10^4$ C;
b) o valor aproximado da variação da energia livre da reação, sendo de 2,00 V a voltagem média da bateria quando fora de uso.

47 **(ITA 2005 / 2006)** Um elemento galvânico é constituído pelos eletrodos abaixo especificados, ligados por uma ponte salina e conectados a um multímetro de alta impedância.

Eletrodo a: Placa de chumbo metálico mergulhada em uma solução aquosa 1 mol L^{-1} de nitrato de chumbo.

Eletrodo b: Placa de níquel metálico mergulhada em uma solução aquosa 1 mol L^{-1} de sulfato de níquel.

Após estabelecido o equilíbrio químico nas condições-padrão, determina-se a polaridade dos eletrodos. A seguir, são adicionadas pequenas porções de KI sólido ao **Eletrodo a**, até que ocorra a inversão de polaridade do elemento galvânico.

Dados eventualmente necessários:

Produto de solubilidade de PbI_2: $K_{ps}(PbI_2) = 8{,}5 \times 10^{-9}$

Potenciais de eletrodo em relação ao eletrodo padrão de hidrogênio nas condições-padrão:

$$E^0_{Pb/Pb^{2+}} = -0{,}13\,V;\ E^0_{Ni/Ni^{2+}} = -0{,}25\,V;\ E^0_{I^-/I_2} = -0{,}53\,V$$

Assinale a opção que indica a concentração CORRETA de KI, em mol L^{-1}, a partir da qual se observa a inversão de polaridade dos eletrodos nas condições-padrão.

a) 1×10^{-2}
b) 1×10^{-3}
c) 1×10^{-4}
d) 1×10^{-5}
e) 1×10^{-6}

48 **(ITA 2005 / 2006)** São dadas as semi-equações químicas seguintes e seus respectivos potenciais elétricos na escala do eletrodo de hidrogênio nas condições-padrão:

I. $Cl_2(g) + 2\,e^- \rightleftarrows 2\,Cl^-(aq)$; $E^0_I = +1{,}358\,V$

II. $Fe^{2+}(aq) + 2\,e^- \rightleftarrows Fe(s)$; $E^0_{II} = -0{,}447\,V$

III. $Fe^{3+}(aq) + 3\,e^- \rightleftarrows Fe(s)$, $E^0_{III} = -0{,}037\,V$

IV. $Fe^{3+}(aq) + e^- \rightleftarrows Fe^{2+}(aq)$; $E^0_{IV} = +0{,}771\,V$

V $O_2(g) + 4\,H^+(aq) + 4\,e^- \rightleftarrows 2\,H_2O(l)$; $E^0_V = +1{,}229\,V$

Com base nestas informações, assinale a opção que contém a afirmação CORRETA, considerando as condições-padrão.

a) A formação de $FeCl_2$ a partir de Fe fundido e Cl_2 gasoso apresenta $\Delta H > 0$.
b) Tanto a eletrólise ígnea do $FeCl_2(s)$ quanto a do $FeCl_3(s)$, quando realizadas nas mesmas condições experimentais, produzem as mesmas quantidades em massa de Fe(s).
c) Uma solução aquosa de $FeCl_2$ reage com uma solução aquosa de ácido clorídrico, gerando $H_2(g)$.
d) Borbulhando $Cl_2(g)$ em uma solução aquosa de Fe^{2+}, produz-se 1 mol de Fe^{3+} para cada mol de Cl^- em solução.
e) Fe^{2+} tende a se oxidar em solução aquosa ácida quando o meio estiver aerado.

49 **(ITA 2005 / 2006)** Calcule o valor do potencial elétrico na escala do eletrodo de hidrogênio nas condições-padrão (E^0) da semi-equação química $CuI(s) + e^-$ (CM) $\rightleftarrows$ $Cu(s) + I^-(aq)$.

Dados eventualmente necessários: Produto de solubilidade do CuI(s): $K_{ps}(CuI) = 1{,}0 \times 10^{-12}$

Semi-equações químicas e seus respectivos potenciais elétricos na escala do eletrodo de hidrogênio nas condições-padrão (E^0):

I.	$Cu^{2+}(aq) + e^-$ (CM)	$\rightleftarrows Cu^+(aq)$	;	$E^0_I = 0{,}15$ V
II.	$Cu^{2+}(aq) + 2\ e^-$ (CM)	$\rightleftarrows Cu(s)$	;	$E^0_{II} = 0{,}34$ V
III.	$Cu^+(aq) + e^-$ (CM)	$\rightleftarrows Cu(s)$	:	$E^0_{III} = 0{,}52$ V
IV.	$I_2(s) + 2\ e^-$ (CM)	$\rightleftarrows 2\ I^-(aq)$	;	$E^0_{IV} = 0{,}54$ V

50 **(ENADE 2005)** A pilha formada pelos eletrodos que compõem a bateria de chumbo utilizada em automóveis é representada por:

$Pb(s) \mid PbSO_4(s) \mid H^+(aq), HSO_4^-(aq) \mid PbO_2(s) \mid PbSO_4(s) \mid Pb(s)$ ($E° = 2$ V)

Em relação a esta pilha, considere as afirmações a seguir.

I. Os eletrodos são de metal/metal insolúvel em contato com solução de íons do metal.
II. A reação anódica é $Pb(s) + HSO_4^-(aq) \rightarrow PbSO_4(s) + H^+(aq) + 2\ e^-$.
III. Trata-se de uma pilha primária, pois pode ser recarregada.

IV. O Pb contido em baterias gastas não pode ser reciclado devido à presença de H_2SO_4.

São corretas apenas as afirmações:

a) I e II. c) II e III. e) I, II e IV.
b) I e III. d) III e IV.

51 (ENADE 2005) Uma indústria necessita estocar solução de cloreto de níquel 1mol/L, a 25°C, e dispõe dos tanques X, Y, Z e W, relacionados a seguir.

Tanque X: construído em ferro e revestido internamente com borracha a base de ebonite.

Tanque Y: construído em aço inoxidável tipo 304 (liga: ferro 74%, cromo 18%, níquel 8%).

Tanque Z: construído em ferro galvanizado.

Tanque W: construído em ferro revestido com estanho eletrodepositado.

Dados:

$Ni^{+2} \mid Ni^0$	$E^0 = -0,25$ V
$Zn^{+2} \mid Zn^0$	$E^0 = -0,76$ V
$Fe^{+2} \mid Fe^0$	$E^0 = -0,44$ V
$Sn^{+2} \mid Sn^0$	$E^0 = -0,14$ V
$Cr^{+3} \mid Cr^0$	$E^0 = -0,74$ V

Dentre esses tanques, quais são adequados para estocar a solução em questão?

a) X e Z. c) Y e Z. e) Z e W.
b) X e W. d) Y e W.

52 (ITA 2004 / 2005) Dois copos (A e B) contêm solução aquosa 1 mol L^{-1} em nitrato de prata e estão conectados entre si por uma ponte salina. Mergulha-se parcialmente um fio de prata na solução contida no copo A, conectando-o a um fio de cobre mergulhado parcialmente na solução contida no copo B. Após certo período de tempo, os dois fios são desconectados. A seguir, o condutor metálico do copo A é conectado a um dos terminais de um multímetro, e o condutor metálico do copo B, ao outro terminal. Admitindo que a corrente elétrica não circula pelo elemento galvânico e que a temperatura permanece constante, assinale a opção que contém o gráfico que melhor representa a forma como a diferença de potencial entre os dois eletrodos ($\Delta E = E_A - E_B$) varia com o tempo.

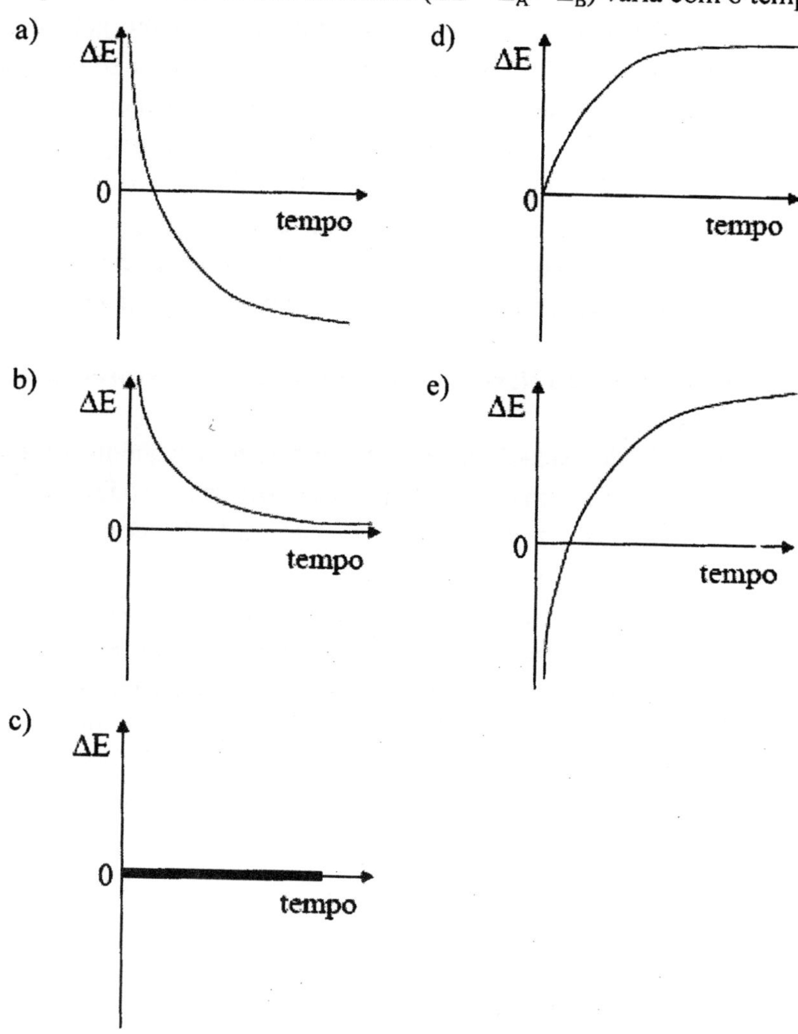

53 (ITA 2004 / 2005) Considere o elemento galvânico representado por:
$Hg(l)$ | eletrólito || Cl^- (solução aquosa saturada em KCl), $Hg_2Cl_2(s)$ | $Hg(l)$

a) Preveja se o potencial do eletrodo representado no lado direito do elemento galvânico será maior, menor ou igual ao potencial desse mesmo eletrodo nas condições-padrão. Justifique sua resposta.
b) Se o eletrólito no eletrodo à esquerda do elemento galvânico for uma solução 0,002 mol L^{-1} em $Hg^{2+}(aq)$, preveja se o potencial desse eletrodo será maior, menor ou igual ao potencial desse mesmo eletrodo nas condições-padrão. Justifique sua resposta.
c) Faça um esboço gráfico da forma como a força eletromotriz do elemento galvânico (ordenada) deve variar com a temperatura (abscissa), no caso em que o eletrodo do lado esquerdo do elemento galvânico seja igual ao eletrodo do lado direito nas condições-padrão.

54 (Olimpíada Norte / Nordeste de Química 2004) Corrosão, atacando os metais

Uma reação de oxidação de especial importância econômica é a corrosão dos metais. Estima-se que ao redor de 20% de todo o ferro e aço produzidos, destinam-se à reposição ou recuperação de peças corroídas.

O ferro exposto ao ar úmido oxida-se, formando inicialmente ferro (II) e em seguida ferro (III), que está presente na conhecida "ferrugem".

O alumínio é mais reativo que o ferro, no entanto, no caso deste metal a corrosão não se constitui um problema. Usamos papel de alumínio, cozinhamos com utensílios de alumínio e compramos bebidas em latas de alumínio e, mesmo depois de alguns anos, estes objetos continuam não corroídos.

Os objetos de prata perdem seu lustre em conseqüência da oxidação de sua superfície, pela ação do sulfeto de hidrogênio presente no ar, que leva à formação de uma película escura de sulfeto de prata sobre a superfície metálica. Pode-se empregar um polidor para eliminar a opacidade, mas, ao fazê-lo, perde-se também parte da prata. Um método alternativo para "limpar" a peça de prata consiste em empregar alumínio metálico para reduzir os íons prata a prata metálica. Para isto coloca-se a peça de prata em contato com papel de alumínio e se cobre com uma solução de bicarbonato de sódio.

a) Escreva a equação química para a oxidação do ferro a ferro(II) na presença de ar úmido ($O_2 + H_2O$).

b) Por que, para os objetos de alumínio, a corrosão não se constitui um problema?

c) Escreva as semi-reações de oxidação de cada um dos metais citados no texto acima. (No caso do ferro, considere a oxidação de Fe^{o} para Fe^{+2}).

d) Dados os seguintes potenciais de redução: –1,662 V, –0,440 V e +0,779V, associe cada um deles a um dos metais do item anterior.

e) Qual a função do bicarbonato de sódio no processo de recuperação das peças de prata por alumínio metálico?

f) Escreva a equação da reação que ocorre entre os íons prata e o alumínio metálico.

55 **(Olimpíada Brasileira de Química 2004)** Se a quantidade de elétrons, assim como, a quantidade de cada uma das espécies químicas que intervêm numa reação de uma pilha, são multiplicadas por dois, então, o potencial da pilha:

a) aumenta para o dobro;
b) diminui para a metade;
c) eleva-se ao quadrado;
d) fica reduzido à raiz quadrada;
e) não varia.

56 **(IME 2003 / 2004)** Uma pilha de combustível utiliza uma solução de KOH e dois eletrodos porosos de carbono, por onde são admitidos, respectivamente, hidrogênio e oxigênio. Este processo resulta numa reação global de combustão que gera eletricidade. Considerando que a pilha opera nas condições padrão:

a) calcule e entropia padrão de formação da água líquida;
b) justifique por que a reação da pilha é espontânea;
c) avalie a variação de entropia nas vizinhanças do sistema.

Folha de dados:		
	Calor de formação da água líquida:	–285,9 kJ/mol
	1 F =	$9,65 \times 10^4$ C/mol
	Relações termodinâmicas:	$\Delta G^0 = -nFE^0$ $\Delta G^0 = \Delta H^0 - T\Delta S^0$

57 **(ITA 2003 / 2004)** Considere os eletrodos representados pelas semi-equações químicas seguintes e seus respectivos potenciais na escala do eletrodo de hidrogênio (E°) e nas condições-padrão:

$In^{+}(aq) + e^{-}(CM) \rightleftarrows In(s); \quad E^0_I = -0,14\,V.$

$In^{2+}(aq) + e^{-}(CM) \rightleftarrows In^{+}(aq); \quad E^0_{II} = -0,40\,V.$

$In^{3+}(aq) + 2\,e^{-}(CM) \rightleftarrows In^{+}(aq); \quad E^0_{III} = -0,44\,V.$

$In^{3+}(aq) + e^{-}(CM) \rightleftarrows In^{2+}(aq); \quad E^0_{IV} = -0,49\,V.$

Assinale a opção que contém o valor **CORRETO** do potencial-padrão do eletrodo representado pela semi-equação

$$In^{3+}(aq) + 3\,e^{-}(CM) \rightleftarrows In(s).$$

a) –0,30 V
b) –0,34 V
c) –0,58 V
d) –1,03 V
e) –1,47 V.

58 **(ITA 2003 / 2004)** Considere os dois eletrodos (I e II) seguintes e seus respectivos potenciais na escala do eletrodo de hidrogênio (E°) e nas condições-padrão:

$$2\,F^{-}(aq) \rightleftarrows 2\,e^{-}(CM) + F_2(g) \qquad E^0_I = 2,87\,V$$

$$Mn^{2+}(aq) + 4\,H_2O\,(l) \rightleftarrows 5\,e^{-}(CM) + 8\,H^{+}(aq) + MnO_4^{-}(aq) \qquad E^0_{II} = 1,51\,V$$

A força eletromotriz de um elemento galvânico construído com os dois eletrodos acima é de

a) –1,81 V.
b) –1,13 V.
c) 0,68 V.
d) 1,36 V.
e) 4,38 V.

59 **(ITA 2003 / 2004)** Descreva os procedimentos utilizados na determinação do potencial de um eletrodo de cobre $Cu(s) \mid Cu^{2+}(aq)$. De sua descrição devem constar:

b) A listagem de todo o material (soluções, medidores etc.) necessário para realizar a medição do potencial do eletrodo em questão.

c) O desenho esquemático do elemento galvânico montado para realizar a medição em questão. Deixe claro nesse desenho quais são os pólos positivo e negativo e qual dos eletrodos será o anodo e qual será o catodo, quando corrente elétrica circular por esse elemento galvânico. Neste último caso, escreva as equações químicas que representam as reações anódicas e catódicas, respectivamente.

d) A explicação de como um aumento do valor das grandezas seguintes afeta o potencial do eletrodo de cobre (Aumenta? Diminui? Não altera?): área do eletrodo, concentração de cobre no condutor metálico, concentração de íons cobre no condutor eletrolítico e temperatura.

60 (Olimpíada Norte / Nordeste de Química 2003) Suponha que se tenha atribuído o potencial de redução zero para a reação $I_2 + 2\ e^- \rightleftarrows 2\ I^-$, cujo potencial normal em referência ao hidrogênio é de -0,53 V.

a) O que ocorreria com a tabela de potencial de redução dos demais elementos?

b) Particularmente, qual seria o potencial padrão da semi-reação $Na^+ + e^- \rightleftarrows Na^0$, cujo valor referente ao hidrogênio é de -2,71 V?

c) Qual seria o potencial da reação $2\ Na^0 + I_2 \rightleftarrows 2\ Na^+ + 2\ I^-$?

61 (ITA 2002 / 2003) Considere o elemento galvânico mostrado nesta figura:

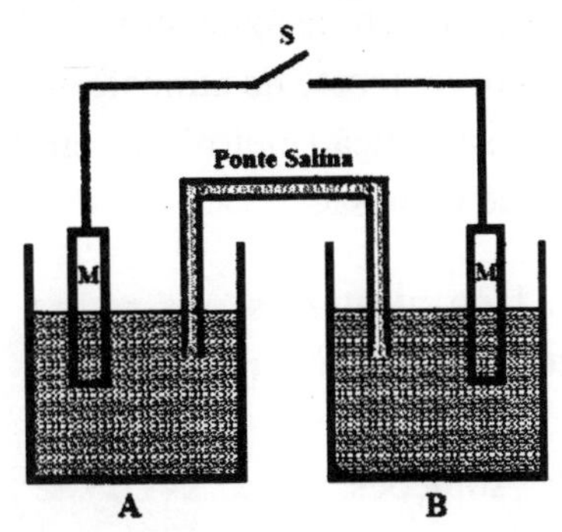

O semi-elemento A contém uma solução aquosa, isenta de oxigênio, 0,3 mol L^{-1} em Fe^{2+} e 0,2 mol L^{-1} em Fe^{3+}. O semi-elemento B contém uma solução aquosa, também isenta de oxigênio, 0,2 mol L^{-1} em Fe^{2+} e 0,3 mol L^{-1} em Fe^{3+}. M é um condutor metálico (platina). A temperatura do elemento galvânico é mantida constante num valor igual a 25°C. A partir do instante em que a chave "S" é fechada, considere as seguintes afirmações:

I. O sentido convencional de corrente elétrica ocorre do semi-elemento B para o semi-elemento A.

II. Quando a corrente elétrica for igual a zero, a relação de concentrações $[Fe^{3+}(aq)] / [Fe^{2+}(aq)]$ tem o mesmo valor tanto no semi-elemento A como no semi-elemento B.

III. Quando a corrente elétrica for igual a zero, a concentração de Fe^{2+}(aq) no semi-elemento A será menor do que 0,3 mol L^{-1}.

IV. Enquanto o valor da corrente elétrica for diferente de zero, a diferença de potencial entre os dois semi-elementos será maior do que 0,118 log (3/2).

V. Enquanto corrente elétrica fluir pelo circuito, a relação entre as concentrações [Fe^{3+}(aq)] / [Fe^{2+}(aq)] permanece constante nos dois semi-elementos.

Das afirmações feitas, estão **CORRETAS**

a) apenas I, II e III.
b) apenas I, II e IV.
c) apenas III e V.
d) apenas IV e V.
e) todas.

62 **(ITA 2002 / 2003)** A corrosão da ferragem de estruturas de concreto ocorre devido à penetração de água através da estrutura, que dissolve cloretos e/ou sais provenientes da atmosfera ou da própria decomposição do concreto. Essa solução eletrolítica em contacto com a ferragem forma uma célula de corrosão.

A Figura A, ao lado, ilustra esquematicamente a célula de corrosão formada.

No caderno de soluções, faça uma cópia desta figura no espaço correspondente à resposta a esta questão. Nesta cópia

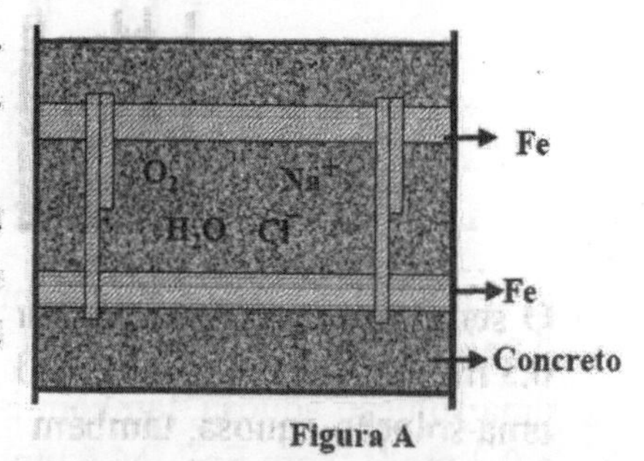

Figura A

i) identifique os componentes da célula de corrosão que funcionam como anodo e catodo durante o processo de corrosão e

ii) escreva as meia-reações balanceadas para as reações anódicas e catódicas.

A Figura B, ao lado, ilustra um dos métodos utilizados para a proteção da ferragem metálica contra corrosão.

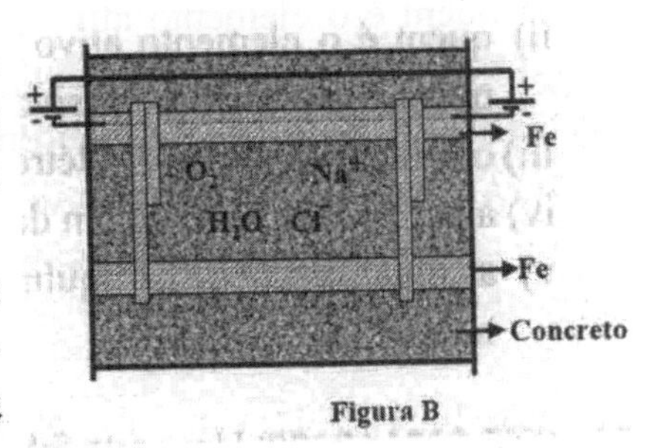

Figura B

No caderno de soluções, faça uma cópia desta figura, no espaço correspondente à resposta a esta questão. Nesta cópia

i) identifique os componentes da célula eletrolítica que funcionam como anodo e catodo durante o processo de proteção contra corrosão e

ii) escreva as meia-reações balanceadas para as reações anódicas e catódicas.

Sugira um método alternativo para proteção da ferragem de estruturas de concreto contra corrosão.

63 (ITA 2002 / 2003) Um elemento galvânico, chamado de I, é constituído pelos dois eletrodos seguintes, separados por uma membrana porosa:

IA. Chapa de prata metálica, praticamente pura, mergulhada em uma solução 1 mol L^{-1} de nitrato de prata.

IB. Chapa de zinco metálico, praticamente puro, mergulhada em uma solução 1 mol L^{-1} de sulfato de zinco.

Um outro elemento galvânico, chamado de II, é constituído pelos dois seguintes eletrodos, também separados por uma membrana porosa:

IIA. Chapa de cobre metálico, praticamente puro, mergulhada em uma solução 1 mol L^{-1} de sulfato de cobre.

IIB. Chapa de zinco metálico, praticamente puro, mergulhada em uma solução 1 mol L^{-1} de sulfato de zinco.

Os elementos galvânicos I e II são ligados em série de tal forma que o eletrodo IA é conectado ao IIA, enquanto que o eletrodo IB é conectado ao IIB. As conexões são feitas através de fios de cobre. A respeito desta montagem

i) faça um desenho esquemático dos elementos galvânicos I e II ligados em série. Neste desenho indique

ii) quem é o elemento ativo (aquele que fornece energia elétrica) e quem é o elemento passivo (aquele que recebe energia elétrica),
iii) o sentido do fluxo de elétrons,
iv) a polaridade de cada um dos eletrodos: IA, IB, IIA e IIB e
v) as meia-reações eletroquímicas balanceadas para cada um dos eletrodos.

64 **(IME 2001 / 2002)** Um certo fabricante produz pilhas comuns, nas quais o invólucro de zinco funciona como anodo, enquanto que o catodo é inerte. Em cada uma, utilizam-se 5,87 g de dióxido de manganês, 9,2 g de cloreto de amônio e um invólucro de zinco de 80 g. As semi-reações dos eletrodos são:

$$Zn \rightarrow Zn^{+2} + 2\,e^-$$
$$NH_4^+ + MnO_2 + e^- \rightarrow \tfrac{1}{2}\,Mn_2O_3 + NH_3 + \tfrac{1}{2}\,H_2O$$

Determine o tempo que uma destas pilhas leva para perder 50% de sua carga, fornecendo uma corrente constante de 0,08 A.
Dado: Constante de Faraday: F = 96500 C

65 **(ITA 2001 / 2002)** Um elemento galvânico é constituído pelos eletrodos abaixo especificados e separados por uma ponte salina.

ELETRODO I:	placa de chumbo metálico mergulhada em uma solução aquosa 1 mol/L de nitrato de chumbo.
ELETRODO II:	sulfato de chumbo sólido prensado contra uma "peneira" de chumbo metálico mergulhada em uma solução aquosa 1 mol/L de ácido sulfúrico.

Nas condições-padrão, o potencial de cada um destes eletrodos, em relação ao eletrodo padrão de hidrogênio, é

$$E^0_{Pb/Pb^{2+}} = -0{,}1264\ V \quad \text{(ELETRODO I).}$$
$$E^0_{Pb/PbSO_4,SO_4^{2-}} = -0{,}3546\ V \quad \text{(ELETRODO II).}$$

Assinale a opção que contém a afirmação **CORRETA** sobre as alterações ocorridas neste elemento galvânico quando os dois eletrodos são conectados por um fio de baixa resistência elétrica e circular corrente elétrica no elemento.

a) A massa de sulfato de chumbo sólido na superfície do ELETRODO II aumenta.
b) A concentração de íons sulfato na solução aquosa do ELETRODO II aumenta.
c) O ELETRODO I é o pólo negativo.
d) O ELETRODO I é o anodo.
e) A concentração de íons chumbo na solução aquosa do ELETRODO I aumenta.

66 **(ITA 2001 / 2002)** Considere o elemento galvânico da **questão anterior**, mas substitua a solução aquosa de $Pb(NO_3)_2$ do ELETRODO I por uma solução aquosa $1,00 \times 10^{-5}$ mol/L de $Pb(NO_3)_2$, e a solução aquosa de H_2SO_4 do ELETRODO II por uma solução aquosa $1,00 \times 10^{-5}$ mol/L de H_2SO_4. Considere também que a temperatura permanece constante e igual a 25°C.

a) Determine a força eletromotriz deste novo elemento galvânico. Mostre os cálculos realizados.

Agora, considerando que circula corrente elétrica no novo elemento galvânico, responda:

b) Qual dos eletrodos, ELETRODO I ou ELETRODO II, será o anodo?
c) Qual dos eletrodos será o pólo positivo do novo elemento galvânico?
d) Qual o sentido do fluxo de elétrons que circula no circuito externo?
e) Escreva a equação química balanceada da reação que ocorre neste novo elemento galvânico.

67 **(ITA 2000 / 2001)** Considere as semi-reações representadas pelas semi-equações abaixo e seus respectivos potenciais padrão de eletrodo:

$$Fe(c) \rightleftarrows Fe^{2+}(aq) + 2\,e^-(CM) \qquad E^0 = -0,44\ V$$

$$1/3\ I^-(aq) + 2\ OH^-(aq) \rightleftarrows 1/3\ IO_3^-(aq) + H_2O(l) + 2\,e^-(CM) \qquad E^0 = 0,26\ V$$

$$2\,Ag(c) \rightleftarrows 2\,Ag^+(aq) + 2\,e^-(CM) \qquad E^0 = 0,80\ V$$

Com base nessas informações, qual das opções abaixo é relativa à equação química de uma reação que deverá ocorrer quando os reagentes, nas condições padrão, forem misturados entre si?

a) $Fe^{2+}(aq) + 1/3\ I^-(aq) + 2\ OH^-(aq) \rightarrow Fe(c) + 1/3\ IO_3^-(aq) + H_2O(l)$

b) $2\ Ag(c) + 1/3\ IO_3^-(aq) + H_2O(l) \rightarrow 2\ Ag^+(aq) + 1/3\ I^-(aq) + 2\ OH^-(aq)$

c) $1/3\ I^-(aq) + 2\ OH^-(aq) + 2\ Ag^+(aq) \rightarrow 2\ Ag(c) + 1/3\ IO_3^-(aq) + H_2O(l)$

d) $Fe(c) + 1/3\ I^-(aq) + 3\ H_2O(l) \rightarrow Fe^{2+}(aq) + 1/3\ IO_3^-(aq) + 2\ OH^-(aq) + 2\ H_2(g)$

e) $2\ Ag(c) + 1/3\ I^-(aq) + 3\ H_2O(l) \rightarrow 2\ Ag^+(aq) + 1/3\ IO_3^-(aq) + 2\ OH^-(aq) + 2\ H_2(g)$

68 (ITA 2000 / 2001) A tabela a seguir mostra as observações feitas, sob as mesmas condições de pressão e temperatura, com pregos de ferro, limpos e polidos e submetidos a diferentes meios:

Tabela. Corrosão do ferro em água aerada.

	Sistema Inicial	**Observações durante os experimentos**
1.	Prego limpo e polido imerso em água aerada.	Com o passar do tempo surgem sinais de aparecimento de ferrugem ao longo do prego (formação de um filme fino de uma substância sólida com coloração marrom-alaranjada).
2.	Prego limpo e polido recoberto com graxa imerso em água aerada.	Não há alteração perceptível com o passar do tempo.
3.	Prego limpo e polido envolvido por uma tira de magnésio e imerso em água aerada.	Com o passar do tempo observa-se a precipitação de grande quantidade de uma substância branca, mas a superfície do prego continua aparentemente intacta.
4.	Prego limpo e polido envolvido por uma tira de estanho e imerso em água aerada.	Com o passar do tempo surgem sinais de aparecimento de ferrugem ao longo do prego.

a) Escreva as equações química balanceadas para a(s) reação(ões) observada(s) nos experimentos 1, 3 e 4, respectivamente.
b) Com base nas observações feitas, sugira duas maneiras diferentes de evitar a formação de ferrugem sobre o prego.
c) Ordene os metais empregados nos experimentos descritos na tabela acima segundo o seu poder redutor. Mostre como você raciocinou para chegar à ordenação proposta.

69 (Olimpíada Brasileira de Química 2001 Cyprus National Competition for the International Chemistry Olympiad 2001)

a) Calcular o decréscimo de massa do eletrodo de zinco, se uma corrente de 0,15 A, passa através da célula galvânica abaixo, durante 1,5 h:

$$Zn(s) \mid Zn^{2+}(aq) \parallel Cu^{2+}(aq) \mid Cu(s)$$

b) Calcule o potencial padrão de redução da célula abaixo, a 25° C, sendo a concentração de Zn^{2+} igual a 0,1 mol/L e a de Ag^+ igual a 0,01 mol/L (E° = 1,56 V)

$$Zn(s) \mid Zn^{2+}(aq) \parallel Ag^{+}(aq) \mid Ag(s)$$

c) Dar a equação química da reação que ocorre espontaneamente na célula galvânica que consiste das seguintes meia-células:

$MnO_2 + 4\,H^+ + 2\,e^- \rightarrow Mn^{2+} + 2\,H_2O$ E° = 1,21 V

$Ag^+ + e^- \rightarrow Ag$ E° = 0,80 V

Dados: Constante de Faraday (F) = 96485 C/mol de elétrons
Massas atômicas (valores aproximados, em g/mol): Zn = 65,4 Cu = 63,5 Ag = 108

70 (Olimpíada Norte / Nordeste de Química 2000) Em princípio, uma bateria poderia ser desenvolvida a partir de alumínio metálico e cloro gasoso.

a) escreva a equação balanceada que ocorre em uma bateria cujas semi-reações são: $Al^{3+}(aq) \mid Al(s)$ e $Cl_2(g) \mid 2Cl^-(aq)$.
b) diga que semi-reação ocorre no ânodo e que semi-reação ocorre no cátodo.
c) calcule o potencial padrão para esta bateria (ΔE^0).

d) se a bateria produz uma corrente de 0,75 A, quanto tempo ela irá operar se o eletrodo de alumínio contiver 30,0 g do metal? (considere que há quantidade suficiente de cloro).

	$Cl_2(g) + 2\ e^-$	$\rightarrow$	$2\ Cl^-(aq)$	$E° = +1,36\ V$
Dados:	$Al^{3+}(aq) + 3\ e^-$	$\rightarrow$	$Al(s)$	$E° = -1,66\ V$
	Constante de Faraday = 96500 C/mol			

71 **(Olimpíada Brasileira de Química 2000)** Ouro metálico dissolve em água régia, uma mistura de ácido clorídrico e ácido nítrico concentrados e, na química do ouro, as seguintes reações são importantes:

$Au^{3+}(aq) + 3\ e^- \rightarrow Au(s)$ $E°_{red} = +\ 1,498\ V$

$AuCl_4^-(aq) + 3\ e^- \rightarrow Au(s) + 4\ Cl^-(aq)$ $E°_{red} = +\ 1,002\ V$

Utilizando as semi-reações acima e a semi-reação:

$NO_3^-(aq) + 4\ H^+(aq) + 3\ e^- \rightarrow NO(g) + 2\ H_2O(l)$ $E°_{red} = +\ 0,96\ V$

responda às questões (a), (b), e (c).

a) Dê a equação equilibrada da reação entre o ouro e o ácido nítrico, para formar Au^{3+} e NO(g) e calcule a fem-padrão (E°) associada a esta reação. Esta reação é espontânea?

b) Dê a equação da reação entre o ouro e o ácido clorídrico, formando $AuCl_4^-$ e $H_2(g)$ e calcule a fem-padrão (E°) associada a esta reação. Esta reação, em condições-padrão, é espontânea?

c) Dê a reação entre o ouro e a água régia para dar $AuCl_4^-$ e NO(g) e calcule a fem-padrão (E°) associada a esta reação. Esta reação é espontânea?

Utilizando a equação de Nernst, explique a razão da água régia ser capaz de dissolver o ouro.

CAPÍTULO 10

Radioatividade

01 (Olimpíada de Química do Rio de Janeiro 2006) Sejam P e Q elementos isóbaros. E ainda P é isoeletrônico ao cátion bivalente de Q. Q* é o elemento resultante da decomposição radioativa de Q ao perder uma partícula α. Sabe-se que a partícula α corresponde a 4 unidades de massa e 2 unidades de próton. Qual das afirmativas abaixo é verdadeira?

a) P e Q* são isótopos
b) P e Q* são isóbaros
c) P e Q* são isótonos
d) Não há relação evidente entre P e Q*, mas Q e Q* são isoeletrônicos
e) Não há relação evidente entre P e Q*, nem entre Q e Q*

02 (Olimpíada Brasileira de Química 1998) Na purificação de urânio para uso como combustível nuclear, um dos compostos isolados é $UO_x(NO_3)_y \cdot z\,H_2O$, onde o estado de oxidação do urânio pode ser +3, + 4, +5 ou +6.

a) O aquecimento deste composto, ao ar, a 400°C, leva à formação de um óxido, U_aO_b. que contém 83,22% de U. Qual sua fórmula empírica? Qual o seu nome?
b) O aquecimento de $UO_x(NO_3)_y \cdot z\,H_2O$, ao ar, na faixa de 800 a 900°C, decompõe completamente o composto, formando um outro

óxido, U_mO_n, cuja análise mostra que contém 84,8% de U. Qual a fórmula empírica deste segundo óxido?

c) Para determinar a fórmula empírica do $UO_x(NO_3)_y$. z H_2O, primeiro aqueceu-se 1,328 g deste composto, cuidadosamente, para perder toda a água, e obteve-se 1,042 g de $UO_x(NO_3)_y$. Em seguida, este resíduo foi mais severamente aquecido, produzindo 0,742 g do óxido U_mO_n. Baseado nestas informações e em outras, dadas ou calculadas acima, determine a fórmula do $UO_x(NO_3)_y$. z H_2O.

d) Uma série radioativa que começa com urânio-235 sofre a seguinte seqüência de decaimentos: α, β, α, β, α, α, α, α, β, β, α. Determine qual o radioisótopo formado ao final desta série.

Massas atômicas (g/mol): H = 1; N = 14; O = 16; U = 238.

03 (Olimpíada Portuguesa de Química 2004) Uma "química" diferente

As reações nucleares – como as usadas nas centrais nucleares, bombas atômicas e em tratamentos por radioterapia – são reações que envolvem a alteração da composição dos núcleos (contrariamente à química convencional...). Para acertar reações em Química Nuclear, verifica-se se a soma dos números de massa e a soma dos números atômicos dos reagentes são iguais às somas correspondentes nos produtos. As partículas elementares próton, nêutron e elétron são representadas por ^1_1p, ^1_0n e $^0_{-1}e$, respectivamente.

Verifique este procedimento na reação exemplo (que está certa), e complete e acerte as reações seguintes.

Exemplo: $^{235}_{92}U + ^1_0n \rightarrow ^{140}_{56}Ba + ^{93}_{36}Kr + 3\,^1_0n$

1) $^{14}_7N + ^1_0n \rightarrow C + ^1_1p$

2) $N \rightarrow ^{18}O + ^0_{-1}e$

3) $^{232}_{90}Th \rightarrow 6\,^4_2He + 4\,^0_{-1}e + Pb$

4) $^{209}_{83}Bi + ^4_2 \rightarrow ^{211}At + ^1_0n$

5) $Pu \rightarrow ^{238}U + ^4He$

04 (Olimpíada de Química do Rio de Janeiro 2007) A respeito da radioatividade é correto afirmar que:

a) se a meia-vida do polônio é três minutos, após nove minutos uma amostra desse nuclídeo redurzir-se-á a 1/3 da sua massa inicial.

b) as radiações emitidas por um átomo são diferentes para o átomo combinado e não combinado.

c) os raios alfa (α) são íons lítio (Li^+) emitidos por núcleos de átomos radioativos, os raios beta (β) são elétrons emitidos pelos núcleos radioativos e os raios gama (γ) são ondas eletromagnéticas semelhantes aos raios X.
d) quando um elemento emite um raio alfa, o seu número atômico decresce três unidades e o seu número de massa decresce cinco unidades.
e) quando um átomo **X**, de número atômico **Z** e o número de massa A, emite um raio beta, forma-se um átomo Y. Assim **X** e **Y** são isóbaros.

05 **(Olimpíada Brasileira de Química 2002)** O cobre-64 é usado na forma de acetato de cobre(II), no tratamento de tumores cerebrais. Se a meia–vida desse radioisótopo é de 12,8 horas, a quantidade que restará, após 2 dias e 16 horas, de uma amostra com 15,0 mg de acetato de cobre (II) estará entre:

a) 0,1 e 0,5 mg
b) 0,5 e 1,0 mg
c) 1,0 e 2,0 mg
d) 2,0 e 3,0 mg
e) 3,0 e 5,0 mg

06 **(IME CG 1999 / 2000)** A meia vida do polônio-210 $\left({}^{210}_{84}Po\right)$ é 138 dias, sendo que este isótopo decai para chumbo-206 $\left({}^{206}_{82}Pb\right)$ por emissão de uma partícula α que se transforma em um átomo de hélio por captura de elétrons livres da atmosfera. Uma amostra de 4,200 g de polônio-210 foi encerrada em um recipiente de volume interno igual a 672 mL, o qual foi enchido com nitrogênio (N_2) nas CNTP e hermeticamente fechado. Determine:

a) a composição percentual da mistura sólida de polônio e chumbo ao fim de 276 dias;
b) a pressão total, em atm, da fase gasosa ao fim de 276 dias, sendo a temperatura de 0°C;
c) os períodos da tabela periódica aos quais pertencem o polônio-210 e o chumbo-206;
d) o elemento que possui maior raio atômico, polônio-210 ou chumbo-206.

Dados:
Constante universal dos gases perfeitos: $R = 0{,}082$ atm.litro.K^{-1}.mol^{-1}
Volume molar dos gases perfeitos nas CNTP: $Vm = 22{,}40$ litros.mol^{-1}

07 (Olimpíada de Química do Rio de Janeiro 2006) A atividade é uma medida de radioatividade proporcional ao número de mols do elemento radioativo. O rádio-226 perde aproximadamente 1% de sua atividade em 25 anos. Com base nisso, a meia-vida do rádio-226 é igual a:

a) 4 anos
b) 25 anos
c) 852 anos
d) 1724 anos
e) 5728 anos

08 (Olimpíada Portuguesa de Química 2007) Radioisótopos

A Química Medicinal é um ramo das Ciências Químicas que também abrange conhecimentos das Ciências Biológicas, Medicinais e Farmacêuticas. Esta disciplina envolve a identificação e preparação de compostos biologicamente ativos, bem como a avaliação das suas propriedades biológicas e estudos das suas relações estrutura/atividade.

A radioatividade de um elemento pode ser usada em medicina de duas formas diferentes: a) em diagnóstico, para possibilitar a visualização dos órgãos e/ou verificar o seu funcionamento/metabolismo e, b) em tratamentos, por exemplo, para destruir células cancerígenas.

A tiroxina (Fig.1) é um hormônio cuja função é estimular o metabolismo celular e que é produzida pela tiróide, glândula que regula o bom funcionamento do nosso organismo. Assim, a visualização desta glândula é essencial para diagnosticar irregularidades no seu funcionamento e, consequentemente, prevenir doenças. Como esta glândula acumula o iodo e o utiliza na síntese da tiroxina, se for administrado um composto contendo *iodo radioativo*, o isótopo iodo-131, este se acumula na tiróide e, ao emitir radiação, possibilita a visualização daquela. As quantidades necessárias para visualizar a glândula tiróide são muito baixas, contudo a administração de quantidades mais elevadas é usada no tratamento do hipertiroidismo. Esta doença é caracterizada pelo excesso de produção de tiroxina, que pode ser controlado pela administração de *iodo radioativo* que destrói células da tiróide, diminuindo a produção do hormônio.

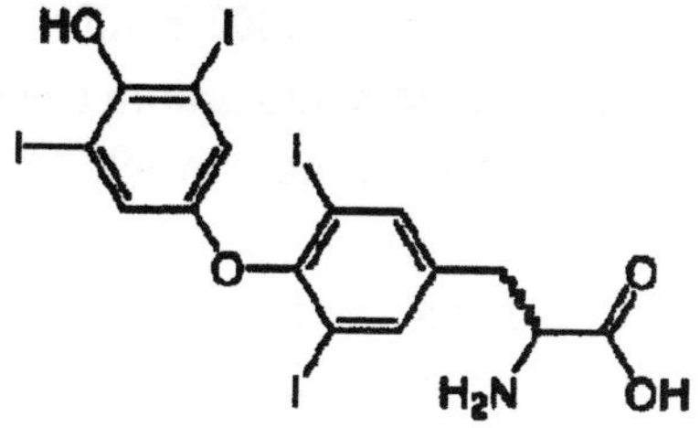

Cada elemento radioativo desintegra-se a uma velocidade que lhe é característica. Para se acompanhar a duração (ou a vida) de qualquer elemento radioativo é preciso estabelecer uma forma de comparação. Foi, assim, estabelecido o tempo de meia-vida, que é o tempo necessário para a atividade de um elemento radioativo ser reduzida à metade da sua atividade inicial.

Vejamos o caso do iodo-131, utilizado para exames da tiróide, que possui um tempo de meia-vida de 8 dias. Isto significa que, decorridos 8 dias, a quantidade ingerida pelo paciente está reduzida à metade. Passados mais 8 dias, a quantidade existente será a metade desse valor, ou seja, ¼ da quantidade inicial e assim sucessivamente.

1) Sabendo que o iodo tem número atômico 53 e tem 37 isótopos sendo o ^{127}I o isótopo que é estável, indique a constituição dos isótopos ^{127}I e ^{131}I, salientando as suas diferenças.
2) Tendo em conta o tempo de meia-vida do iodo-131, indique o tempo necessário para que os 100 mg sejam reduzidos a menos de 1 mg.

09 **(IME CG 2000 / 2001)** O decaimento do núcleo de $^{24}_{11}Na$, que possui meia-vida de 15 horas, dá-se por emissão de partículas β, produzindo o isótopo estável $^{24}_{12}Mg$. Partindo de 200 mg de $^{24}_{11}Na$, determine o tempo necessário para que a relação entre as massas dos isótopos de Mg e Na seja de 1 para 3.

10 **(IME 2002 / 2003)** A abundância natural do U-235 é 0,72% e sua meia vida é de $7{,}07 \times 10^8$ anos. Supondo que a idade do nosso planeta seja $4{,}50 \times 10^9$ anos, exatamente igual à meia vida do outro isótopo natural do urânio, determine a abundância do U-235 por ocasião da formação da Terra. Considere como isótopos naturais do urânio apenas o U-235 e o U-238.

11 (Olimpíada Brasileira de Química 2003 National Germany Competition for the IChO in 2003) O elemento urânio é encontrado na natureza como uma mistura de isótopos contendo 99,28% de ^{238}U (meia vida, $t_{1/2}$, igual a $4,5 \times 10^9$ anos) e 0,72% de ^{235}U ($t_{1/2} = 7,0 \times 10^8$ anos).

a) Assumindo que a idade da Terra é $4,5 \times 10^9$ anos, determine qual era a porcentagem original de urânio ^{235}U na natureza.

O urânio decai em uma série de etapas a um isótopo de chumbo. Ao todo, 8 (oito) partículas α (alfa) são emitidas durante este processo.

b)
   i) Quantas partículas β (beta) são também emitidas?
   ii) Qual o isótopo de chumbo formado?

O urânio tem a seguinte configuração eletrônica [Rn] $5f^3\ 6d^1\ 7s^2$.

c)
   i) Quantos elétrons desemparelhados há em um átomo de urânio?
   ii) Qual deve ser o estado de oxidação máximo do urânio?
   UF_6, um importante composto utilizado durante o processo de separação de isótopos de urânio, é obtido como um líquido volátil, a partir da passagem de ClF_3 sobre UF_4 cristalino.

d)
   i) Escreva a equação balanceada para esta reação.
   ii) Quais as geometrias das moléculas de UF_6 e ClF_3?

Um dos produtos da fissão do ^{235}U é o ^{95}Kr.

e) Escreva a equação nuclear balanceada para este processo de fissão, assumindo que 2 nêutrons são também emitidos.

12 (ITA 2002 / 2003) O tempo de meia-vida ($t_{1/2}$) do decaimento radioativo do potássio 40 ($^{40}_{19}K$) é igual a $1,27 \times 10^9$ anos. Seu decaimento envolve os dois processos representados pelas equações seguintes:

I. $^{40}_{19}K \rightarrow ^{40}_{20}Ca + ^{0}_{-1}e$

II. $^{40}_{19}K + ^{0}_{-1}e \rightarrow ^{40}_{18}Ar$

O processo representado pela equação I é responsável por 89,3 % do decaimento radioativo do $^{40}_{19}K$, enquanto que o representado pela equação II contribui com os 10,7 % restantes. Sabe-se, também, que a razão em massa de $^{40}_{18}Ar$ e $^{40}_{19}K$ pode ser utilizada para a datação de materiais geológicos.

Determine a idade de uma rocha, cuja razão em massa de ${}^{40}_{18}Ar/{}^{40}_{19}K$ é igual a 0,95. Mostre os cálculos e raciocínios utilizados.

13 **(IME 2003 / 2004)** Inicia-se um determinado experimento colocando-se uma massa m_a (g) de um radionuclídeo X de meia vida $\tau_{1/2}$ (s) dentro de um balão de volume V_b (m^3), que se encontra à pressão atmosférica, como mostrado na Figura 1. Este experimento é conduzido isotermicamente à temperatura T_b (K).
O elemento X é um alfa emissor e gera Y, sendo este estável, de acordo com a seguinte equação:

$$X \rightarrow Y + {}^{4}_{2}He$$

Considerando que apenas uma percentagem p do hélio formado difunde-se para fora da mistura dos sólidos X e Y, determine a altura h (em metros) da coluna de mercúrio apresentada na Figura 2, depois de decorrido um tempo t (em segundos) do início do experimento.

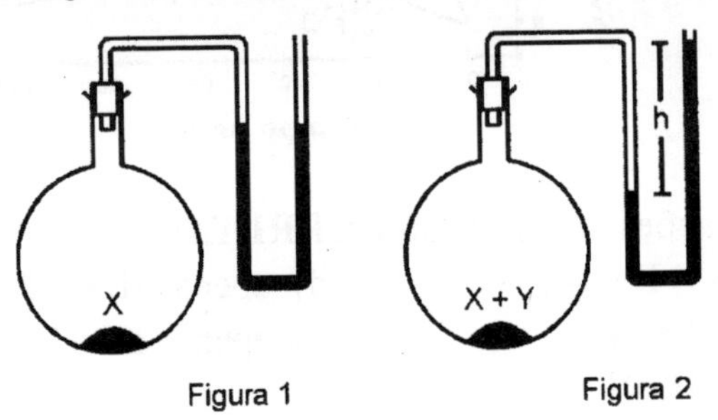

Figura 1 Figura 2

Utilize a seguinte notação:
massa molecular de X = M_a (g);
densidade do mercúrio = ρ (kg/m^3);
aceleração da gravidade = g (m/s^2);
constante dos gases perfeitos = R (Pa . m^3 / mol . K)

14 **(ITA 2003 / 2004)** O ${}^{214}_{82}Pb$ desintegra-se por emissão de partículas beta, transformando-se em ${}^{214}_{83}Bi$ que, por sua vez, se desintegra também por emissão de partículas beta, transformando-se em ${}^{214}_{84}Po$. A figura a seguir mostra como varia, com o tempo, o número de átomos, em porcentagem de partículas, envolvidos nestes processos de desintegração. Admita ln 2 = 0,69. Considere que, para estes processos, sejam feitas as seguintes afirmações:

I. O tempo de meia-vida do chumbo é de aproximadamente 27 min.
II. A constante de velocidade da desintegração do chumbo é de aproximadamente 3×10^{-2} min^{-1}.
III. A velocidade de formação de polônio é igual à velocidade de desintegração do bismuto.
IV. O tempo de meia-vida do bismuto é maior que o do chumbo.
V. A constante de velocidade de decaimento do bismuto é de aproximadamente 1×10^{-2} min^{-1}.

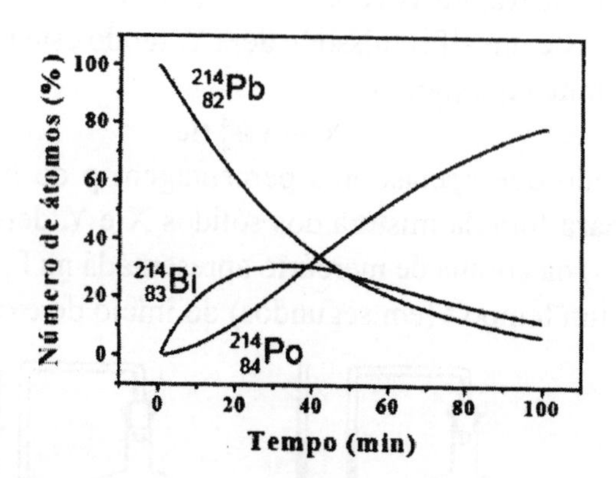

Das afirmações acima, estão **CORRETAS**

a) apenas I, II e III.
b) apenas I e IV.
c) apenas II, III e V.
d) apenas III e IV.
e) apenas IV e V.

15 (IME 2004 / 2005) Suponha que se deseja estimar o volume de água de um pequeno lago. Para isso, dilui-se neste lago V_s litros de uma solução de um sal, sendo que a atividade radioativa dessa solução é A_s becquerel (Bq). Após decorridos D dias, tempo necessário para uma diluição homogênea da solução radioativa em todo o lago, é recolhida uma amostra de volume V_A litros, com atividade A_A Bq acima da atividade original da água do lago.

Considerando essas informações e sabendo que a meia-vida do sal radioativo é igual a $t_{1/2}$, determine uma expressão para o cálculo do volume do lago nas seguintes situações:

a) $t_{1/2}$ e D são da mesma ordem de grandeza;
b) $t_{1/2}$ é muito maior do que D.

16 (IME 2005 / 2006) Uma amostra de um determinado elemento Y tem seu decaimento radioativo representado pelo gráfico a seguir:

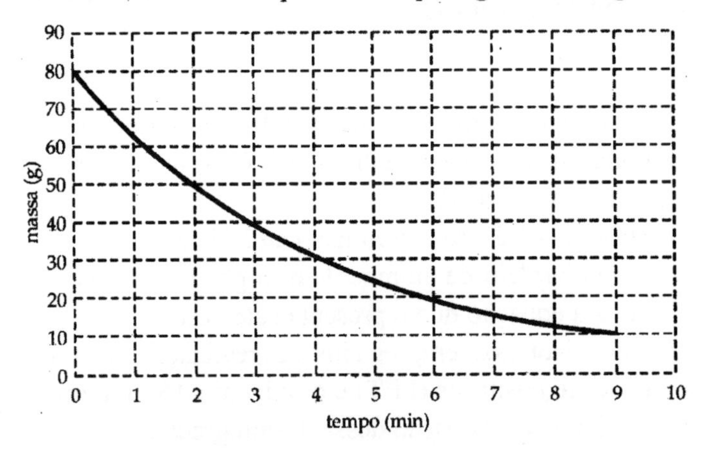

Determine o número de átomos não desintegrados quando a atividade do material radioativo for igual a 2,50 μCi.
Folha de dados: 1 Ci = $3{,}70 \times 10^{10}$ Bq

17 (IME 2006 / 2007) Uma massa m (em g) de um radionuclídeo X de vida média τ (em s) e massa atômica M (em u.m.a.) é colocada no interior de um balão feito de material flexível de volume inicial V, e preenchido apenas por gás hélio. O elemento X emite partículas α, gerando um elemento Y estável. O balão é suficientemente flexível para garantir que a pressão em seu interior seja sempre igual à pressão no exterior. Considere que, no local do experimento, a pressão seja P (em atm), que o ar seja um gás de peso molecular M_{ar} e que o sistema possa ser mantido a uma temperatura constante T (em K).
Determine quanto tempo transcorrerá, desde o início do experimento, até que o balão comece a perder o contato com o chão.

18 (Olimpíada Norte / Nordeste de Química 2005) Datação por radioisótopos

Pode-se utilizar a vida média de certos isótopos para estimar a idade de rochas e artefatos arqueológicos. O urânio-238, com meia-vida de 4500 milhões de anos, o carbono-14, com meia-vida de 5730 anos, e o trítio, com meia-vida de 12,3 anos, são alguns destes isótopos.

a) Indique o isótopo adequado para datar cada uma das seguintes amostras:
   I) vegetal fossilizado;
   II) rocha;
   III) vinho.
b) Uma amostra de madeira fossilizada apresentou uma atividade de carbono-14 equivalente a um oitavo (1/8) da madeira nova. Qual a idade dessa amostra?
c) O carbono-14 é produzido nas camadas superiores da atmosfera pelo bombardeio de átomos de nitrogênio comuns com nêutrons. Escreva a equação que representa este processo.
d) Um dos isótopos empregados na realização de tomografia por emissão de pósitrons (PET) é o oxigênio-15, um emissor de pósitrons. Escreva a equação dessa desintegração.
e) Defina:
   I) meia-vida;
   II) fusão e fissão;
   III) transmutação artificial.

19 (Olimpíada Brasileira de Química 1999) "Glenn T. Seaborg foi um dos cientistas que mais contribuiu para reescrever a tabela periódica dos elementos e o único a ser homenageado em vida com o nome de um elemento químico. Seaborg faleceu em 25 de fevereiro de 1999, aos 86 anos de idade, de complicações de um derrame que sofreu durante a reunião semestral da ACS – Sociedade Americana de Química, realizada em agosto de 1998, em Boston.....

Descobridor de muitos elementos transurânicos, ele atrasou o anúncio da descoberta do plutônio (1940-41), ao dar-se conta que ele poderia ser adequado para a construção de uma bomba atômica.....

As pesquisas de Seaborg sobre os elementos transurânicos culminaram com o recebimento do Prêmio Nobel de Química de 1951, juntamente com o físico da UCB Edwin M. McMillan (1907-1991)......

Com o pós-graduando Arthur C. Wahl e outros colaboradores, conseguiu isolar e identificar o plutônio e outros quatro elementos. Após ganhar o Prêmio Nobel, ele ainda esteve envolvido na descoberta de mais cinco elementos......"

[Trechos da nota da Sociedade Brasileira de Química (SBQ), baseada no artigo A legend has left us, de Sophie L. Wilkinson, no Chemical & Engineering News de 08/03/99, vol. 77, n. 10, pp.29-31]

a) Que são elementos transurânicos?

b) Complete as seguintes reações, empregadas na síntese de elementos transurânicos:

I)	$^{238}_{92}U$	+	$^{14}_{7}N$	→	?	+	5	$^{1}_{0}n$
II)	$^{238}_{92}U$	+	?	→	$^{249}_{100}Fm$	+	5	$^{1}_{0}n$
III)	$^{253}_{99}Es$	+	?	→	$^{256}_{101}Md$	+		$^{1}_{0}n$
IV)	$^{241}_{96}Cm$	+	?	→	$^{254}_{102}No$	+	4	$^{1}_{0}n$
V)	$^{246}_{98}Cf$	+	?	→	$^{257}_{103}Lr$	+	5	$^{1}_{0}n$

c) Durante a II Guerra Mundial desenvolveu-se uma técnica de enriquecimento de urânio, baseada na Lei de Graham. Para separar ^{235}U do isótopo mais abundante, ^{238}U, todo o urânio era transformado em um fluoreto (UF_x), cujo ponto de ebulição é 56°C e, a partir das diferenças de velocidades na efusão dos dois fluoretos ($^{235}UF_x$ e $^{238}UF_x$), ocorria a separação. Sabendo que a velocidade de efusão do $^{238}UF_x$ é de 15 mg/h e, nas mesmas condições, a velocidade de efusão do I_2 é de 17,7 mg/h, determine o valor de "x" no $^{238}UF_x$. (Nota do autor: no enunciado da prova que consta do site da OBQ estes valores estão invertidos, num provável engano de digitação.)

d) Em que diferem a "bomba atômica" e a "bomba de hidrogênio"? Por que a bomba de hidrogênio precisa de um "estopim" para explodir?

20 (Olimpíada Norte / Nordeste de Química 2004) Energia nuclear e bomba atômica

Quase toda a energia que dispomos na Terra provém das reações termonucleares que ocorrem no Sol. Essas reações são chamadas termonucleares porque necessitam de temperaturas extremamente altas (da ordem de milhões de graus Celsius) para serem iniciadas. As altíssimas temperaturas e pressões encontradas no Sol fazem com que núcleos de átomos se fundam liberando enormes quantidades de energia. Acredita-se que a principal destas reações é a fusão de quatro núcleos de hidrogênio para formar um núcleo de outro elemento ("X") e dois pósitrons. A fusão de apenas um grama de hidrogênio libera uma quantidade de energia equivalente à combustão de quase 20 toneladas de carbono.

Na bomba de hidrogênio ocorre uma reação similar: fusão de um núcleo de deutério com um de trítio, produzindo o mesmo núcleo "X", citado acima, e mais uma partícula "Y". Esta reação, no entanto, é precedida por uma outra onde se produz o trítio e o mesmo núcleo "X" a partir do bombardeio de um núcleo de lítio-6 com nêutrons (para a equação nuclear, considere 1 nêutron para cada núcleo de lítio-6).

Na bomba atômica que é produzida a partir de urânio enriquecido, a reação nuclear que ocorre é denominada de fissão. O enriquecimento de urânio se faz necessário porque o urânio natural contém mais de 99% de ^{238}U e o isótopo fissionável, o ^{235}U, constitui apenas 0,7% desse urânio natural. O processo de enriquecimento passa pela preparação do hexafluoreto de urânio, que é um composto volátil. A separação das moléculas de $^{235}UF_6$ e $^{238}UF_6$ baseia-se nas velocidades de efusão destas moléculas.

Embora o ^{238}U não seja fissionável, o bombardeio desse isótopo com nêutrons forma ^{239}U que se desintegra formando um novo elemento, o netúnio (^{239}Np) que, por sua vez, também se desintegra rapidamente para dar um outro novo elemento, o plutônio (^{239}Pu). Este último elemento é fissionável e, portanto, possível de ser utilizado na construção de uma bomba atômica. Em cada uma das duas desintegrações citadas, o núcleo emite uma partícula de carga -1 e massa zero.

a) Qual a diferença entre os processos de fusão e de fissão nucleares? Qual deles é mais "limpo"?

b) Escreva as equações correspondentes às seguintes reações nucleares, citadas no texto acima:

I) fusão de quatro núcleos de hidrogênio (que ocorre no Sol)

II) fusão dos núcleo de deutério e trítio (que ocorre na bomba de hidrogênio)

III) bombardeio do lítio-6 com nêutron (que ocorre na bomba de hidrogênio)

IV) transformação de ^{238}U em ^{239}Pu, passando pelo ^{239}Np.

c) Com base na lei de efusão de Graham, calcule a relação entre as velocidades de efusão dos gases $^{235}UF_6$ e $^{238}UF_6$.

d) O que significa a expressão urânio enriquecido?

21 (Olimpíada de Química do Rio de Janeiro 2006) Quando Lavoisier estabeleceu sua lei de conservação da massa ele não suspeitava que massa e energia pudessem ter alguma relação matemática. No entanto, em reações nucleares, quando os núcleons em um núcleo adotam um arranjo mais estável há uma diferença entre reagentes e produtos, levando a uma energia liberada que pode ser detectada.

Quando a fissão nuclear ocorre, o núcleo original se quebra em dois ou mais núcleos e uma grande quantidade de energia é liberada. Quando os núcleos de urânio-235 são bombardeados com nêutrons ocorre a seguinte reação nuclear:

$$^{235}_{92}U + ^{1}_{0}n \rightarrow ^{142}_{56}Ba + ^{92}_{36}Kr + 2\,^{1}_{0}n$$

Calcule a energia liberada quando 1 g de urânio-235 sofre esta fissão. As massas das partículas são: $^{235}_{92}U = 235,04\,u$; $^{142}_{56}Ba = 141,92\,u$; $^{92}_{36}Kr = 91,92\,u$; $^{1}_{0}n = 1,0087\,u$. Temos então que a ordem de grandeza dessa energia é de:

a) 10^5 J
b) 10^7 J
c) 10^{11} J
d) 10^{15} J
e) 10^{17} J

22 (Olimpíada Portuguesa de Química 2005) E = mc²

Em 2005 – Ano Internacional da Física – completam-se 50 anos da morte de Albert Einstein e 100 anos da publicação dos seus 3 artigos mais famosos. As descobertas de Albert Einstein deram também uma importante contribuição para o desenvolvimento da Química e a questão seguinte explora algumas relações entre Einstein e a Química.

Texto manuscrito de Einstein, apresentando a equação $E = mc^2$

A equação mais famosa de Einstein relaciona a variação de energia que acompanha uma transformação com a variação de massa entre reagentes e produtos, $\Delta E = (\Delta m)c^2$, sendo c velocidade da luz. Esta relação explica a origem da enorme quantidade de energia libertada nas reações de química nuclear.

a) A energia das estrelas resulta de reações de fusão nuclear, a principal das quais é freqüentemente descrita como $4\,^1_1H \rightarrow ^4_2He$. A partir das massas dos núcleos envolvidos (desprezando a participação dos elétrons), calcular a energia libertada por esta reação na produção de 1 mol de átomos de ^4_2He.
[c = 3,00 × 10^8 ms^{-1}; massa do núcleo de hidrogênio = 1,007278 u.m.a.; massa do núcleo de hélio = 4,001506 u.m.a.; 1 Joule (J) ≡ 1 kg m^2 s^{-2}]

b) A equação aplica-se a reações químicas normais e a libertação de energia é também acompanhada pela correspondente variação de massa. Considerar a reação seguinte, que consome 26 kJ por mol de HI formado: $I_2(g) + H_2(g) \rightleftarrows 2\,HI(g)$. Calcular a variação de massa que ocorre quando 2 mols de H_2 e 2 mols de I_2, colocados num recipiente de 1 dm^3 de capacidade, a 425°C, reagem até ao estado de equilíbrio, sabendo que a constante de equilíbrio a essa temperatura é $K_c = 55$.

CAPÍTULO 11

Gabaritos e Resoluções

CAPÍTULO 1 • *Soluções*

01 b

a) A solução aquosa de NaCl é iônica, e conseqüentemente condutora.
b) KBr(s) é um composto iônico, e praticamente não conduz corrente.
c) Cobre é metal, e um excepcional condutor
d) Grafite é a forma alotrópica do carbono condutora.
e) Latão é uma liga metálica de cobre e estanho, logo é condutora.

02 d

A substância da opção **d** é o metanol. As soluções aquosas dos alcoóis são covalentes e não condutoras.

03 d

O aerossol é uma dispersão de água líquida no CO_2 gasoso. A água é liqueteita pelo restriamento provocado durante a ejeção do gás. É essa fase líquida que faz o aerossol visível. Lembrando sempre: soluções são "opticamente vazias" e colóides podem ser "opticamente cheios".

04 e

Quanto menores as atrações intermoleculares, melhor a aditividade de volumes. Assim, benzeno e tolueno é a resposta natural. Os maiores desvios da aditividade seriam água e etanol e água e ácido sulfúrico.

05 e

O tema não é inédito, confira a questão da Olimpíada Norte-Nordeste 2001 que compara as condutividades elétricas de soluções aquosas de LiCl e RbCl.

Os extremos de condutividade são facilmente visíveis: maior para a solução de HCl em água (IV), e menor (praticamente nula) para a solução de HCl em n-hexano (III).

A dissolução de HCl em etil amina e em dimetil amina passa-se com reação química, formando cloreto de etil amônio e cloreto de dietil amônio respectivamente. Obviamente, o cátion dietil amônio é mais volumoso, e tem motilidade menor. Logo, como não há efeito de solvatação, a solução de HCl em etilamina terá uma condutividade maior que a de HCl em dietilamina, graças ao menor tamanho, e conseqüente maior motilidade do cátion etil amônio.

Assim, a ordem completa é IV > I > II > III.

06 d

Um sistema é considerado coloidal quando as dimensões das partículas do disperso se situam entre 1 nm e 100 nm. Dentre os sistemas apresentados, são considerados misturas coloidais o creme de leite (emulsão), a maionese (emulsão) e o poliestireno expandido, conhecido como isopor (espuma sólida) são colóides.

07

O estearato de sódio dissocia-se, em solução aquosa, conforme a representação:

$$CH_3(CH_2)_{16}COONa \xrightarrow{\text{água}} \underbrace{CH_3(CH_2)_{16}}_{\text{apolar}}\underbrace{COO^-}_{\text{polar}}(aq) + Na^+(aq)$$

Como n-C_8H_{18} é apolar, dissolve-se na porção apolar do estearato, à qual se une por ligações dipolo-dipolo induzido:

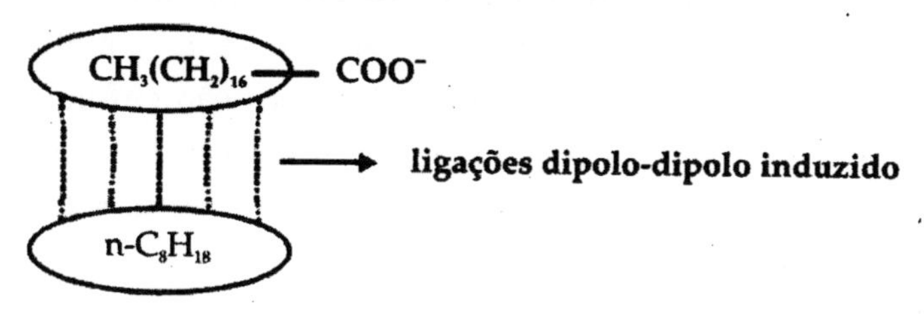

A glicose que é polar, une-se à porção polar do estearato, na qual se dissolve devido a ligações de hidrogênio.

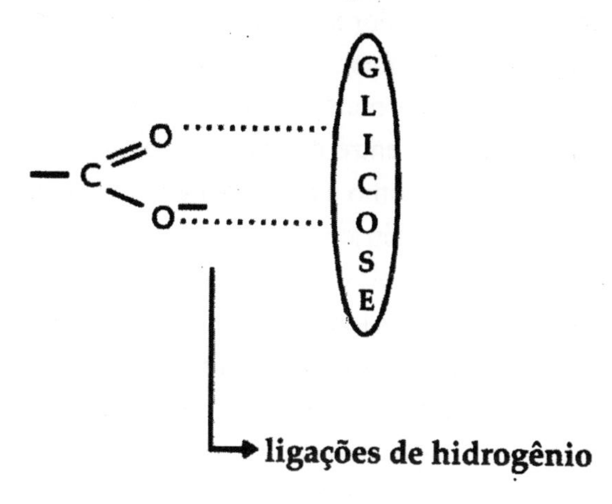

08

A mistura de água e sabão é um sistema coloidal. Já a mistura de etanol e sabão é uma solução. Nos sistemas coloidais um feixe de luz é visualizado (efeito Tyndall), nas soluções não. Costuma-se dizer que colóides são "opticamente cheios", enquanto que soluções são "opticamente vazias".

09

a) O talco se depositará no fundo do béquer.
b) A fina camada de talco, inicialmente, permanece sobre a superfície da água devido às fortes atrações intermoleculares exis-

tentes na água (pontes de hidrogênio ou ligações de hidrogênio, como é a tendência atual de designação). Em outras palavras, o talco "flutua" porque a tensão superficial da água é elevada. Ao adicionarmos o detergente, essas atrações são enfraquecidas, e por esse motivo o talco se deposita. Vale ressaltar que a massa específica do talco é bastante superior à da água, estando entre 2,7 e 2,8 g cm^{-3}.

10

a) Há dois aspectos a considerar. Primeiramente, o tamanho dos íons. Quanto menor o íon, maior será sua mobilidade e, portanto, maior sua condutividade. Também para diâmetro igual, íons divalentes e trivalentes conduzem mais que íons monovalentes. Em segundo lugar, as interações entre o solvente e os íons dissolvidos. Um solvente muito polar, como a água, pode ser visualizado como um conjunto de dipolos elétricos em permanente movimento caótico. A tendência dos dipolos se associarem com íons é tanto maior quanto menores forem os íons. O íon alcalino Li^+, muito menor que Rb^+ (60 pm × 148 pm), fixa mais facilmente as moléculas de água, tornando-se hidratado, o que torna a solução contendo Li^+ menos condutora que a solução que contém Rb^+.

b) A ligação P – H é mais longa que a ligação N – H, o que aumenta a distância entre os hidrogênios, diminuindo a repulsão entre os prótons núcleos destes hidrogênios.

11

a) Um líquido é muito mais denso do que um gás (muito mais matéria por unidade de volume).

b) A compressibilidade do gás é muito maior do que a do líquido, uma vez que no gás predominam os espaços vazios.

c) Um gás sempre se mistura com outro gás (desde que não haja reação química entre eles), formando uma mistura homogênea; líquidos podem ser miscíveis, parcialmente miscíveis ou imiscíveis dependendo de diversos fatores.

12

a) **Falsa.** Sólidos iônicos são maus condutores. Aliás, em geral, a condutividade no estado sólido é um privilégio dos metais, salvo pouquíssimas exceções como a grafite. Compostos iônicos, no entanto, tornam-se condutores quando fundidos.

b) **Falsa.** Compostos apolares em princípio são pouco solúveis na água, que é um solvente polar.

c) **Verdadeira.** O boro teria um único elétron desemparelhado.

d) **Falsa.** Usando **VSEPR**, $SF_6 = SF_6E_0$ = molécula octaédrica, ou bipiramidal de base quadrada (deve ser difícil montar uma molécula tetraédrica com 6 ligantes...).

13 c

Em 1000 kg do oleum adquirido, há 200 kg de SO_3 e 800 kg de H_2SO_4 puro.

Determinação da massa de água necessária para transformar o SO_3 em H_2SO_4:

SO_3	—	H_2O	—	H_2SO_4
80 g	—	18 g	—	98 g
200 kg	—	x	—	y

x = 45 kg; y = 245 kg

Ou seja, a adição de 45 kg de água produz uma massa total de 1045 kg de ácido sulfúrico puro.

Determinação da massa de água necessária para transformar esta massa de ácido sulfúrico puro em solução 95% em massa:

H_2SO_4 puro	—	água
95 kg	—	5 kg
1045 kg	—	z

z = 55 kg

Massa total de água: 45 kg + 55 kg = 100 kg

14 d

A 70°C, é possível dissolver, por agitação, um máximo de 60 g do sal hipotético em 100 g de água.

15 a

28 g em 1000 g corresponde a 28000 g em 1000000 g. Ou seja, 28000 ppm.

16 c

Garantia de neutralidade: 0,05 × (+1) + 0,01 × (-2) + c × (-1) = 0.
M = 0,03 mol/L

17 e

a) Solução 0,5 mol/L de glicose corresponde a 90 g de glicose por litro de solução. Correta.
b) Se 1 mol de glicose tem massa de 180 g, 1 mmol de glicose tem massa de 180 mg. Correta.
c) Cada molécula de glicose é formada por 24 átomos. Como 0,0100 mol de glicose correspondem a 0,01 × N_A moléculas, teremos 0,01 × 24 × N_A átomos. Correta.
d) 90 g de glicose correspondem a 0,5 mol de glicose, ou seja, 0,5 × N_A moléculas. Como há 6 átomos de carbono por molécula, 0,5 × 6 × N_A = 3 × N_A átomos. Correta.
e) Em 100 mL (0,1 L) de solução de glicose 0,10 mol/L, há 0,1 × 0,1 = 0,01 mol de soluto, ou seja, 1,8 g de glicose. **Incorreta.**

18 c

O volume total é de 600 mL.

5,85% m/V NaCl	5,85 g - 100 mL x - 200 mL	x = 11,70 g NaCl

11,7 g de NaCl ⇒ $\dfrac{11,7\,g}{58,5\,g/mol} = 0,2\,mol$ de NaCl ⇒ 0,2 mol de Cl^-

22,2 g de $CaCl_2$ ⇒ $\dfrac{22,2\,g}{111\,g/mol} = 0,2\,mol$ de $CaCl_2$ ⇒ 0,4 mol de Cl^-

Logo existem 0,6 mol de Cl^- em 600 mL de solução, o que corresponde a 1 mol/L.

19 d

$$[NO_3^-] = \frac{20 \times 0,1 \times 2 + 30 \times 0,4 \times 1}{50} = 0,320\,mol/L$$

20 c

Garantia de neutralidade:

$$0{,}30 \times (+1) + 0{,}28 \times (-1) + 0{,}10 \times (-2) + x \times (+3) = 0.$$

Resolvendo, x = 0,06, ou seja, existe 0,06 mol de Fe^{3+} em 1 L de solução.

21

1)

1 mol de $(C_{17}H_{23}NO_3)_2 \cdot H_2SO_4$	-	2 mols de $C_{17}H_{23}NO_3$
676,828 g	-	578,750 g
m	-	3 mg

2) $m = \dfrac{676{,}828 \times 3}{578{,}750} \cong 3{,}52\,\text{mg}$

Como a solução apresenta (segundo o rótulo) 0,4 mg/mL, para se atingir a 3,52 mg, são necessários $\dfrac{3{,}52}{0{,}4} = 8{,}8\,\text{mL}$, divididos em 6 doses aplicadas de 5 em 5 minutos.

22

a) 1 kg de ar = 10^6 mg de ar. Logo, 1 mg de HCN por 1 kg (10^6 mg) de ar corresponde a 1 ppm. 10 ppm = 10 mg HCN / kg ar.

b) $\dfrac{10\,\text{mg/kg}}{300\,\text{mg/kg}} = \dfrac{1}{30} = 3{,}33\%$

c) Volume de ar no laboratório = $5 \times 4 \times 2{,}2 = 44\ m^3 = 44 \times 10^6\ cm^3$

Massa de ar no laboratório = $0{,}0012\ g/cm^3 \times 44 \times 106\ cm^3$ = 52800 g = 52,8 kg

Massa de HCN necessária para atingir a concentração letal:

52,8 kg × 300 mg/kg = 15840 mg = 15,84 g

23

Vamos supor que a palavra concentração signifique concentração molar (molaridade). Sejam Vc o volume da caneca, Vr o volume do recipiente e M a molaridade inicial de ambas as soluções.

1° passo: **encheu uma caneca com a primeira solução**

O primeiro recipiente agora contém (Vr – Vc) de solução M em NaCl, na caneca há (Vc × M) mols de NaCl.

2º passo: **e despejou-a no segundo recipiente e, depois de misturar bem**

O segundo recipiente agora contém (Vr + Vc) de solução, (Vr × M) mols de sacarose e (Vc × M) mols de NaCl. As concentrações molares não mais vão se alterar, uma vez que do segundo recipiente, no próximo passo, vai ser apenas retirada uma alíquota. Estas concentrações finais valem:

em sacarose:	$\frac{Vr}{Vr+Vc}\times M$
em sal:	$\frac{Vc}{Vr+Vc}\times M$

3º passo: **encheu de novo a caneca no segundo recipiente**

O segundo recipiente volta a conter Vr de solução. A caneca contém $Vc\times\frac{Vc}{Vr+Vc}\times M$ mols de sal e $Vc\times\frac{Vr}{Vr+Vc}\times M$ mols de sacarose.

4º passo. **e despejou-a no primeiro.**

O primeiro recipiente volta a conter Vr de solução. O numero de mols de sal é agora $(Vr-Vc)\times M+Vc\times\frac{Vc}{Vr+Vc}\times M$. Expandindo a álgebra, $\frac{Vr^2}{V^{-}+Vc}\times M$. O número de mols de sacarose é $Vc\times\frac{Vr}{Vr+Vc}\times M$. Para calcular as concentrações finais, basta dividir por Vr. Ou seja:

em sacarose:	$\frac{Vc}{Vr+Vc}\times M$
em sal:	$\frac{Vr}{Vr+Vc}\times M$

Comparando com os resultados obtidos para o segundo recipiente, vemos que os valores estão invertidos, ou seja, as contaminações são iguais.

24 a)

$$\left[O{=}N{-}O \right]^-$$
nitrito

$$\left[O{=}N({=}O){-}O \right]^-$$
nitrato

b) O íon nitrito é isoeletrônico e isóstero da molécula de ozônio, O_3. Aplicando VSEPR, OO_2E_1, o que conduz a uma estrutura angular, com ângulo próximo (e levemente menor) de 120°. Já o íon nitrato é isoeletrônico e isóstero de uma molécula teórica O_4. Aplicando VSEPR, OO_3E_0, o que conduz a uma estrutura trigonal plana, com ângulos de 120°. Talvez neste caso seja mais fácil pensar na molécula SO_3, emblemática desta geometria.

c) Determinação da concentração em ppm:

2×10^{-3} g	—	100 g
x	—	10^6 g

Logo, 20 ppm: aceitável para consumo adulto, mas não para bebês.

d) O nitrogênio, do grupo 5A, ou 15, tem como NOx máximo =5, presente no íon nitrato, NO_3^-, e como NOx mínimo -3, presente na amônia, NH_3.

25 **Solução A:**

$$M = \frac{3,96 \times 0,975}{0,6 \times 58,5} = 0,110 \text{ mol/L}$$

Solução B:

A solução A contribui com $0,3 \times 0,11 = 0,033$ mol de Cl^-, e são adicionados $0,2 \times 0,13 \times 2 = 0,052$ mol de Cl^- pela solução de $CaCl_2$. Como temos 500 mL de volume total, $\frac{0,033 + 0,052}{0,5} = 0,170$ mol/L.

Solução C:

A solução B contribui com $0,18 \times 0,17$ mol de Cl^-, e são adicionados $\frac{1,30}{133,5} \times 3$ mol de Cl^- através do $AlCl_3$. Como o volume é 200 mL, temos

$$\frac{0,18 \times 0,17 + \frac{1,3}{133,5} \times 3}{0,2} = 0,299 \text{ mol/L.}$$

26

a)

I)

110 gotas	—	3 cm³
1 gota	—	V

$$V = \frac{3}{110} = 2,73 \times 10^{-2}\,\text{cm}^3\,(\text{mL})$$

Cabem aqui duas observações: volume de gota é normalmente expresso em microlitros (μL). Teríamos 27,3μL. Por outro lado, para finalidades práticas (não de precisão) é comum a relação "em 1 mL temos 20 gotas", o que dá para volume de uma gota 50μL.

II) Como a densidade fornecida da água é 1,00 g/cm³, a massa da gota será $2,73 \times 10^{-2}$ g.

III)

18 g	—	$6,02 \times 10^{23}$ moléculas
$2,73 \times 10^{-2}$ g	—	x

$$x = \frac{2,73 \times 10^{-2} \times 6,02 \times 10^{23}}{18} = 9,12 \times 10^{20}\ \text{moléculas}$$

b) A concentração em mol/L para a água só depende da temperatura, uma vez que esta afeta o volume e, conseqüentemente, a densidade. Para d = 1,00 g/cm³, tem-se:

em 1 L: $$M = \frac{m}{V \times \text{massa molar}} = \frac{1000}{1 \times 18} = 55,56\ \text{mol/L}$$

em 1 gota: $$M = \frac{m}{V \times \text{massa molar}} = \frac{2,73 \times 10^{-2}}{2,73 \times 10^{-5} \times 18} = 55,56\ \text{mol/L}$$

c) Numa gota existem $9,12 \times 10^{20}$ moléculas medindo cada uma delas 1,50 Å. Logo, o comprimento delas enfileiradas é:
$9,12 \times 10^{20}$ moléculas $\times 1,50 \times 10^{-10}$ m/molécula = $1,37 \times 10^{11}$ m = $1,37 \times 10^{8}$ km (137 milhões de quilômetros).

Este resultado é bastante impressionante, se pensarmos que a distância Terra – Lua média é 384.400 km e a distância Terra – Sol média é 150 milhões de quilômetros. A luz gastaria aproximadamente 7 minutos e 36 segundos para percorrer esta distância.

27

...solução de 1 litro de hexano (C_6H_{14}) em 1 litro de água.
Hexano (apolar) e água (polar) são imiscíveis, logo, não é possível fazer uma solução com estes componentes.
...fiz uma diluição de 1:10, juntando mais 10 litros de água.
Teria feito uma diluição real de 2 : 12, ou seja 1 : 6. 1 : 10 significa que o volume final é 10 vezes maior que o volume inicial.
... um combustível que queima no ar, convertendo-se totalmente em energia
A combustão não consome átomos, apenas os rearranja (como qualquer reação o faz). A conversão integral de matéria em energia é privilégio de poucos processos: um deles é a aniquilação total entre um elétron e um pósitron. Maiores detalhes no capítulo de radioatividade.

28

a) corrente(A) = corrente(B) + corrente(C) (no que diz respeito à vazão e à composição)
vazão: 700 = 270 + vazão(C) ⇒ vazão(C) = 430 kg/h
Composição:
corrente(A) : 700 kg/h = 60% (água) + 40% (acetona)
Logo, 420 kg/h de água + 280 kg/h de acetona
corrente(B): 270 kg/h = 80% (água) + 20% (acetona)
Logo, 216 kg/h de água + 54 kg/h de acetona
Corrente(C):
420 – 216 = 204 kg/h (água) + 280 – 54 = 226 kg/h (acetona)

b) Massa molar da água = 18 g/mol
216 kg / 18 g/mol = 12×10^3 mol
vazão = 12×10^3 mol/h

c) Reintroduzir a corrente(B) na corrente(A) ou aumentar a extensão da coluna de destilação

29

C:	52/12	= 4,33	/2,19	= 1,98
H:	13/1	= 13	/2,19	= 5,94
O:	35/16	= 2,19	/2,19	= 1

A fórmula empírica é C_2H_6O, que confirma, através da massa molar 46 g/mol, ser a fórmula mínima igual à molecular (o conhecimento de Química Orgânica também o confirma). Se estamos numa adega, naturalmente esta substância é o etanol, presente nos vinhos. O etanol é miscível na água, devido à semelhança de polaridade e à formação de pontes de hidrogênio (ligações de hidrogênio). Assim, basta introduzir no funil uma solução de etanol.

30

Lembrando que ppm se refere a massas, 0,021 ppm corresponde a $2{,}10 \times 10^{-2}$ g de NO_2 em $1{,}00 \times 10^6$ g de ar. Vamos transformar este dado em fração molar.

$$n(NO_2) = \frac{2{,}10 \times 10^{-2}\ \text{g}}{46\ \text{g/mol}} = 4{,}57 \times 10^{-4}\ \text{mol}$$

Vamos considerar o ar como formado de 21% de O_2 e 79% de N_2, o que conduz a uma massa molar de $0{,}21 \times 32 + 0{,}79 \times 28 = 28{,}84$ g/mol. Logo:

$$n(\text{ar}) = \frac{1{,}00 \times 10^6\ \text{g}}{28{,}84\ \text{g/mol}} = 3{,}47 \times 10^4\ \text{mol}$$

$$x(NO_2) = \frac{4{,}57 \times 10^{-4}}{4{,}57 \times 10^{-4} + 3{,}47 \times 10^4} \cong \frac{4{,}57 \times 10^{-4}}{3{,}47 \times 10^4} = 1{,}32 \times 10^{-8}$$

a) $p(NO_2) = x(NO_2) \times p_{total} = 1{,}32 \times 10^{-8} \times 0{,}98 = 1{,}29 \times 10^{-8}$ atm

Se $p \times V = n \times R \times T$, então $n = \frac{p \times V}{R \times T}$, e número de moléculas = $n \times N_{Av}$. Logo:

b) $$N = \frac{1{,}29 \times 10^{-8} \times (4{,}5 \times 4{,}3 \times 2{,}4) \times 10^3}{0{,}082 \times 293} \times 6{,}02 \times 10^{23} = 1{,}50 \times 10^{19}\ \text{moléculas.}$$

c.1) Há uma imprecisão no enunciado, uma vez que o dióxido de nitrogênio dissolve-se em água, formando ácido nítrico e óxido nítrico, NO.

$$3\ NO_2(g) + H_2O(l) \rightarrow 2\ HNO_3(aq) + NO(g)$$

c.2) $2\ NO(g) \xrightarrow{\text{fotodissociação}} N_2(g) + O_2(g)$

c.3) $NO(g) + O_3(g) \rightarrow NO_2(g) + O_2(g)$

CAPÍTULO 2 • *Reações Envolvendo Soluções*

01 c

Usaremos como base de cálculo 100 g de oleum. Chamaremos:

$$\begin{cases} a \Rightarrow \text{massa de } SO_3 \\ b \Rightarrow \text{massa de } H_2SO_4 \end{cases} \Rightarrow a + b = 100$$

SO_3	–	H_2SO_4
80 g	–	98 g
a	–	x

Como $x = \frac{98a}{80}$, temos a equação $\frac{98a}{80} + b = 109$.

Resolvendo o sistema $\begin{cases} a + b = 100 \\ \frac{98a}{80} + b = 109 \end{cases}$, temos a = 40 (40% de SO_3) e b = 60.

02

$$\begin{cases} 25{,}0\,\text{mL NaOH } 0{,}01\,\text{mol/L} \Rightarrow 0{,}25\,\text{mmol NaOH} \\ 13{,}6\,\text{mL HCl } 0{,}01\,\text{mol/L} \Rightarrow 0{,}136\,\text{mmol HCl} \end{cases}$$

Logo, 0,25 – 0,136 = 0,114 mmols de NaOH neutralizaram o SO_2.

2 NaOH	+	SO_2	→	Na_2SO_3	+	H_2O
2 mols	–	1 mol				
0,114 mmol	–	x				

x = 0,057 mmols = 57 micromols, o que corresponde a 57 micromol × 64 g/mol = 3648 microgramas.

Passando para volume, temos $3648\,\mu g \times \frac{1\,L}{2{,}85\,g} = 1280\,\mu L$. Este volume está contido em 40 L, ou seja, em 40 × 10^6 microlitros.

1280 μL	–	40 × 10^6 μL
V	–	10^6 μL

V = 32 μL, ou seja, 32 ppm (em volume) de SO_2.

03 d

Al	+	$3\ HCl$	→	$AlCl_3$	+	$3/2\ H_2$
1 mol		3 mols		1 mol		1,5 mol

2,7 g de alumínio correspondem a 0,1 mol de Al, e 500 mL de HCl 1,00 mol/L correspondem a 0,5 mol de HCl. Logo, o Al é o reagente limitante, e será produzido 0,15 mol de H_2. Usando Clapeyron, temos:

$$p \times V = n \times R \times T \rightarrow 1 \times V = 0{,}15 \times 0{,}082 \times 298$$

$$V = 3{,}67\,L$$

04 a

A dissolução do ferro da liga pelo ácido pode ser assim descrita:
$Fe(s) + 2\ H^+(aq) \rightarrow Fe^{2+}(aq) + H_2(g)$
Após filtração para retirada do ouro que não é atacado pelo ácido, a titulação com permanganato pode ser assim descrita:
$MnO_4^-(aq) + 8\ H^+(aq) + 5\ Fe^{2+}(aq) \rightarrow Mn^{2+}(aq) + 5\ Fe^{3+}(aq) + 4\ H_2O(l)$
Logo, podemos estabelecer a proporcionalidade:

1 mol de $KMnO_4$	–	5 mols de Fe
1 mol de $KMnO_4$	–	$5 \times 55{,}85$ g
$21{,}6 \times 10^{-3} \times 0{,}102$ mol	–	m

$$m = 21{,}6 \times 10^{-3} \times 0{,}102 \times 5 \times 55{,}85 = 0{,}6152\ g$$

Logo, a porcentagem de ferro na liga é $\frac{0{,}6152}{1{,}45} \times 100\% = 42{,}43\%$.

05 a

2 NaOH	–	NaOCl
2 mols	–	1 mol
V × 2	–	2 × 0,5

V = 1,0 L

06 d

1 kg de minério com 75% de pureza equivale a 750 g de FeS_2. 1 kg de H_2SO_4 98% "em peso" equivale a 980 g de H_2SO_4. Pode-se estabelecer a seguinte proporção teórica, considerando que o H_2SO_4 seja o único produto sulfurado:

FeS_2	–	$2\ H_2SO_4$
1 mol	–	2 mols
120 g	–	2×98 g
750 g	–	x

$$x = \frac{750 \times 2 \times 98}{120} = 12,5 \times 98 = 1225\,g$$

Como foram obtidos 980 g de ácido, o rendimento é de:

$$\frac{980}{12,5 \times 98} \times 100\% = 80\%.$$

07 c

$3\ NaOH + H_3PO_4 \rightarrow Na_3PO_4 + 3\ H_2O$

Lembrando que o número de mols de uma solução é dado pelo produto $V \times M$, e levando em conta a proporção estequiométrica:

3 mols NaOH	–	1 mol H_3PO_4
$V \times 1$	–	$100 \times 0,1$

V = 30 mL

08 b

Hora e lugar de prestar uma homenagem ao professor Licínio Ribeiro Viana, a quem este livro é dedicado. Creio que nada melhor para um professor do que ver seus ensinamentos divulgados. Transcrevo aqui, quase que literalmente, notas de aula do mestre Licínio, com algumas pequenas contribuições minhas em itálico.

Dosagem de misturas de hidróxidos fortes e carbonatos

Licínio Ribeiro Viana

Quando NaOH ou KOH estão em contato com o ar, uma certa quantidade de CO_2 é absorvida pelo hidróxido com formação de carbonato de sódio ou potássio.

Pode-se determinar numa única titulação as quantidades de hidróxido e carbonato da mistura através do uso de dois indicadores: fenolftaleína e metil orange.

Fenolftaleína tem intervalo de viragem entre os pH 8,0 e 10,0, passando de incolor a vermelho. Metil orange tem intervalo de viragem entre os pH 3,1 e 4,4, passando de vermelho a laranja.

Na dosagem do hidróxido de sódio ou de potássio (hidróxidos fortes) pelo HCl, pode-se usar metil orange ou fenolftaleína, uma vez que os dois indicarão o mesmo ponto de neutralização.

Na dosagem ácido forte × base forte, "qualquer indicador serve"...

A dosagem do Na_2CO_3 (ou K_2CO_3) com os mesmos indicadores apresenta comportamentos diferentes, uma vez que a reação se realiza em duas fases:

	$Na_2CO_3 + HCl$	$\rightarrow$	$NaHCO_3 + NaCl$	(1)
	$NaHCO_3 + HCl$	$\rightarrow$	$NaCl + H_2CO_3$	(2)
seguindo-se a ionização do H_2CO_3:	H_2CO_3	$\rightleftarrows$	$H^+ + HCO_3^-$	(3)

A fenolftaleína, que é muito sensível ao íon H^+, variará sua coloração na neutralização total do NaOH e na ionização do H_2CO_3 formado na reação (2).

Assim, logo que seja alcançado o fim da primeira reação (1), a menor quantidade de ácido adicionado reagirá com o $NaHCO_3$ formado e produzirá H_2CO_3 (2) que, ao se ionizar (3), provoca a viragem da fenolftaleína. Como cada mol de Na_2CO_3 exige 2 mols de HCl para sua completa neutralização

$$Na_2CO_3 + 2\ HCl \rightarrow 2\ NaCl + H_2O + CO_2$$

e tendo em vista que no início da reação (2) já se produz H^+ (do H_2CO_3) suficiente para "virar" a fenolftaleína e ainda que a reação (1) só consome 1 mol de HCl para cada mol de Na_2CO_3, a fenolftaleína muda de cor quando se neutraliza metade da quantidade de carrbonato. O metil orange, que é menos sensível que a fenolftaleína, só variará sua cor no término da reação (2), quando haverá H^+ do ácido forte HCl.

Deste modo, quando se dosa uma mistura de NaOH e Na_2CO_3 titulando-a com HCl em presença de fenolftaleína, obtém-se o fim da neu-

tralização na metade do número de mols do carbonato. Quando se usa o metil orange, a quantidade de ácido consumida será maior do que a indicada pela fenolftaleína, pois o metil orange indica todo o hidróxido de sódio e todo o carbonato de sódio.
A diferença de volume entre as duas titulações será equivalente à metade do número de mols de carbonato presente.
Bem, voltamos ao exercício da OBQ. Se a dosagem foi conduzida com alaranjado de metila (outro nome do metil orange). Logo, foi dosada a totalidade do material.

$NaOH + HCl \rightarrow NaCl + H_2O$	1 mol NaOH ≡ 1 mol de HCl
$Na_2CO_3 + 2\,HCl \rightarrow 2\,NaCl + H_2O + CO_2$	1 mol Na_2CO_3 ≡ 2 mols de HCl

43,25 mL de solução de HCl 0,5 mol/L correspondem a $2{,}1625 \times 10^{-2}$ mol de HCl.

Vamos esquematizar o 1 g de amostra em a g de NaOH e (1 – a) g de Na_2CO_3. Logo, temos $\frac{a}{40}$ mol de NaOH e $\frac{1-a}{106}$ mol de Na_2CO_3, que necessitam para sua neutralização de $\frac{a}{40}+2\times\frac{1-a}{106}=\frac{a}{40}+\frac{1-a}{53}$ mol de HCl.

Logo, $\frac{a}{40}+\frac{1-a}{53}=2{,}1625\times10^{-2}$. Resolvendo, obtém-se a = 0,4496, ou seja, 44,96% de NaOH.

09

1) Trata-se de uma diluição, logo:
   $V1 \times M1 = V2 \times M2$
   $V1 \times 15{,}3 = 5{,}00 \times 6{,}00$
   $V1=\frac{5\times6}{15{,}3}=1{,}96\,dm^3$

2) A reação é:

NH_3	+	HNO_3	→	NH_4NO_3
1 mol		1 mol		1 mol

Vamos determinar as massas molares e o número de mols de todas as substâncias envolvidas:

substância	massa	massa molar	número de mols
NH_3	$5{,}00 \times 10^5$ g	17,031 g/mol	$\frac{5{,}00\times10^5}{17{,}031} = 2{,}94\times10^4$ mols
HNO_3	$5{,}60 \times 10^5$ g	63,012 g/mol	$\frac{5{,}60\times10^5}{63{,}012} = 8{,}89\times10^3$ mols
NH_4NO_3	$6{,}98 \times 10^5$ g	80,043 g/mol	$\frac{6{,}98\times10^5}{80{,}043} = 8{,}72\times10^3$ mols

Fica claro que a reação apresenta o ácido nítrico como reagente limitante. Logo, só se poderiam produzir, teoricamente, $8{,}89 \times 10^3$ mols de nitrato de amônio. Se a produção foi de $8{,}72 \times 10^3$ mols, temos um rendimento percentual de $\frac{8{,}72\times10^3}{8{,}89\times10^3}\times100\% = 98{,}12\%$.

3) A reação de titulação é $NH_4NO_3 + NaOH \rightarrow NaNO_3 + NH_3 + H_2O$, que é melhor escrita na forma iônica:

$$NH_4^+(aq) + OH^-(aq) \rightarrow NH_3(g) + H_2O(l)$$

Em 24,42 cm^3 de NaOH 0,1023 mol dm^{-3} há $24{,}22 \times 0{,}1023 = 2{,}498$ mmols de NaOH. Logo, também há 2,498 mmols de NH_4NO_3, o que corresponde a um massa de $2{,}498 \times 80{,}043 = 199{,}96$ mg. Como a amostra é de 0,2041 g = 204,1 mg, temos um grau de pureza de $\frac{199{,}96}{204{,}1}\times100\% = 97{,}97\%$.

10

Podemos descartar a titulação que consumiu 19,25 mL de NaOH como erro experimental (fora de faixa), e tomar como valor de trabalho a média aritmética dos demais valores:

$$\frac{20{,}55\times2+20{,}60+20{,}50}{4} = 20{,}55\text{ mL}$$

A reação de neutralização é $H_2SO_4(aq) + 2\ NaOH(aq) \rightarrow Na_2SO_4(aq) + 2\ H_2O(l)$. Logo, o número de mols de H_2SO_4 multiplicado por 2 é igual ao número de mols de NaOH. Chamando de M a molaridade da solução ácida diluída, temos:

$$10 \times M \times 2 = 20{,}55 \times 0{,}1820 \Rightarrow M = \frac{20{,}55\times0{,}1820}{20} = 0{,}187\text{ mol/L}$$

Assim sendo, a molaridade da solução concentrada é 18,70 mol/L. Considerando correta a densidade de 1,84 g/mL, e calculando sua percentagem em massa, temos:

$$M = \frac{10 \times \%m \times d}{\text{massa molar}} \Rightarrow \%m = \frac{M \times \text{massa molar}}{10 \times d} = \frac{18,7 \times 98}{10 \times 1,84} = 99,60\%m$$

$$x_{\text{ácido}} = \frac{\frac{99,60}{98}}{\frac{99,60}{98} + \frac{0,4}{18}} = 0,979$$

11

Existem 10 g de $BaCl_2$, ou $\frac{10}{208} = 4,81 \times 10^{-2}$ mol; e 10 g de Na_2SO_4, ou $\frac{10}{142} = 7,04 \times 10^{-2}$ mol. A reação de precipitação, que consideraremos completa (estequiométrica) é $BaCl_2(aq) + Na_2SO_4(aq) \rightarrow BaSO_4(s) + 2\ NaCl(aq)$. O reagente limitante é o $BaCl_2$.

Montamos então o seguinte quadro:

$BaCl_2$ (consumido)	Na_2SO_4 (consumido)	$BaSO_4$ (formado)	$NaCl$ (formado)
1 mol	1 mol	1 mol	2 mols
208 g	142 g	233 g	117 g
10 g	m1	m2	m3

Calculando m1, m2 e m3, temos:

$$m1 = \frac{10 \times 142}{208} = 6,83g$$

$$m2 = \frac{10 \times 233}{208} = 11,20g$$

$$m3 = \frac{10 \times 117}{208} = 5,63g$$

Restaram em solução 3,17 g de Na_2SO_4 e 5,63 g de NaCl, sendo o volume 200 mL. Logo, a solução é 1,59% (m/v) em Na_2SO_4 e 2,81% (m/v) em NaCl.

12

a) A equação se presta a ser balanceada pelo processo do íon-elétron:

iodeto	$3\ I^-(aq)$	$\rightarrow$	$I^{3-}(aq) + 2\ e^-$
ozônio	$2\ H^+(aq) + 2\ e^- + O_3(g)$	$\rightarrow$	$O_2(g) + H_2O(l)$
equação global	$3\ I^-(aq) + 2\ H^+(aq) + O_3(g)$	$\rightarrow$	$I_3^-(aq) + O_2(g) + H_2O(l)$

b) Segundo VSEPR, a estrutura O_3 é OO_2E_1, ou seja, angular com ângulo próximo (um pouco menor a 120°. Pensando em ressonância, poderíamos esquematizar:

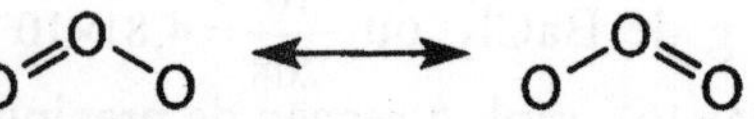

c) Como mostra a equação global balanceada, a proporção molar $O_3(g) : I_3^-(aq)$ é 1 : 1. O número de mols de $I_3^-(aq)$ pode ser calculado através de $7{,}76 \times 10^{-7}$ mol dm^{-3} $\times 10 \times 10^{-3}$ dm^3 = $7{,}76 \times 10^{-9}$ mol. Este é número de mols de $I_3^-(aq)$ formado, conseqüentemente era o número de mols de $O_3(g)$ na amostra de ar.

d) O volume de ar borbulhado foi de 30 min × 250 × 10^{-3} dm^3/min = 7,50 dm^3. Logo, podemos calcular:

$$[O_3] = \frac{7{,}76 \times 10^{-9}\ mol}{7{,}50\ dm^3} = 1{,}03 \times 10^{-9}\ mol\ dm^{-3}.$$

13

$HCl(aq) + NaOH(aq) \rightarrow NaCl(aq) + H_2O(l)$

Após isto, os dois perigosos venenos lá estão transformados em água salgada morna. A se considerar este condenado à morte um homem de sorte, pois acertar as quantidades exatas de cada solução para neutralização completa não deve ser fácil...

14

O aquecimento do calcário gera uma mistura dos óxidos MgO e CaO. Como a massa é de 2 gramas, vamos considerar:

massa de MgO = x; massa de CaO = 2 – x.

O número de mols inicial de HCl é 0,1 × 1 = 0,1 mol. O número de mols de HCl consumido pelo NaOH é 0,02 × 1 = 0,02 mol. Logo, 0,1 – 0,02 = 0,08 mol de HCl reagiu com os óxidos.

Reação CaO + 2 HCl (usando 56,1 g/mol como a massa molar do CaO, folha de dados):

56,1 g	–	2 mols
2 – x	–	y mols

$$y = \frac{2\times(2-x)}{56,1}$$

Reação MgO + 2 HCl (usando 40,3 g/mol como a massa molar do MgO, folha de dados):

40,3 g	–	2 mols
x	–	(0,08 – y) mols

$$0,08 - y = \frac{2\times x}{40,3}$$

Somando, obtemos:

$$0,08 = \frac{2\times(2-x)}{56,1} + \frac{2\times x}{40,3}$$

Resolvendo, temos x = 0,622 g de MgO, logo 1,378 g de CaO.

Convertendo estas massas para as massas de carbonatos, temos:

$MgCO_3$	–	MgO
84,3 g	–	40,3 g
m1	–	0,622 g

m1 = 1,301 g de $MgCO_3$

$CaCO_3$	–	CaO
100,1 g	–	56,1 g
m2	–	1,378 g

m2 = 2,459 g de $CaCO_3$

A massa total de carbonatos é 1,301 + 2,459 = 3,760 g.

% em massa de $MgCO_3$:

$$\frac{1,301}{3,760}\times 100\% = 34,6\%$$

Logo, a % em massa de $CaCO_3$ é 65,4%.

15

$2\,Al + 3\,H_2SO_4 \rightarrow Al_2(SO_4)_3 + 3\,H_2$

a)

2 Al	–	1 $Al_2(SO_4)_3$
2 mols	–	1 mol
2 × 27 g	–	342 g
m	–	57 g

$$m = \frac{2 \times 27 \times 57}{342} = 9g$$

b)

3 H_2SO_4	–	1 $Al_2(SO_4)_3$
3 mols	–	1 mol
3 × 98 g	–	342 g
m	–	57 g

$$m = \frac{3 \times 98 \times 57}{342} = 49g$$

O enunciado não deixa claro se a massa desejada é a de ácido sulfúrico puro ou da solução concentrada disponível. Calculamos então esta também:

96 g H_2SO_4	–	100 g solução
49 g H_2SO_4	–	m

$$m = \frac{49 \times 100}{96} = 51{,}04 \cong 51g$$

c)

$Al_2(SO_4)_3$	–	3 H_2
1 mol $Al_2(SO_4)_3$	–	3 mols H_2
342 g	–	3 × 22,4 L (CNTP)
57 g	–	V

$$V = \frac{57 \times 3 \times 22{,}4}{342} = 11{,}2\ L$$

d)

A concentração molar da solução de $Al_2(SO_4)_3$ seria $\frac{57}{342} = \frac{1}{6} \cong 0{,}167$ mol L^{-1}.
Logo, $[Al^{3+}] = 2 \times \frac{1}{6} = \frac{1}{3} \cong 0{,}333$ mol L^{-1} e $[SO_4^{2-}] = 3 \times \frac{1}{6} = \frac{1}{2}$ mol L^{-1}.

Vale uma observação. Se o candidato percebesse que 57 g de $Al_2(SO_4)_3$ correspondem a 1 equivalente-grama deste sal, pois $\frac{342}{2 \times 3} = 57$ g, as respostas das letras a), b) e c) seriam imediatas, pois que 1 equivalente de Al corresponde a $\frac{27}{3} = 9$ g, 1 equivalente de H_2SO_4 corresponde a $\frac{98}{32} = 49$ g e 1 equivalente de H_2 corresponde a $\frac{22{,}4}{2 \times 1} = 11{,}2$ L (CNTP).

16

a) Se a fração molar de HCl é 0,221, a fração molar de H_2O é 0,779. Vamos supor 221 mols de HCl e 779 mols de H_2O. Teremos 221 × 36,5 = 8066,5 g de HCl e 779 × 18 = 14022 g de água, num total de 22088,5 g de solução.

8066,5 g de HCl	–	22088,5 g de solução
x	–	100 g

x = 36,52% m/m

b) Determinação da molaridade da solução concentrada:

$$M = \frac{10 \times 36,52 \times 1,182}{36,5} = 11,83 \text{ mol/L}$$

Na diluição teremos V1 × M1 = V2 × M2. Logo:

$$V1 = \frac{500 \times 0,124}{11,83} = 5,24 \text{ mL}$$

c) O hidróxido de bário octa-hidratado, $Ba(OH)_2 . 8\ H_2O$, tem massa molar 315 g/mol.
Logo, a molaridade da solução básica é:

$$M = \frac{m}{V \times \text{massa molar}} = \frac{4,89}{0,5 \times 315} = 3,10 \times 10^{-2} \text{ mol/L}$$

A equação de neutralização é:
$Ba(OH)_2 . 8\ H_2O + 2\ HCl \rightarrow BaCl_2 + 10\ H_2O$
Logo:

1 mol de $Ba(OH)_2 . 8\ H_2O$	–	2 mols de HCl
V × 3,10 × 10^{-2}	–	25 × 0,124

$$V = \frac{25 \times 0,124}{2 \times 3,10 \times 10^{-2}} = 49,92 \text{ mL}$$

17

Supondo correta a composição declarada, 1 g de aspirina foi dissolvido, gerando 100 mL de solução. Logo, uma alíquota de 25 mL conteria 0,25 g de aspirina. Como o ácido acetilsalicílico é monoprótico, podemos afirmar que o número de mols de ácido acetilsalicílico é igual ao número de mols de NaOH necessário para sua neutralização. Isso permite a determinação do volume teoricamente necessário:

$$\frac{0,25}{180,2} = V \times 0,06 \Rightarrow V = 2,312 \times 10^{-2}\ L = 23,12\ mL$$

Ou seja, o comprimido não respeita a composição nele gravada. Se supusermos que a titulação empregando 21,2 mL de NaOH foi a correta, ainda assim a massa no comprimido seria de 21,2 × 0,06 × 180,2 × 4 = 916,86 mg, ou seja, mais de 8% inferior ao gravado.

18

a) A proporção molar $KO_2 : O_2$ é de 4 mols : 3 mols, como mostra a primeira equação. Logo:

4 mols KO_2	–	3 mols O_2
4 × 71 g	–	3 × 22,4 L
1 g	–	V

V = 0,237 L

b) Basta usar um fator de correção para temperatura:

$$V = 0,237 \times \frac{310,15}{273,15} = 0,269\,L$$

c) Conjugando as equações, temos:

4 mols KO_2	–	4 mols KOH	–	4 mols CO_2
4 × 71 g	–	4 mols KOH	–	4 mols CO_2
1 g	–	n	–	n

$$n = \frac{1}{71}\,mol$$

$$V = \frac{n \times R \times T}{p} = \frac{1 \times 0,082 \times 310,15}{71 \times 1} = 0,358\,L$$

d) A equação de neutralização é $2\,KOH(aq) + H_2SO_4(aq) \rightarrow K_2SO_4(aq) + 2\,H_2O(l)$. Logo:

2 mols KOH	–	1 mol H_2SO_4
$\frac{1000}{71}$	–	$V \times 0,1435$

V = 49,07 mL

$$[K^+] = \frac{\frac{1000}{71}}{25 + 49,07} = 0,190\,mol/L$$

19

a) $Cu(OH)_2(s) + 2\,HCl(aq) \rightarrow CuCl_2(aq) + 2\,H_2O(l)$
$CuCO_3(s) + 2\,HCl(aq) \rightarrow CuCl_2(aq) + H_2O(l) + CO_2(g)$

b) Vamos preparar o habitual sistema de 2 equações e 2 incógnitas.

massa da mistura: 2000 mg
massa de $Cu(OH)_2$: a
massa de $CuCO_3$: b

número de mmols de $Cu(OH)_2$: $\frac{a}{97,56}$

número de mmols de HCl para neutralizá-los: $\frac{2a}{97,56}$

número de mmols de $CuCO_3$: $\frac{b}{123,55}$

número de mmols de HCl para neutralizá-los: $\frac{2b}{123,55}$

número total de mmols de HCl: $34,82 \times 1 = 34,82$

Assim, as equações que constituem o sistema são:

- $a + b = 2000$
- $\frac{2a}{97,56} + \frac{2b}{123,55} = 34,82$

Obtém-se b = 1433,16 mg (massa de $CuCO_3$). Logo, a composição percentual da amostra é de $\frac{1433,16}{2000} \times 100\% = 71,66\%$ em $CuCO_3$ e 28,34% em $Cu(OH)_2$.

20

a) $2\ Na(s) + 2\ H_2O(l) \rightarrow 2\ NaOH(aq) + H_2(g)$
$Na_2O(s) + H_2O(l) \rightarrow 2\ NaOH(aq)$

b) Vamos determinar o número de mmols de $H_2(g)$ formado:

$$n = \frac{98,0 \times 0,249}{8,3145 \times 298} = 9,85 \times 10^{-3}\ mol = 9,85\ mmol$$

Logo, a massa de $H_2(g)$ é 9,85 mmol × 2 mg/mmol = 19,70 mg.

c) O número de mmols de NaOH formado é igual ao número de mmols de HCl que seriam gastos na neutralização, que é:

$V \times M \times 10 = 18,2 \times 0,112 \times 10 = 20,384$ mmols (10 é a relação entre o volume total e o volume da alíquota).

d) Observando a equação $2\ Na(s) + 2\ H_2O(l) \rightarrow 2\ NaOH(aq) + H_2(g)$, vemos que o número de mmols de Na é o dobro do número de mmols de H_2. Logo, há $2 \times 9,85 = 19,70$ mmols de Na, que geram 19,70 mmols de NaOH, que são neutralizados por 19,70 mmols de HCl. Logo, o número de mmols de NaOH provenientes do Na_2O é $20,384 - 19,70 = 0,684$ mmol. Assim, a amostra original continha 0,342 mmol de Na_2O.

e) A tabela abaixo ajuda:

substância	número de mmols	massa molar	massa
Na	19,70 mmol	23 g/mol	453,10 mg
Na_2O	0,342 mmol	62 g/mol	21,204 mg
NaCl	–	–	500 – (453,10 + 21,204) = 25,696 mg

Isto conduz aos seguintes percentuais:

Na	$\frac{453,10}{500} \times 100$	= 90,62%
Na_2O	$\frac{21,204}{500} \times 100$	= 4,24%
NaCl	$\frac{25,696}{500} \times 100$	= 5,14%

21

Em 20 cm^3 da solução preparada de sal de cozinha há, teoricamente, $\frac{20}{100} \times 700 = 140\,mg$ de NaCl. A reação de precipitação é:

$NaCl(aq) + AgNO_3(aq) \rightarrow AgCl(s) + NaNO_3(aq)$

Ela nos mostra que:

1 mol NaCl	–	1 mol AgCl
58,5 g	–	143,4 g
140 mg	–	m

$$m = \frac{140 \times 143,4}{58,5} = 343,18\,mg$$

Esta é a quantidade de AgCl que "deveria" se precipitar. Se houve uma precipitação de apenas 287 mg, o sal de cozinha analisado não é puro.

22

A equação é facilmente balanceável por qualquer processo redox – provavelmente seu professor já fez este balanceamento como exemplo:

$$3\ Pt + 18\ HCl + 4\ HNO_3 \rightarrow 3\ H_2PtCl_6 + 4\ NO + 8\ H_2O$$

a) A equação mostra que:

3 mols Pt	–	3 mols H_2PtCl_6
3 × 195 g	–	3 × 410 g
11,7 g	–	m

$$m = \frac{11{,}7 \times 3 \times 410}{3 \times 195} = 24{,}60\,g$$

b) Ainda pela equação:

3 mols Pt	–	4 mols NO
3 × 195 g	–	4 × 22,4 L
11,7 mg	–	V

$$V = \frac{11{,}7 \times 4 \times 22{,}4}{3 \times 195} = 1{,}79\,mL$$

c) Sempre pela equação:

3 mols Pt	–	4 mols HNO_3
3 × 195 g	–	4000 mmols
11,7 g	–	n

$$n = \frac{11{,}7 \times 4000}{3 \times 195} = 80\,mmols$$

Como número de mmols = V × M (com V em mL), tem-se:

$$V = \frac{80}{10} = 8\,mL$$

d) Vamos transformar as quantidades recebidas em mmols:

10 g de Pt correspondem a $\frac{10000}{195} = 51{,}28\,mmols$. 180 mL de HCl 5,00 mol/L correspondem a 180 × 5 = 900 mmols. A proporção estequiométrica é 3 mols Pt : 18 mols HCl.

Ou seja, 900 mmols de HCl são capazes de consumir nesta reação $\frac{3 \times 900}{18} = 150\,mmols$ de Pt. O reagente limitante é a platina.

23

A equação de neutralização é:

$Ba(OH)_2(aq) + 2\ HCl(aq) \rightarrow BaCl_2(aq) + 2\ H_2O(l)$

Ela mostra que a proporção molar Ba(OH)2 : HCl = 1 : 2.

a) Aplicando para a dosagem da solução **A**:

1 mol $Ba(OH)_2$	–	2 mols HCl
25 × M	–	100 × 0,1

$$M = \frac{100 \times 0,1}{25 \times 2} = 0,2\ \text{mol}\ L^{-1}$$

b) Aplicando para a dosagem da solução **B**:

1 mol $Ba(OH)_2$	–	2 mols HCl
25 × M	–	75 × 0,1

$$M = \frac{75 \times 0,1}{25 \times 2} = 0,15\ \text{mol}\ L^{-1}$$

c) A reação de formação do precipitado **P** é:

$Ba(OH)_2(aq) + CO_2(aq) \rightarrow BaCO_3(s) + H_2O(l)$

Nos 975 mL da solução A exposta ao ar, havia 975 × 0,2 = 195 mmols de $Ba(OH)_2$. Após a filtração do precipitado nos mesmos 975 mL (supõe-se não haver perdas por evaporação), havia 975 × 0,15 = 146,25 mmols de $Ba(OH)_2$. Logo, 48,75 mmols de $Ba(OH)_2$ transformaram-se em 48,75 mmols de $BaCO_3$. A massa deste precipitado é 48,75 mmols × 197 g/mol = 9603,75 mg (9,60 g).

24

a) Dupla troca, em particular uma neutralização.

b) m = M × V × massa molar = 0,10 × 0,5 × 40 = 2,0 g

c) Seria extremamente difícil (impossível na prática) controlar a titulação com apenas 3 mL num béquer.

d) Indicador.

e) número de mols = V × M = $6,0 \times 10^{-3} \times 0,1 = 6,0 \times 10^{-4}$ mol

f) A proporção molar ácido cítrico : NaOH é 1 mol : 3 mols. Se houve um gasto de $6,0 \times 10^{-4}$ mol de NaOH, havia $2,0 \times 10^{-4}$ mol de ácido cítrico.

g) A massa molar do ácido cítrico, $C_6H_8O_7$, é 192 g/mol. Logo, as concentrações são:

- em mol/L: $$M = \frac{2,0 \times 10^{-4}\ \text{mol}}{3 \times 10^{-3}\ L} = \frac{1}{15} = 6,67 \times 10^{-2}\ \text{mol/L}$$

- em g/L: $C = \frac{1}{15} \times 192 = 12,80\,g/L$

h) $m = M \times V \times \text{massa molar} = \frac{1}{15} \times 50 \times 10^{-3} \times 192 = 0,64\,g$

i) Ocorre efervescência, provocada pela reação

$$H^+(aq) + HCO_3^-(aq) \rightarrow H_2O(l) + CO_2(g).$$

j) Qualquer solução de base forte, por exemplo, KOH.

CAPÍTULO 3 • *Propriedades Coligativas das Soluções*

01 e

A pressão de vapor de um líquido é função crescente da temperatura deste líquido. Logo, diminui se a temperatura diminuir.

02 e

A temperatura de ebulição de um líquido é a temperatura na qual a pressão de vapor se iguala à pressão externa. Observe que a opção **b** traz a "armadilha" que, fervendo em sistema fechado, a pressão atmosférica não influencia – considere, por exemplo, a panela de pressão.

03 c

a Verdadeira. Soluções são homogêneas, logo monofásicas. Atente para o fato de que substâncias puras em mudança de estado formam sistemas heterogêneos.

b Verdadeira.

c **Falsa**. A temperatura de fusão constante não é característica apenas de substância pura, uma vez que as misturas eutéticas também apresentam temperatura de fusão constante.

d Verdadeira, no caso da pressão externa ser inferior a 1 atm.

e Verdadeira. Observe que leite é opticamente cheio, não é transparente.

04 c

Se $x_{tolueno} = 0,6$, então $x_{benzeno} = 0,4$. Considerando a solução como ideal, teremos:

$p_{total} = 0,6 \times 28,4 + 0,4 \times 95,1 = 55,08$ mmHg

05 c

Solução A:	NaCl tem i = 2	0,20 mol de partículas / 1000 g de solvente
Solução B:	sacarose tem i = 1	0,10 mol de partículas / 1000 g de solvente
Solução C:	$CaCl_2$ tem i = 3	0,24 mol de partículas / 1000 g de solvente

Logo, em termos de ponto de ebulição, $B < A < C$.

06

Provavelmente o campista passou suas férias de inverno na montanha, e não à beira-mar. Na altitude, a pressão atmosférica é menor, e conseqüentemente a temperatura de ebulição da água também o é. Logo, a reação química "cozinhar batatas" ocorre mais lentamente.

07

$$+3\ HO{-}NO_2 \xrightarrow{H_2SO_4} O_2N \quad NO_2 \quad NO_2 \quad +3\ H_2O$$

O número de mols de TNT produzidos será igual à taxa de conversão vezes o número de mols de tolueno, ou seja: $0,4 \times 1,25 = 0,5$ mol.

Cálculo do número de mols de A: $\frac{7,50}{150} = 0,05$ mol.

Cálculo do número de mols de B: $\frac{14,8}{296} = 0,05$ mol.

Logo, o número total de mols de soluto é 0,6 mol, e a molalidade total da solução é 0,3 mol/kg (há 2,00 kg de solvente).

$\Delta T_S = \text{molalidade} \times Kc$

$\Delta T_S = 0,3 \times 6,90 = 2,07°C$

08

a) As marcações em cinza claro tornam fácil a percepção de que o produto que falta é a água.

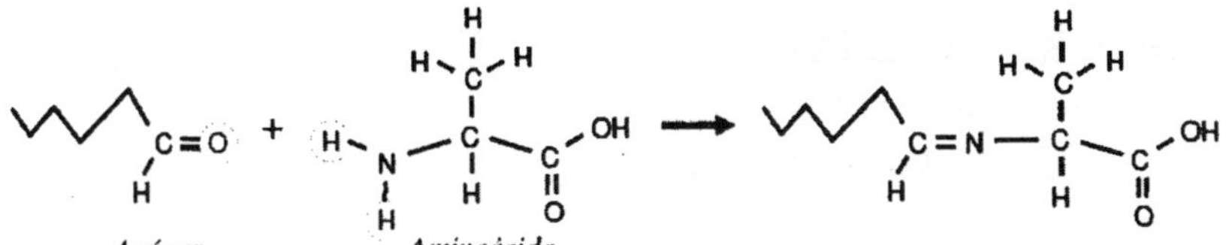

Açúcar *Aminoácido*

b) O C da carboxila é sp^2, e conseqüentemente a geometria dos átomos a ele ligados é triangular plana. Os outros dois carbonos são sp^3, logo tetraédrica. O oxigênio da hidroxila tem configuração VSEPR OL_2E_2, logo angular. O nitrogênio, NL_3E_1, logo piramidal trigonal.

c) O cozimento em água não permite tostar, pois em panela aberta a temperatura de ebulição será próxima aos 100°C. Em panelas de pressão também não será possível, uma vez que, tanto no Brasil como em Portugal, são calibradas para atingir temperaturas próximas aos 120°C. Cozinheiras habilidosas restringem a quantidade de água, transformando a fase final do cozimento numa fritura, graças à gordura da própria carne (gordura pode ser aquecida a temperaturas superiores a 140°C, possibilitando a reação de Maillard).

09

O abaixamento relativo da pressão de vapor é dado por $\left|\frac{\Delta p}{p_0}\right| = x_{soluto}$.
Massa molar da cânfora ($C_{10}H_{16}O$) = 152 g/mol

Número de mols de cânfora: $n_{soluto} = \frac{3,04}{152} = 0,02$

Massa molar do etanol (C_2H_6O) = 46 g/mol
A densidade do etanol, 785 kg/m^3, corresponde a 0,785 g/mL. Logo, a massa de etanol é 117,2 mL × 0,785 g/mL = 92,00 g.

Número de mols de etanol: $n_{solvente} = \frac{92,00}{46} = 2,00$

$$x_{soluto} = \frac{n_{soluto}}{n_{soluto} + n_{solvente}} = \frac{0,02}{0,02+2} = \frac{1}{101} = 9,90\times10^{-3}$$

10

$\Delta T_{eb} = K_{eb} \times$ molalidade $\times$ i

$\Delta T_{eb} = 100,14 - 100,00 = 0,14$

$K_{eb} = 0,52$ (folha de dados)

$i = 1 + (n - 1) \times \alpha$

Para o NaCl, n = 2 e α=1, logo i = 2.

$0,14 = 0,52 \times$ molalidade $\times$ 2

$$\text{molalidade} = \frac{0,14}{2 \times 0,52} = 1,35 \times 10^{-1}\ \text{mol/kg}\ H_2O$$

Deseja-se uma solução a 0,9%(p/p), ou seja, contendo 9 kg de NaCl em 1000 kg de solução. Logo, a massa de água na solução deverá ser 991 kg. Nestes 991 kg de água já existem $1,35 \times 10^{-1} \times 991 = 134,40$ mols de NaCl, ou seja, $134,40 \times 58,5 = 7804,13$ g de NaCl.

Assim, a massa de NaCl a ser completada é:

9000 – 7804,13 = 1195,87 g ou, aproximadamente, 1,20 kg.

Ou seja, devem-se acrescentar 1,20 kg de sal a 998,80 kg da solução produzida com a balança de soluto descalibrada.

11

Determinação da fórmula mínima do anticongelante:

C =	37,5%	/ 12 =	3,125	/ 3,125 =	1
O =	50,0%	/ 16 =	3,125	/ 3,125 =	1
H =	12,5%	/ 1 =	12,5	/ 3,125 =	4

A fórmula mínima do anticongelante é $(CH_4O)_n$. Como é impossível $n \neq 1$ (você sabe explicar o motivo?), então a fórmula molecular é CH_4O. O produto é:

```
     H
     |
  H—C—O—H      metanol
     |
     H
```

$$\Delta T_C = K_C \times \text{molalidade} \Rightarrow \text{molalidade} = \frac{\Delta T_C}{K_C}$$

$$\text{molalidade} = \frac{18,6}{1,86} = 10$$

A solução tem então que ser 10 molal, ou seja, ter 10 mols de metanol por quilograma de água. Como são 10,0 L de água (10,0 kg), precisamos de 100 mols de metanol, $100 \times 32 = 3200$ g = 3,2 kg de metanol.

12

I) $p = p_0 \times x_{solvente}$

$$x_{solvente} = \frac{504}{531}$$

Por outro lado, a fração molar do CCl_4 é:

$$x_{solvente} = \frac{\frac{154}{154}}{\frac{154}{154} + \frac{20}{MM}} = \frac{MM}{MM + 20}$$, onde MM e a massa molar do soluto.

Assim:

$$\frac{504}{531} = \frac{MM}{MM + 20} \Rightarrow MM = \frac{20 \times 504}{27} = 373,33 \cong 373\,g/mol$$

II) **c e a**

III) **a**

13

a) P.E.(etanol) = 78,5°C e P.E.(1-propanol) = 97°C. Normalmente, os pontos de fusão e ebulição são crescentes quando se percorre uma série homóloga, devido ao aumento da massa molar e do número dos "pontos de atração" entre as moléculas.

b) A grande diferença (97 – (–42) = 139°C) se deve à presença das pontes de hidrogênio entre as moléculas de 1-propanol, e à baixa polaridade das moléculas de propano.

c) p_{vap} = X(etanol) × p_{vap}(etanol) + X(propano) × p_{vap}(1-propanol) = $0,62 \times 108 + 0,38 \times 40 = 66,96 + 15,20 = 82,16$ Torr

$X_{etanol, vapor} = \frac{66,96}{82,16} = 0,815$. Como sempre em soluções ideais, a fase de vapor se enriquece no componente mais volátil.

14

$\Delta T_{eb} = 57,16 - 56,13 = 1,03°C$

Como $\Delta T_{eb} = K_{eb} \times$ molalidade, molalidade $= \frac{\Delta T_{eb}}{K_{eb}} = \frac{1,03}{1,72}$.

Por outro lado, se há 2,76 g do álcool em 100,00 g de acetona, há 27,6 g em 1000 g de acetona. Assim, a molalidade da solução é $\frac{27,6}{\text{massa molar}}$.

Logo, $\frac{1,03}{1,72} = \frac{27,6}{\text{massa molar}} \Rightarrow \text{massa molar} = \frac{1,72 \times 27,6}{1,03} = 46,09 \cong 46$ g/mol.

O álcool correspondente a esta massa molar é o etanol, C_2H_6O.

a) 46 g/mol

b) C_2H_6O

15

I. Propriedades coligativas de uma solução são propriedades que dependem do número de partículas presentes na solução por unidade de volume, dependendo muito pouco (nada, em primeira aproximação) da natureza molecular ou iônica destas partículas. São elas o abaixamento da pressão de vapor do solvente numa solução (tonoscopia ou tonometria), abaixamento da temperatura de solidificação do solvente numa solução (crioscopia ou criometria), aumento da temperatura de ebulição do solvente numa solução (ebulioscopia ou ebuliometria), e a osmose, que nos leva ao estudo da pressão osmótica. Por exemplo, uma solução aquosa diluída de NaCl tem pressão de vapor menor que a água pura na mesma temperatura, tem ponto de congelamento normal inferior a 0°C e ponto de ebulição normal superior a 100°C.

II.

a) $p_{\text{solução}} = p_{\text{acetona}} \times X_{\text{acetona}} + p_{\text{clorofórmio}} \times X_{\text{clorofórmio}}$

$p_{\text{solução}} = 360 \times 0,5 + 300 \times 0,5 = 330$ Torr

b) Deve-se às forças moleculares entre o clorofórmio e a acetona apontadas no enunciado.

c) As interações moleculares "atrativas" são processos exotérmicos.

16

Recolocamos aqui o gráfico da prova, com mais algumas linhas determinadas.

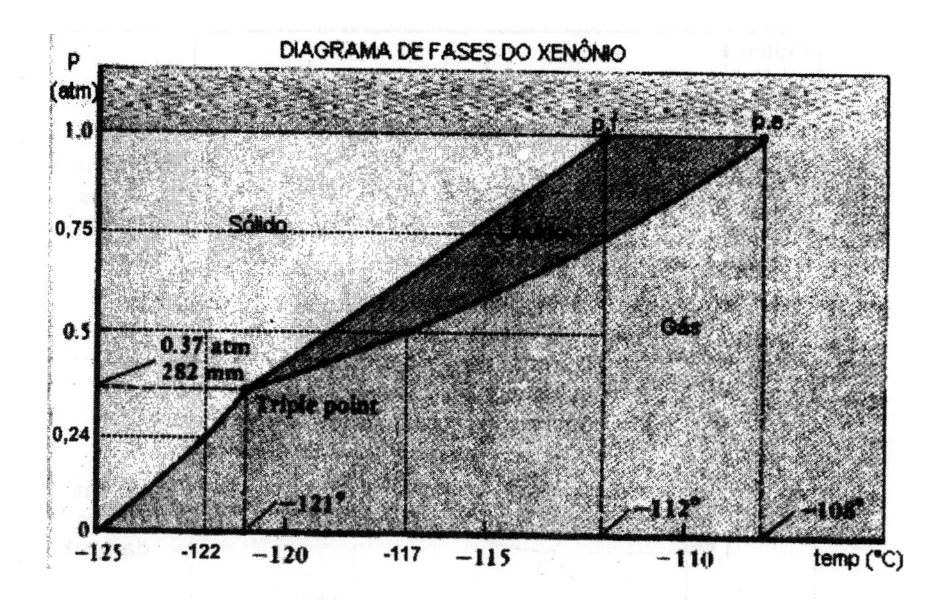

a) Na temperatura ambiente (25°C) e sob pressão de 1 atm, o xenônio trivialmente é um gás.

b) Observe no gráfico que a -112°C e sob pressão de 0,75 atm, nos encontramos na linha de equilíbrio líquido-gás. Ou seja, o xenônio estará em ebulição.

c) 380 mmHg corresponde a 0,5 atm. Observe no gráfico que a temperatura da fase líquida será aproximadamente –117°C.

d) Sempre pelo gráfico, observe que a interseção da linha de equilíbrio sólido-gás com a temperatura de –122°C se dá a 0,24 atm.

e) Vamos apresentar dois exemplos característicos de diagramas de fase. O primeiro é o do CO_2, uma substância de comportamento normal (fase sólida mais densa que a fase líquida). O segundo é o da água, que, juntamente com o bismuto, a prata, o ferro e o antimônio, tem comportamento anômalo (fase líquida mais densa que a fase sólida – o gelo flutua na água). Observe que a diferença fundamental é a direção da linha de equilíbrio sólido líquido. O gráfico do xenônio é normal (fase sólida mais densa que a fase líquida).

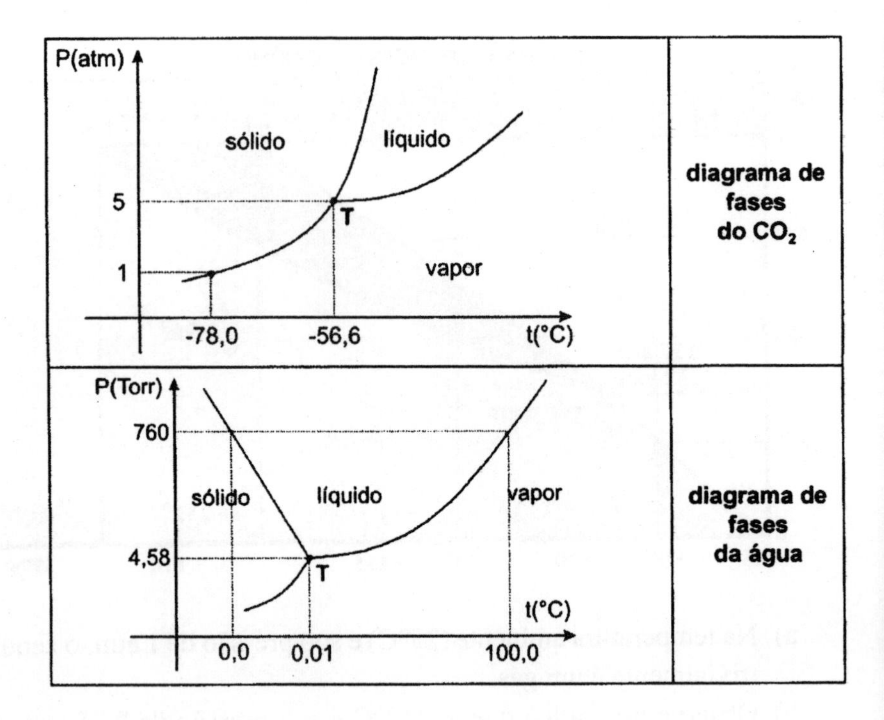

17

A massa molar do polímero pode ser escrita como 28 n.

Se há 0,994 g de polímero em 5,00 g de benzeno, então há $0,994\times\frac{1000}{5} = 198,80$ g de polímero por quilograma de benzeno.

A molalidade da solução então é $\frac{198,80}{28n} = \frac{7,1}{n}$.

Por outro lado, $\Delta T_C = K_c \times$ molalidade. Logo, molalidade $= \frac{\Delta T_C}{K_C} = \frac{0,51}{5,1} = \frac{1}{10}$.

Igualando, $\frac{7,1}{n} = \frac{1}{10} \Rightarrow n = 71$.

18

A menor concentração possível de ser determinada corresponde à pressão de coluna apenas, sem nenhuma massa acrescentada. Nossa única opção é trabalhar no SI:

$$p = \mu \times g \times h = 1,00 \times \frac{10^{-3}\,kg}{10^{-6}\,m^3} \times 9,80\frac{m}{s^2} \times 12,7 \times 10^{-2}\,m = 1244,60\,Pa$$

Se esta é a pressão osmótica, $\pi = M \times R \times T \Rightarrow M = \frac{\pi}{R \times T}$.

Há necessidade de convertermos o valor de R para o SI:

$$R = 0,082 \times 1,013 \times 10^5 \times 10^{-3} = 8,3066\,J\,mol^{-1}\,K^{-1}$$

$$M = \frac{1244,60}{8,3066 \times 300} = 0,50\,mol\,m^{-3}$$

É muito importante perceber que esta molaridade está no SI, ou seja, em mol m^{-3}. Na unidade mais familiar mol dm^{-3}, temos $5,0 \times 10^{-4}$ mol dm^{-3}. A maior concentração possível de ser determinada corresponde à pressão de coluna mais a pressão gerada pela colocação de 5,07 kg. Logo, sempre trabalhando no SI, temos:

$$p = 1244,60 + \frac{5,07 \times 9,80}{1,0 \times 10^{-4}} = 4,98 \times 10^5\,Pa$$

Esta pressão osmótica está relacionada à seguinte molaridade:

$$M = \frac{4,98 \times 10^5}{8,3066 \times 300} = 199,88 \cong 200\,mol\,m^{-3}$$

Na unidade mais familiar mol dm^{-3}, temos 0,2 mol dm^{-3}.

Logo, é possível determinar concentrações entre $5,0 \times 10^{-4}$ mol dm^{-3} e 0,2 mol dm^{-3}.

19

O número de mols da solução pode ser determinado diretamente:

$$\frac{m}{\text{massa molar}} = \frac{102,6\,g}{342\,g/mol} = 0,30\,mol$$

Mas, n = V × M. Ou seja, o volume da solução é $V = \frac{n}{M} = \frac{0,30}{1,2} = 0,25\,L$.

Logo, a massa da solução pode ser calculada:

$$m = d \times V = 1,0104 \times 250 = 252,6\,g.$$

Assim, a massa de água na solução é 252,6 g – 102,6 g = 150 g. Podemos então determinar a molalidade desta solução:

0,30 mol	–	150 g
molalidade	–	1000 g

Ou seja, a solução é 2 molal. Como ela inicia a ebulição 1°C acima do ponto de ebulição normal da água pura, e inicia o congelamento 4°C abaixo, as constantes são $K_e = \frac{1\,°C}{2\,\text{molal}} = 0{,}5\,°C/\text{molal}$ e $K_c = \frac{4\,°C}{2\,\text{molal}} = 2\,°C/\text{molal}$.

20 b

Como a solução no béquer X é mais concentrada, sua pressão de vapor é menor. Em conseqüência, haverá passagem de vapor de água do recipiente Y para o recipiente X, a fim de se igualarem as concentrações. A solução em X será diluída, pelo aumento de volume devido à condensação do vapor de água. Enquanto isso a pressão de vapor em Y diminui, pela saída do vapor de água e conseqüente aumento de concentração. Portanto $\mathbf{VX_i < VX_f}$ e $\mathbf{PY_i > P_f}$.

21 d

A massa de água transferida do béquer X para o Y é crescente, mas a taxa de transferência tende a diminuir, até as pressões de vapor se igualarem à pressão final P_f. Portanto, a massa de água transferida cresce a princípio, até estabilizar-se.

22

A densidade do n–pentano é 0,63 g/mL. Logo sua massa é 0,63 g/mL × 25 mL = 15,75 g. Ou seja, $\frac{15{,}75\,g}{72\,g/mol} = 0{,}219\,mol$.

A densidade do n–hexano é 0,66 g/mL. Logo sua massa é 0,66 g/mL × 45 mL = 29,70 g. Ou seja, $\frac{29{,}70\,g}{86\,g/mol} = 0{,}345\,mol$.

A fração molar do n-pentano é $x_{n\text{-pentano}} = \frac{0{,}219}{0{,}219 + 0{,}345} = 0{,}388$. A fração molar do n-hexano é $x_{n\text{-hexano}} = 1 - 0{,}388 = 0{,}612$.

A pressão de vapor da solução é 0,388 × 511 Torr + 0,612 × 150 Torr = 198,27 Torr + 91,80 Torr = 290,07 Torr.

A fração molar do n-pentano na fase de vapor é

$$x_{n\text{-pentano (vapor)}} = \frac{198,27}{290,07} = 0,684.$$

23 **a**

Quando a pressão é reduzida até P_f, I e III se solidificarão. Segundo o gráfico, I e III estão, ambos, no estado líquido e as massas de água líquida são iguais. Em conseqüência, as massas de I e II no estado sólido também serão iguais. Logo, $n_I = n_{III}$. Ou seja, **a** é falsa.
Em II, a massa é maior do que nos demais sistemas, porque, além da água líquida, cuja massa é igual em todos, há ainda vapor e sólido, uma vez que se trata do ponto triplo. Logo, **c** é verdadeira.
Observe que n_{IV} e n_V são maiores do que n_I e n_{II}, porque em IV e V há vapor d'água além da água líquida. Portanto, **b** e **d** são verdadeiras.
A alternativa **e** é verdadeira, porque, na linha de equilíbrio líquido-gás, as pressões de vapor são iguais às pressões sobre o líquido. O ponto V está acima do ponto IV e portanto a pressão de vapor em V é maior do que em IV. Como os volumes gasosos são iguais, onde a pressão de vapor for maior, haverá maior número de moléculas.

24 **e**

A pressão de vapor de um líquido numa solução é dada pelo produto: pressão de vapor do líquido puro × fração molar do líquido na solução.
Inicialmente, a pressão de vapor do CCl_4 é 114,9 mmHg e a fração molar do $SiCl_4$ é 0,0, ou seja, temos CCl_4 puro.
À medida em que a fração molar do $SiCl_4$ aumenta, a fração molar do CCl_4 diminui (e sua pressão de vapor também), porque a soma das frações molares é fixa e igual a 1. Quando a fração molar do $SiCl_4$ for 1, a fração molar do CCl_4 será 0,0, e assim também será 0,0 a sua pressão de vapor (temos $SiCl_4$ puro).
Logo, a curva que descreve a variação da pressão de vapor do CCl_4 com o aumento da fração molar do $SiCl_4$ é a reta descendente representada na opção **e**.

25

O etilenoglicol é um anticongelante que foi largamente usado nos radiadores dos automóveis que precisavam trafegar (e conseqüentemente estacionar) em temperaturas abaixo de 0°C. A solução aquosa 1 molal de etilenoglicol terá ponto de congelamento inferior ao da água, e ponto de ebulição superior a 100°C.

Esboço do diagrama de fases:

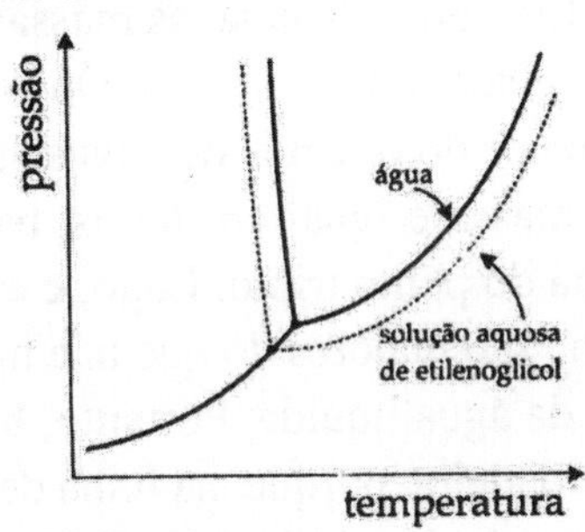

26 c

I. Diferença de propriedades físicas de duas substâncias, intimamente ligada às atrações intermoleculares.

II. Propriedade coligativa ligada a soluções com diferentes concentrações de um mesmo soluto.

III. Propriedade coligativa na qual se comparam uma solução e um solvente puro.

IV. Propriedades físicas diferentes ligadas à formação de um azeotrópo.

27 c

Questão muito semelhante a apresentada pelo ITA em 2006 / 2007.

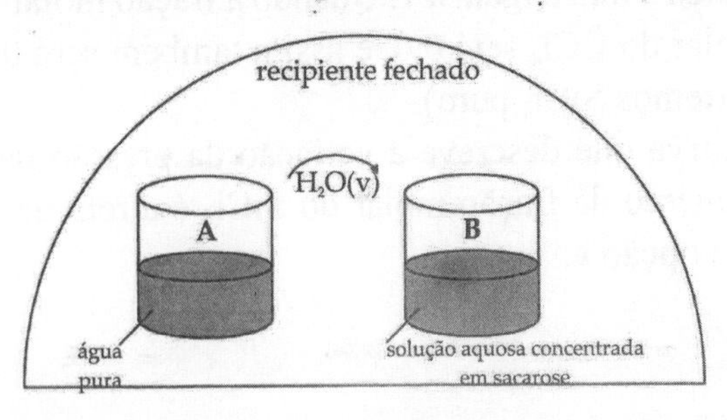

A natureza fará que passe vapor d'água do frasco A (de maior pressão de vapor) para diluir a solução concentrada de sacarose do frasco B (de menor pressão de vapor).

28

Inicialmente, tem-se pressão de 1 atm e temperatura de 25°C. Com o deslocamento do pistão, passa-se a ter um equilíbrio líquido $\rightleftarrows$ vapor, atingindo-se o valor da pressão máxima de vapor. Com o abaixamento da temperatura, o equilíbrio se mantém, com pressão máxima de vapor cada vez menor. Com o resfriamento muito lento, o líquido entrará em uma situação metaestável, chamada de sobrefusão ou superfusão. Com a agitação, o sistema solidifica, e a pressão máxima de vapor cai bruscamente. Observe o gráfico:

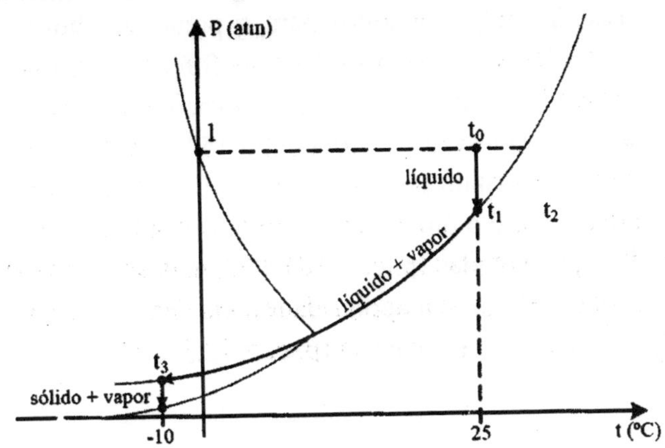

29 b

$$\Delta Tc = Kc \times \text{molalidade} \times i$$

$$i = \frac{0,55}{1,86 \times 0,1} = 2,96 \cong 3 = n$$

Analisando opção por opção:

a) A lamentar o erro na fórmula do complexo: o correto é $[Ag(NH_3)_2]Cl$ = cloreto de diamin-prata $\Rightarrow n = 2$.

b) $[Pt(NH_3)_4Cl_2]Cl_2 \Rightarrow n = 3$

c) $Na[Al(OH)_4] \Rightarrow n = 2$
d) $K_3[Fe(CN)_6] \Rightarrow n = 4$
e) $K_4[Fe(CN)_6] \Rightarrow n = 5$

30 d

A pressão de vapor de $C_2H_2Br_2$ é 0,40 × 173 = 69,20 mmHg, a pressão de vapor de $C_3H_4Br_2$ é 0,60 × 127 = 76,20 mmHg. A pressão de vapor da solução é 69,20 + 76,20 = 145,40 mmHg. Logo, a fração molar de $C_3H_4Br_2$ na fase gasosa é $\frac{76,20}{145,40} = 0,524$.

31 c

O menor valor de pressão de vapor saturante na temperatura ambiente será apresentado pela substância que tiver o maior ponto de ebulição. Dois fatores são preponderantes para o ponto de ebulição de substâncias moleculares: a massa molar e as forças intermoleculares (no caso a polaridade das ligações). C_2Cl_6 apresenta uma massa molar tão superior a dos demais (237 g/mol contra 154 g/mol do CCl_4, a segunda maior) que se tornam pouco relevantes as forças intermoleculares. Em verdade, C_2Cl_6 é o único sólido em temperatura ambiente entre as substâncias apresentadas (p. e. = 184,4°C, mas apresenta sublimação, o que é explicável por sua apolaridade). Os demais são líquidos, com exceção do C_2H_5Cl que é gasoso (p. e. = 12,3°C).

32 a

Com os dados fornecidos pela questão, podemos esboçar o seguinte diagrama de fases:

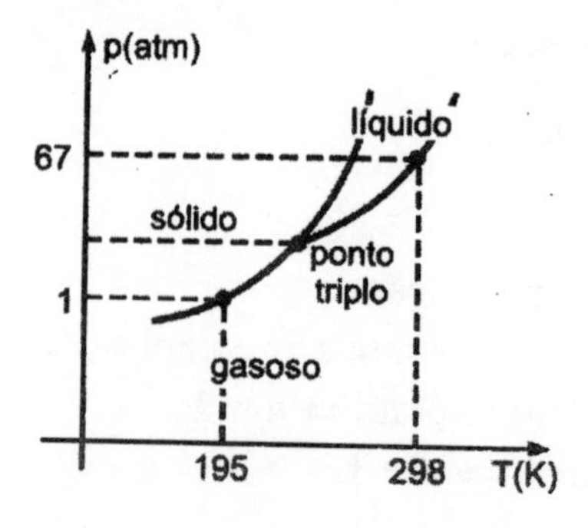

Vemos com clareza que a pressão no ponto triplo está acima de 1 atmosfera.

33 b

Vamos analisar cada afirmação:

I. ERRADA	O ponto de ebulição é uma propriedade física da água, e não é afetado pela presença da cerâmica porosa.
II. verdadeira	As bolhas de ar fornecidas pela cerâmica fornecem "núcleos" para a formação de bolhas de vapor d`água, baixando a energia de ativação do processo de formação de bolhas de vapor.
III. ERRADA	No processo de aquecimento da água naturalmente sua pressão de vapor aumenta.
IV. ERRADA	A variação de entalpia de vaporização é uma propriedade física da água, e não é afetada pela presença da cerâmica porosa.

34

i) A solubilidade dos gases aumenta com o aumento da pressão. Por isso, em águas mais profundas, os gases ficam dissolvidos no sangue e não escapam sob a forma de bolhas.
ii) A pressão sobre ele diminui lentamente, de modo que a solubilidade do gás não diminui bruscamente.
iii) A pressão cai bruscamente e, em conseqüência, a solubilidade do gás também, que então escapa do sangue.

35

$$\text{umidade relativa} = \frac{pH_2O}{pH_2O(\text{máx})} = \frac{pH_2O}{23,8} = 0,6$$

$pH_2O = 0,6 \times 23,8 = 14,28$ mmHg

$p_{\text{ar úmido}} = pH_2O + p_{\text{ar seco}}$

$p_{\text{ar seco}} = 760 - 14,28 = 745,72$ mmHg

massa molar(ar seco) $= 0,21 \times 32 + 0,79 \times 28,02 = 28,86$ g/mol

$$\text{massa molar(ar úmido)} = \frac{14,28 \times 18 + 745,72 \times 28,86}{760} = 28,65\,\text{g/mol}$$

Para determinação da massa específica do ar úmido, usaremos a conhecida relação:

$$\mu = \frac{m}{V} = \frac{p \times \text{massa molar}}{R \times T} = \frac{1 \times 28,65}{0,0821 \times 298,15} = 1,17\,g/L$$

36 d

Analisando opção por opção, temos:

I.	errada	O número de partículas de soluto é o dobro no caso do NaCl, logo a evaporação é mais prejudicada, gerando uma pressão de vapor menor.
II.	CORRETA	O ponto de ebulição do n-pentano é menor que o ponto de ebulição do n-hexano, logo sua pressão de vapor é maior em temperatura ambiente.
III.	CORRETA	No ponto de ebulição, todas as substâncias têm a mesma pressão de vapor, igual à pressão atmosférica local.
IV.	CORRETA	A pressão de vapor aumenta com a temperatura crescente.
V.	errada	O volume de um líquido não tem nenhuma influência em sua pressão de vapor.

37 b

Substância por substância, vamos determinar o valor de n, e considerar que i = n (o que é verdade em concentração tão baixa). Terá menor temperatura de congelamento a substância que apresentar o maior valor de n.

I.	$Al_2(SO_4)_3$	n = 5
II.	$Na_2B_4O_7$	n = 3
III.	$K_2Cr_2O_7$	n = 3
IV.	Na_2CrO_4	n = 3
V.	$Al(NO_3)_3 \cdot 9\,H_2O$	n = 4

Logo, I < V < II ≅ III ≅ IV.

38

a) Na temperatura constante T, temos:

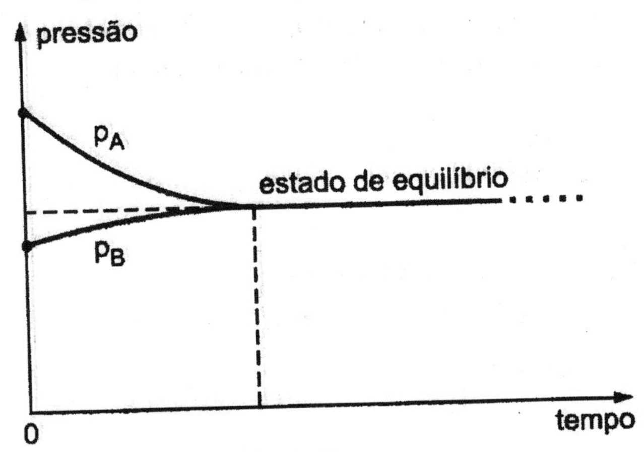

b) A pressão pA diminui até alcançar a nova pressão de equilíbrio, e a pressão pB sofre um pequeno aumento até a nova pressão de equilíbrio. Como a pressão de vapor do solvente puro (líquido no recipiente A) é maior que a pressão de vapor da solução de NaCl (líquido no recipiente B), ocorre uma transferência da água de A para B. Para $t = \infty$, a transferência será total.

39

A pressão de vapor de uma substância aumenta com o aumento da temperatura. Quando a pressão de vapor se iguala à pressão local (pressão atmosférica), o líquido entra em ebulição. Portanto, em um local onde a pressão atmosférica é 0,7 atm, a água entra em ebulição em uma temperatura menor que 100°C (no caso, 90°C).

40 d

A densidade da água líquida a 0°C é 1000 g/L, o que conduz a uma concentração molar de aproximadamente 55,56 mol/L. Já a densidade da água sólida (gelo) a 0°C é 900 g/L, o que conduz a uma concentração molar de aproximadamente 50,00 mol/L.

41

d) Justificado na questão anterior.

e) A evaporação também ocorre a 0°C (naturalmente de maneira lenta). Isto faz a massa do conteúdo do copo diminuir.

CAPÍTULO 4 • *Termoquímica*

01 c

$Mg(s) + 2\ H_2O(l) \rightarrow Mg(OH)_2(s) + H_2(g)$
$\Delta H = -924{,}5 - 2 \times (-285{,}8) = -352{,}90 kJ/mol$

24,3 g	–	352900 J
2 g	–	x

x = 29045,27 J

$$Q = m \times c \times \Delta\theta \Rightarrow \Delta\theta = \frac{29045{,}27}{200 \times 4{,}2} = 34{,}58\ °C$$

Logo, a reação pode atingir 25 + 34,58 = 59,58°C.

02 e

$C_4H_{10} \rightarrow C_4H_8 + H_2$
$\Delta H = H(C_4H_8) + H(H_2) - H(C_4H_{10})$
Como nas condições padrão $H(H_2) = 0$, então:
$\Delta H = H(C_4H_8) - H(C_4H_{10})$
$H(C_4H_8) = -11{,}4$ kJ
Vamos então calcular $H(C_4H_{10})$:
$C_4H_{10} + 13/2\ O_2 \rightarrow 4\ CO_2 + 5\ H_2O \quad \Delta H = -2877{,}6$ kJ
$-2877{,}6 = 4 \times (-393{,}5) + 5(-285{,}8) - H(C_4H_{10})$
$H(C_4H_{10}) = -1574 - 1429 + 2877{,}6$
$H(C_4H_{10}) = -3003 + 2877{,}6 = -125{,}4$ kJ
O ΔH desejado é:
$\Delta H = -11{,}4 + 125{,}4 = +114{,}0$ kJ.

03 d

Para a combustão de 1 mol de acetileno, temos:
$2 \times H(CO_2) + H(H_2O) - H(C_2H_2) = 2 \times (-394) + (-242) - (+227) = -1257$ kJ/mol

04

(A) (3)

$C_3H_8 + 5\ O_2 \rightarrow 3\ CO_2 + 4\ H_2O \qquad \Delta H = -2220\ kJ$

$\Delta H = 3\ H(CO_2) + 4\ H(H_2O) - H(C_3H_8)$

$-2220 = 3 \times (-394) + 2 \times (-572) - x$

$x = -1182 - 1144 + 2220 = -106\ kJ$

(B) (2)

$Q = m \times c \times \Delta\theta = 2 \times 10^3 \times 4{,}18 \times 80J = 668{,}80\ kJ$

22,4 L	–	2220 kJ
V	–	668,80 kJ

$$V = \frac{22{,}4 \times 668{,}80}{2220} = 6{,}75\,L$$

05 d

I. Não ocorre reação química. O único efeito térmico é o da diluição recíproca das substâncias – efeito bastante pequeno.

II. Ocorre reação entre ácido forte e base fraca.

III. Ocorre reação entre ácido forte e base forte.

IV. Nada ocorre, uma vez que "misturaram-se" soluções iguais.

Como se deseja ordem decrescente, III > II > I > IV.

06 e

Todas as substâncias citadas apresentam moléculas de 6 carbonos, sendo as suas fórmulas C_6H_6, C_6H_{12}, $C_6H_{10}O$, C_6H_{10} e C_6H_{14}, respectivamente. Todas formam 6 mols de CO_2 por mol de substância queimada. A diferença entre elas se dará basicamente devido ao número de mols de água formado por mol de substância queimada, respectivamente, 3, 6, 5, 5 e 7 mols.

07 a

I. $\Delta H_{+3} = \Delta H_{+1} + \Delta H_{+2}$ (lei de Hess)

II. $\Delta H_{+1} = -\Delta H_{-1}$ (processo direto e inverso)

III. $E_{a+3} = E_{a+1} + E_{a+2}$ (energias de ativação não são "somáveis")

IV. $E_{a+3} = -E_{a-3}$ (energias de ativação não são "inversíveis")

08 b

A reação de formação de um composto consiste na síntese de um mol deste composto, a partir das substâncias simples correspondentes a seus elementos constituintes, no estado físico e na forma alotrópica mais estáveis.

09 ?

Reações de combustão são reações que liberam calor em quantidade e velocidade suficientes para sustentação de chama. A reação de oxidação parcial do naftaleno (II) não se enquadra neste caso. Ela pode formar ácido o-ftálico, como apresentado, ou ainda formar anidrido ftálico.

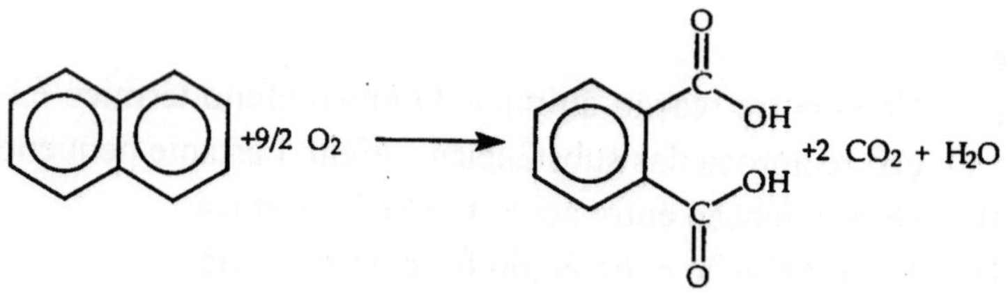

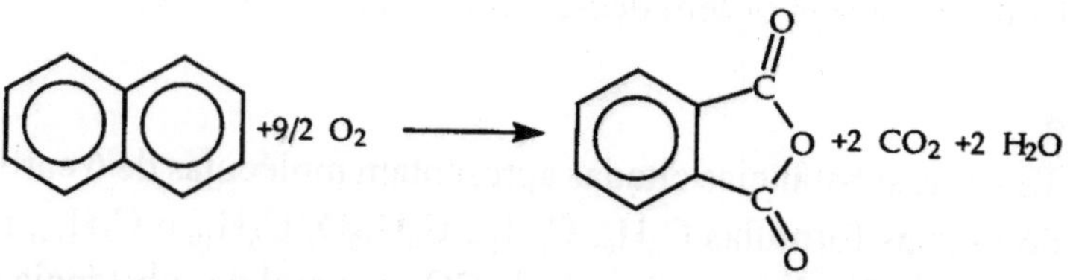

$+9/2\ O_2 \longrightarrow$ (C=O, OH; C=O, OH) $+2\ CO_2 + H_2O$

$+9/2\ O_2 \longrightarrow$ (C=O, O, C=O) $+2\ CO_2 + 2\ H_2O$

Em nenhum dos casos há sustentação de chama. As reações representadas pelas equações I e III são combustões completas, e a IV é uma combustão incompleta, só ocorrendo em meios extraordinariamente pobres em oxigênio.

10 b

No primeiro caso, o calor provém da formação de 10 mmols de NaCl. Chamemos este calor de Q. Este calor vai aquecer 20 mL de solução. Logo, $\Delta T \propto \frac{Q}{20}$ ($\propto$ é o símbolo de proporcionalidade).

No segundo caso, haverá a formação de 5 mmols de NaCl (NaOH torna-se o reagente limitante). Logo, $\frac{Q}{2}$. Como este calor vai aquecer 15 mL de solução, ΔT será proporcional a $\frac{Q}{2 \times 15} = \frac{Q}{30}$. Como $\frac{Q}{30} = \frac{2}{3} \times \frac{Q}{20}$, a variação de temperatura neste segundo caso será $\frac{2}{3} \times \Delta T$.

11 e

O calor específico de um material depende fundamentalmente da composição, da estrutura e do relacionamento entre as partículas existentes.

I.	incorreta	O metanol apresenta atrações intermoleculares (ligações de hidrogênio) mais fortes que o CCl_4.
II.	incorreta	Todo sistema que se encontra termodinamicamente instável (água líquida com temperatura abaixo de zero) tem calor específico menor do que o mesmo sistema termodinamicamente estável (água sólida com temperatura abaixo de zero), pois um leve aquecimento ou resfriamento em um sistema instável conduz o sistema a uma situação de estabilidade, bruscamente. Esta estabilidade é atingida sempre com liberação de energia que estava acumulada, sendo que esta liberação provoca sensíveis variações de temperatura no sistema, ou seja, faz com que tenha baixo calor específico.
III.	incorreta	Os cristais iônicos, como o Al_2O_3, apresentam, tipicamente, menores calores específicos que os cristais metálicos, como o Al.
IV.	CORRETA	O isopor apresenta um elevadíssimo calor específico, e isso é que na prática faz com que seja o material mais usado em isolamento, em vez de vidro, por exemplo.

12 a

2 C(grafite) + 2 H_2(g) + Cl_2(g) $\rightarrow$ $C_2H_4Cl_2$(g) é a equação desejada. Para obtê-la, basta somar a primeira equação com a segunda invertida. Logo, +52,0 – 116,0 = -64,0 kJ/mol.

13 e

a) correta — T_1 e T_2 são temperaturas correspondentes a mudanças de estado cristalino, uma vez que estão abaixo da T_f.

b) correta — Observável diretamente pelo gráfico.

c) correta — Observa-se no gráfico que todas as curvas $C_p \times T$ são ascendentes.

d) correta — Num estado metaestável como o descrito a afirmação é correta, uma vez que observamos no gráfico que C_p(líquido) < C_p(sólido).

e) ERRADA — Não se pode afirmar isso genericamente, uma vez que o ΔH dependerá da reação em si.

14 a

A alternativa **a** é correta uma vez que representa a diferença de energia entre o estado excitado e os reagentes.

15 c

16

a) correta — O ΔH de uma reação é $H_p - H_r$. Uma vez que Hr é sempre maior que Hp em todo o intervalo considerado, conclui-se que em todo ele $\Delta H < 0$ e a reação ocorre sempre com liberação de energia.

b) correta — A capacidade calorífica e a entalpia dos reagentes são maiores em todo o intervalo considerado e ambas aumentam em todo ele, como se verifica no gráfico.

c) ERRADA — Ver a justificativa da opção **a**.

d) correta — Observando o gráfico, vemos que a diferença entre a energia dos produtos e a energia dos reagentes aumenta em todo o intervalo – há um "distanciamento" entre os gráficos.

e) correta — Basta observar as entalpias crescentes no gráfico.

17

a) $C_6H_{12}O_6(s) + 6\ O_2(g) \rightarrow 6\ CO_2(g) + 6\ H_2O(l)$

b) $\Delta H = 6 \times (-393{,}5) + 6 \times (-285{,}8) - (-1268) = -2807{,}8$ kJ/mol

c) energia/ano = 1 J/batida × 365,25 dias/ano × 24 h/dia × 60 min/h × 70 batidas/min = $3{,}68 \times 10^7$ J/ano

Para produzir esta energia queimando glicose, serão necessários:

1 mol glicose / ($2807{,}8 \times 10^3$ J) × $3{,}68 \times 10^7$ J/ano = 13,11 mol/ano

Convertendo para massa:

massa glicose/ano = 180 g/mol × 13,11 mol/ano = 2360,25 g/ano (2,36 kg/ano)

d) Para queimar esta glicose, são necessários:

6 × 13,11 mol/ano × 25,4 dm^3/mol = 1988,34 dm^3/ano

Para conseguir este volume de oxigênio, o número de respirações necessárias é:

1 respiração/(0,5 dm^3 ar) × 100 dm^3 ar/5 dm^3 O_2 × 1988,34 dm^3/ano = 79933,36 respirações por ano ($7{,}99 \times 10^4$ respirações/ano)

Nota do autor: neste item **d**, a resposta obtida (e desejada pela banca...) está errada, uma vez que grande parte do oxigênio inspirado é expirado sem ser aproveitado para combustões.

18

a) O comprimento de ligação é o valor de **r** para o qual e energia é mínima (maior estabilidade). Logo, 85 pm para o HF e 160 pm para o HI.

b) H + F → HF $\quad \Delta H = (-1840) - (-760) = -1080$ kJ mol^{-1} (reação exotérmica, energia liberada)

c) HI → H+ I $\quad \Delta H = (-840) - (-1640) = +800$ kJ mol^{-1} (reação endotérmica, energia absorvida)

d) Algum valor na faixa 350 – 400 pm, pois deste valor em diante a energia atinge o patamar de -840 kJ mol^{-1}.

e) HF + I → HI + F

Somando H aos dois membros, a análise fica simples:

HF + H + I → HI + H + F

ΔH = H(HI) + H(H + F) – H(HF) – H(H + I)

$\Delta H = (-1640) + (-760) - (-1840) - (-840) = +280$ kJ mol^{-1} (reação endotérmica, energia absorvida)

19

Primeiro aquecimento:

$Q = m \times c \times \Delta\theta$

$Q = 25 \times 1 \times 20 = 500$ J

Tempo necessário:

$$t = \frac{500}{450} = 1{,}11 \text{ min}$$

O primeiro aquecimento se inicia em t = 0 e termina em t = 1,11 min.

Fusão:

$Q = m \times L_F$

$Q = 25 \times 180 = 4500$ J

Tempo necessário:

$$t = \frac{4500}{450} = 10 \text{ min}$$

A fusão se inicia em t = 1,11 min e termina em t = 11,11 min.

Segundo aquecimento:

$Q = m \times c \times \Delta\theta$

$Q = 25 \times 2{,}5 \times 105 = 6562{,}5$ J

Tempo necessário:

$$t = \frac{6562{,}5}{450} = 14{,}58 \text{ min}$$

O segundo aquecimento se inicia em t = 11,11 min e termina em t = 25,69 min.

Ebulição:

$Q = m \times L_V$

$Q = 25 \times 5000 = 12500$ J

Tempo necessário:

$$t = \frac{12500}{450} = 27{,}78 \text{ min}$$

A fusão se inicia em t = 25,69 min e termina em t = 53,47 min.

Terceiro aquecimento:

$Q = m \times c \times \Delta\theta$

$Q = 25 \times 0{,}5 \times 15 = 185{,}5$ J

Tempo necessário:

$$t = \frac{185,5}{450} = 0,42 \text{ min}$$

O terceiro aquecimento se inicia em t = 53,47 min e termina em t = 53,89 min.

Esboço do gráfico:

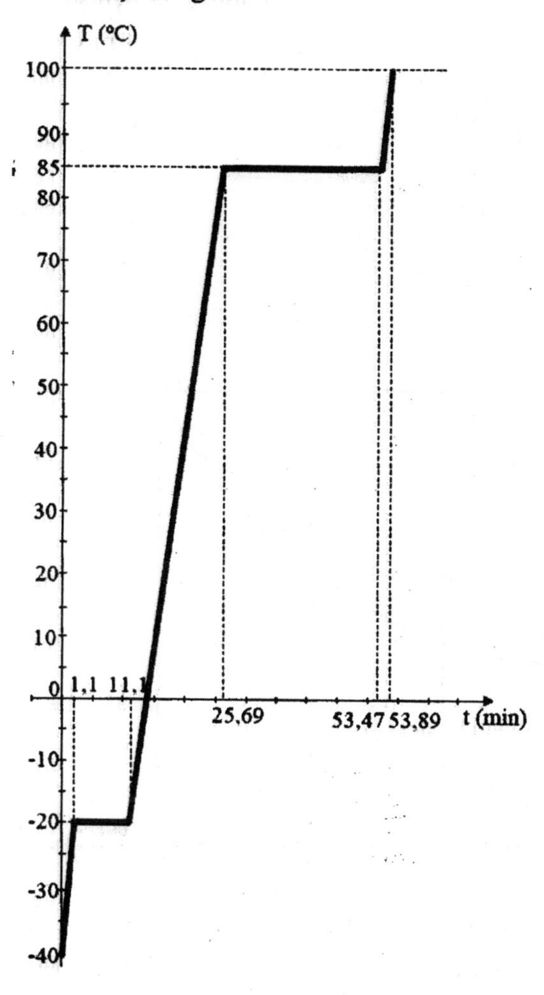

20

$$Q = m \times c \times \Delta\theta = 489 \times 1 \times 50 = 24450 \text{ kcal}$$

$C_3H_8(g) + 5\ O_2(g) \rightarrow 3\ CO_2(g) + 4\ H_2O(g)$

$\Delta H = 3 \times H(CO_2) + 4 \times H(H_2O) - H(C_3H_8) - 5 \times H(O_2)$

$\Delta H = 3 \times (-94,0) + 4 \times (-58,0) - (-25,0) - 5 \times 0 = -489,0\ \text{kcal}$

1 mol $C_3H_8(g)$	–	489 kcal
n	–	24450 kcal

$n = 50$ mols de $C_3H_8(g)$

$p \times V = n \times R \times T$

$$V = \frac{50 \times 82 \times 10^{-6} \times 298}{1} = 1,22\,m^3$$

21

a e b)

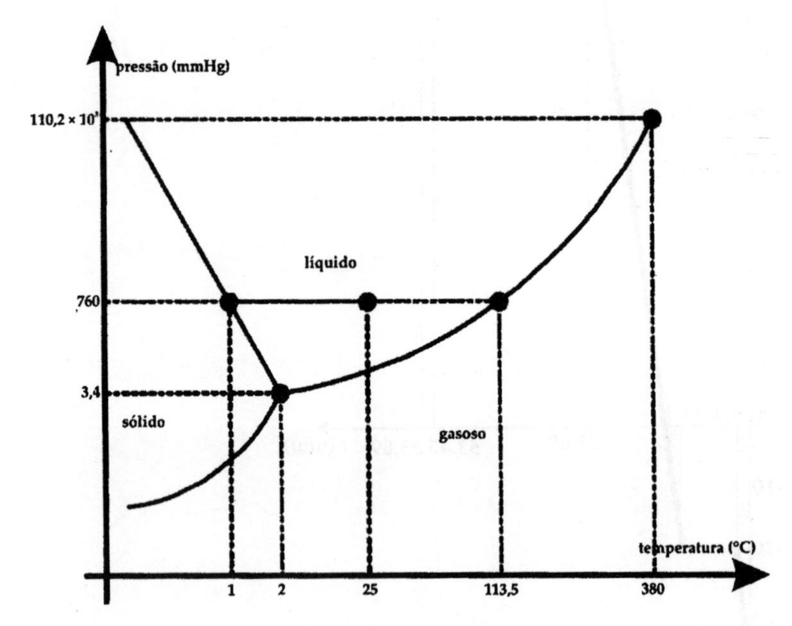

c) $N_2H_4(l) + 2\ H_2O_2(l) \rightarrow N_2(g) + 4\ H_2O(g)$

d) $\Delta H = \left(H_{N_2(g)} + 4 \times H_{H_2O(g)}\right) - \left(H_{N_2H_4(\ell)} + 2 \times H_{H_2O_2(\ell)}\right)$

$\Delta H = \left(0 + 4 \times (-241,8)\right) - \left(50,6 + 2 \times (-187,8)\right)$

$\Delta H = -642,2\ \text{kJ mol}^{-1}$

22

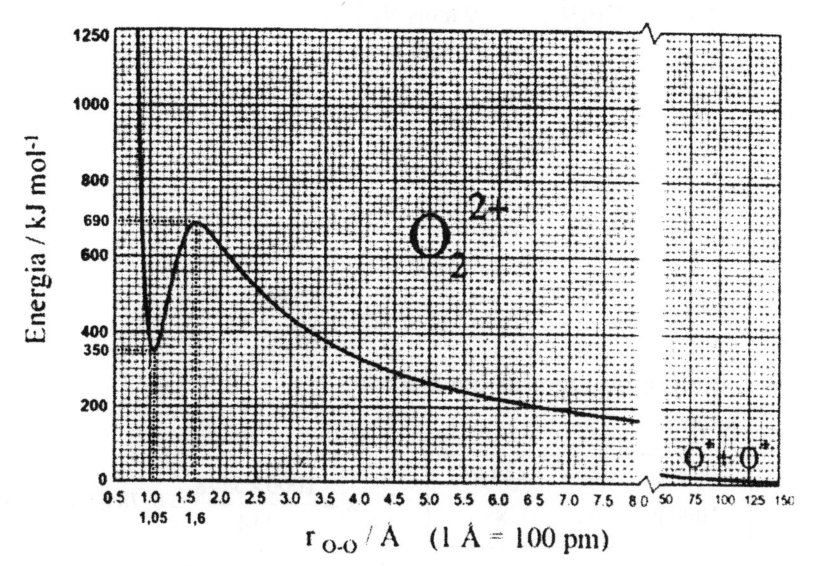

Observando os valores que marcamos no gráfico, temos:

1. 690 kJ mol^{-1}
2. 1,6 Å
3. 690 – 350 = 340 kJ mol^{-1}
4. Para calcular a energia por molécula, basta fazer

$$\frac{350\,\text{kJ mol}^{-1}}{6,02\times10^{23}\ \text{moléculas mol}^{-1}} = 5,81\times10^{-19}\ \text{J molécula}^{-1}$$

5. 1,05 Å
6. O cátion O_2^{2+} é isoeletrônico da molécula N_2. Assim, sua ligação é tripla. Logo, a distância O – O na molécula O_2 é maior que no cátion O_2^{2+} (dupla > tripla).

23

a) $CH_6N_2 \Rightarrow$ 46 g/mol

0,1 g	–	0,75 kJ
46 g	–	x

x = 345,00 kJ

b)

4 mols CH_6N_2	–	9 mols N_2
4 × 345 kJ	–	9 × 28 g

x = 240,95 kJ

c)

24

Calor por quilograma queimado:

Octano:

114 g	–	5448 kJ
1000 g	–	x

$$x = \frac{1000 \times 5448}{114} = 4,78 \times 10^4 \text{ kJ kg}^{-1}$$

Etino:

26 g	–	1299 kJ
1000 g	–	x

$$x = \frac{1000 \times 1299}{26} = 5,00 \times 10^4 \text{ kJ kg}^{-1}$$

Metanol:

32 g	–	726 kJ
1000 g	–	x

$$x = \frac{1000 \times 726}{32} = 2,27 \times 10^4 \text{ kJ kg}^{-1}$$

Logo, em termos de calor por quilograma queimado, o etino é o mais eficiente.

Mols de CO_2 por quilojoule produzido:

Octano:

$C_8H_{18} + 25/2\ O_2 \rightarrow 8\ CO_2 + 9\ H_2O$

8 mol	–	5448 kJ
x	–	1 kJ

$$x = \frac{8}{5448} = 1,47 \times 10^{-3} \text{ mol kJ}^{-1}$$

Etino:

$C_2H_2 + 5/2\ O_2 \rightarrow 2\ CO_2 + H_2O$

2 mol	–	1299 kJ
x	–	1 kJ

$$x = \frac{2}{1299} = 1{,}54 \times 10^{-3}\ \text{mol kJ}^{-1}$$

Metanol:

$CH_4O + 3/2\ O_2 \rightarrow CO_2 + 2\ H_2O$

1 mol	–	726 kJ
x	–	1 kJ

$$x = \frac{1}{726} = 1{,}38 \times 10^{-3}\ \text{mol kJ}^{-1}$$

Logo, em termos de quantidade de CO_2 por quilojoule produzido, o metanol é o mais eficiente.

25

ENDO		EXO	
H_2	436	2 HCl	2 × 431 = 862
Cl_2	243		
TOTAL	679	TOTAL	862

Para determinarmos ΔH, basta fazer $\Delta H = 679 - 862 = -183$ kJ mol^{-1}.

26

a) Caminho da reação.
b) Variação de entalpia (ΔH).
c) Exotérmica.
d) Haveria um "caminho alternativo" com menor energia de ativação.
e) +35 – 20 = +15 kcal/mol.
f) +5 – 20 = -15 kcal/mol.

27

a1) $CH_4(g) + O_2(g) \rightarrow C(s) + 2\ H_2O(l)$
a2) $CH_4(g) + 3/2\ O_2(g) \rightarrow CO(g) + 2\ H_2O(l)$
a3) $CH_4(g) + 2\ O_2(g) \rightarrow CO_2(g) + 2\ H_2O(l)$
b1) $\Delta H = 2 \times (-285{,}83) - (-74{,}81) = -496{,}85$ kJ mol^{-1}
b2) $\Delta H = (-110{,}5) + 2 \times (-285{,}83) - (-74{,}81) = -607{,}35$ kJ mol^{-1}
b3) $\Delta H = (-393{,}5) + 2 \times (-285{,}83) - (-74{,}81) = -890{,}35$ kJ mol^{-1}
c) Por ser o CO_2 o produto de formação mais exotérmica.

28

Como os reagentes foram completamente consumidos, os números de mols de grafite e de oxigênio eram iguais, uma vez que a combustão da grafite é C(grafite) + O_2(g) → CO_2(g). Logo:

C(grafite)	–	O_2(g)
1 mol	–	1 mol
12 g	–	1 mol
3 g	–	n

$$n = \frac{3}{12} = 0,25 \text{ mol}$$

Se havia originalmente 0,25 de O_2(g), podemos aplicar Clapeyron: $p \times V = n \times R \times T$ (lembrando que T = 26,85 + 273,15 = 300 K)

$$p = \frac{0,25 \times 82,06 \times 300}{300} = 20,52 \text{ atm}$$

Para aquecer a bomba calorimétrica e a água do vaso adiabático, temos:
$Q = (m_{Cu} \times c_{Cu} + m_{água} \times c_{água}) \times \Delta\theta = (1500 \times 0,093 + 2000 \times 1) \times (31,3 - 20) = 2,42 \times 10^4$ cal = 24,18 kcal
Este resultado concorda razoavelmente com o dado de literatura de que $H_f(CO_2(g))$ = -94,05 kcal/mol a 25°C.

29

a) $C_6H_{14}(l) + 19/2\ O_2(g) \rightarrow 6\ CO_2(g) + 7\ H_2O(g)$ $\Delta H = -3883$ kJ
$C_7H_{16}(l) + 11\ O_2(g) \rightarrow 7\ CO_2(g) + 8\ H_2O(g)$ $\Delta H = -4498$ kJ

b)

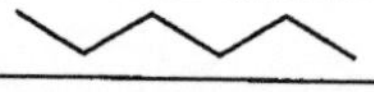	n-hexano	C_6H_{14}
	n-heptano	C_7H_{16}
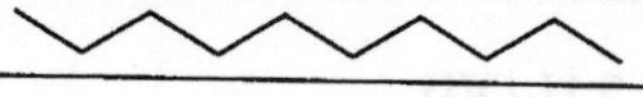	n-decano	$C_{10}H_{22}$

Como é fácil observar pelas estruturas acima, a diferença entre o n-hexano e o n-heptano é um grupo CH_2. O aumento do calor de combustão de um mol de composto ocasionado pelo acréscimo deste grupo seria igual à diferença de calores de combustão entre o n-heptano e o n-hexano (hipótese). Ou seja, em módulo, 4498 – 3883 = 615 kJ/mol.

Como o n-decano tem 4 grupos CH_2 a mais que o n-hexano, podemos estimar o seu calor de combustão em:

$$3883 + 4 \times 615 = 6343 \text{ kJ}$$

Respeitando sinais, ΔH (combustão $C_{10}H_{22}$) = –6343 kJ/mol (estimativa).

c) Caso a água formada estivesse no estado líquido em vez de no estado gasoso, a quantidade de calor liberado seria maior, pois seria liberado o calor envolvido na liquefação, que é uma mudança de estado exotérmica.

30

Para retirar rapidamente o diamante que se encontra preso no cubo de gelo deve-se juntar HCl com NaOH no copo que o contém. Quando se mistura um ácido forte com uma base forte vai ocorrer uma reação exotérmica, com libertação de calor e conseqüente aumento de temperatura, segundo a equação tradicional

$HCl(aq) + NaOH(aq) \rightarrow NaCl(aq) + H_2O(l)$

que é melhor expressa pela equação iônica

$H^+(aq) + OH^-(aq) \rightarrow H_2O(l)$.

O aumento de temperatura vai permitir que o cubo de gelo se derreta mais rapidamente e liberte o diamante.

CAPÍTULO 5 • *Termodinâmica Química*

01 d

A energia cinética de um gás é proporcional à sua temperatura, e é também proporcional ao produto da sua massa molar × o quadrado da velocidade média de suas moléculas. Chamando esta velocidade média, tanto para o hélio quanto para o oxigênio (deseja-se que elas sejam iguais de x, temos:

He	300 K	$4 \times x^2$
O_2	T	$32 \times x^2$

T = 8 × 300 K = 2400 K, ou seja, 2127°C.

02 e

A energia do fóton é proporcional à freqüência da luz, logo é inversamente proporcional ao comprimento de onda. Assim, se a energia do fóton da luz azul é maior que a energia do fóton da luz vermelha, então o comprimento de onda da luz azul é menor que o comprimento de onda da luz vermelha.

03 e

Comentários por item:

a) (5) é espontâneo ($\Delta G < 0$)

b) (2) é endotérmico (fusão do gelo)

c) (3) é exotérmico (queima do metano)

d) (7) apresenta variação negativa de entropia ($\Delta S < 0$)

04 b

Da observação do gráfico, tem-se que o segmento representativo do calor de vaporização trocado sob pressão constante, ou seja, ΔH_v, é maior em I que em II.

05 d

A potência pode ser calculada por $R \times i^2 \times t$. Para uma corrente de 2 A, sendo a resistência igual a 3Ω, no tempo de um segundo, teremos $R \times i^2 \times t = 3 \times 2^2 \times 1 = 12\,J$.

Para uma massa equivalente a 1 mol:

12 J	–	0,015 g
x	–	M

$$x = \frac{12\,M}{0,015} = 800\,M$$

06 d

O trabalho de vaporização é dado por p×ΔV = Δn×R×T. Em 180 segundos, vaporizam-se 0,015 g/s × 180s = 2,7 g. Ou seja:

$$\Delta n = \frac{2,7}{M}\,mol$$

$$R = 8,31\ J \times K^{-1}$$

$$T = 330\,K$$

$$\tau = \frac{2,7 \times 8,31 \times 330}{M}\,J = \frac{7404,21}{M}\,J = \frac{7,40}{M}\,kJ$$

07 d

Usando as "fórmulas úteis" fornecidas na prova, temos que:

$$\left\{\begin{array}{l} v = \lambda f \rightarrow f = \dfrac{v}{\lambda} \\ E = hf \end{array}\right\} \rightarrow E = \frac{hv}{\lambda}$$

Usando agora a constante de Planck, a velocidade da luz e a conversão de angstrom para metro, todas fornecidas na prova, temos:

$$E = \frac{6,626 \times 10^{-34}\,J.s \times 3 \times 10^{8}\,m.s^{-1}}{4 \times 10^{-7}\,m} = 4,969 \times 10^{-19}\,J$$

Logo, para termos 1 J, precisamos $\dfrac{1\,J}{4,969 \times 10^{-19}\,J/\text{fóton}} = 2,012 \times 10^{18}$ fótons

08 a

Comentando item por item:

a) a energia interna de um gás ideal depende da temperatura, mas não depende da pressão. **VERDADEIRA**. Lembremos, por exemplo, que a energia interna de um gás monoatômico é dada por $\frac{3}{2} \times n \times R \times T$.

b) a entropia mede a idade do universo. **FALSA**. A entropia mede a desordem do universo.

c) durante reações químicas espontâneas há um aumento de entropia (não existe exceção). **FALSA**. Reações químicas espontâneas apresentam $\Delta G < 0$. Como $\Delta G = \Delta H - T\,\Delta S$, para $\Delta G < 0$ basta $\Delta H < T\,\Delta S < 0$. $\Delta S < 0$ não é condição necessária nem suficiente – mas é muito comum.

d) a entropia de substâncias elementares é igual a zero por definição. **FALSA**. Isto pode ser válido, dependendo de alguns detalhes, para entalpia.

e) as reações químicas espontâneas ocorrem sempre com liberação de energia. **FALSA**. Novamente, para $\Delta G < 0$ basta $\Delta H < T\,\Delta S$. $\Delta H < 0$ não é condição necessária nem suficiente – mas também é muito comum.

09 c

A relação entre a variação da entalpia e a variação da energia interna é dada pela expressão $\Delta H = \Delta U + \Delta n\, R\, T$.

Como se pede a comparação entre os módulos de ΔH e de ΔU, os sinais dessas grandezas não são levados em conta, mas apenas os seus valores numéricos. Δn é a variação do número de mols de gases (produtos – reagentes) envolvidos.

Tem-se, portanto:

I	$\Delta n = 1-(1+0,5) = -0,5$	$\Delta H_I < \Delta U_I$	falsa
II	$\Delta n = 3-(4+1) = -2$	$\Delta H_{II} < \Delta U_{II}$	verdadeira
III	$\Delta n = 2-(1+1) = 0$	$\Delta H_{III} = \Delta U_{III}$	falsa
IV	$\Delta n = 0-(1+2) = -3$	$\Delta H_{IV} < \Delta U_{IV}$	verdadeira
V	$\Delta n = 1-0 = 1$	$\Delta H_V > \Delta U_V$	verdadeira

10 b

I. Correta: ΔH mede o calor trocado sob pressão constante.

II. Falsa: $\Delta H = p\Delta V + \Delta n RT$.
No caso $\Delta n = (3-(1+1)) = 1$ mol.
Como R= 8,31 J K^{-1} mol^{-1}, $|W| = 1 \times 8,31 \times 298 = 2476,38$ J.

III. Correta: $\Delta H = \Delta U + \Delta n\, R\, T$ e $\Delta U = \Delta H - 2476,38$ J

IV. Falsa: Não se pode afirmar. Só seria verdadeiro para $\Delta H = 2476,38$ J.

V. Falsa: $\Delta G = \Delta H - T\Delta S$. Como $T\Delta S$ é necessariamente diferente de zero, $\Delta G \neq \Delta H$.

11 a

Os gráficos apresentados para a formação dos quatro carbonatos correspondem a retas, ou seja, são do tipo y = a x + b, o que corresponde a $\Delta G = \Delta H - T \times \Delta S$ (y = ΔG, a = ΔS, x = T, b = ΔH). Naturalmente T seria em kelvins, mas isto corresponde a apenas uma translação. Vamos comentar opção por opção, já que as mais interessantes são as opções erradas.

a) Como o coeficiente angular da reta é ΔS, ΔS é constante. **CORRETA.**

b) Como as retas são crescentes, a entropia de formação dos carbonatos a partir de seus óxidos é negativa, o que era de se esperar, pela diminuição da desordem. **FALSA.**

c) O aumento da temperatura torna ΔG da reação de formação do carbonato a partir de seus óxidos maior, logo favorecendo a sua decomposição.

d) A temperatura acima da qual o $CaCO_3$ se decompõe espontaneamente em seus óxidos é superior a 750°C. Observe que o gráfico já tem uma linha horizontal pontilhada em $\Delta_r G^\theta = 0$. **FALSA.**

e) Os carbonatos dos metais alcalinos têm ΔG de formação a partir de seus óxidos menores que os dos carbonatos dos metais alcalino-terrosos em qualquer temperatura na faixa apresentada. **FALSA.**

12 b

A tabela auxilia bastante:

Espectro de Radiação Eletromagnética				
Região	**Comp. de onda (nm)**	**Comp. de onda (m)**	**Freqüência (Hz)**	**Energia (eV)**
Rádio	$> 10^8$	$> 0,1$	$< 3 \times 10^9$	$< 10^{-5}$
Micro-ondas	$10^8 - 10^5$	$10^{-1} - 10^{-4}$	$3 \times 10^9 - 3 \times 10^{12}$	$10^{-5} - 0,01$
Infravermelho	$10^5 - 700$	$10^{-4} - 7 \times 10^{-7}$	$3 \times 10^{12} - 4,3 \times 10^{14}$	$0,01 - 2$
Visível	$700 - 400$	$7 \times 10^{-7} - 4 \times 10^{-7}$	$4,3 \times 10^{14} - 7,5 \times 10^{14}$	$2 - 3$
Ultravioleta	$400 - 1$	$4 \times 10^{-7} - 10^{-9}$	$7,5 \times 10^{14} - 3 \times 10^{17}$	$3 - 10^3$
Raios X	$1 - 0,01$	$10^{-7} - 10^{-11}$	$3 \times 10^{17} - 3 \times 10^{19}$	$10^3 - 10^5$
Raios Gama	$< 0,01$	$< 10^{-11}$	$> 3 \times 10^{19}$	$> 10^5$

13 d

Este é um bom esquema para a energia livre de Gibbs:

$\Delta G = \Delta H - T\Delta S$

$\Delta G < 0$	liberação de energia livre	reação espontânea
$\Delta G > 0$	absorção de energia livre	reação não-espontânea
$\Delta G = 0$	equilíbrio	

O produto $T\Delta S$ é chamado "energia de organização". As possibilidades são:

ΔH	ΔS	ΔG	
+	−	+	sempre
−	+	−	sempre
+	+	+	quando $\Delta H > T\,\Delta S$
		−	quando $\Delta H < T\,\Delta S$
−	−	+	quando $\lvert\Delta H\rvert < \lvert T\,\Delta S\rvert$
		−	quando $\lvert\Delta H\rvert > \lvert T\,\Delta S\rvert$

Comparando este quadro com as opções apresentadas, vemos que II e III são corretas.

14 d

O número de mols de He do sistema é = 0,8 mol. Há dois caminhos para resolução da questão, o segundo é bem mais rápido.

Primeiro caminho:

$\Delta H = \Delta U + w \rightarrow \Delta U = \Delta H - w$

$\Delta H = Q_P = n \times C_P \times \Delta T = 0{,}8 \times 20{,}8 \times (-15) = -249{,}6\ J$

$w = \Delta(pV) = p \times \Delta V = 1{,}2 \times 10^5 \times (18{,}2 - 19{,}0) \times 10^{-3} = -96{,}0\ J$

$\Delta U = -249{,}6 - (-96) = -149{,}6\ J \cong -0{,}15\ kJ$

Segundo caminho:

$\Delta U = Q_V$ e $C_V = C_P - R$

$\Delta U = n \times CV \times \Delta T = 0{,}8 \times (20{,}8 - 8{,}31) \times (-15) = -149{,}88 \cong -0{,}15\ kJ$

15 e

Basta ver o quadro apresentado na solução da questão 11.

16 e

$2\ C(s) + 2\ O_2(g) \rightarrow 2\ CO(g)$ $\Delta H < 0 \Rightarrow$ entalpia de C(s) > entalpia de CO(g)

$H_2O(g) \rightarrow H_2O(l)$ $\Delta H < 0 \Rightarrow$ entalpia de $H_2O(g)$ > entalpia de $H_2O(l)$

Podemos então estabelecer os seguintes patamares de entalpia:

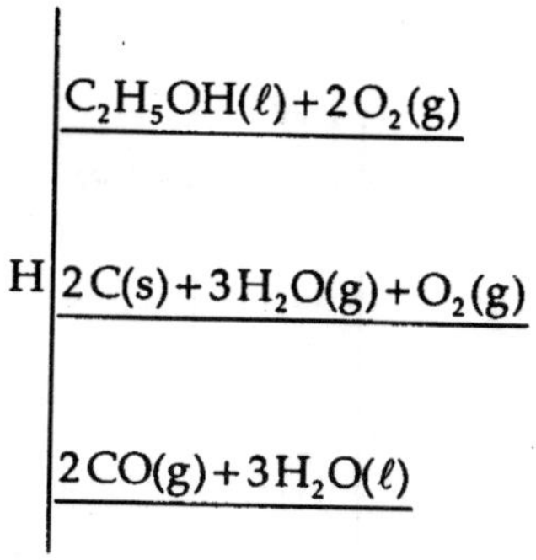

H

$C_2H_5OH(\ell) + 2O_2(g)$

$2C(s) + 3H_2O(g) + O_2(g)$

$2CO(g) + 3H_2O(\ell)$

Naturalmente então $|\Delta H_I| < |\Delta H_{II}|$, e a comparação II é incorreta.
Para analisar as relações entre ΔE e ΔH, fazemos $\Delta H = \Delta E + \Delta n$ (gases) RT.
Em I, $\Delta n(\text{gases}) = 2$. Logo:

$\Delta H_I = \Delta E_I + 2RT$

$\Delta H_I > \Delta E_I$

Como ambas as quantidades são negativas, ao tomarmos o módulo o sinal da desigualdade se inverte, e temos $|\Delta H_I| < |\Delta E_I|$. A comparação IV é CORRETA.
Em II, $\Delta n(\text{gases}) = 0$. Logo:

$\Delta H_{II} = \Delta E_{II} + 0$

$\Delta H_{II} = \Delta E_{II}$

Tomando módulos, $|\Delta H_{II}| = |\Delta E_{II}|$ e a comparação III é incorreta.
Como não podemos afirmar que $|\Delta E_I| = |\Delta E_{II}|$ (comparação I incorreta), a única comparação evidentemente correta é a IV.

17 c

Por serem de alta freqüência (alta energia), as radiações gama provocam, geralmente, ionização nas moléculas.
Por serem de baixa freqüência (baixa energia), as radiações no infravermelho e as microondas provocam, respectivamente, aumento de vibração de ligações e de moléculas.
As radiações visível e ultravioleta seriam as responsáveis por transições eletrônicas.

18 d

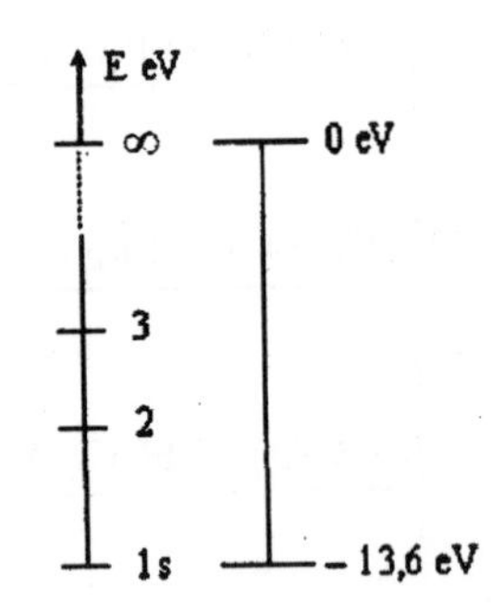

I.	Certa	A energia de ionização é aquela para levar o elétron de 1s até ∞.
II.	Certa	Ver esquema.
III.	ERRADA	Afinidade eletrônica é a energia liberada quando um átomo isolado e neutro recebe um elétron.
IV.	ERRADA	A energia da molécula é menor que a soma das energias dos átomos – a ligação estabiliza.
V.	Certa	Esta energia é menor que a necessária para levá- lo ao infinito, que é 13,6 eV.

19 d

A reação de combustão completa da grafite é

$$C(\text{grafite}) + O_2(g) \rightarrow CO_2(g).$$

Desconsiderando o volume da grafite, não há variação do volume, já que temos o mesmo número de mols de gás, antes e depois da reação. O trabalho (W) produzido no processo é zero, pois $\Delta V = 0$, já que P, n e T são constantes.

A primeira lei da termodinâmica afirma que $\Delta U = Q + W$. Mas $W = 0 \Rightarrow \Delta U = Q$: a variação da energia interna do gás é igual ao calor liberado. Como calor liberado corresponde a $-Q$ e a pressão externa permaneceu constante:

$\Delta U = -Q \Rightarrow \Delta H = -Q_P \Rightarrow \Delta H = \Delta U$

I.	errada	$\Delta U = -Q \neq 0$
II.	CORRETA	$W = -P\,\Delta V$. Se $\Delta V = 0 \Rightarrow W = 0$
III.	errada	Houve troca de calor = $-Q$
IV.	CORRETA	$\Delta U = -Q = \Delta H$

20

Vamos inicialmente estabelecer a conversão anos – segundos:
1 ano = 365,25 dias/ano × 24 h/dia × 3600 s/h = 3,16 × 10^7 s

a) $T = \dfrac{10^{10}}{\sqrt{1}} = 10^{10}$ K

b) $\sqrt{t} = \dfrac{10^{10}}{3000} \rightarrow t = 1{,}11 \times 10^{13}\ \text{s} = 3{,}5 \times 10^{5}\ \text{anos}$

(trezentos e cinqüenta mil anos e surgem os primeiros átomos)

c) $\sqrt{t} = \dfrac{10^{10}}{1000} \rightarrow t = 1{,}00 \times 10^{14}\ \text{s} = 3{,}2 \times 10^{6}\ \text{anos}$

(três milhões e duzentos mil anos e surgem as primeiras moléculas)

d) 300 milhões de anos = 3 × 10^8 anos = 9,47 × 10^{15} s, logo

$$T = \frac{10^{10}}{\sqrt{9{,}47 \times 10^{15}}} = 102{,}8 \cong 103\ \text{K}$$

(ou seja, quando s formaram as primeiras estrelas e galáxias, a temperatura **média** do universo era de -170°C).

e) 15 mil milhões de anos = 15 × 10^9 anos = 4,73 × 10^{17} s, logo

$$T = \frac{10^{10}}{\sqrt{9{,}73 \times 10^{17}}} = 14{,}5 \cong 15\ \text{K}$$

(ou seja, atualmente a temperatura **média** do universo é de -258°C).

21

a) O efeito fotoelétrico pode ser descrito, em termos de energia, através de $E_{fot} = E_{min} + E_{cin}$, onde temos:

E_{fot} energia dos fótons incidentes
E_{min} energia mínima necessária para a ejeção dos elétrons
E_{cin} energia cinética dos elétrons ejetados

A energia dos fótons incidentes pode ser calculada através de $E_{fot} = h \times \nu$, onde:

h constante de Planck
ν freqüência da radiação

Aplicando valores numéricos:

$E_{fot} = h \times \nu = 6{,}63 \times 10^{-34} \times 7 \times 10^{14} = 4{,}64 \times 10^{-19}$ J

$E_{min} = E_{fot} - E_{cin} = 4{,}64 \times 10^{-19} - 5{,}8 \times 10^{-20} = 4{,}06 \times 10^{-19}$ J

b) O potencial de ionização é decrescente num grupo. Assim, o potencial de ionização do lítio é maior do que o do sódio, e não será possível arrancar elétrons de uma superfície de lítio metálico com fótons de energia inferior a E_{min} do sódio. Já o potencial de ionização do potássio é menor do que o do sódio, o que torna viável a operação.

Vale dizer que E_{min} e a energia potencial de ionização não têm o mesmo valor, uma vez que as condições experimentais são diferentes: a energia potencial de ionização é medida para a retirada de elétrons de átomos no estado gasoso.

22

A entropia mede o grau de desorganização dos sistemas e, desse modo, é tanto maior quanto maiores forem as probabilidades de disposição das partículas constituintes do sistema.

Por isso, é maior numa substância gasosa do no estado líquido; e maior no líquido do que no estado sólido.

Pela mesma razão, é maior numa solução mais diluída do que numa mais concentrada; maior num gás mais aquecido ou sob pressão mais baixa.

Com base nessas considerações, tem-se:

a) N_2 (g, 1 atm, T = 300 K) → N_2 (g, 0,1 atm, T = 300 K)
A entropia (S) aumenta, S(final) > S(inicial) e $\Delta S > 0$

b) C (grafite) → C (diamante)
C(grafite) é mais estável que C(diamante) e como, de acordo com a Segunda Lei da Termodinâmica, a entropia tende a aumentar nas transformações espontâneas, S(final) < S(inicial) e $\Delta S < 0$.

c) solução supersaturada → solução saturada
As soluções supersaturadas têm equilíbrio metaestável. Como a estabilidade das soluções saturadas é maior, $\Delta S > 0$, aplicando-se o mesmo raciocínio empregado no item b.

d) sólido amorfo → sólido cristalino
Os sólidos amorfos não têm estrutura cristalina definida (amorfo = sem forma), sendo, por isso, freqüentemente chamados de lí-

quidos de alta viscosidade. Os sólidos verdadeiros ou típicos são, portanto, mais organizados, ou seja, têm entropia menor. Como na passagem de amorfo para cristalino a entropia diminui, $\Delta S < 0$

e) N_2 (g) $\rightarrow$ N_2 (g, adsorvido em sílica)

A entropia de uma mistura é maior do que a de uma substância pura. Portanto, o N_2 adsorvido é mais entrópico do que o N_2 puro e $\Delta S > 0$.

23

Não há necessidade de se saber nada disto para resolver a questão, mas veja que lindo mecanismo. Simplificadamente, o luminol da CSI (Crime Scene Investigation) funciona da seguinte maneira.

Primeiramente, coloca-se o luminol em meio básico (NaOH 0,1 M, por exemplo) para a formação de seu íon divalente:

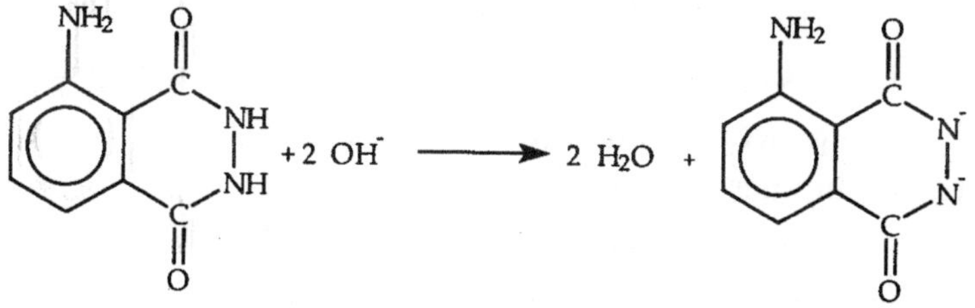

O luminol apresenta uma acidez mais elevada do que outras amidas, devido à formação de uma espécie mais estável (seu íon divalente é uma base conjugada mais fraca). Tal estabilidade se deve ao efeito de ressonância, e à ligação de hidrogênio intramolecular com o grupo amina, que estabiliza a carga negativa sobre um dos átomos de oxigênio.

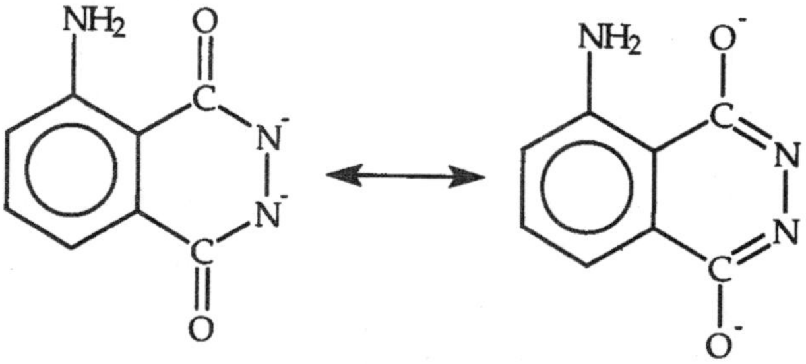

Acrescentando-se a água oxigenada, pode ocorrer a oxidação deste íon, produzindo-se o ânion 3-amino ftalato:

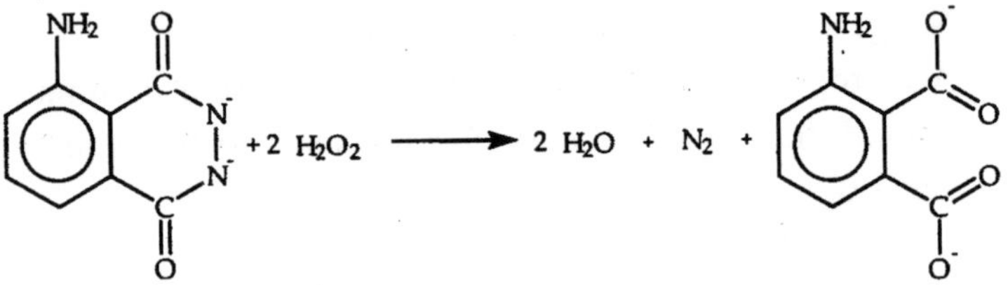

$$+ 2\ H_2O_2 \longrightarrow 2\ H_2O + N_2 +$$

Esta reação, catalisada pelo íon Fe^{2+}, presente no sangue, gera o íon 3-amino ftalato excitado que, ao se desexcitar, emite uma radiação eletromagnética de comprimento de onda próximo de 425 nanometros (conseqüentemente visível e violeta, cuja faixa vai de 380 a 440 nanometros).

1) $v = \lambda \times \nu \rightarrow \nu = \frac{c}{\lambda} = \frac{3\times10^{8}\ m\,s^{-1}}{425\times10^{-9}\ m} = 7{,}06\times10^{14}\ s^{-1}$

2) $E = h \times \nu = 6{,}6 \times 10^{-34}\ Js \times 7{,}06 \times 10^{14}\ s^{-1} \cong 4{,}7 \times 10^{-19}\ J$

3) Exoenergética: há liberação de energia na forma de luz visível (quimiluminescência).

4) Uma vez que os íons Fe^{2+} presentes no sangue são catalisadores da reação, não sendo nela consumidos, o teste pode ser repetido.

Agora, uma curiosa (e agradável) coincidência. Na prova do ENEM de 2005, há duas questões sobre luminol, que colocamos abaixo como questões extras. Não deixe de resolvê-las. Nossas soluções estão no final do capítulo.

ENEM 2005 • Texto para as questões 23.1 e 23.2

Na investigação forense, utiliza-se luminol, uma substância que reage com o ferro presente na hemoglobina do sangue, produzindo luz que permite visualizar locais contaminados com pequenas quantidades de sangue, mesmo em superfícies lavadas. É proposto que, na reação do luminol (I) em meio alcalino, na presença de peróxido de hidrogênio (II) e de um metal de transição (M^{n+}), forma-se o composto 3-amino ftalato (III) que sofre uma relaxação dando origem ao produto final da reação (IV), com liberação de energia ($h\nu$) e de gás nitrogênio (N_2).

(Adaptado. *Química Nova*, 25, no 6, 2002. pp. 1003-1011.)

I + H_2O_2 + M^{n+} → [II → III]* → IV + hν + N_2

Dados: pesos moleculares: Luminol = 177
3-amino ftalato = 164

23.1 (ENEM 2005) Na reação do luminol, está ocorrendo o fenômeno de

a) fluorescência, quando espécies excitadas por absorção de uma radiação eletromagnética relaxam liberando luz.
b) incandescência, um processo físico de emissão de luz que transforma energia elétrica em energia luminosa.
c) quimiluminescência, uma reação química que ocorre com liberação de energia eletromagnética na forma de luz.
d) fosforescência, em que átomos excitados pela radiação visível sofrem decaimento, emitindo fótons.
e) fusão nuclear a frio, através de reação química de hidrólise com liberação de energia.

23.2 (ENEM 2005) Na análise de uma amostra biológica para análise forense, utilizou-se 54 g de luminol e peróxido de hidrogênio em excesso, obtendo-se um rendimento final de 70%. Sendo assim, a quantidade do produto final (IV) formada na reação foi de

a) 123,9.
b) 114,8.
c) 86,0.
d) 35,0.
e) 16,2.

24

Confronte-se esta questão com a de número 27, IME 2001 / 2002.

a) 2,0 g de fenol, cuja massa molar é 94 g/mol, correspondem a $\frac{2}{94}=\frac{1}{47}$ mol de naftaleno. O calor liberado na combustão é 64,98 kJ. Logo, o calor de combustão do naftaleno é 64,98 × 47 = 3054,06 kJ/mol.

b) Como calorímetros são usualmente a volume constante, mede-se Q_V. Como ΔP é muito pequena, $w \cong 0$ e $Q_P \cong Q_V$. Logo, o valor obtido pode ser usado como ΔH. Como o que se deseja é o calor de formação, temos que:

$C_6H_6O + 7\ O_2 \rightarrow 6\ CO_2 + 3\ H_2O \qquad \Delta H = -3054{,}06$ kJ/mol

$-3054{,}06 = 6 \times (-395{,}5) + 3 \times (-285{,}85) - x$

$x = -2373{,}00 - 857{,}55 + 3054{,}06 = -176{,}49$ kJ/mol

c) $\Delta G = \Delta H - T\ \Delta S = -176{,}49 - 298 \times 0{,}1440 = -219{,}40$ kJ/mol

25

Vamos retirar valores do gráfico (pequenas discrepâncias são aceitáveis).

Para H_2 (molécula)

Distância de ligação: 80 pm

Energia associada: −3100 kJ/mol

Para H + H (átomos de hidrogênio "infinitamente afastados"):

Energia associada: −2680 kJ/mol

Para H_2^+ (cátion molecular)

Distância de ligação: 110 pm

Energia associada: −1700 kJ/mol

Para H + H^+ (um átomo de hidrogênio e um próton "infinitamente afastados"):

Energia associada: −1440 kJ/mol

a) H_2: 80 pm; H_2^+: 110 pm

b) H_2: −2680 − (−3100) kJ/mol = 420 kJ/mol;
H_2 : −1440 − (−1700) kJ/mol = 260 kJ/mol

c) −1700 − (−3100) kJ/mol = 1400 kJ/mol

d) −1440 − (−2680) kJ/mol = 1240 kJ/mol (Ver observação no final do texto da resolução da questão.)

e) Para uma radiação de freqüência $3{,}9 \times 10^{15}$ Hz:

$E = h \times \nu = 6{,}63 \times 10^{-34}\ J\ s \times 3{,}9 \times 10^{15}\ s^{-1} = 2{,}586 \times 10^{-18}\ J$

A energia de ionização determinada através do gráfico é de 1400 kJ/mol ou seja:

$$\frac{1400 \times 10^3\ J/mol}{6{,}022 \times 10^{23}\ moléculas/mol} = 2{,}325 \times 10^{-18}\ J/molécula$$

O saldo energético aparecerá na forma de energia cinética do elétron, o que nos permite determinar a velocidade do elétron ejetado:

$$E = \frac{m \times v^2}{2}$$

$$\left(2,586 \times 10^{-18} - 2,325 \times 10^{-18}\right) = \frac{9,1 \times 10^{-31} \times v^2}{2}$$

$$v^2 = \frac{2 \times 0,261 \times 10^{-18}}{9,1 \times 10^{-31}} \Rightarrow v = \sqrt{5,736 \times 10^{11}}$$

$$v = 7,57 \times 10^5 \text{ m/s} = 757 \text{ km/s}$$

Observação sobre o item d:

Salvo melhor juízo, a resposta que apresentamos é a desejada pela banca. Mas, nos parece que outra resposta é possível, pensando-se de outra maneira. A energia de ionização do átomo de hidrogênio poderia ser assim calculada:

- –2680 kJ/mol é o patamar de energia para dois átomos de hidrogênio "infinitamente afastados".
- ZERO é o patamar de energia para suas partículas constituintes (prótons e elétrons) infinitamente afastados".

Logo, $\frac{0-(-2680)}{2} = 1340$ kJ/mol seria a diferença energética entre um átomo de hidrogênio e um próton e um elétron infinitamente afastados, o que corresponde à energia de ionização do hidrogênio. O valor encontrado é bastante próximo do experimental, que é 1310 kJ/mol. Meus sinceros agradecimentos ao meu amigo professor Alexandre da Silva **Antunes**, por ter me alertado para esta interessante possiblidade.

26

A energia da radiação incidente ioniza o átomo e ejeta este elétron com determinada velocidade:

$$E_{radiação} = E_{ionização} + E_{ejeção}$$

A energia de cada elétron ejetado é $\frac{m \times v^2}{2}$. Logo, a energia de 1 mol de elétrons ejetados será:

$$E_{ejeção} = \frac{9,00 \times 10^{-31} \times \left(1,00 \times 10^6\right)^2}{2} \times 6,02 \times 10^{23} = 2,709 \times 10^5 \text{ J/mol}$$

$$E_{ejeção} = 270,9 \text{ kJ/mol}$$

Logo:

$E_{radiação} = E_{ionização} + E_{ejeção}$

$1070,9 = E_{ionização} + 270,9 \Rightarrow E_{ionização} = 800$ kJ/mol

Esta energia pode corresponder aos elementos B e Si, de acordo com o gráfico fornecido.

a) Como se trata de elemento do terceiro período, o elemento é o Si.
b) O próximo elemento do grupo do silício é o $_{32}Ge$.
c) O primeiro elemento do grupo do silício é o $_6C$, que apresenta as hibridações sp^3, sp^2 e sp.

27

Há duas reações a considerar:

a) $C_6H_6(l) + 7,5\ O_2(g) \rightarrow 6\ CO_2(g) + 3\ H_2O(l)$
b) $C_6H_6(l) + 7,5\ O_2(g) \rightarrow 6\ CO_2(g) + 3\ H_2O(g)$

Pela Primeira Lei da Termodinâmica, $\Delta H = \Delta U + w$. Mas podemos estabelecer:

$\Delta H = Q_P$

$\Delta U = Q_V = -780\,kcal$

$w = \Delta(pV) = \Delta p \times V = \Delta n \times R \times T$

No caso "**a**", considerando só os gases, $\Delta n = 6 - 7,5 = -1,5$ mol. Logo, $w = -1,5 \times 2 \times 298 = -894$ J $\cong$ -0,89 kJ.

Assim, $\Delta H = -780 - 0,89 = -780,89$ kJ, e este é o calor padrão de combustão do benzeno a 25°C.

No caso "**b**", ainda considerando só os gases, $\Delta n = 9 - 7,5 = +1,5$ mol. Logo, $w = +1,5 \times 2 \times 298 = +894$ J $\cong$ +0,89 kJ.

Assim, $\Delta H = -780 + 0,89 = -779,11$ kJ

Resumindo as respostas:

a) O calor padrão de combustão do benzeno a 25°C = -780,89 kJ/mol.
b) O calor calculado no item "**a**" é maior do que o calor liberado quando a água é formada no estado gasoso.

28

a) $C_6H_6(l) + \frac{15}{2}\ O_2(g) \rightarrow 6\ CO_2(g) + 3\ H_2O(l)$
b) $\Delta U = Q_V$

$$Q = m \times c \times \Delta\theta + C \times \Delta\theta = (m \times c + C) \times \Delta\theta$$
$$Q = (945 \times 4{,}184 + 891) \times (32{,}692 - 23{,}640)$$
$$Q = 4844{,}88 \times 9{,}05 = 43855{,}85\ J$$

1,048 g	-	$43855{,}85 \times 10^{-3}$ kJ
78 g	-	x

$x = 3264{,}08$ kJ

$\Delta U = -3264{,}08$ kJ

29

0,640 g de naftaleno, cuja massa molar é 128 g/mol, correspondem a

$5 \times 10^{-3} = \left(\frac{1}{200}\right)$ mol de naftaleno.

O calor liberado na combustão é $Q = C \times \Delta t = 2570 \frac{cal}{°C} \times 2{,}4\ °C = 6168$ cal = 6,168 kcal.

Logo, o calor de combustão do naftaleno é 6,168 × 200 = 1233,6 kcal/mol.

Como o calorímetro é a volume constante, mede-se Q_V. Como ΔP é muito pequena, $w \cong 0$ e $Q_P \cong Q_V$. Logo, o valor obtido pode ser usado como ΔH.

Como o que se deseja é o calor de formação, temos que:

$C_{10}H_8 + 12\ O_2 \rightarrow 10\ CO_2 + 4\ H_2O \quad \Delta H = -1233{,}6$ kcal/mol

$-1233{,}6 = 10 \times (-94{,}1) + 4 \times (-68{,}3) - x$

$x = -941 - 273{,}2 + 1233{,}6 = +19{,}4$ kcal/mol

30

a)

$$\Delta E_{n \to 1} = E_n - E_1 = 2{,}18 \times 10^{-18} \times \left(\frac{n^2 - 1}{n^2}\right)$$

$$\Delta E_{2 \to 1} = E_2 - E_1 = 2{,}18 \times 10^{-18} \times \frac{3}{4} = 1{,}635 \times 10^{-18}\ J$$

$$\Delta E_{7 \to 1} = E_7 - E_1 = 2{,}18 \times 10^{-18} \times \frac{48}{49} = 2{,}136 \times 10^{-18}\ J$$

b) A série de Lyman é devida a transições com $\Delta E_{n \to 1}$ variando desde $1{,}635 \times 10^{-18}$ J (n = 2) até $2{,}18 \times 10^{-18}$ J ($n \rightarrow \infty$).

Para calcular o comprimento de onda associado a estas transições podemos usar $\lambda = \frac{hc}{E}$, onde h é a constante de Planck e c é a velocidade da luz.

$$\lambda = \frac{hc}{E} = \frac{6,626\times10^{-34}\times3\times10^{8}}{2,18\times10^{-18}} = 9,118\times10^{-8}\,m\,(91,18\,nm)$$

$$\lambda = \frac{hc}{E} = \frac{6,626\times10^{-34}\times3\times10^{8}}{1,635\times10^{-18}} = 1,216\times10^{-7}\,m\,(121,6\,nm)$$

Comprimentos de onda entre 1 e 400 nm correspondem ao ultravioleta (vide tabela da questão 10).

ci) A energia de ionização é igual a $\Delta E_{\infty\to1}$ ($2,18 \times 10^{-18}$ J). Tanto $\Delta E_{2\to1}$ como $\Delta E_{7\to1}$ são menores que $\Delta E_{\infty\to1}$, e um fóton emitido nestas transições não poderia ionizar o átomo de H.

cii) Ambos os fótons citados têm energia maior que $7,44 \times 10^{-19}$ J, que é a energia mínima para remover um elétron do cobre metálico. Logo, ambos os fótons são capazes de remover um elétron do cristal de Cu.

31

A solução desta questão é do professor João Roberto da Paciencia **Nabuco**, que prefacia este livro (o mais célebre de todos os proêmios) e para ele contribuiu com muitas sugestões. Além de muito obrigado, devo dizer que a solução dele é muito melhor do que a minha...

A pressão total é igual à soma das pressões parciais:

$p_{total} = p(CH_4) + p(ar) = 1$ atm

As pressões parciais são proporcionais às frações molares. Portanto, os números de mols de CH_4 e de ar estão entre si como 1 para 15. Observe:

$$\frac{p(CH_4)}{p(ar)} = \frac{\frac{1}{16}}{\frac{15}{16}} = \frac{1}{15} = \frac{n(CH_4)}{n(ar)}$$

Por outro lado, considerando o ar constituído de 21% de O_2 de 79% de N_2, teremos:

$ar = 0,21 \times O_2 + 0,79 \times N_2$

Como o enunciado refere N_2 e O_2 entre os produtos, a combustão será representada por:

$$\underbrace{CH_4}_{1} + \underbrace{(ar)}_{15} \rightarrow \underbrace{CO_2}_{1} + \underbrace{2H_2O}_{2} + \underbrace{N_2}_{x} + \underbrace{O_2}_{y}$$

$CH_4 + 15\ (0{,}21\ O_2 + 0{,}79\ N_2) \rightarrow CO_2 + 2\ H_2O + x\ N_2 + y\ O_2$

$CH_4 + 3{,}15\ O_2 + 11{,}85\ N_2 \rightarrow CO_2 + 2\ H_2O + x\ N_2 + y\ O_2$

Inicialmente, há 3,15 mol de O_2 para cada mol de CH_4. Destes, 2 mols reagem (estequiometria), de modo que haverá um excesso de (3,15 – 2) mol = 1,15 mol. Além disso, há os 11,85 mol de N_2, que o CH_4 não consome.

Portanto, tem-se:

$CH_4 + 15\ (ar) \rightarrow CO_2 + 2\ H_2O(g) + 11{,}85\ N_2 + 1{,}15\ O_2$

O calor fornecido pela queima é igual ao trabalho realizado mais a variação da energia interna: $Q = w + \Delta U$

Como o reservatório é adiabático, o trabalho da expansão é desprezível: $|Q| = |\Delta U|$

Por outro lado, $\Delta H = \Delta U + p\Delta V$, mas se não há expansão considerável, $\Delta V = 0$ e $\Delta H = \Delta U$.

A combustão é uma reação exotérmica, e portanto ΔH e ΔU são negativos: $Q = -\Delta U = -\Delta H$.

Em resumo: todo o calor gerado na combustão do CH_4 será usado para elevar a temperatura (e a entalpia) do sistema (transformação adiabática): $-\Delta H$ da reação = $-\Delta H$ do sistema

$-\Delta H$ (reação) = H(produtos) – H(reagentes) = $H(CO_2) + 2 \times H(H_2O) - H(CH_4)$

A 298 K não há necessidade de usar o N_2 nem o O_2 (condições padrão).

$-\Delta H = -94050 + 2 \times (-57800) - (-17900) = -191750$ cal/mol

Este valor tem que ser o valor na temperatura final que desejamos calcular (naturalmente agora o N_2 e o O_2 tem de ser considerados, uma vez que estaremos fora das condições padrão).

Para T = 1700 K, usando os dados fornecidos, temos:

$H(CO_2) + 2\ H(H_2O) + 11{,}85\ H(N_2) + 1{,}15\ H(O_2) = 17580 + 2 \times 13740 + 11{,}85 \times 10860 + 1{,}15 \times 11470 = 186941{,}5$ cal/mol

Para T = 2000K, usando os dados fornecidos, temos:
$H(CO_2) + 2\ H(H_2O) + 11{,}85\ H(N_2) + 1{,}15\ H(O_2) = 21900 + 2 \times 17260 + 11{,}85 \times 13420 + 1{,}15 \times 14150 = 231719{,}50$ cal/mol
Como os 191750 cal/mol encontrados estão entre estes dois valores, a temperatura final do sistema está entre 1700 K e 2000 K.
Podemos estimar essa temperatura por interpolação:

1700 K	–	186941,5
T	–	191750
2000 K	–	231719,5

Chamando de x a diferença entre T e 1700 K, temos:

$$\frac{x}{300} = \frac{191750 - 186941{,}5}{231719{,}5 - 186941{,}5} = \frac{4808{,}5}{44778}$$

Resolvendo, x = 32,2 K e T = 1732,2 K.
Cálculo da concentração molar final (a 1732,2 K) de $H_2O(g)$:
$p(H_2O) \times V = n(H_2O) \times R \times T$

$$M = \frac{n(H_2O)}{V} = \frac{p(H_2O)}{RT} = \frac{\frac{2}{16}}{0{,}082 \times 1732{,}2} = 8{,}80 \times 10^{-4}\ \text{mol/L}$$

32

a) $Ag(s) + \frac{1}{2} N_2(g) + 3/2\ O_2(g) \rightarrow AgNO_3(s)$
A entropia diminui ($\Delta S < 0$), devido ao aumento da ordenação.

b) Sim, é compatível, como mostraremos. Para esta reação, tem-se $\Delta H^0 = -124{,}4$ kJ/mol e $\Delta G^0 = -33{,}4$ kJ/mol.

$$\Delta G = \Delta H - T\,\Delta S,\ \text{logo}\ \Delta S = \frac{\Delta H - \Delta G}{T}$$

$$\Delta S = \frac{\Delta H - \Delta G}{T} = \frac{-124{,}4 - (-33{,}4)}{298} = -0{,}305\ \text{kJ/(mol . K)}.$$

c) $AgNO_3(s) \xrightarrow{H_2O} AgNO_3(aq)$
$\Delta H = -101{,}7 - (-122{,}4) = +20{,}70$ kJ/mol
O processo é endotérmico.

$MgSO_4(s) \xrightarrow{H_2O} MgSO_4(aq)$

$\Delta H = -1374{,}8 - (-1283{,}7) = -91{,}10$ kJ/mol

O processo é exotérmico.

d) $AgNO_3(s) \xrightarrow{H_2O} AgNO_3(aq)$

$\Delta G = -34{,}2 - (-33{,}4) = -0{,}80$ kJ/mol

$$\Delta S = \frac{\Delta H - \Delta G}{T} = \frac{+20{,}7 - (-0{,}80)}{298} = +0{,}0721 \text{ kJ/(mol . K)}.$$

O processo tem variação de entropia positiva.

$MgSO_4(s) \xrightarrow{H_2O} MgSO_4(aq)$

$\Delta G = -1198{,}4 - (-1169{,}6) = -28{,}80$ kJ/mol

$$\Delta S = \frac{\Delta H - \Delta G}{T} = \frac{-91{,}10 - (-28{,}80)}{298} = -0{,}209 \text{ kJ/(mol . K)}.$$

O processo tem variação de entropia negativa.

e) Para o $AgNO_3$, tudo como de se esperar: processo de dissolução endotérmico, logo curva de solubilidade "normal", ou seja, solubilidade crescente com a temperatura, e processo de dissolução com variação de entropia positiva, ou seja, aumento da desordem com a dissolução. Para o $MgSO_4$, processo de dissolução exotérmico e com variação de entropia negativa, ou seja, curva de solubilidade "rara", diminuindo com a temperatura, e diminuição da desordem com a dissolução. Na verdade, a curva de solubilidade do $MgSO_4$ é complexa, devido aos diversos hidratos, dos quais o mais importante é o hepta-hidrato $MgSO_4 . 7\ H_2O$, conhecido como sal de Epsom. A solubilidade aumenta com a temperatura até 69°C, diminuindo daí em diante.

23.1c

Sem dúvida é mais comum a liberação de energia na forma de calor, mas a quimiluminescência ocorre em diversas reações, e pode ser explorada de maneira muito interessante, como no caso do luminol. Cabe aqui uma observação: o artigo citado no texto, e publicado em

Química Nova, é de autoria de Ernesto Correa Ferreira e Adriana Vitorino Rossi, da Unicamp.

23.2d

Podemos montar a seguinte relação, já levando em conta o rendimento de 70%:

luminol	–	3-amino ftalato
177 g	–	0,7 × 164 g
54 g	–	x

$x = 35{,}02\%$

CAPÍTULO 6 • *Cinética Química*

01 d

A equação de Arrhenius nos mostra que $k = A \times e^{-\frac{Ea}{RT}}$, ou seja, que k, a constante de velocidade, varia com a energia de ativação (logo com a presença ou ausência de catalisador) e varia com a temperatura (logo com a energia cinética das moléculas).

02 c

Considere a pressão inicial do sistema, 55 mmHg, como a pressão inicial de A, vamos chamá-la de P_0.

	A(g)	→	B(g)	+	C(g)	pressão total
início	P_0		0		0	P_0
estequiometria	x		x		x	
instante qualquer	$P_0 - x$		x		x	$P_0 + x$

A pressão total é $P_0 + x$, e a pressão parcial de A é $P_0 - x$. A pressão parcial de A pode ser então calculada:

$x = P_t - P_0$, $P_A = P_0 - x$, $P_A = 2 \,.\, P_0 - P_t$

Assim, a tabela fornecida pode ser transformada nesta:

t (s)	0	55	200	380	495	640	820
P_A (mmHg)	55	50	40	30	25	20	15

Observa-se então que as reduções à metade observáveis na tabela na pressão parcial de A (de 50 para 25, de 40 para 20 e de 30 para 15 mmHg) ocorrem num tempo constante de 440 segundos; o que aponta para uma reação de 1ª ordem, com meia-vida de 440 segundos. Logo:

I. falsa
II. verdadeira
III. verdadeira
IV. falsa, pois em 640 s, $P_A = 20$ mmHg e $P_B + P_C = 70$ mmHg.

03 b

A velocidade de reação só depende da etapa lenta.

04 a

Comentando opção por opção:

a) o volume de H_2 é crescente (H_2 é produto), tendendo a um limite (fim da reação) – **correta**.
b) a massa de Fe é decrescente (Fe é reagente) – incorreta.
c) a massa de $FeCl_2$ é crescente ($FeCl_2$ é produto) – incorreta.
d) a concentração de HCl é decrescente (HCl é reagente) – incorreta.
e) a concentração de $FeCl_2$ é crescente ($FeCl_2$ é produto) – incorreta.

05

$$v_0 = k \times [C_{0,X}]^x \times [C_{0,Y}]^y \times [C_{0,Z}]^z \times [C_{0,W}]^w$$

Aplicando logaritmos:

$$\log v_0 = \log k + x \log [C_{0,X}] + y \log [C_{0,Y}] + z \log [C_{0,Z}] + w \log [C_{0,W}]$$

A ordem global da reação é a soma dos expoentes na expressão da velocidade e no caso é igual a x + y + z + w.

Fixando-se todas as concentrações, exceto uma, de cada vez, a expressão de v_0 corresponde a uma reta.

Para $[C_{0,Y}]$, por exemplo, como a única concentração variando, teríamos:

$\log v_0$	=	$\log k$	+	y	$\log[C_{0,Y}]$
y	=	b	+	a	x

em que o expoente é o coeficiente angular **a** da respectiva reta é igual a $\frac{\Delta y}{\Delta x}$.

Desse modo, tem-se:

x = 0 (reta é horizontal)

$$y = \frac{-0,7-(-1,0)}{-0,7-(-1,0)} = 1$$

$$z = \frac{-0,4-(-1,0)}{-0,7-(-1,0)} = 2$$

w = 2, porque a reta W é paralela à reta Z, e portanto tem o mesmo coeficiente angular.

Ordem global = 0 + 1+ 2 +2 = 5

06 e

Embora Cálculo não faça parte do programa do ITA, o candidato que não usar este recurso terá que decorar a expressão das reações de diferentes ordens. Nesta questão, faríamos uso do Cálculo Integral da seguinte maneira.

Sendo uma reação de 2ª ordem, é do tipo $v = k\,[x]^2$. Portanto, $-\frac{d[X]}{dt} = k[X]^2$, onde o sinal é negativo porque a concentração do reagente X diminui à medida que a reação ocorre. Rearranjando a expressão acima, vem:

$$-\frac{d[X]}{[X]^2} = k\,dt \text{ ou } -[X]^{-2}\,d[X] = k\,dt$$

$$-\int_{[X]_0}^{[X]_t} [X]^{-2}\,d[X] = \int_0^t k\,dt$$

$$[X]^{-1}\Big|_{[X]_0}^{[X]} = kt\Big|_0^t$$

$$\frac{1}{[X]} - \frac{1}{[X]_0} = kt - k.0$$

Naturalmente $\frac{1}{[X]} - \frac{1}{[X]_0} = kt - k.0.$

De modo que, se tomarmos as concentrações em dois intervalos de tempos distintos, e aplicarmos a expressão acima, encontraremos o mesmo valor, igual a k, na curva que responde a nossa questão.
A curva **V** é uma hipérbole eqüilátera, o que se comprova ao observar que concentração × tempo = 10, para qualquer dos seus pontos.
Por exemplo, consideremos os pontos (1,10) e (2,5) da curva:

$$\frac{1}{5}-\frac{1}{10}=k(2-1)\Rightarrow k=0,1$$

Tomando outros dois pontos quaisquer da curva, por exemplo (5/2,4) e (5,2):

$$\frac{1}{2}-\frac{1}{4}=k(5-2,5)\Rightarrow k=0,1$$

De modo que a opção correta é a curva **V**.

07 a

Qualquer que seja a ordem de uma reação,

- o gráfico [X] × t tem que ser decrescente, o que inviabiliza as opções **b** e **c**.
- o gráfico $\frac{1}{[X]}\times t$ tem que ser crescente, o que inviabiliza a opção **d**.
- o gráfico ln [X] × t tem que ser decrescente, o que inviabiliza a opção **e**.

Resta apenas **a** como opção em que os gráficos de $\frac{1}{[X]}\times t$, para **I** e para **II**, estão crescentes.
Detalhando um pouco mais a parte matemática, tem-se:
Para a reação I, de primeira ordem:

$$[X]=[X]_0\times e^{-kt}$$

$$\frac{1}{[X]}=\frac{1}{[X]_0}\times e^{kt}$$, que corresponde a uma exponencial crescente.

Para a reação II, de segunda ordem:

$$\frac{1}{[X]}-\frac{1}{[X]_0}=k\times t$$

$$\frac{1}{[X]}=\frac{1}{[X]_0}+k\times t$$, que corresponde a uma reta crescente.

08 d

	$2\,NO$	+	Cl_2	→	$2\,NOCl$
início	0,02		0,02		0
estequiometria	2 x		x		2x
instante qualquer	0,02 – 2 x		0,02 - x		2 x

$$[NO] = 0{,}02 - 2x = 0{,}01 \Rightarrow x = 0{,}005$$

$$[Cl_2] = 0{,}02 - x = 0{,}015$$

$$v = k \times [NO]^2 \times [Cl_2] = k \times 0{,}01^2 \times 0{,}015 = 1{,}50 \times 10^{-6} \times k$$

09 d

Trabalhando com a equação de Arrhenius:

$$k = A.e^{-E_{at}/RT} \rightarrow \ln k = \ln A - \frac{E_{at}}{RT} \Rightarrow \ln k = \ln A - \frac{E_{at}}{R}.\frac{1}{T}$$

Assim, o gráfico para (ln k) × (1/T) é uma "reta decrescente", cujo módulo do coeficiente angular vale E_{at}/R. Analisamos então afirmativa por afirmativa:

I. Repetimos aqui o início do enunciado: *A figura a seguir mostra como o valor do logaritmo da constante de velocidade (k) da reação representada pela equação química* $A \xrightarrow{k} R$ *varia com o recíproco da temperatura.* Ou seja, os dois trechos se referem à mesma reação, no sentido direto. Incorreta.

II. Para haver mudança no coeficiente angular de $\ln k = \ln A - \frac{E_{at}}{R}.\frac{1}{T}$ é necessário que o valor de E_{at} se modifique (uma vez que R é constante), o que só pode ocorrer se o mecanismo da reação for alterado. Assim, a temperatura T_b representa a transição entre um e outro mecanismo. Correta.

III. O módulo do coeficiente angular (E_{at}/R) no trecho a – b é menor que no trecho b – c. Logo, a energia de ativação para o primeiro trecho é menor. Correta.

IV. Não há nenhum indicativo (por exemplo, qual o sentido endotérmico) para tal afirmação. Incorreta.

10 a

Decorrido um período de tempo de 4 meias-vidas, a fração de substrato restante é $\frac{1}{2^4}=\frac{1}{16}$. Logo, terão reagido do substrato $1-\frac{1}{16}=\frac{15}{16}$.

11 b

a)	errada	Se a reação é a mesma, diferindo apenas nos caminhos, $\Delta H_I = \Delta H_{II}$. A Lei de Hess afirma que ΔH só depende dos estados inicial e final, não dependendo do caminho da reação.
b)	CORRETA	Se a reação é de primeira ordem, podemos calcular a meia-vida (T) através de kT = ln2, onde k é a constante cinética. Logo, $k_I T_I = k_{II} T_{II} \Rightarrow \frac{k_I}{k_{II}} = \frac{T_{II}}{T_I}$.
c) d)	erradas	Tratam o problema como Equilíbrio, e não como Cinética.
e)	errada	A relação entre as constantes cinéticas é a relação entre as meias-vidas, e não entre as velocidades, como evidenciado em b).

12 c

Há um consumo de 5 mol s^{-1} de A(g). Como a reação global apresenta 3 A(g) → 4 E(g), podemos garantir:

3 A(g)	+	2 B(g)	→	4 E(g)
3 mols		–		4 mols
5 mol s^{-1}		–		x

$$x = \frac{4}{3}\times 5\,\text{mol}\,s^{-1} = 6{,}67\,\text{mol}\,s^{-1}$$

A lamentar o engano de unidade no enunciado (e mantido nesta resolução): a unidade para velocidade deveria ser mol L^{-1} s^{-1}.

13 ?

Para reações de segunda ordem, com lei de velocidade do tipo v = $k[A]^2$, vale que $\frac{1}{[A]_{final}}-\frac{1}{[A]_{inicial}}=k\times t$. Assim:

$$\frac{1}{0{,}0016}-\frac{1}{0{,}016}=0{,}014\times t$$

Resolvendo, vem:

$t = \dfrac{625 - 62,5}{0,014} = 4,02 \times 10^4$ s e não há opção para marcar, pois que a ordem de grandeza deste valor é 10^5 segundos. Vamos ficar com a letra e, "mais próxima"?

14 e

I.	errada	A velocidade é maior onde a energia de ativação é mais baixa.
II.	errada	Toda reação, seja endo ou exotérmica, tem sua velocidade aumentada pelo aumento de temperatura.
III.	errada	A velocidade é dependente da concentração do reagente, uma vez que a reação não é de ordem zero, uma vez que é afetada pela adição de catalisador.
IV.	errada	O catalisador é sólido e as mudanças no reagente se processam em sua superfície. Logo, a superfície de contato do reagente com o catalisador afeta a velocidade da reação.
V.	errada	Se as leis de velocidade do processo catalisado e não catalisado forem as mesmas, e as velocidades de reação forem diferentes, as constantes cinéticas serão diferentes.

15

Sendo v a velocidade da reação, temos que $v = k \times [A]^{\alpha} \times [B]^{\beta}$.

Da 1ª tabela, podemos escrever $100 = k \times 10^{\alpha} \times 10^{\beta}$, ou seja, $100 = k \times 10^{\alpha+\beta}$. Chamamos esta relação de I.

Da 2ª tabela, podemos escrever $\alpha^{\alpha} \times \alpha^{\beta} = k \times (10\alpha)^{\alpha} \times \beta^{\beta}$. Trabalhando algebricamente, obtemos $k \times 10^{\alpha} = \left(\dfrac{\alpha}{\beta}\right)^{\beta}$.

Como $\dfrac{\alpha}{\beta} = 10$, temos que $k \times 10^{\alpha} = 10^{\beta}$. Logo, $k = 10^{\beta-\alpha}$. Substituindo em I, temos:

$100 = 10^{\beta-\alpha} \times 10^{\alpha+\beta} = 10^{2\beta} \Rightarrow \beta = 1$. Logo, $\alpha = 10$.

Como $k = 10^{\beta-\alpha}$, $k = 10^{-9}\ mol^{-10}\ L^{10}\ h^{-1}$.

a) $k = 10^{-9}\ mol^{-10}\ L^{10}\ h^{-1}$.

b) A ordem global da reação é $\alpha + \beta = 11$, as ordens parciais são $\alpha = 10$ e $\beta = 1$.

16

$v = k \times [A]^a \times [B]^b$

Comparando-se as linhas dos experimentos I e III, vemos que b = 1.
Comparando-se as linhas dos experimentos II e III, vemos que a = 1.
Logo, $v = k \times [A] \times [B]$.
Usamos a linha I para calcular o valor de k:

$$k = \frac{2 \times 10^{-3}}{0,1 \times 0,1} = 0,2 \frac{L}{mol \times min}$$

Calculando a velocidade para as novas concentrações:

$$v = 0,2 \times 0,5 \times 0,5 = 0,05 = 5,0 \times 10^{-2} \frac{mol}{L \times min}$$

Respostas:

a) $v = k \times [A] \times [B]$

b) $k = 0,2 \frac{L}{mol \times min}$

c) $v = 5,0 \times 10^{-2} \frac{mol}{L \times min}$

17

A etapa lenta é a determinante da velocidade da reação. É a mais lenta, porque sua energia de ativação, no caso E_{aII}, é a maior de todas.
A ordenada representativa da energia do reagente A é a maior de todas, e a ordenada correspondente à energia do produto final C, a menor, porque a reação global é exotérmica.
Considerando ainda que $\Delta H_I < \Delta H_{II}$, e que $E_{aI} < E_{aII}$, a curva representativa dessas transformações terá o seguinte aspecto:

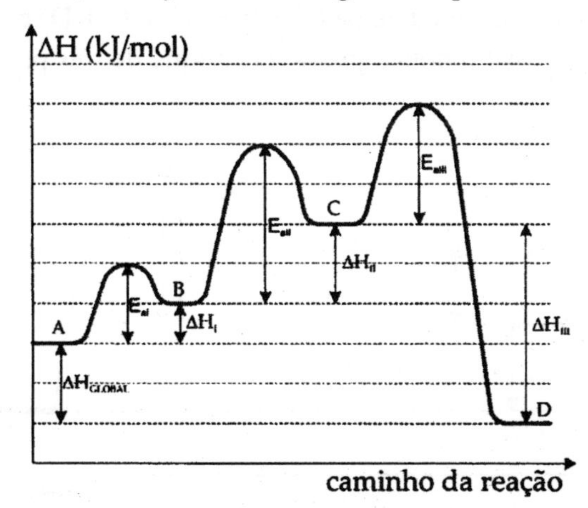

18

Se qualquer uma das relações

de ordem zero $[\Delta] = 0{,}100 - k\,t$

de primeira ordem $\ln\left(\frac{[\Delta]}{0{,}100}\right) = -k\,t$

de segunda ordem $\frac{1}{[\Delta]} - \frac{1}{0{,}100} = k\,t$

for válida, o gráfico será uma linha reta. Por inspeção nos gráficos apresentados, verifica-se que a reação é de primeira ordem (único gráfico correspondente a uma linha reta). Ainda do gráfico, podemos determinar o valor de k:

$$k = \frac{|(-3{,}1) - (-2{,}3)|}{20} = \frac{0{,}8}{20} = \frac{1}{25} = 4 \times 10^{-2}$$

Logo, temos duas expressões equivalentes:

$$\ln\left(\frac{[\Delta]}{0{,}100}\right) = \frac{-t}{25} \text{ e } v = \frac{[\Delta]}{25}$$

19

a) $H_2O_2(l) \rightarrow H_2O(l) + \frac{1}{2}\, O_2(g)$

b) O MnO_2 é um catalisador para esta reação.

20

Certamente a segunda etapa (E + F + G → C + D) é a mais lenta, uma vez que envolve o pouco provável choque de três partículas reagentes.

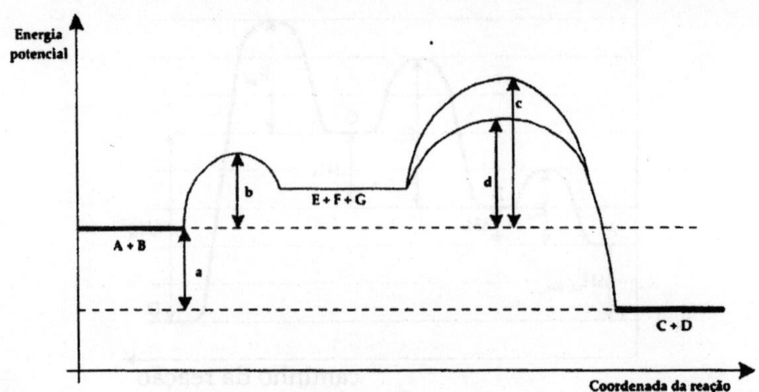

a = variação de entalpia da reação
b = energia de ativação da primeira etapa (A + B → E + F + G)
c = energia de ativação da segunda etapa (E + F + G → C + D) sem catalisador
d = energia de ativação da segunda etapa (E + F + G → C + D) com catalisador

21

Vamos aproximar o gráfico apresentado no enunciado para o triângulo em linhas pontilhadas, considerando que seja um triângulo isósceles de base 6 e altura relativa à base 2,7.

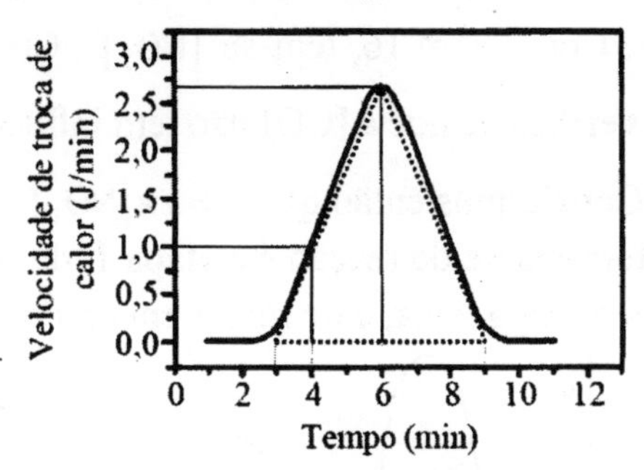

Logo, sua área é $\frac{6\times 2,7}{2}=8,1$. Por semelhança, podemos achar a altura do triângulo retângulo correspondente a t = 4 minutos. Seu valor é $\frac{1\times 2,7}{3}=0,9$. Logo, tem área $\frac{1\times 0,9}{2}=0,45$.
A primeira área nos dá o calor total do processo (8,1 J) e a segunda área o calor liberado até t = 4 minutos (0,45 J).

a)

8,1 J	–	1 mol
0,45 J	–	x mol

$$x=\frac{0,45}{8,1}=\frac{1}{18}\simeq 5,6\times 10^{-2}\ \text{mol}$$

b) $8,1\times 10^{-3}$ kJ mol^{-1}

22

a) A velocidade de uma reação de ordem zero é constante: $v=-\frac{dn}{dt}=k\times[A]^0 \Rightarrow v=k$.

b) Como a concentração do reagente não exerce influência na velocidade da reação, e não há a presença de catalisador, somente a variação de temperatura pode modificá-la, como mostra a equação de Arrhenius: $k = A \times e^{-\frac{E_{at}}{RT}}$.

c) Não. Reações de ordem zero não apresentam tempo de meia-vida constante, só reações de primeira ordem.

23

a) Comparando-se as linhas 1 e 2, verifica-se que, quando a $[NO_2]$ é multiplicada por $\frac{0,40}{0,10} = 4$, a velocidade inicial é multiplicada por $\frac{0,0800}{0,0050} = 16$. Como $4^2 = 16$, tem-se $[NO_2]^2$. Comparando-se as linhas 1 e 3, verifica-se que a [CO] não tem influência na velocidade da reação. Concluímos então que $v = k \times [NO_2]^2$.

b) A etapa determinante da reação é a etapa 1, da qual NO_2 participa. Esta é então a etapa lenta, e de maior energia de ativação.

c)

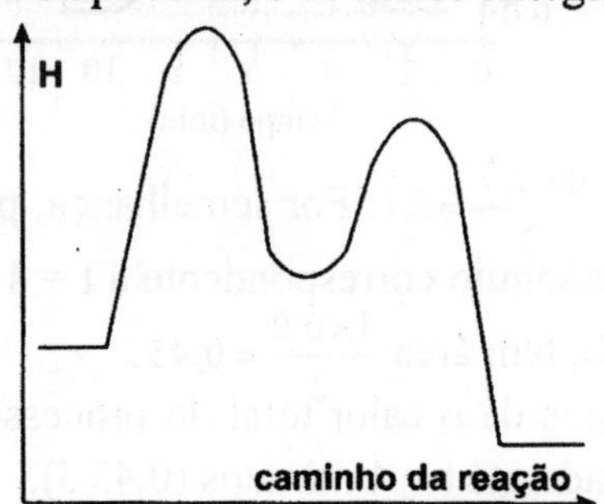

24

a) $v = -\frac{1}{2} \times \frac{\Delta[NO]}{\Delta t} = -\frac{1}{2} \times \frac{0,09 - 0,43}{2} = 8,50 \times 10^{-2}\ mol\,dm^{-3}\,min^{-1}$

$$v = \frac{\Delta[N_2]}{\Delta t} = \frac{0,17 - 0}{2} = 8,50 \times 10^{-2}\ mol\,dm^{-3}\,min^{-1}$$

O fato das velocidades serem iguais na presença ou na ausência do AM-53 evidencia o fato de que o AM-53 NÃO É um catalisador para esta reação.

b) A velocidade de uma reação depende das concentrações dos reagentes, e não dos produtos. Provavelmente não haveria qualquer variação.
c) O aumento de temperatura aumenta a velocidade de reação, devido ao aumento da energia cinética das moléculas, o que propicia maior número de choques intermoleculares e choques mais fortes.

25

Na reação de combustão de explosivos (caso A), observa-se que a velocidade sofre pouca variação nas temperaturas abaixo da temperatura crítica – ponto de flama. Quando a temperatura atinge um valor em que o meio é capaz de fornecer a energia de ativação necessária, a reação passa a ter valores de velocidade muito altos.
No caso B, a reação é catalisada por enzimas. O comportamento na primeira parte do gráfico está de acordo com o princípio de Van't Hoff. No entanto, as enzimas são proteínas, em geral globulares, que necessitam de sua estrutura tridimensional intacta para exercer sua ação catalítica. Com o aumento da temperatura, estas proteínas sofrem desnaturação (alteram sua estrutura tridimensional) e perdem sua capacidade de catálise. Enzimas têm uma faixa de temperatura "ótima" de atuação – fora desta faixa não funcionam ou funcionam mal.

26

a) Tendo-se o valor de k, a constante cinética de uma reação de primeira ordem, podemos calcular a meia-vida (T) através de:

$$T = \frac{\ln 2}{k} = \frac{\ln 2}{0,0086\,\text{min}^{-1}} = 80,60\ \text{min}$$

b) O tempo de 321,6 min corresponde a $n = \frac{321,6}{80,60} = 3,99 \cong 4$ meias-vidas. Assim sendo, após este tempo restará:

$$\frac{4\ \text{mol}}{2^4} = 0,25\ \text{mol}$$

c) Uma observação preciosa para concursos. Se o valor de k para uma reação é dado com sua unidade, observe que se tem a ordem de reação! Para reação de 2ª ordem, $v = k \times [A]^2$ implica que a unidade de k seja $\frac{\text{mol} \times L^{-1} \times s^{-1}}{\text{mol}^2 \times L^{-2}} = \text{mol}^{-1} \times L \times s^{-1}$, exatamente a aqui apresentada. Logo, a reação é de segunda ordem.

d) Trabalharemos a equação de Arrhenius, $k = A \times e^{-\frac{Ea}{R \times T}}$. Alguma álgebra para eliminarmos A.

$$k1 = A \times e^{-\frac{Ea}{R \times T1}} \Rightarrow \ln k1 = \ln A - \frac{Ea}{R \times T1}$$

$$k2 = A \times e^{-\frac{Ea}{R \times T2}} \Rightarrow \ln k2 = \ln A - \frac{Ea}{R \times T2}$$

$$\ln \frac{k1}{k2} = \frac{Ea}{R} \times \left(\frac{1}{T2} - \frac{1}{T1} \right)$$

$$\ln \frac{k(100)}{k(65)} = \frac{1{,}039 \times 10^5}{8{,}31} \times \left(\frac{1}{338{,}15} - \frac{1}{373{,}15} \right)$$

$$\ln \frac{k(100)}{k(65)} = 3{,}47$$

$$k(100) = k(65) \times e^{3{,}47}$$

$$k(100) = 4{,}87 \times 10^{-3} \times e^{3{,}47} = 0{,}156 M^{-1} s^{-1}$$

27

A lei de velocidade é $v = k \cdot [A]^2 \cdot [B]$

Aplicando para o teste 1:

$$v = k \times 10^2 \times X \Rightarrow v = k \times 100 \times X$$

Aplicando para o teste 2:

$$2v = k \times X^2 \times 20$$

Dividindo as relações, obtemos:

$$\frac{v}{2v} = \frac{k \times 100 \times X}{k \times X^2 \times 20} \Rightarrow \frac{1}{2} = \frac{5}{X} \Rightarrow X = 10 \text{ mol/L}$$

Aplicando para o teste 3:

$$13500 = k \times 15^2 \times 30 \Rightarrow k = 2 \frac{L^2}{mol^2 \times s}$$

28

a) Como a reação é de primeira ordem, podemos escrever:

$$[N_2O_5]_1 = [N_2O_5]_0 \times e^{-k(t_1 - t_0)}$$

$$e^{k\Delta t} = \frac{[N_2O_5]_0}{[N_2O_5]_1}$$

$$k = \frac{\ln[N_2O_5]_0 - \ln[N_2O_5]_1}{\Delta t}$$

Usando o intervalo 0-400 segundos, temos:

$$k = \frac{-2,303 + 5,075}{400} = 6,93 \times 10^{-3}\,s^{-1}$$

b) Nas reações de primeira ordem, a meia-vida (T) é dada por

$$T = \frac{\ln 2}{6,93 \times 10^{-3}\,s^{-1}} \cong 100\,s$$

29

a) O sulfato de manganês, $MnSO_4$, atua como catalisador da reação. Reações que são catalisadas por um produto costumam ser chamadas de reações auto-catalíticas. É importante citar que, em verdade, o catalisador é o íon Mn^{2+}(aq).

b) $2\,KMnO_4 + 3\,H_2SO_4 + 5\,H_2C_2O_4 \rightarrow K_2SO_4 + 2\,MnSO_4 + 10\,CO_2 + 8\,H_2O$

$2\,MnO_4^- + 6\,H^+ + 5\,H_2C_2O_4 \rightarrow 2\,Mn^{2+} + 10\,CO_2 + 8\,H_2O$

Obs.: A reação iônica se presta muito bem ao balanceamento pelo método do íon-elétron. Provavelmente seu professor já a resolveu como exemplo.

30

a) linha 1 × linha 2, para [Catal]:

$$\left.\begin{array}{l}[\text{Catal.}] \Rightarrow \dfrac{6,0\times10^{-4}}{8,0\times10^{-4}} = 0,750 \\ v \Rightarrow \dfrac{10,3\times10^{-7}}{13,7\times10^{-7}} = 0,752\end{array}\right\} \text{expoente 1 para } [\text{Catal.}]$$

linha 1 × linha 4, para [BT]:

$$\left.\begin{array}{l}[\text{BT}] \Rightarrow \dfrac{5,0\times10^{-2}}{1,0\times10^{-2}} = 5,0 \\ v \Rightarrow \dfrac{10,3\times10^{-7}}{10,3\times10^{-7}} = 1,0\end{array}\right\} \text{expoente 0 para } [\text{BT}]$$

linha 1 × linha 3, para $[H_2]$:

$$\left.\begin{array}{l}[H_2] \Rightarrow \dfrac{2,3\times10^{-3}}{3,0\times10^{-3}} = 0,767 \\ v \Rightarrow \dfrac{10,3\times10^{-7}}{13,6\times10^{-7}} = 0,757\end{array}\right\} \text{expoente 1 para } [H_2]$$

b) $v = k\times[\text{Catal.}]\times[H_2]$

c) $k = \dfrac{v}{[\text{Catal.}]\times[H_2]}$

$$\text{linha 1 (125 C)} \Rightarrow k = \frac{10,3\times10^{-7}}{6,0\times10^{-4}\times2,3\times10^{-3}} = 0,746\,\text{mol}^{-1}\,\text{dm}^3\,\text{s}^{-1}$$

(se forem usadas as linhas 2, 3 e 4, que também se referem à temperatura de 125°C, são obtidos os valores de 0,745, 0,756 e 0,746 $\text{mol}^{-1}\,\text{dm}^3\,\text{s}^{-1}$)

$$\text{linha 5 (110°C)} \Rightarrow k = \frac{3,7\times10^{-7}}{6,0\times10^{-4}\times2,3\times10^{-3}} = 0,268\,\text{mol}^{-1}\,\text{dm}^3\,\text{s}^{-1}$$

31

Como se misturam 10 mL de solução de Br_2 com 10 mL de solução de HCOOH, a $[Br_2]$ passa a ser $1,2 \times 10^{-2}$ mol dm^{-3}. Para que a $[Br_2]$ passe a ser $8,45 \times 10^{-3}$ mol dm^{-3}, a $[Br_2]$ que deve ser consumida é $1,2 \times 10^{-2} - 8,45 \times 10^{-3} = 3,55 \times 10^{-3}$ mol dm^{-3}.

Nos primeiros 50 segundos podem ser consumidos $3{,}8 \times 10^{-5} \times 50 = 1{,}90 \times 10^{-3}$ mol dm^{-3} (insuficiente).

Nos próximos 50 segundos podem ser consumidos $3{,}3 \times 10^{-5} \times 50 = 1{,}65 \times 10^{-3}$ mol dm^{-3}. Ou seja, nos primeiros 100 segundos podem ser consumidos $1{,}90 \times 10^{-3}$ mol dm^{-3} + $1{,}65 \times 10^{-3}$ mol dm^{-3} = $3{,}55 \times 10^{-3}$ mol dm^{-3}.

Como esta é exatamente a $[Br_2]$ que deve ser consumida, a porta deve ser aberta após 100 segundos.

32

Comparando-se a primeira e a segunda linhas, vemos que dobrando-se a [A] e mantendo-se a [B] constante, a velocidade de reação quadruplica. Logo, $[A]^2$.

Comparando-se a segunda e a terceira linhas, vemos que dobrando-se a [B] e mantendo-se a [A] constante, a velocidade de reação quadruplica. Logo, $[B]^2$.

A lei de velocidade para a reação é então $v = k \times [A]^2 \times [B]^2$. Usando a primeira linha para determinar k, tem-se:

$3 \times 10^{-5} = k \times (10^{-3})^2 \times (10^{-3})^2$, que fornece $k = 3 \times 10^7$ mol^{-3} . L^3 . h^{-1}.

33

a) $SO_2Cl_2(g) \rightarrow SO_2(g) + Cl_2(g)$

Se o gráfico $\ln [SO_2Cl_2] \times t$ é linear, está caracterizada uma reação de primeira ordem, com a seguinte equação de concentrações:

$$[SO_2Cl_2]=[SO_2Cl_2]_0 \times e^{-kt}$$

Para calcular k, substituímos valores:

$$0,280 = 0,400 \times e^{-kt}$$

$$k = \frac{\ln 0,400 - \ln 0,280}{240} = 1,49 \times 10^{-3}\ s^{-1}$$

b) Há dois caminhos para o cálculo da meia-vida (T):

• Pela relação entre k e T:

$$T = \frac{\ln 2}{k} = \frac{\ln 2}{1,49 \times 10^{-3}} = 466,41 \cong 466s$$

• Cálculo direto pela definição de meia-vida:

Chamando de n ao número de meias-vidas decorrido, tem-se:

$$0{,}280 = \frac{0{,}400}{2^n} \Rightarrow 2^n = \frac{0{,}400}{0{,}28} = \frac{10}{7}$$

$$n = \frac{\log 10 - \log 7}{\log 2} = \frac{1 - \log 7}{\log 2}$$

$$240 = n \times T \Rightarrow T = \frac{240}{n}$$

$$T = 240 \times \frac{\log 2}{1 - \log 7} = 466{,}41 \cong 466s$$

c) A velocidade instantânea é dada pelo coeficiente angular da reta tangente à curva [ ]×t num ponto cuja abscissa é o instante desejado, enquanto a velocidade média é dada pelo coeficiente angular da reta secante à curva em dois pontos correspondentes ao intervalo de tempo desejado. Observe que a velocidade instantânea é o limite para o qual tende a velocidade média quando o intervalo de tempo tende a zero.

d) Dois bons exemplos de temperatura afetando a velocidade de reação no dia-a-dia são a velocidade cozimento dos alimentos numa panela aberta versus numa panela de pressão, e a velocidade de deterioração dos alimentos armazenados sem refrigeração, numa geladeira comum ou num freezer.

34

a) $2\,H_2O_2(aq) \rightarrow 2\,H_2O(l) + O_2(g)$

b) O catalisador é o $I^-(aq)$, uma vez que foi utilizado na primeira reação e obtido na segunda reação. Isto possibilita que a quantidade inicial seja igual à quantidade final.

c) O intermediário desta reação é o $IO^-(aq)$. Podemos observar que na primeira reação ele é produto, e é reagente na segunda reação, não aparecendo nos produtos finais. Deste modo, é o elo de ligação entre a primeira e a segunda reações.

CAPÍTULO 7 • *Equilíbrio Químico*

01 a

O aumento da pressão através da injeção de um gás inerte não altera o equilíbrio. Logo, $n_1 = n_2$.

02 b

A lamentar a duvidosa redação "constante de reação", mas o fato de a constante de equilíbrio só depender da temperatura é conhecimento amplamente difundido.

03 e

Para o sistema $SO_2(g) + Cl_2(g) \rightleftarrows SO_2Cl_2(g)$, temos $Kc = \frac{[SO_2Cl_2]}{[SO_2]\times[Cl_2]}$.
O quadro de equilíbrio fica:

	$[SO_2]$	$[Cl_2]$	$[SO_2Cl_2]$
início	0,1	0,1	0
estequiometria	x	x	x
equilíbrio	0,1 – x	0,1 – x	x

Aplicando valores numéricos, temos:

$$\frac{x}{(0,1-x)^2} = 55,5 \rightarrow 55,5x^2 - 11,1x + 0,555 = x$$

$$55,5x^2 - 12,1x + 0,555 = 0$$

$$x = \frac{12,1 \pm \sqrt{146,41 - 123,21}}{111}$$

Para atender a condição $0 < x < 0,1$, só nos interessa

$$x = \frac{12,1 - 4,82}{111} = 0,0656.$$

04 c

I. O aumento de volume acarreta na diminuição da pressão. O sistema evolui no sentido do aumento da pressão pelo aumento do número de mols. Ou seja, o sistema evolui à esquerda. **VERDADEIRA.**

II. O aumento de temperatura favorece a reação endotérmica. Ou seja, o sistema evolui à esquerda. **VERDADEIRA.**

III. O sistema tem $\Delta n = 0$, logo não é afetado por variação de volume ou de pressão. A introdução de gás nobre também não afeta o equilíbrio. **VERDADEIRA.**

IV. O aumento de volume acarreta na diminuição da pressão. O sistema evolui no sentido do aumento da pressão pelo aumento do número de mols. Ou seja, mais água evapora, aumentando o número de mols de gás no recipiente. Se o número de mols é variável, a lei de Boyle não é válida. **FALSA.**

05 a

Catalisadores afetam a velocidade de reações, e podem diminuir a energia de ativação. Mas não alteram a espontaneidade nem deslocam a posição de equilíbrio.

06 b

Na opção **a**, 60 g a 40°C correspondem ao coeficiente de solubilidade do sal nessa temperatura. Logo, o sal adicionado não será dissolvido, e portanto não provocará efeito térmico.

Na opção **b**, a massa total de sal será 80 g, menor do que o coeficiente de solubilidade do sal nessa temperatura. Logo, haverá dissolução. Segundo o gráfico, a solubilidade aumenta com a temperatura em todos os representados, sendo muito discreto o aumento experimentado pelo NaCl. Todos os processos são, portanto, endotérmicos ($\Delta H > 0$), e as alternativas **c** e **e** são falsas.

Na opção **d**, a solução ficará saturada em KNO_3, mas não em $NaClO_3$. Este sal se dissolverá, endotermicamente ($\Delta H > 0$).

07 c

	X(g)	→	2 Y(g)	+	½ Z
início	P_0		0		0
fim	$P_0 - P_0\alpha$		$2\,P_0\alpha$		$\frac{1}{2}P_0\alpha$

A pressão final será a soma das pressões parciais:

$$P = P_0 - P_0\,\alpha + 2\,P_0\,\alpha + 1/2\,P_0\,\alpha = P_0\,(1 + 3/2\,\alpha)$$

08

(A) (1)

As frações molares iniciais são $xN_2 = \frac{1}{1+3} = \frac{1}{4}$ e $xH_2 = \frac{3}{4}$. Logo, as pressões parciais iniciais são $pN_2 = \frac{1}{4} \times 30\,atm = 7,5\,atm$ e pH $pH_2 = 3 \times 7,5\,atm = 22,5\,atm$. Quadro de equilíbrio:

	$N_2(g)$	+	$H_2(g)$	$\rightleftarrows$	$2\ NH_3(g)$
início	7,5 atm		22,5 atm		0
estequiometria	x		3 x		2 x
equilíbrio	7,5 - x		22,5 – 3 x		2 x

Como a pressão no equilíbrio foi de 25 atm, temos:
7,5 – x + 22,5 – 3 x + 2 x = 25, ou seja, x = 2,5 atm.
Assim, no equilíbrio, pN_2 = 5,0 atm, pH_2 = 15,0 atm e pNH_3 = 5,0 atm.

$$pN_2 = xN_2 \times p_{total} \Rightarrow xN_2 = \frac{pN_2}{p_{total}} = \frac{5,0}{25,0} = 0,2$$

(B) (5)

Sejam **a** e **b** as massas atômicas dos dois isótopos de **N**, e **c** e **d** as massas atômicas dos dois isótopos de **H**. Como só há 1 átomo de N na molécula, temos duas hipóteses: **a** e **b**. Como há 3 átomos de H, temos 4 hipóteses: **3 c**, **3 d**, **2 c + d** e **c + 2 d**.
Logo, **2** × **4** = **8** massas são possíveis.

09 a

Deseja-se evolução à direita.
O aumento da temperatura sempre favorece a reação endotérmica (no caso, evolução à esquerda). Logo, **baixa temperatura**.
O aumento da pressão favorecerá a reação que diminuir o número de mols de gás no sistema (no caso, evolução à direita). Logo, **alta pressão**.

10 c

A figura apresentada no enunciado corresponde a curvas de distribuição de energia de Maxwell-Boltmann, com uma pequena imprecisão: o eixo vertical do gráfico deveria representar a fração do número de partículas.

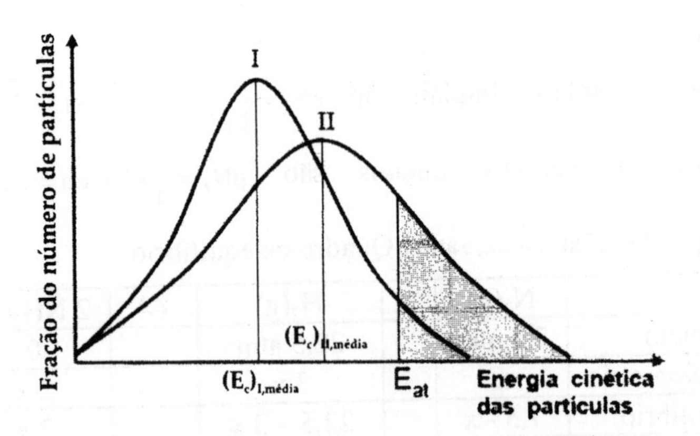

Observamos que $(E_c)_{II,média} > (E_c)_{I,média}$. Logo, o experimento II foi realizado em temperatura maior que o experimento I. Isto também é evidenciado pelo fato de em II a fração do número de moléculas com $E_c > E_{at}$ ser maior do que em I. Analisando opção por opção:

a) O valor da constante de equilíbrio varia com a temperatura. Incorreta.
b) Em II encontramos uma maior fração do número de partículas com energia maior que a energia de ativação. Incorreta.
c) **Correta** (ver o início da resolução da questão).
d) A constante de velocidade aumenta com o aumento da temperatura, como mostrado pela equação de Arrhenius, $k = A.e^{-E_{at}/RT}$. Incorreta.
e) A energia cinética média aumenta com o aumento da temperatura. Incorreta.

11 b

$$Kp = Kc \times (R\,T)^{\Delta n}$$
$$\Delta n = 2 - 3 = -1$$
$$Kp = Kc \times (R\,T)^{-1}$$

12 d

A primeira necessidade é o balanceamento da equação, que fica:

$Fe_3O_4(s) + 4\,H_2(g) \rightleftarrows 3\,Fe(s) + 4\,H_2O(g)$

$$Kp = \frac{p^4H_2O}{p^4H_2} = 5,30 \times 10^{-6}$$

Se a pressão total é 1,50 atm, chamamos a pH_2, que se deseja calcular, de a. Então $pH_2O = 1,50 - a$.

$$\left(\frac{1,50-a}{a}\right)^4 = 5,30\times10^{-6}$$

$$\frac{1,50-a}{a} = 4,80\times10^{-2}$$

Resolvendo, tem-se a = 1,431 atm.

13

Haverá passagem de $H_2(g)$ do compartimento 1 para o compartimento 2 até a pressão de H_2 puro $\left(P_{H_2,puro}\right)$ igualar-se à pressão parcial de H_2 na mistura ($\left(P_{H_2,mist}\right)$.

14 b

$2\,NO + Cl_2 \rightleftarrows 2\,NOCl$ $\qquad K_c = 2,1 \times 10^3$

$$Kc = \frac{[NOCl]^2}{[NO]^2\times[Cl_2]} = 2,1\times10^3$$

Este é um valor elevado, o que implica em que o produto $[NO]^2\times[Cl_2]$ seja pequeno. Ou seja, pelo menos uma destas concentrações tem de ser pequena.

15 b

$O_2(g) \rightleftarrows 2\,O(g)$ $\qquad Kp = 1,7 \times 10^{-8}$

Supondo Kp dado em atmosferas, $Kp = \frac{p^2O}{pO_2} = 1,7\times10^{-8}$ atm .

Como $Kp = Kc\times(R\times T)^{\Delta n} \rightarrow Kc = \frac{Kp}{(R\times T)^{\Delta n}}$.

$$Kc = \frac{1,7\times10^{-8}}{(0,082\times1800)^1} = 1,15\times10^{-10}\ mol/L$$

A concentração inicial de $O_2(g)$ é 0,1 mol/L. Podemos então construir o quadro de equilíbrio:

	$O_2(g)$	$\rightleftarrows$	2 O(g)
início	0,1		0
estequiometria	x		2 x
equilíbrio	0,1 - x		2 x

Há uma boa hipótese simplificadora: $0{,}1 - x \cong 0{,}1$ (x é pequeno comparado a 0,1). Logo:

$$\frac{(2x)^2}{0{,}1} = 1{,}15 \times 10^{-10} \Rightarrow x = 1{,}70 \times 10^{-6} \text{ mol/L}$$

(o que verifica nossa hipótese simplificadora)
[O] = 2 x = 3,39 × 10–6 mol/L
Logo, o número de mols de O(g) presentes no frasco é
$3{,}39 \times 10^{-6} \times 10 = 3{,}39 \times 10^{-5}$.
Número de átomos de O(g) no frasco
$3{,}39 \times 10^{-5} \times 6{,}02 \times 10^{23} = 2{,}04 \times 10^{19}$ átomos.

16 e

Analisando afirmação por afirmação:

I	errada	Em reações exotérmicas, o aumento da temperatura inibe a formação dos produtos. Logo, o gráfico que relaciona constante de equilíbrio em função de temperatura é "decrescente".
II	errada	A quantidade de catalisador em função do tempo é constante.
III	CORRETA	O gráfico pode representar a concentração de um sal de dissolução endotérmica em função da temperatura, uma vez que o aumento da temperatura favorece a reação endotérmica.
IV	CORRETA	Quanto maior a temperatura, maior a pressão de vapor de vapor de um líquido.
V	errada	O aumento da pressão exte na exercida sobre o pistão faria a $[NO_2]$ diminuir – o gráfico seria "decrescente".

17 b

A $[O_2]$ diminuirá pela passagem na solução de qualquer gás "puro" que não seja o O_2 puro, e de qualquer mistura gasosa contendo O_2 com pO_2 inferior à pO_2 no ar atmosférico. A Lei de Henry afirma que a solubilidade de um gás em um líquido, a uma dada temperatura, é diretamente proporcional à pressão parcial desse gás exercida sobre a superfície de contato do líquido. Logo, a passagem de N_2 puro levará a $[O_2]$ a diminuir.

18 b

Analisando afirmação por afirmação:

I	CORRETA	Por definição.
II	errada	Ele afeta a velocidade da reação, participa da lei de velocidade e sua ordem (expoente) não é zero.
III	errada	A constante de equilíbrio não é afetada por catalisador. Em verdade, é conhecimento comum que o único fator a alterar a constante de equilíbrio de um sistema em equilíbrio é a temperatura.
IV	errada	Como observamos em II.
V	CORRETA	Há reações em que isto ocorre, o fenômeno é denominado autocatálise.

19 d

Analisando opção por opção:

a)	correta	$Kp = p^2(H_2O) = 0{,}01^2\ atm^2 = 1{,}00 \times 10^{-4}\ atm^2$.
b)	correta	O equilíbrio se restabelece praticamente na mesma pressão parcial de água anterior.
c)	correta	A $[H_2O]$ em $CuSO_4 \cdot 3\ H_2O$ não pode ser alterada.
d)	INCORRETA	Como $CuSO_4 \cdot 3\ H_2O$ se transforma em $CuSO_4 \cdot 5\ H_2O$, a concentração de água na fase sólida total aumenta.
e)	correta	Veja a explicação dada em d.

20

Justificamos opção por opção na questão anterior.

21

$COCl_2(g) \rightleftarrows CO(g) + Cl_2(g)$

$$Kp = \frac{pCO \times pCl_2}{pCOCl_2} = \frac{0,120 \times 0,130}{0,312} = 5,00 \times 10^{-2} = \frac{1}{20} \text{atm}$$

Quadro de equilíbrio:

	$COCl_2(g)$	$\rightleftarrows$	$CO(g)$	+	$Cl_2(g)$
início	n mols		0		0
estequiometria	$n\alpha$		$n\alpha$		$n\alpha$
equilíbrio	$n - n\alpha$		$n\alpha$		$n\alpha$

No equilíbrio, o número total de mols é $n - n\alpha + n\alpha + n\alpha = n + n\alpha = n\,(1+\alpha)$.

Logo, as frações molares são:

$$XCOCl_2 = \frac{n(1-\alpha)}{n(1+\alpha)} = \frac{1-\alpha}{1+\alpha}$$

$$XCO = XCl_2 = \frac{n\alpha}{n(1+\alpha)} = \frac{\alpha}{1+\alpha}$$

As pressões parciais são numericamente iguais às frações molares, uma vez que $pA = XA \times P$, onde P é a pressão total, e a pressão total do equilíbrio vale 1 atm. Logo:

$$Kp = \frac{pCO \times pCl_2}{pCOCl_2} = \frac{\frac{\alpha}{1+\alpha} \times \frac{\alpha}{1+\alpha}}{\frac{1-\alpha}{1+\alpha}} = \frac{\alpha^2}{1-\alpha^2}$$

$$\frac{\alpha^2}{1-\alpha^2} = \frac{1}{20} \rightarrow \alpha = \frac{\sqrt{21}}{21} = 0,218$$

Expressado em percentagem, $\alpha = 21,82\%$.

22

$A(g) \rightleftarrows 2\,B(g)$

Situação inicial em equilíbrio:

$$Kc = \frac{[B]^2}{[A]} = \frac{\left(\frac{nB_1}{V}\right)^2}{\frac{nA_1}{V}} = \frac{nB_1^2}{nA_1} \times \frac{1}{V}$$

Situação final em equilíbrio:

$$Kc = \frac{[B]^2}{[A]} = \frac{\left(\frac{nB_2}{2V}\right)^2}{\frac{nA_2}{2V}} = \frac{nB_2^2}{nA_2} \times \frac{1}{2V}$$

Como a temperatura se mantém constante, as duas expressões de K_C são iguais, e portanto:

$$\frac{nB_1^2}{nA_1} \times \frac{1}{V} = \frac{nB_2^2}{nA_2} \times \frac{1}{2V}$$

$$\frac{nB_1^2}{nA_1} = \frac{nB_2^2}{2nA_2}$$

$$\frac{nB_1^2}{nA_1} = \frac{nB_2^2}{2nA_2}$$

$$nB_2^2 = \frac{2 \times nB_1^2 \times nA_2}{nA_1}$$

$$nB_2 = nB_1\sqrt{\frac{2 \times nA_2}{nA_1}}$$

23

a) $N_2(g) + 3H_2(g) \rightarrow 2\,NH_3(g)$

b) $\Delta H^0 = 2 \times (-45,9) = -91,8$ kJ

$\Delta S^0 = 2 \times 192,8 - 191,6 - 3 \times 130,7 = -198,1\ J \cdot K^{-1}$

$\Delta G^0 = \Delta H^0 - T\Delta S^0 = -91,8 - 298,15 \times (-0,1981) = -32,74$ kJ

A reação é exergônica e espontânea.

c) Apesar da reação ser espontânea nas condições ambientes, como a energia de ativação da reação é muito elevada, os dois gases reagirão muito lentamente. A velocidade da reação será muito baixa.

d) Da tabela dada, temos que:
a 800 K: $\Delta G = \Delta H - T\Delta S = -107{,}4 - 800 \times (-0{,}2254) = 72{,}92$ kJ
a 1300 K: $\Delta G = \Delta H - T\Delta S = -112{,}4 - 1300 \times (-0{,}228) = 184{,}00$ kJ
A 800 K e 1300 K a reação não é espontânea.

e) A constante da reação pode ser calculada pela equação: $\Delta G = \Delta G^0 + RT\ln K$, ou, no equilíbrio: $\Delta G^0 = -RT\ln K$.

Temos $K_x = e^{\frac{-\Delta G}{RT}}$

$$K_x(298{,}15) = e^{\frac{-\Delta G}{RT}} = e^{\frac{32736{,}49}{8{,}314 \times 298{,}15}} = e^{13{,}21} = 5{,}44 \times 10^5$$

$$K_x(800) = e^{\frac{-\Delta G}{RT}} = e^{\frac{-72920}{8{,}314 \times 800}} = e^{-10{,}96} = 1{,}73 \times 10^{-5}$$

$$K_x(1300) = e^{\frac{-\Delta G}{RT}} = e^{\frac{-184000}{8{,}314 \times 1300}} = e^{-17{,}02} = 4{,}04 \times 10^{-8}$$

$$K_x = \frac{x^2_{NH_3}}{x_{N_2} \times x^3_{H_2}},\ x_{H_2} = 3x_{N_2} \text{ e } x_{H_2} + x_{N_2} + x_{NH_3} = 1$$

$$\text{Logo, } K_x = \frac{\left(1 - 4x_{N_2}\right)^2}{27x^4_{N_2}}$$

$$x^2_{N_2} = \frac{1 - 4x_{N_2}}{\sqrt{27K_x}}$$

$$x^2_{N_2} + \frac{4}{\sqrt{27K_x}}x_{N_2} - \frac{1}{\sqrt{27K_x}} = 0$$

Como $K > 0$ e $x_{N_2} > 0$, temos

$$x_{N_2} = -\frac{2}{\sqrt{27K_x}} + \sqrt{\frac{4}{27K_x} + \frac{1}{\sqrt{27K_x}}}$$

Substituindo os valores de K_x, obtivemos os seguintes resultados (o autor deseja confessar de público que, para a obtenção destes resultados, abandonou a calculadora científica e usou uma planilha Excel, recurso que obviamente os candidatos não tiveram...):

T (K)	K_x	x_{N_2}	x_{H_2}	x_{NH_3}
298,15	5,44 × 105	0,01564	0,04692	0,93744
800	1,73 × 10-5	0,24966	0,74899	0,00135
1300	4,04 × 10-8	0,24998	0,74995	0,00007

f) O catalisador não altera as propriedades termodinâmicas (entalpia, entropia, energia livre), nem o rendimento. Ele apenas diminui a energia de ativação, aumentando a velocidade da reação e fazendo com que o equilíbrio seja alcançado mais rapidamente.

g) Um aumento de pressão deslocará o equilíbrio na direção dos produtos. Isso pode ser comprovado pelo fato de $K_x = K_p \times p^2$. Se a pressão aumenta, o valor de K_x também aumenta, aumentando o rendimento.

24

Para o equilíbrio apresentado, na temperatura T_{eq}, a expressão da constante de equilíbrio em função das pressões parciais é $K_p = P_{C,eq}$. Mas é necessária a existência de A(s) e de B(s).

- Em I, **talvez** seja possível alcançar o equilíbrio, pois para que a pressão do sistema atinja $P_{C,eq}$, é necessária a decomposição de A(s) – e não há garantia de que haja quantidade suficiente de A(s) para tal. Mas o equilíbrio **pode** ser atingido.
- Em II, situação é semelhante à apresentada em I. Da mesma forma, o equilíbrio **pode** ser atingido – não há garantia.
- Em III, o equilíbrio **NÃO PODE** ser atingido, uma vez que NÃO existe B(s) para se combinar com C(g) de forma a baixar a $P_{C,III}$ até $P_{C,eq}$.
- Em IV, novamente o equilíbrio **pode** ser atingido, desde que haja B(s) suficiente para se combinar com C(g) e baixar a $P_{C,IV}$ até $P_{C,eq}$.

Resumindo a resposta, em I, II e IV o equilíbrio **pode** ser atingido. Mas enfatizamos que, em nenhum dos casos, há garantia de que vá ser efetivamente atingido. Em III, é impossível atingir-se o equilíbrio.

25

a) $Zn(s) + 2\,HCl(aq) \rightarrow ZnCl_2(aq) + H_2(g)$

b) O número de mols de Zn puro é $\frac{0{,}9 \times 654}{65{,}4} = 9\,\text{mols}$. Assim, são necessários 18 mols de HCl.

$$n = V \times M \Rightarrow n = V \times \frac{10 \times \%m \times d}{\text{massa molar}}$$

$$V = \frac{18 \times 36{,}5}{10 \times 40 \times 1{,}198} = 1{,}37\,L\,(1371{,}04\,mL)$$

Como vão ser usados 30% de excesso, $V_{usado} = 1{,}3 \times 1{,}37 = 1{,}78L$ (1782,35 mL).

c) Como se formam 9 mols de $H_2(g)$, temos:

$$V = \frac{9 \times 0{,}082 \times 300 \times 760}{684} = 246{,}00\,L$$

d) As pressões parciais iniciais para o novo equilíbrio são dadas por:

$$pSe = \frac{4{,}2 \times 0{,}082 \times 1000}{246} = 1{,}40\,atm$$

$$pH_2 = \frac{9{,}0 \times 0{,}082 \times 1000}{246} = 3{,}00\,atm$$

	Se(g)	+	$H_2(g)$	⇄	$SeH_2(g)$
início	1,40 atm		3,00 atm		0
estequiometria	x		x		x
equilíbrio	1,40 – x		3,00 – x		x

$$\frac{x}{(1{,}40 - x) \times (3{,}00 - x)} = 5{,}0$$

$$5x^2 - 23x + 21 = 0$$

A raiz de interesse é 1,256. Assim:

pSe = 1,40 - 1,256 = 0,144 atm

pH_2 = 3,00 – 1,256 = 1,744 atm

$pSeH_2$ = 1,256 atm

ptotal = 4,40 – 1,256 = 3,144 atm

26

a) $2\,BrCl(g) \rightleftarrows Br_2(g) + Cl_2(g)$

b) $Kc = \dfrac{[Br_2]\times[Cl_2]}{[BrCl]^2} = 32$

No sistema 1, temos $Q = \dfrac{0,25\times 0,25}{0,25^2} = 1 < 32$. Logo, o sistema não está em equilíbrio.

c) O sistema evoluirá à direita, para que $c(Br_2)$ e $c(Cl_2)$ aumentem e $c(BrCl)$ diminua.

d) $Kp = Kc = 32$ (uma vez que $\Delta n = 0$).

e) O tradicional quadro de equilíbrio:

	$2\,BrCl(g)$	$\rightleftarrows$	$Br_2(g)$	+	$Cl_2(g)$
início	0,25		0,25		0,25
estequiometria	2 x		x		x
equilíbrio	0,25 – 2 x		0,25 + x		0,25 + x

$$\frac{(0,25+x)\times(0,25+x)}{(0,25-2x)^2} = 32 \Rightarrow \frac{1+4x}{1-8x} = 4\sqrt{2}$$

$$x = \frac{65-12\sqrt{2}}{4\times 127} = 9,45\times 10^{-2}$$

$$[Br_2] = [Cl_2] = 0,25 + 0,945 = 0,345\,mol/L$$

$$[BrCl] = 0,25 - 2\times 0,945 = 0,0609\,mol/L$$

27

1) 90 cm^3 de CO_2 dissolvidos em 100 cm^3 de água correspondem à presença de (na prática) 0,9 dm^3 em 1 dm^3 de solução. O número de mols de CO_2 correspondente é $\dfrac{0,9}{24,4} = 3,69\times 10^{-2}$ mol. Logo, a solubilidade do CO_2 nas condições da experiência é $3,69 \times 10^{-2}$ mol dm^{-3}.

2) Teoricamente, $NaHCO_3(aq) + H^+(aq) \rightarrow Na^+(aq) + H_2O(l) + CO_2(g)$. Logo:

1 mol $NaHCO_3$	–	1 mol CO_2
84 g	–	24400 cm^3
1,7 g	–	V

$$V = \frac{1,7\times 24400}{84} \cong 494\,cm^3$$

3) Uma das causas é que a reação citada não é completa, é certamente um equilíbrio. Logo restará HCO_3^- em solução. Outra causa é que restará $CO_2(aq)$, ou seja, dissolvido, não passando para a fase gasosa.
4) Vamos partir do pressuposto que continuaremos dissolvendo o Alka-Seltzer em água. Como aumentar a liberação de gás carbônico, literalmente CO_2 em fase gasosa? Uma sugestão é aumentar a temperatura, uma vez que a solubilidade dos gases piora muito com o aumento de temperatura. Outra sugestão é a agitação da solução, que novamente minimiza a solubilidade dos gases. Finalmente, e de realização bem mais difícil, seria baixar a pressão sobre a solução.

28

a) Durante o aquecimento, há perda de bicarbonato de sódio por decomposição térmica:

$2\ NaHCO_3 \rightarrow Na_2CO_3 + H_2O + CO_2$

Como ainda se observa bicarbonato de sódio sólido, a solução permanece saturada em $NaHCO_3$. O CO_2 formado sob aquecimento se perde para o ambiente.

b) A quantidade de sólido observada após o resfriamento será menor, exatamente devido às perdas do $CO_2(g)$.

> **NOTA** *do autor: "Este recipiente foi aquecido à temperatura de ebulição da solução por 1 hora. Considere que o volume de água perdido por evaporação foi desprezível." é equivalente a "Um elefante puntiforme de massa igual a 3 toneladas escorrega num plano inclinado sem atrito."*.

29

a) Se a reação é endotérmica, o aumento da temperatura favorece os produtos, logo K é crescente em função da temperatura. Podemos usar a equação de Arrhenius, que é dada por $k = A \times e^{\frac{-E_{atv}}{RT}}$, verificando-se então que a variação de k com a temperatura é uma exponencial crescente, cujo esboço é:

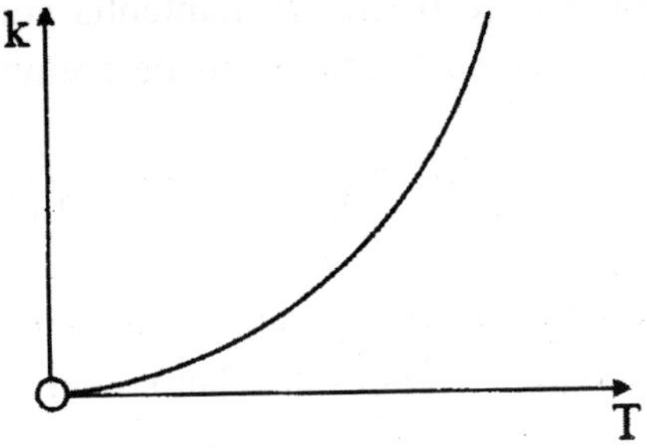

k

T

b) Aplicando-se logaritmos neperianos em ambos os membros da equação de Arrhenius, temos:

$$\ln k = \ln A - \frac{E_{atv}}{RT}$$

O gráfico $\ln k \times \frac{1}{T}$ é uma reta, cujo coeficiente angular (tg θ) vale $\frac{-E_{atv}}{R}$. Fazendo este gráfico, medindo-se $tg\,\theta$ e tendo o valor de R conhecido, calcula-se E_{atv}.

c) Mede-se a velocidade da reação (v1) para reagentes em determinadas concentrações. Dobra-se a concentração de um dos reagentes, mantendo-se as outras concentrações constantes. Mede-se novamente a velocidade (v2). Com isso, $\frac{v2}{v1} = 2^{\alpha}$, em que α é a ordem do reagente cuja concentração foi modificada. Repete-se o mesmo procedimento para os outros reagentes, determinando-se as demais ordens. A ordem global da reação será dada pela soma das ordens de cada reagente.

30

As constantes de equilíbrio para os dois processos são $K_I = \frac{[C(g)]^3}{[A(g) \times [B(g)]]^2}$ e $K_{II} = \frac{1}{[C(g)]}$. Como a temperatura é mantida constante, os valores de K_I e K_{II} também devem permanecer constantes. Considerando o processo II isoladamente, a duplicação do volume do cilindro tenderia a reduzir a $[C(g)]$ à metade. Logo, C(l) deve se vaporizar para que a [C(g)] se mantenha constante. Isto é possível, desde que haja C(l) suficiente. Consideraremos que há.

$$K_{II} = \frac{1}{n_{C(g)}/V} = \frac{V}{n_{C(g)}} = \frac{2V}{2n_{C(g)}}$$

Ou seja, é necessário que o número de mols de C(g) duplique, às custas da vaporização de C(l). Por outro lado, analisemos agora o sistema I.

$$K_I = \frac{[C(g)]^3}{[A(g) \times [B(g)]]^2} = \frac{\left(\frac{n_{C(g)}}{V}\right)^3}{\frac{n_{A(g)}}{V} \times \left(\frac{n_{B(g)}}{V}\right)^2} = \frac{n_{C(g)}^{\ 3}}{n_{A(g)} \times n_{B(g)}^{\ 2}}$$

Como $n_{C(g)}$ duplicou devido ao processo II, o equilíbrio é deslocado para a esquerda, consumindo C(g) e formando A(g) e B(g). Logo, C(l) deve se vaporizar ainda mais para permitir que $n_{C(g)}$, $n_{A(g)}$ e $n_{B(g)}$ dupliquem. Novamente, vamos considerar que existe C(l) suficiente para tal. Quanto à razão $[C]^3/[B]^2$, vamos considerar que $[C]$ seja $[C(g)]$. Isto posto, esta razão é $K_I \times [A]$, ou seja, constante.

a) o número de mols de B(g) aumenta (duplica)
b) o número de mols de C(l) diminui.
c) a constante de equilíbrio da equação I não se altera
d) a razão $[C]^3/[B]^2$ não se altera

31

Vamos determinar estequiometricamente as proporcionalidades das vazões.

A reação no reator 1 é considerada completa:

CH_4	+	H_2O	$\rightarrow$	CO	+	$3\,H_2$
1 mol		1 mol		1 mol		3 mols

A reação no reator 2 converte 2/3 do CO em metanol:

CO	+	$2\,H_2$	$\rightarrow$	CH_3OH	+	CO	+	H_2O
1 mol		3 mols		2/3 mol		1/3 mol		5/3 mol

Se em γ temos uma vazão de 1000 mol s^{-1}, então 2/3 mol ∝ 1000 mols^{-1}. Logo:

1/3 mol	∝	500 mol s^{-1}
2/3 mol	∝	1000 mol s^{-1}
1 mol	∝	1500 mol s^{-1}
5/3 mol	∝	2500 mol s^{-1}
3 mol	∝	4500 mol s^{-1}

Assim, determinamos as vazões:

1	vazão(CO, β)	=	1500 mol s^{-1}
	vazão(H_2, β)	=	4500 mol s^{-1}
2	vazão(CO, γ)	=	500 mol s^{-1}
	vazão(H_2, γ)	=	2500 mol s^{-1}
3	vazão(CH_4, α)	=	1500 mol s^{-1}
	vazão(H_2O, α)	=	1500 mol s^{-1}

A determinação das pressões parciais é simples:

4 $$p(CO,\gamma)=\frac{1/3}{8/3}\times 10=1{,}25\,\text{MPa}$$

$$p(H_2,\gamma)=\frac{5/3}{8/3}\times 10=6{,}25\,\text{MPa}$$

$$p(CH_3OH,\gamma)=\frac{2/3}{8/3}\times 10=2{,}50\,\text{MPa}$$

5 $$Kp=\frac{pCH_3OH}{pCO\times p^2H_2}\times p_0{}^2=\frac{2{,}50}{1{,}25\times 6{,}25^2}\times 0{,}1^2=5{,}12\times 10^{-4}$$

Para determinar a temperatura, vamos ao gráfico, lembrando que a escala do eixo vertical é logarítmica.

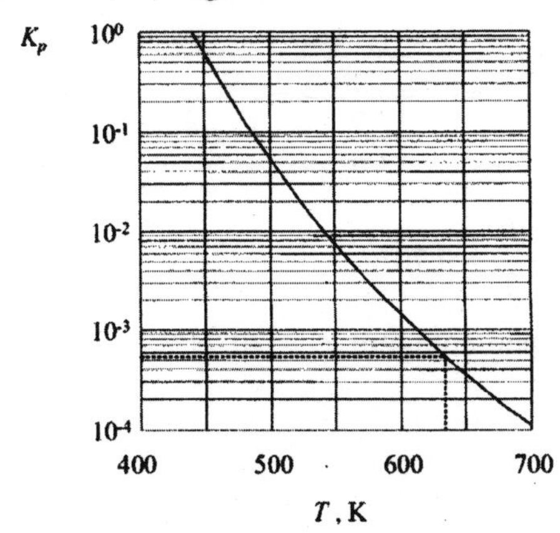

Podemos estimar esta temperatura em 640 K.

32

$C_2H_6(g) \rightleftarrows C_2H_4(g) + H_2(g)$

$$Kp = \frac{pC_2H_4 \times pH_2}{pC_2H_6} = 1\,atm$$

Quadro de equilíbrio:

	$C_2H_6(g)$	$\rightleftarrows$	$C_2H_4(g)$	+	$H_2(g)$
início	n mols		0		0
estequiometria	$n\alpha$		$n\alpha$		$n\alpha$
equilíbrio	$n - n\alpha$		$n\alpha$		$n\alpha$

No equilíbrio, o número total de mols é $n - n\alpha + n\alpha + n\alpha = n + n\alpha = n(1+\alpha)$.
Logo, as frações molares são:

$$XC_2H_6 = \frac{n(1-\alpha)}{n(1+\alpha)} = \frac{1-\alpha}{1+\alpha}$$

$$XC_2H_4 = XH_2 = \frac{n\alpha}{n(1+\alpha)} = \frac{\alpha}{1+\alpha}$$

As pressões parciais são numericamente iguais às frações molares, uma vez que $pA = XA \times P$, onde P é a pressão total, e a pressão total do equilíbrio vale 1 atm. Logo:

$$Kp = \frac{pC_2H_4 \times pH_2}{pC_2H_6} = \frac{\frac{\alpha}{1+\alpha} \times \frac{\alpha}{1+\alpha}}{\frac{1-\alpha}{1+\alpha}} = \frac{\alpha^2}{1-\alpha^2}$$

$$\frac{\alpha^2}{1-\alpha^2} = 1 \rightarrow \alpha = \frac{\sqrt{2}}{2} = 0,707$$

Expressado em percentagem, $\alpha = 70,71\%$.

Respondendo na ordem solicitada:

a) $pC_2H_4 = (\sqrt{2}-1)atm = 0,414\,atm$

b) $\alpha = \frac{\sqrt{2}}{2} = 0707 = 70,71\%$

33

Para o equilíbrio ácido + álcool ⇄ éster + água, $K_c = \frac{[éster]\times[água]}{[ácido]\times[álcool]}$.
Como para este equilíbrio $\Delta n = 0$, os volumes se cancelam, e podemos trabalhar diretamente com os números de mols.
O primeiro equilíbrio se passa:

	ácido	+	álcool	⇄	éster	+	água
início	1 mol		1 mol		0		0
estequiometria	x		x		x		x
equilíbrio	1 – x		1 – x		x		x

Como há 50% de esterificação, x = 0,5 mol. É fácil ver que $K_c = 1$.
Ocorre a adição de 44 g de acetato de etila ($C_4H_8O_2$), massa molar = 88 g/mol. Ou seja, 0,5 mol de acetato de etila (éster) é adicionado.
O segundo equilíbrio se passa:

	ácido	+	álcool	⇄	éster	+	água
início	0,5 mol		0,5 mol		1 mol		0,5 mol
estequiometria	x		x		x		x
equilíbrio	0,5 + x		0,5 + x		1 – x		0,5 – x

$$K_c = 1 = \frac{(1-x)\times(0,5-x)}{(0,5+x)\times(0,5+x)}$$

$$0,25 + x + x^2 = 0,5 - 1,5x + x^2$$

$$2,5x = 0,25 \rightarrow x = 0,1$$

A quantidade de éster no equilíbrio será 0,9 mol.

34

Para a equação $CO(g) + Cl_2(g) \rightleftarrows COCl_2(g)$, temos $Kp = \frac{pCOCl_2}{pCO \times pCl_2}$.
Quadro de equilíbrio:

	CO	+	Cl_2	$\rightleftarrows$	$COCl_2$
início	0,462 atm		0,450 atm		0
estequiometria	x		x		x
equilíbrio	0,462 – x		0,450 – x		x

A soma das pressões parciais é igual à pressão total:

0,462 – x + 0,450 – x + x = 0,578 atm

x = 0,334 atm

Logo as pressões parciais no primeiro equilíbrio são:

pCO = 0,128 atm; pCl_2 = 0,116 atm; $pCOCl_2$ = 0,334 atm

E a constante Kp pode ser calculada:

$$Kp = \frac{pCOCl_2}{pCO \times pCl_2} = \frac{0,334}{0,128 \times 0,116} = 22,495 \text{ atm}^{-1}$$

Para o novo equilíbrio, os dados são os seguintes:

pCO = 0,128 – 0,044 = 0,084 atm

pCl_2 = 0,20 atm

$pCOCl_2$ = 0,334 + 0,044 = 0,378 atm

E a nova pressão total é:

0,084 + 0,20 + 0,378 = 0,662 atm

NOTA DO AUTOR: *Podemos (e devemos) conferir se o "novo equilíbrio" é realmente um equilíbrio:*

$$Kp = \frac{pCOCl_2}{pCO \times pCl_2} = \frac{0,378}{0,084 \times 0,20} = 22,500 \text{ atm}^{-1}$$

(o que é perfeitamente aceitável).

35

	$N_2O_4(g)$	$\rightleftarrows$	$2\ NO_2(g)$
início	n mols		0
estequiometria	$n\alpha$		$2n\alpha$
equilíbrio	$n(1-\alpha)$		$2n\alpha$

O número total de mols é n(1 – α) + 2nα = n + nα = n (1+α). Vamos calcular as frações molares e as pressões parciais, chamando de P a pressão total:

$$X(N_2O_4)=\frac{n(1-\alpha)}{n(1+\alpha)}=\frac{1-\alpha}{1+\alpha} \Rightarrow p(N_2O_4)=\frac{1-\alpha}{1+\alpha}\times P$$

$$X(NO_2)=\frac{2n\alpha}{n(1+\alpha)}=\frac{2\alpha}{1+\alpha} \Rightarrow p(NO_2)=\frac{2\alpha}{1+\alpha}\times P$$

Determinando Kp, temos $Kp=\frac{p^2NO_2}{pN_2O_4}=\frac{\left(\frac{2\alpha}{1+\alpha}\right)^2\times P^2}{\left(\frac{1-\alpha}{1+\alpha}\right)\times P}=\frac{4\alpha^2}{1-\alpha^2}\times P$

a) $P = 1,0$ atm, $\alpha = 20\% = 0,2$, K =?

$$Kp=\frac{4\times 0,2^2}{1-0,2^2}=\frac{1}{6}\text{atm}$$

b) $P = 0,10$ atm, $\alpha = ?$

$$\frac{1}{6}=\frac{4\alpha^2}{1-\alpha^2}\times\frac{1}{10}\Rightarrow 24\alpha^2=10-10\alpha^2$$

$$\alpha^2=\sqrt{\frac{10}{34}}=0,542=54,23\%$$

36

	$CO_2(g)$	+	C(s)	⇄	2 CO(g)
início	0,1 mol/L		–		0
estequiometria	x		–		2 x
equilíbrio	0,1 – x		–		2 x

$Kc = \frac{(2x)^2}{0,1-x} \Rightarrow 2,32\times 10^{-2} = \frac{4x^2}{0,1-x}$, que conduz à equação $10^5 x^2 + 580x - 58 = 0$. A raiz positiva desta equação é 0,0214.

a) O número total de mols de gás no frasco é 0,1 + x = 0,1214 mol. Calculando a pressão (V = 1 L), temos:
$p = 0,1214 \times 0,082 \times 1000 = 9,95$ atm

b) A quantidade de CO não se altera, porque a introdução de um gás inerte não altera as concentrações ou as pressões parciais dos reagentes e produtos. Logo, 0,0427 mol de CO.

c) O que importa não é a introdução de gás nobre, e sim a duplicação de volume, que faria com que a concentração inicial de CO_2 fosse 0,05 mol/L.

	$CO_2(g)$	+	C(s)	⇄	2 CO(g)
início	0,05 mol/L		–		0
estequiometria	x		–		2 x
equilíbrio	0,05 – x		–		2 x

$2,32 \times 10^{-2} = \frac{4x^2}{0,05 - x}$, que conduz à equação $10^5 x^2 + 580 x - 29 = 0$. A raiz positiva desta equação é 0,0144.

Logo, [CO] = 0,0287 mol/L, Assim, o número de mols de CO é 0,0575 mol.

d) Podemos trabalhar com número de mols, uma vez que o volume do recipiente é 1 L.

	$CO_2(g)$	+	C(s)	⇄	2 CO(g)
início	n mol		0,1 mol		0
estequiometria	x		x		2 x
	0,1 mol		0,1 mol		0,2 mol
equilíbrio	(n – 0,1) mol		≅ 0		0,2 mol

$$Kc = \frac{[CO]^2}{[CO_2]} \Rightarrow [CO_2] = \frac{0,2^2}{2,32 \times 10^{-2}} = 1,724 \text{ mol/L}$$

Logo, o número de mols de CO_2 a introduzir é 1,824 mol.

37

	2 $SO_2(g)$	+	$O_2(g)$	⇄	2 $SO_3(g)$
início	6 mol		3 mol		0
estequiometria	2 x		x		2 x
equilíbrio	6 – 2 x		3 – x		2 x
					4,5

$2\,x = 4{,}5\text{ mol} \Rightarrow x = 2{,}25\text{ mol}$

1) Logo, as concentrações no equilíbrio são:

$n(SO_2) = 6 - 4{,}5 = 1{,}5$ mol	$\Rightarrow$	$[SO_2] = \frac{1{,}5}{10} = 0{,}15\text{ mol/L}$
$n(O_2) = 3 - 2{,}25 = 0{,}75$ mol	$\Rightarrow$	$[O_2] = \frac{0{,}75}{10} = 0{,}075\text{ mol/L}$
$n(SO_3) = 4{,}5$ mol	$\Rightarrow$	$[SO_3] = \frac{4{,}5}{10} = 0{,}45\text{ mol/L}$

2a) Desloca-se à esquerda, já que o aumento de temperatura favorece a reação endotérmica.

2b) A diminuição do volume conduz a um aumento de pressão. O sistema reage para diminuir a pressão através da diminuição do número total de mols de gás do sistema. Para isto, o equilíbrio desloca-se à direita.

2c) Não interfere no equilíbrio, pois o gás inerte não altera as concentrações nem as pressões parciais dos gases em equilíbrio.

2d) O catalisador permite que se chegue mais rapidamente ao equilíbrio. Como este equilíbrio já foi atingido, o equilíbrio não é alterado.

38

$$Kc = \frac{[C]\times[D]}{[A]\times[B]}$$

Usando os dados de qualquer dos experimentos, é muito fácil ver que Kc = 1 (neste sistema, $\Delta n = 0$, e podemos trabalhar diretamente com o número de mols). Construímos então o quadro de equilíbrio abaixo, partindo de 0,5 mol tanto de A quanto de B (0,5 dm^3 de solução 1,00 M).

	A	+	B	$\rightleftarrows$	C	+	D
início	0,5		0,5		0		0
estequiometria	x		x		x		x
equilíbrio	0,5 – x		0,5 – x		x		x

$$Kc = \frac{[C] \times [D]}{[A] \times [B]} = \frac{x \times x}{(0,5 - x) \times (0,5 - x)} = 1$$

$$\frac{x}{0,5 - x} = 1$$

$$x = 0,25 \text{ mol}$$

39

a) Usando água líquida:

$CO(NH_2)s + H_2O(l) \rightarrow CO_2(g) + 2\,NH_3(g)$

$\Delta H^0 = -393,51 + 2(-46,11) - (-333,51) - (-285,83) = 133,61\,kJ\,mol^{-1}$

$\Delta S^0 = 213,74 + 2(192,45) - 104,6 - 69,91 = 424,13\,J\,K^{-1}\,mol^{-1}$

$\Delta G^0 = \Delta H^0 - T\,\Delta S^0 = 133,61 - 298,15 \times \frac{424,13}{1000} = 7,16\,kJ\,mol^{-1}$ (não espontânea)

Usando água gasosa:

$CO(NH_2)s + H_2O(g) \rightarrow CO_2(g) + 2\,NH_3(g)$

$\Delta H^0 = -393,51 + 2(-46,11) - (-333,51) - (-241,82) = 89,60\,kJ\,mol^{-1}$

$\Delta S^0 = 213,74 + 2(192,45) - 104,6 - 188,83 = 305,21\,J\,K^{-1}\,mol^{-1}$

$\Delta G^0 = \Delta H^0 - T\,\Delta S^0 = 89,60 - 298,15 \times \frac{305,21}{1000} = -1,40\,kJ\,mol^{-1}$ (espontânea)

b) $T = \frac{\Delta H^0}{\Delta S^0} = \frac{133,61}{424,13 \times 10^{-3}} = 315,02\,K \Rightarrow 41,87\,°C$

c) **A constante da reação pode ser calculada pela equação: $\Delta G = \Delta G^0 + RT \ln K$, ou, no equilíbrio: $\Delta G^0 = -RT \ln K$. Temos $K_x = e^{\frac{-\Delta G}{RT}}$.**

Usando dados para água líquida:

$$K_x(298,15) = e^{\frac{-\Delta G}{RT}} = e^{\frac{-7155,64}{8,314 \times 298,15}} = e^{-2,89} = 5,58 \times 10^{-2}$$

Usando dados para água gasosa:

$$K_x(298,15) = e^{\frac{-\Delta G}{RT}} = e^{\frac{1398,36}{8,314 \times 298,15}} = e^{0,564} = 1,76$$

40

a) **No equilíbrio, as velocidades de reação têm que ser iguais.**

b) **Para saber se o equilíbrio favorece os produtos ou os reagentes, são necessários dados numéricos. Nada se pode afirmar.**

c) Um catalisador diminuiria a energia de ativação.
d) Um catalisador não afeta Kc ou Kp, ou seja, não altera a razão entre as constantes de velocidade das reações direta e inversa.
e) O aumento da temperatura sempre favorece a reação endotérmica. Ou seja, K é crescente com a temperatura.

41

	$2\,Cu^{2+}(aq)$	+	Sn(s)	⇄	$2\,Cu^{+}(aq)$	+	$Sn^{2+}(aq)$
início	M		–		0		0
estequiometria	2 x		–		2 x		x
equilíbrio	M – 2 x		–		2 x		x
	M – 2		–		2 mol/L		1 mol/L

$$K = \frac{[Cu^{+}]^2 \times [Sn^{2+}]}{[Cu^{2+}]^2} = \frac{2^2 \times 1}{(M-2)^2} = 6 \times 10^9$$

$$M - 2 = \sqrt{\frac{4}{6 \times 10^9}} = 2,58 \times 10^{-5}$$

$M = 2 + 2,58 \times 10^{-5} \cong 2$ mol/L

Como foi preparado 1 L de solução, a massa de soluto corresponde a 2 mols de CuSO4, ou seja, 2 × 159,60 g = 319,20 g.

CAPÍTULO 8 • *Equilíbrio Iônico*

01 a

$HgNO_3(aq) + HCl(aq) \rightarrow HgCl(s) + HNO_3(aq)$

O cloreto de mercúrio(I) é um precipitado branco.

02 c

$$Pb(IO_3)_2(s) \rightleftharpoons \underbrace{Pb^{2+}(aq)}_{M} + 2\,\underbrace{IO_3^{-}(aq)}_{2M}$$

$$Kps = [Pb^{2+}] \times [IO_3^{-}]^2 = M \times (2M)^2 = 4M^3 = 3,2 \times 10^{-14}$$

$$M^3 = 8 \times 10^{-15} \Rightarrow M = 2 \times 10^{-5}$$

03 d

KCl é um “sal de ácido forte com base forte”. Gera $K^+(aq)$ e $Cl^-(aq)$, que não sofrem hidrólise. O pH não é alterado.

04 c

$$\begin{cases} pH = 1 \Rightarrow [H^+] = 10^{-1} \\ pH = 4 \Rightarrow [H^+] = 10^{-4} \end{cases}$$

$$[H^+] = \frac{1 \times 10^{-1} + 10 \times 10^{-4}}{11} = \frac{0,1 + 0,001}{11} = 9,18 \times 10^{-3}$$

$$[H^+] = 9,18 \times 10^{-3} \cong 10^{-2} \Rightarrow pH = 2$$

Na verdade, o pH “exato” é 2,04.

05 c

acidez crescente $\Rightarrow$ Ka crescente $\Rightarrow$ pKa decrescente
Logo, pKa crescente implica acidez decrescente. Os ácidos a ordenar são o etanóico, o 2-cloro propanodióico, o propanodióico, o metanóico e o n-octanóico. Logo...
2-cloro propanodióico > propanodióico > metanóico > etanóico > n-octanóico

06 a

Comentando as opções falsas:
I O carbonato ácido de potássio (bicarbonato de potássio) é um sal de hidrólise básica.
V Hidróxido estanoso é $Sn(OH)_2$ e não $Sn(OH)_4$.

07 d

A adição de 0,03 mol de NaOH provocará um pequeno aumento de pH, uma vez que foi formado um tampão ácido butanóico – butanoato de sódio. A única opção que satisfaz é o aumento de 4,65 para 4,70. Se a prova permitisse o uso de calculadora científica, o problema teria solução quantitativa. Observe (representamos o ácido n-butanóico por HBu e o radical butanoato por Bu^-):

A massa molar do ácido n-butanóico é 88 g/mol, e a massa molar do NaOH é 40 g/mol. Logo, as massas fornecidas correspondem a 1 mol e 0,4 mol, respectivamente. Assim:

	HBu	+	NaOH	→	NaBu	+	H_2O
	HBu	+	OH^-	→	Bu^-	+	H_2O
início	1 mol		0,4 mol		0		–
fim	0,6 mol		0		0,4 mol		–

Se o pH do tampão é 4,65, temos que $[H^+] = 2,24 \times 10^{-5}$. Isto permite calcular Ka, aplicando Henderson-Hasselbalch:

$$[H^+] = Ka \times \frac{[HBu]}{[Bu^-]}$$

$$Ka = [H^+] \times \frac{[Bu^-]}{[HBu]}$$

$$Ka = 2,24 \times 10^{-5} \times \frac{0,4}{0,6} = 1,49 \times 10^{-5}$$

(o que concorda com a literatura).

A adição de 0,03 mol de NaOH (OH^-) provoca:

	HBu	+	NaOH	→	NaBu	+	H_2O
	HBu	+	OH^-	→	Bu^-	+	H_2O
início	0,6 mol		0,03 mol		0,4 mol		-
fim	0,57 mol		0		0,43 mol		-

Aplicando Henderson-Hasselbalch novamente, temos:

$$[H^+] = Ka \times \frac{[HBu]}{[Bu^-]}$$

$$[H^+] = 1,49 \times 10^{-5} \times \frac{0,57}{0,43} = 1,98 \times 10^{-5}$$

$$[H^+] = 1,98 \times 10^{-5} \rightarrow pH = 4,70$$

08 c

No cloreto de metil amônio, o cátion metil amônio sofre hidrólise:

$$\left(\begin{array}{c} \text{H} \\ | \\ \text{H}_3\text{C} - \text{N} - \text{H} \\ | \\ \text{H} \end{array}\right)^+ (aq) \rightarrow \begin{array}{c} \\ \\ \text{H}_3\text{C} - \text{N} - \text{H} \\ | \\ \text{H} \end{array} (aq) + H^+ (aq)$$

A formação de $H^+(aq)$ acidifica a solução.

09 e

Representando o indicador ácido-base monoprótico por HInd, temos seu equilíbrio:

$HInd(aq) \rightleftarrows H^+(aq) + Ind^-(aq)$

Em meio ácido, $\left[H^+\right]$ alta, predomina HInd(aq), coloração vermelha.

Em meio básico, $\left[OH^-\right]$ alta, predomina $Ind^-(aq)$, coloração laranja.

$$K_{ind} = \frac{\left[H^+\right] \times \left[Ind^-\right]}{\left[Hind\right]} = 8 \times 10^{-5}$$

Para termos 80% na forma vermelha (HInd(aq)), teremos 20% na forma laranja ($Ind^-(aq)$). Logo, $\alpha = 20\%$ (0,2).

$$\text{Mas, } K_{ind} = \frac{M \times \alpha^2}{1 - \alpha} = \frac{M \times 0{,}04}{0{,}8} = 8 \times 10^{-5}$$

$$M = \frac{8 \times 10^{-5} \times 0{,}8}{0{,}04} = 1{,}60 \times 10^{-3}$$

10 e

Em todas as opções, excetuando a "e", ocorrem reações, diminuindo o número de íons. Explicitando:

a) $NaCl(aq) + AgNO_3(aq) \rightarrow AgCl(s) + NaNO_3(aq)$

b) $HCl(aq) + NaOH(aq) \rightarrow NaCl(aq) + H_2O(l)$

c) $HCl(aq) + CH_3COONa(aq) \rightarrow CH_3COOH(aq) + NaCl(aq)$

d) $2\,KI(aq) + Pb(NO_3)_2(aq) \rightarrow PbI_2(s) + 2\,KNO_3(aq)$

E os possíveis produtos da reação na opção "e", $CuCl_2$ e $Zn(NO_3)_2$, estarão completamente dissociados, não ocorrendo efetivamente a reação.

11 2

Vamos analisar opção por opção, resolvendo a diluição através de $V1 \times M1 = V2 \times M2$.

1) $10 \times 1{,}0 \times 10^{-5} = 10 \times 10^{3} \times M2$

$M2 = 1{,}0 \times 10^{-8}$

Uma solução $1{,}0 \times 10^{-8}$ mol/L de HCl **NÃO** tem pH = 8, o que seria um pH básico... Seu pH é levemente inferior a 7. Para resolver a questão não há necessidade deste cálculo exato, que faremos por razões didáticas. Nesta concentração tão baixa, a $H_2O(l)$ não pode ser desprezada como fonte de $H^+(aq)$, como é usual fazer em concentrações mais elevadas.

$$\begin{cases} HCl(aq) \rightarrow \underbrace{H^+(aq)}_{10^{-8}} + \underbrace{Cl^-(aq)}_{10^{-8}} \\ H_2O(l) \rightarrow \underbrace{H^+(aq)}_{x} + \underbrace{OH^-(aq)}_{x} \end{cases}$$

Logo, $[H^+] = x + 10^{-8}$ e $[OH^-] = x$.

Usando o produto ionico da água:

$$(x + 10^{-8}) \times x = 1{,}0 \times 10^{-14}$$

$$10^{14} x^2 + 10^6 x - 1 = 0$$

A raiz dentro da faixa é $9{,}51 \times 10^{-8}$.

Ou seja, pOH = 7,02 e pH = 6,98. **1** é falsa.

2) $10 \times 1{,}0 \times 10^{-3} = 1 \times 10^{3} \times M2$

$M2 = 1{,}0 \times 10^{-5}$

Uma solução de NaOH (monobase forte) $1{,}0 \times 10^{-5}$ tem pOH = 5, logo pH = 9. **2** é correta.

3) $10 \times 1{,}0 \times 10^{-2} = 1 \times 10^{3} \times M2$

$M2 = 1{,}0 \times 10^{-4}$

Se fosse um ácido forte (ionização praticamente completa), esta solução teria pH = 4. Mas o ácido acético é fraco. Para calcular o pH correto, é necessário o valor de Ka. Há inúmeros problemas envolvendo Ka de ácidos fracos e pH neste capítulo. **3** é falsa.

4) $10 \times 1{,}0 \times 10^{-3} = 1 \times 10^{3} \times M2$
$M2 = 1{,}0 \times 10^{-5}$
Se o H_2SO_4 fosse um ácido forte monoprótico, esta solução teria pH = 5. Mas, nesta concentração, o íon HSO_4^-, gerado na primeira ionização, se ioniza de maneira praticamente total. A $\left[H^+\right]$ é próxima então de 2×10^{-5}, e o pH é próximo de 4,7. O cálculo exato necessita do valor de K2, a segunda constante de ionização. Maiores detalhes no problema 53 item d. **4** é falsa

12 e

a) a massa molar do KNO_3 é 101 g/mol, seu fator de van't Hoff pode ser considerado como sendo 2 (igual ao número de íons). Como a molaridade da solução é $\frac{30,3}{0,3 \times 101} = 1$, esta solução é 2,0 molar em íons.
b) o fator de van't Hoff do NaI também pode ser considerado como sendo 2. Como a molaridade da solução é $\frac{0,3}{0,4} = 0,75$, esta solução é 1,50 molar em íons.
c) soluções de H_2SO_4 têm fator de van't Hoff compreendido entre 2 e 3 (muito mais próximo a 2 em soluções não muito diluídas), uma vez que a primeira ionização tem α bastante elevado, próximo de 1, e que a segunda ionização tem α relativamente baixo. Como a solução é 0,25 M, sua molaridade em íons está compreendida entre 0,50 e 0,75 (muito mais próxima a 0,50).
d) o fator de van't Hoff do NaOH também pode ser considerado como sendo 2. Como a molaridade da solução é 0,5 mol/L, esta solução é 1,0 molar em íons.
e) a massa molar do H_2SO_4 é 98 g/mol; logo, a molaridade da solução é $\frac{20 \times 1,5 \times 10}{98} = 3,061$. Argumento idêntico ao do item **c** nos faz concluir que sua molaridade em íons está entre 6,122 e 9,183 (muito mais próxima a 6,122).

13 e

Cocaína em solução aquosa se comporta como uma base fraca:
cocaína(aq) + H_2O(l) $\rightleftarrows$ cocaína . H^+(aq) + OH^-(aq)

$$Kb = \frac{[cocaína.H^+] \times [OH^-]}{[cocaína]}$$

Montamos então um quadro de equilíbrio para a reação:

	[cocaína]	[cocaína.H^+]	[OH^-]
início	M	0	0
estequiometria	x	x	x
equilíbrio	M - x	x	x

O valor da molaridade é facilmente determinável, bem como o valor de [OH^-].

$$M = \frac{m}{V \times \text{massa molar}} = \frac{0,17}{0,1 \times 303} = 5,61 \times 10^{-3}$$

pH = 10,08 ⇒ pOH = 4 – 0,08 ⇒ [OH^-] = 1,20 × 10^{-4} (uma vez que $10^{0,08}$ = 1,20 – a prova permitia o uso de calculadoras científicas, hábito que devia ser imitado pelos demais concursos)
Assim sendo, Kb se calcula diretamente:

$$Kb = \frac{x \times x}{M - x} = \frac{(1,2 \times 10^{-4})^2}{5,61 \times 10^{-3} - 1,20 \times 10^{-4}} = 2,62 \times 10^{-6}$$

14 d

Por inspeção das curvas, notamos que I é o ácido mais forte (pH um pouco inferior a 2 em solução 0,10 mol L^{-1}), e segue-se a ordem decrescente de acidez I > II > III > IV > V (a rigor, V nem pode ser classificado como ácido, uma vez que sua solução 0,10 mol L^{-1} apresenta pH maior que 7).
O ácido I é sem dúvida forte, e sua titulação por base forte apresenta uma ampla faixa de viragem. Ainda por inspeção, verificamos que esta faixa está entre os pH 4 e 10. Este intervalo compreende tanto o indicador vermelho de metila quanto a fenolftaleína. Na prática, para titulação de ácido forte por base forte, "qualquer indicador serve".

15 a

I CORRETA

$$\left[W^-\right] = \frac{10^{-3}\ \text{mol}}{0{,}1\ \text{L}} = 10^{-2}\ \text{mol.L}^{-1}$$

$K_{ps}(XY) = [X^+].[Y^-] = 10^{-8}$
Logo, $[X^+] = [Y^-] = 10^{-4}$ mol.L^{-1}
A adição de W^- a uma solução saturada de XY leva ao risco de precipitação de XW, cujo K_{ps} é 10^{-16}. Verificação:
$[X^+].[W^-] = 10^{-4}.10^{-2} = 10^{-6} > 10^{-16}$
Logo, haverá precipitação.

II CORRETA

$$\left[Y^-\right] = \frac{10^{-3}\ \text{mol}}{0{,}1\ \text{L}} = 10^{-2}\ \text{mol.L}^{-1}$$

$K_{ps}(XW) = \left[X^+\right].\left[W^-\right] = 10^{-16}$

Logo, $\left[X^+\right] = \left[W^-\right] = 10^{-8}$ mol.L^{-1}

A adição de Y^- a uma solução saturada de XW leva ao risco de precipitação de XY, cujo K_{ps} é 10^{-8}. Verificação:

$\left[X^+\right].\left[Y^-\right] = 10^{-8}.10^{-2} = 10^{-10} < 10^{-8}$

Logo, não haverá precipitação.

III FALSA

Existe aqui um caminho de solução incorreto: é julgar que $1{,}0 \times 10^{-3}$ mol de XZ adicionado a 100 mL de solução aquosa leva a uma concentração $1{,}0 \times 10^{-2}$ mol L^{-1} de Z^-. Observe o detalhamento a seguir.

Este é o caso clássico de como a solubilidade cai quando existe um íon comum. A solubilidade de XZ em água pura é $\sqrt{K_{ps}} = \sqrt{10^{-12}} = 10^{-6}$ molL^{-1}. Em presença de uma concentração $1{,}0 \times 10^{-3}$ de Z^-, a solubilidade pode ser assim calculada:

$\left[X^+\right] = s$ e $\left[Z^-\right] = 10^{-3} + s$, com a hipótese simplificadora que $10^{-3} + s \cong 10^{-3}$. Logo:

$s \times 10^{-3} = 10^{-12} \rightarrow s = 10^{-9}$ mol.L^{-1}. Ou seja, a solubilidade cai de 10^{-6} para 10^{-9} mol . L^{-1}. Como só há 100 mL de solução, vai se dissolver a imperceptível quantidade de 10^{-10} mol de XW. Mas, de qualquer maneira, a quantidade de sólido não vai aumentar – pelo contrário, diminuirá (imperceptivelmente).

IV FALSA

Adicionando-se duas soluções saturadas sem corpo de fundo, a solução resultante será saturada sem corpo de fundo, como as que foram adicionadas.

16 (2)

50 mL de HCl 0,14 mol/L correspondem a 7 mmols de H^+. 50 mL de NaOH 0,10 mol/L correspondem a 5 mmols de OH^-. Restarão 2 mmols de H^+ em 100 mL de solução.

$$[H^+] = \frac{2}{100} = 2 \times 10^{-2} \Rightarrow pH = 2 - \log 2 = 1,70$$

17 c

O $CaCl_2$ se dissolve inteiramente, proporcionando uma $[Ca^{2+}]$ = 0,2 mol/L. A dissolução do $CaCO_3$ gera $[Ca^{2+}]$ = $[CO_3^{2-}]$ = x. Somando e aplicando na expressão de Kps, temos:

$$[Ca^{2+}] \times [CO_3^{2}] = (0,2 + x) \times x = 8,7 \times 10^{-9}$$

Mas, 0,2 + x ≅ 0,2 (x é muito pequeno – pelo efeito do íon comum o sal "insolúvel" se torna ainda menos solúvel). Logo:

$$x = \frac{8,7 \times 10^{-9}}{0,2} = 4,35 \times 10^{-8}$$

18 e

A questão é conceitual. Uma solução tampão pode ser formada por um ácido fraco e sua base conjugada, ou por uma base fraca e seu ácido conjugado.

19 a

Misturando-se 50 ml de solução 0,10 mol L^{-1} de $ZnSO_4$ com 50 mL de solução 0,010 mol L^{-1} de Na_2SO_3, o risco reacional é:

$ZnSO_4 + Na_2SO_3 \rightarrow ZnSO_3 + Na_2SO_4$

Existem 5 mmols de Zn^{2+}, 5 mmols de SO_4^{2-}, 1 mmol de Na^+ e 0,5 mmol de SO_3^{2-}. Logo, supondo a reação de precipitação completa, poderiam se formar 0,5 mmol de $ZnSO_3 . 2 H_2O(s)$ e /ou $Na_2SO_4 . 7 H_2O(s)$.
As massas molares são: $ZnSO_3 . 2 H_2O(s)$: 181,5 g/mol e $Na_2SO_4 . 7 H_2O(s)$: 268,1 g/mol. Logo, as concentrações molares das soluções saturadas são (aproximando 100 ml de solução para 100 g de água):

$ZnSO_3 . 2 H_2O(s)$	$M = \frac{0,16}{0,1 \times 181,5} = 8,82 \times 10^{-3}$ mol L^{-1}
$Na_2SO_4 . 7 H_2O(s)$	$M = \frac{44}{0,1 \times 268,1} = 1,64$ mol L^{-1}

Logo, os 100 mol de solução poderiam conter até 0,882 mmol de $ZnSO_3$ e 164 mmol de Na_2SO_4, evidenciando que não haverá qualquer precipitação. Cabe a observação de que, nesta solução não saturada, não há verdadeiramente duas substâncias, mas sim quatro espécies iônica aquosas: Na^+, Zn^{2+}, SO_3^{2-} e SO_4^{2-}.

20 e

Não, você não confundiu tudo: a questão realmente solicita que se calcule o Kps de uma sal alcalino, o sulfito de sódio, que em sua forma di-hidratada apresenta solubilidade de 32 g/100 g de água. Coisas do ITA...
A massa molar do $Na_2SO_3 . 2 H_2O$ é aproximadamente 162 g/mol.
Fazendo a mesma aproximação da questão anterior, calculamos a molaridade da solução saturada:

$$M = \frac{32}{0,1 \times 162} = 1,98 \text{ mol } L^{-1}$$

Como a expressão de Kps para o Na_2SO_3 seria $4 \times M^3$, sendo M a molaridade da solução saturada, calculamos:
$Kps = 4 \times 1,98^3 = 30,83$
A resposta que mais se aproxima é a opção "e", 32. Bem... este dado não consta de nenhum handbook do mundo.

21 c

$KClO_2$ apresenta reação básica, uma vez que KOH é base forte e $HClO_2$ é ácido moderado.

$MgCl_2$ apresenta reação neutra, uma vez que $Mg(OH)_2$ é base forte e HCl é ácido forte.

Tanto $FeCl_2$ quanto $FeCl_3$ apresentam reação ácida, uma vez que $Fe(OH)_2$ e $Fe(OH)_3$ são bases fracas e HCl é ácido forte. Como diferenciá-los? Basta lembrar que para um mesmo metal, o NOx mais alto implica em maior caráter covalente e maior acidez dos compostos. Um exemplo excelente é o cromo, posto que CrO, Cr_2O_3 e CrO_3 são, respectivamente, óxido básico, anfótero e anidrido. No caso específico do ferro, FeO é óxido básico, e Fe_2O_3 é antótero.

A ordem decrescente de pH da solução é $KClO_2 > MgCl_2 > FeCl_2 > FeCl_3$.

22 d

A reação de precipitação do MnS é:

$Mn^{2+}(aq) + H_2S(aq) \rightleftarrows MnS(s) + 2\,H^+(aq)$

$$Kc = \frac{[H^+]^2}{[Mn^{2+}]\times[H_2S]} \rightarrow [H_2S] = \frac{[H^+]^2}{[Mn^{2+}]\times Kc}$$

Para obter esta reação combinando os dados disponíveis e determinar kc, fazemos a "soma" de I invertida, II e III. Observe:

I invertida	$Mn^{2+}(aq) + HS^-(aq) + OH^-(aq)$	$\rightleftarrows$	$MnS + H_2O(l)$	$\frac{1}{K_I}$
II	$H_2S(aq)$	$\rightleftarrows$	$HS^-(aq) + H^+(aq)$	K_{II}
III	$H_2O(l)$	$\rightleftarrows$	$H^+(aq) + OH^-(aq)$	K_{III}
reação de precipitação	$Mn^{2+}(aq) + H_2S(aq)$	$\rightleftarrows$	$MnS(s) + 2\,H^+(aq)$	$Kc = \frac{K_{II}\times K_{III}}{K_I}$

Logo:

$$[H_2S] = \frac{[H^+]^2}{[Mn^{2+}]\times Kc} = \frac{[H^+]^2\times K_I}{[Mn^{2+}]\times K_{II}\times K_{III}}$$

$$[H_2S] = \frac{(2,5\times10^{-7})^2\times3\times10^{-11}}{0,02\times9,5\times10^{-8}\times1,0\times10^{-14}} = \frac{15}{152} = 9,87\times10^{-2} \cong 1,0\times10^{-1}$$

23 b

HCl com pH = 1 ⇒ HCl 0,1 M

HCl com pH = 2 ⇒ HCl 0,01 M

A solução tem que se tornar 10 vezes mais diluída, ou seja, atingir um volume 10 vezes maior. Se queremos 1 L de solução de pH = 2, devemos tomar 100 mL de solução de pH = 1 e diluí-los até 1 L.

24 c

O H_2S é um ácido fraco na primeira ionização, e muito fraco na segunda ionização, como mostram as constantes $K_I(25°C) = 9,1\times10^{-8}$ e $K_{II}(25°C) = 1,2\times10^{-15}$. A resposta à questão é imediata, uma vez que, por mais fraco que seja o ácido, a solução resultante não pode ser neutra. Mas vamos proceder a todos os cálculos.

Consideremos a primeira ionização:

	$H_2S(aq)$	⇄	$H^+(aq)$	+	$HS^-(aq)$
início	M		0		0
estequiometria	Mα		Mα		Mα
equilíbrio	M (1−α)		Mα		Mα

Supondo que α seja pequeno, podemos estimá-lo através de $K_I = M\times\alpha^2$, ou seja, $\alpha = \sqrt{\frac{K_I}{M}}$. Calculando, temos:

$$\alpha = \sqrt{\frac{9,1\times10^{-8}}{0,1}} = 9,54\times10^{-4},$$

o que corresponde a 0,0954% de ionização. Logo, podemos fazer $[H_2S] = M = 0,1$, e $[H^+] = [HS^-] = 0,1\times9,54\times10^{-4} = 9,54\times10^{-5} \simeq 1\times10^{-4}$ (o pH "exato", em vez de 4, é 4,02).

Consideremos a segunda ionização:

	$HS^-(aq)$	⇄	$H^+(aq)$	+	$S^{2-}(aq)$
início	M'		M'		0
estequiometria	M'α'		M'α'		M'α'
equilíbrio	M'(1−α')		M'(1+α')		M'α'

$$K_{II} = \frac{M'(1+\alpha') \times M'\alpha'}{M'(1-\alpha')} = \frac{M'(\alpha' + \alpha'^2)}{1-\alpha'}$$

Supondo que α' seja pequeno (esperamos $\alpha' < \alpha$), podemos considerar que $\alpha'^2 \to 0$ e que $1-\alpha' \to 1$. Logo, $K_{II} = M'\alpha'$ e a estimativa de α' é $\alpha' = \frac{K_{II}}{M'}$. Calculando, temos:

$$\alpha' = \frac{1,2 \times 10^{-15}}{9,54 \times 10^{-5}} = 1,26 \times 10^{-11}$$

o que confirma amplamente nossas expectativas, e nos permite calcular a $[S^{2-}]$ através de $[S^{2-}] = \frac{9,54 \times 10^{-5} \times 1,2 \times 10^{-15}}{9,54 \times 10^{-5}} = 1,2 \times 10^{-15}$.

Resumindo nossos resultados, temos:

$[H_2S] \simeq 0,1 = 1 \times 10^{-1}$

$[H^+] = [HS^-] = 9,54 \times 10^{-5} \simeq 1 \times 10^{-4}$

$[S^{2-}] = 1,2 \times 10^{-15}$

Podemos verificar nossos resultados através do equilíbrio da dupla ionização, ou seja, $H_2S(aq) \rightleftarrows 2\, H^+(aq) + S^{2-}(aq)$, para o qual temos

$$K = \frac{[H^+]^2 \times [S^{2-}]}{[H_2S]} = K_I \times K_{II} = 9,1 \times 10^{-8} \times 1,2 \times 10^{-15} = 1,09 \times 10^{-22}.$$

Calculando com os dados "exatos":

$$K = \frac{(9,54 \times 10^{-5})^2 \times 1,2 \times 10^{-15}}{0,1} = 1,09 \times 10^{-22}$$

Calculando com os dados "aproximados":

$$K = \frac{(1 \times 10^{-4})^2 \times 1 \times 10^{-15}}{0,1} = 1 \times 10^{-22}$$

Resumindo, opção por opção:

a) $[H^+]^2 \times [S^{2-}] = K \times M = 1,09 \times 10^{-22} \times 0,1 = 1,09 \times 10^{-23} \simeq 1 \times 10^{-23}$ – certa.

b) calculado – certa.

c) calculado, $[H^+] = 9,54 \times 10^{-5} \simeq 1 \times 10^{-4}$ – ERRADA.

d) calculado – certa.
e) calculado – certa.

25 a

Vamos calcular todos os pH, usando (apesar de não terem sido fornecidos) os conhecidos valores log 2 = 0,30 e log 3 = 0,48.

Copo I

Temos NaCl, que não influencia no pH, por ser sal de reação neutra, e $NaHCO_3$, sal de reação básica, que representaremos por NaAc. Analisaremos a hidrólise do íon acetato:

	$Ac^-(aq)$	+	$H_2O(l)$	$\rightleftarrows$	HAc(aq)	+	$OH^-(aq)$
início	M		–		0		0
estequiometria	$M\alpha$		–		$M\alpha$		$M\alpha$
equilíbrio	$M(1-\alpha)$		–		$M\alpha$		$M\alpha$

Para a constante de hidrólise, usamos a conhecida expressão

$$K_h = \frac{K_w}{K_b} = \frac{10^{-14}}{1,8\times10^{-5}} = \frac{5\times10^{-9}}{9}.$$

Para o grau de hidrólise, α_h, usaremos $\alpha_h = \sqrt{\frac{K_h}{M}} = \sqrt{\frac{5\times10^{-9}}{9\times0,1}} = \frac{\sqrt{5}}{3}\times10^{-4}$.

Logo, $\left[OH^-\right] = M\alpha_h = 0,1\times\frac{\sqrt{5}}{3}\times10^{-4} = \frac{\sqrt{5}}{3}\times10^{-5}$.

$$pOH = 5 - \log\frac{\sqrt{5}}{3} \rightarrow pH = 9 + \log\frac{\sqrt{5}}{3}$$

$$\log\frac{\sqrt{5}}{3} = \frac{0,70}{2} - 0,48 = -0,13$$

$$pH = 8,87$$

Copo II

Trata-se do mais clássico dos tampões ácidos: ácido acético e acetato de sódio. Aplicando a equação de Henderson-Hasselbalch, temos:

$$\left[H^+\right] = K_a \times \frac{[HAc]}{\left[Ac^-\right]}$$

Como as concentrações de ácido acético e acetato de sódio são iguais, temos $[H^+] = K_a = 1,8\times10^{-5}$.
pH = 5 – log 1,8
log 1,8 = log 2 + 2 log 3 – log 10 = 0,26
pH = 4,74

Copo III

Como o NaCl não altera o pH, temos HAc 0,1 M. faremos a estimativa de α com $\alpha = \sqrt{\frac{K_a}{M}} = \sqrt{\frac{1,8\times10^{-5}}{0,1}} = \sqrt{1,8}\times10^{-2}$.
$[H^+] = M\alpha = 0,1\times\sqrt{1,8}\times10^{-2} = \sqrt{1,8}\times10^{-3}$
$pH = 3 - \log\sqrt{1,8}$
pH = 2,87

Copo IV

Vai haver a formação de acetato de amônio. Como o ácido e a base de origem têm Ka = Kb, vamos ter pH = 7.
Logo, $pH_I > pH_{IV} > pH_{II} > pH_{III}$.

26 a

Como é possível adicionar-se a uma solução um volume igual ao dela de solução de NaOH 0,5 mol/L e o pH ***diminuir***? Só se... a solução inicial for uma solução de base forte de concentração superior a 0,5 mol/L. Ou seja, a solução 4.
Na solução 4 tínhamos $[OH^-] = 0,6 \rightarrow pOH = 0,222 \Rightarrow pH = 13,778$. Após a mistura de um volume igual de solução de NaOH 0,5 mol/L, passamos a ter $[OH^-] = 0,55 \Rightarrow pOH = 0,260 \Rightarrow pH = 13,740$. Ou seja, o pH diminuiu.

27 1 b

	$C_6H_8O_6$	+	H_2O	⇄	$C_6H_7O_6^-$	+	H_3O^+
início	M		–		0		0
estequiometria	Mα		–		Mα		Mα
equilíbrio	M (1–α)		–		Mα		Mα

Como os valores das respostas estão bastante espaçados, não há necessidade de cálculo extremamente preciso. Assim, a conhecida aproximação válida para ácidos fracos (e o ácido ascórbico é um ácido fraco), $Ka = M\alpha^2$, será usada. A maneira mais rápida de usá-la é fazer $[H^+] = M\alpha = \sqrt{Ka \times M}$.

$$[H^+] = \sqrt{6,8 \times 10^{-5} \times 0,1} = 2,61 \times 10^{-3}$$

$$pH = -\log(2,61 \times 10^{-3}) = 2,58$$

Somos forçados a observar que o examinador fez as mesmas aproximações que nós...

2 c

No ponto de equivalência, como o balanceamento ácido : base é 1 : 1, número de mmols de ácido = múmero de mmols de base.

$Va \times Ma = Vb \times Mb$

$50 \times 0,1 = Vb \times 0,2$

$Vb = 25,0 \ cm^3$

3 b

É muito importante que s identifique num piscar de olhos que o pH no ponto de equivalência **não é 7**, uma vez que se formou ascorbato de sódio, um sal de reação básica, originado de um ácido fraco e de uma base forte. Logo, **pH > 7**.

A solução formada tem 5 mmols de ascorbato de sódio num volume de 75 cm^3. Ou seja, sua concentração molar é $\frac{5}{75} = \frac{1}{15}$ mol dm^{-3}.

A equação de hidrólise do íon ascorbato (Asc^-) é:

$Asc^- + H_2O \rightleftarrows HAsc + OH^-$

	Asc^-	+	H_2O	$\rightleftarrows$	HAsc	+	OH^-
início	M		–		0		0
estequiometria	$M\alpha$		–		$M\alpha$		$M\alpha$
equilíbrio	$M(1-\alpha)$		–		$M\alpha$		$M\alpha$

$$Kh = \frac{[HAsc] \times [OH^-]}{[Asc^-]} \times \frac{[H^+]}{[H^+]} = \frac{Kw}{Ka}$$

Como Kh pode ser aproximado, Kh = $M\alpha^2$, e $[OH^-] = M\alpha$, podemos escrever $[OH^-] = \sqrt{Kh \times M}$.

$$[OH^-] = \sqrt{\frac{1,0\times10^{-14}}{6,8\times10^{-5}} \times \frac{1}{15}} = 3,13\times10^{-6}$$

Logo, pOH = 5,50 e pH = 8,50.

4 c

Deve-se usar um indicador que contenha em sua zona de viragem o pH da solução no ponto de equivalência.

5 d

26 cm^3 de titulante correspondem a 26 × 0,2 = 5,2 mmols de NaOH.

	$C_6H_8O_6$	+	NaOH	→	$NaC_6H_7O_6$	+	H_2O
início	5 mmols		5,2 mmols		0		–
fim	0		0,2 mmols		5 mmols		–

Assim sendo, temos que $[OH^-] = \frac{0,2}{76} = 2,63\times10^{-3}$. Logo, pOH = 2,58, ou seja, pH = 11,42.

Aproveitamos para apresentar aqui a fórmula estrutural do ácido ascórbico, ou vitamina C:

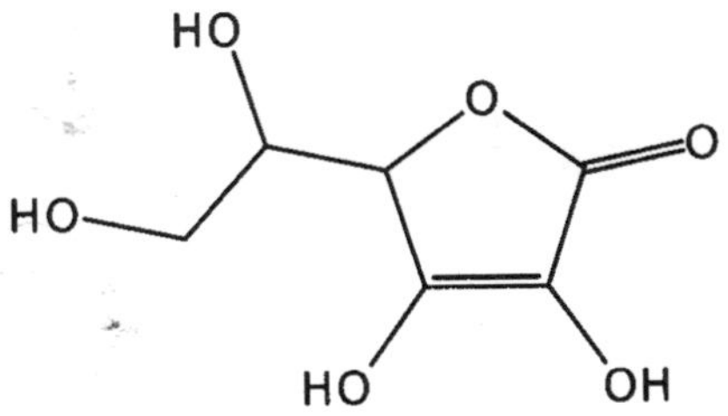

28 d

Os tampões "clássicos" formados estão nas opções (b), (c) e (d).

(b) é o tampão anilina / cloreto de anilônio.

$$Kb = \frac{[C_6H_5NH_3^+]\times[OH^-]}{[C_6H_5NH_2]}$$

$$[OH^-] = Kb\times\frac{[C_6H_5NH_2]}{[C_6H_5NH_3^+]}$$

$$pOH = pKb + \log\frac{[C_6H_5NH_3^+]}{[C_6H_5NH_2]}$$

Como a razão de volumes está entre $\frac{1}{10}$ e $\frac{10}{1}$, $\log\frac{[C_6H_5NH_3^+]}{[C_6H_5NH_2]}$ está entre -1 e 1.

Assim, $9{,}34 - 1 < pOH < 9{,}34 + 1$, ou seja, $8{,}34 < pOH < 10{,}34$. Logo, $3{,}66 < pH < 5{,}66$.

(c) é o tampão ácido acético / acetato de sódio.

Trabalhando de maneira equivalente, teremos:

$$Ka = \frac{[H^+]\times[Ac^-]}{[HAc]}$$

$$[H^+] = Ka\times\frac{[HAc]}{[Ac^-]}$$

$$pH = pKa + \log\frac{[Ac^-]}{[HAc]}$$

Assim, $3{,}74 < pH < 5{,}74$.

(d) é o tampão amônia / cloreto de amônio.

$$Kb = \frac{[NH_4^+]\times[OH^-]}{[NH_3]}$$

$$[OH^-] = Kb\times\frac{[NH_3]}{[NH_4^+]}$$

$$pOH = pKb + \log\frac{[NH_4^+]}{[NH_3]}$$

$3{,}74 < pOH < 5{,}74$. Logo, $8{,}26 < pH < 10{,}26$.

29 d

Experimento 1:

$MnO_2(s) + 4\ HCl(aq) \rightarrow MnCl_2(aq) + 2\ H_2O(l) + Cl_2(g)$

Logo, as opções (a) e (b) estão erradas. A opção (e) não faz sentido algum.

Experimento 2:

$Cl_2(g) + 2\ KI(aq) \rightarrow 2\ KCl(aq) + I_2(aq)$

Não há nenhuma variação significativa na acidez (opção (c) errada), e $[I^-]$ diminui (opção (d) correta.

30 c

A solução I está completamente dissociada em $H^+(aq)$ e $X^-(aq)$. A adição de NaOH não altera o número de íons:

$H^+(aq) + X^-(aq) + NaOH \rightarrow Na^+(aq) + X^-(aq) + H_2O(l)$

Como há aumento de volume, a concentração de íons diminui, diminuindo a condutividade elétrica, do início da experiência até o ponto de equivalência.

Após o ponto de equivalência, o número de íons aumenta, pois se acrescentam íons $Na^+(aq)$ e $OH^-(aq)$, aumentando a condutividade.

Na solução II há o equilíbrio $HX(aq) \rightleftarrows H^+(aq) + X^-(aq)$ fortemente deslocado para a esquerda, uma vez que $Ka \cong 10^{-10}$. A adição de $OH^-(aq)$ desloca o equilíbrio para a direita, aumentando a condutividade elétrica. O ponto de equivalência se dá no mesmo volume de NaOH adicionado à solução I.

Após a ponto de equivalência o acréscimo de íons $Na^+(aq)$ e $OH^-(aq)$ aumenta a condutividade elétrica, de maneira análoga à solução I.

31 b

1 L de HCl com pH = 1, logo solução 0,1 mol/L (10^{-1}); 1 L de HCl com pH = 3, logo solução 0,001 mol/L (10^{-3}). Misturando-se as duas soluções, tem-se a nova concentração de HCl (se os volumes são iguais, a nova concentração é a média aritmética das concentrações anteriores):

$$\frac{0,1+0,001}{2} = 5,05 \times 10^{-2}$$

$$[H^+] = 5,05 \times 10^{-2} \Rightarrow pH = 1,30$$

32 c

Há dois tampões entre as opções apresentadas. Em **d**, temos um tampão básico formado pela base fraca NH_3 e seu ácido conjugado NH_4^+, em quantidades equimolares. Em **c**, o tampão se forma por reação: HCl protona o ânion Ac^-, formando HAc, havendo ainda excesso de Ac^-. Temos então o tampão ácido formado pelo ácido fraco HAc e por sua base conjugada Ac^-, em quantidades equimolares.

33 ?

A primeira constante de ionização (7×10^{-7}) indica que a nicotina é uma base fraca, mais fraca do que a amônia, por exemplo. A segunda constante de ionização ($1,1 \times 10^{-11}$) mostra que a segunda ionização não terá efeito apreciável no pH. Logo, podemos estimar α para a primeira ionização em

$$\alpha = \sqrt{\frac{K_{b1}}{M}} = \sqrt{\frac{7 \times 10^{-7}}{0,2}} = 1,87 \times 10^{-3} \ (0,187\%)$$

E podemos calcular $\left[OH^-\right] = M \times \alpha = 0,2 \times 1,87 \times 10^{-3} = 3,74 \times 10^{-4}$.
Logo pOH = 3,43 e pH = 10,57. Marcamos opção (c) ou (d)?

34 b

Vamos analisar afirmação por afirmação.

I	ERRADA	A condutividade do ácido acético glacial é praticamente nula, uma vez que não há íons.
II	Certa	O ácido tricloroacético é mais forte que o ácido acético e, em concentrações iguais, gerará mais íons.
III.	ERRADA	O que se chama de hidróxido de amônio é a solução aquosa de amônia, uma base fraca. No cloreto de amônio a dissociação iônica é praticamente integral.
IV	ERRADA	As condutividades elétricas devem ser próximas, mas não idênticas, devido às diferentes mobilidades dos íons OH^- e Cl^-.
V	Certa	Iodeto de chumbo II tem baixíssima solubilidade, logo gera uma baixa concentração de íons. Quando fundido, a dissociação é praticamente total.

35 e

A equação de solubilização do $Ag_3PO_4(s)$ é

$Ag_3PO_4(s) \rightleftarrows 3\,Ag^+(aq) + PO_4^{3-}(aq)$

Vamos analisar afirmação por afirmação.

I	CORRETA	A presença de íons $H^+(aq)$ deslocará o equilíbrio para a direita, uma vez que o ácido nítrico é mais forte que o ácido fosfórico, e provocará $3\,H^+(aq) + PO_4^{3-} \rightarrow H_3PO_4$.
II	CORRETA	O íon comum Ag^+ fará a solubilidade do Ag_3PO_4 diminuir.
III	CORRETA	O íon comum, desta vez, é o ânion PO_4^{3-}.
IV	CORRETA	Haverá o consumo de íons $Ag^+(aq)$ para a formação do sal insolúvel AgCN, deslocando o equilíbrio para a direita.
V	CORRETA	Não há nenhuma reação ou interação iônica apreciável.

36 c

I. O tampão clássico ácido acético / acetato de sódio.

II. Após a reação, teremos o tampão clássico amônia / cloreto de amônio.

III. Após a reação, teremos o tampão clássico ácido acético / acetato de sódio.

IV. Não é um tampão.

V. Neste caso, temos um tampão "não-convencional". A reação gera acetato de amônio, um sal de ácido fraco com base fraca, onde $Ka \cong Kb$. Isto cria um meio praticamente neutro ($pH \cong 7$), cujo pH é praticamente independente da molaridade.

37 a

A solução resultante tem concentração molar dada por $M = \frac{1 \times 0{,}1 + 100 \times 1}{101} = \frac{100{,}1}{101} \cong 1{,}0$ mol L^{-1}. Logo, o pH da solução resultante será 0.

Na verdade, $M = 9{,}91 \times 10^{-1}$ mol L^{-1}, e $pH = 3{,}89 \times 10^{-3}$.

38 a

39

I	CORRETA	A reação de neutralização é $HA + BOH \rightarrow BA + H_2O$. No ponto de equivalência, o número de mols de HA que reagiu é igual ao número de mols de BOH que reagiu. Logo, $[A^-] = [B^+]$.
II	Errada	É difícil definir Ka para um ácido forte. De qualquer forma, $Ka = \frac{[H^+]\times[A^-]}{[HA]} \neq [H^+]$
III	CORRETA	Para ácidos fortes, é comum a aproximação $[H^+]$ = molaridade do ácido (supondo ionização total).
IV	Errada	No ponto de equivalência, $[H^+] = 10^{-7}$ mol $L^{-1} \neq [A^-]$.
V	Errada	No ponto de equivalência, $[H^+] = 10^{-7}$ mol $L^{-1} \neq [B^+]$.

40 c

Como M_yCl_x é um cloreto, y = 1, e a carga do metal M é +x. A equação de precipitação pode ser assim balanceada:

$x\,AgNO_3 + MCl_x \rightarrow x\,AgCl + M(NO_3)_x$

O número de mols de AgCl pode ser calculado por $\frac{71,7}{143,5} \cong 0,5$ mol. A partir da equação de precipitação balanceada, podemos escrever:

MCl_x	–	AgCl
1 mol	–	x mols
n	–	0,5 mol

$$n = \frac{0,5}{x} = \frac{1}{2x} = \frac{y}{2x}$$

41 d

$CaCO_3(s) \xrightarrow{\Delta} CaO(s) + CO_2(g)$

$MgCO_3(s) \xrightarrow{\Delta} MgO(s) + CO_2(g)$

As equações mostram que o gás liberado é o CO_2, que acidificaria o meio aquoso, e manteria a fenolftaleína incolor (opção (a) falsa), e que o resíduo sólido e uma mistura de CaO e MgO, óxido de cálcio e óxido de magnésio (opção (e) falsa).

O contato de água com o resíduo sólido ocasionaria:

$CaO + H_2O \rightarrow Ca(OH)_2$

$MgO + H_2O \rightarrow Mg(OH)_2$

A formação dos hidróxidos de cálcio e de magnésio tornaria básico o meio, e a fenolftaleína ficaria rósea (opção (b) falsa).

Chamando de a e de b as massas de $CaCO_3$ e $MgCO_3$, respectivamente, temos a equação natural a + b = 1,42.
Vamos determinar as massas de CaO e de MgO produzidas, e o volume de CO_2 gerado nas CNTP.

$CaCO_3$	$\rightarrow$	CaO	+	CO_2
100 g		56 g		22,4 L
a		m		V

Logo, $m = \frac{56 \times a}{100} = 0,56a$ e $V = \frac{22,4 \times a}{100} = 0,224a$.

$MgCO_3$	$\rightarrow$	MgO	+	CO_2
84,3 g		40,3 g		22,4 L
b		n		W

Logo, $n = \frac{40,3 \times b}{84,3} = 0,478b$ e $W = \frac{22,4 \times b}{84,3} = 0,266b$.

Podemos então concluir que a massa de resíduo sólido é 0,56 a + 0,478 b, e o volume de gás produzido é 0,224 a + 0,266 b.
O sistema a seguir resolve o problema:

$$\begin{cases} a + b = 1,42 \\ 0,56a + 0,478b = 0,76 \end{cases}$$

$$\begin{cases} 0,56a + 0,56b = 0,795 \\ 0,56a + 0,478b = 0,76 \end{cases}$$

0,082 b = 0,035

b = 0,427

a = 0,993

Calculando as porcentagens em massa, temos para o $CaCO_3$:

$$\frac{0,993}{1,42} \times 100 = 69,93\% \cong 70,0\%$$

Logo, 70,0% de $CaCO_3$ e 30,0% de $MgCO_3$ (opção (d) correta).
Calculando o volume de CO_2 gerado nas CNTP, temos:
0,224 × 0,993 + 0,266 × 0,427 = 0,336 L (opção (c) falsa).

42 **1**

a) Alka-Seltzer®

$NaHCO_3(aq) + HCl(aq) \rightarrow NaCl(aq) + H_2O(l) + CO_2(g)$

$KHCO_3(aq) + HCl(aq) \rightarrow KCl(aq) + H_2O(l) + CO_2(g)$

Estas duas equações podem ser substituídas por uma única equação iônica:

$HCO_3^-(aq) + H^+(aq) \rightarrow H_2O(l) + CO_2(aq)$

b) Leite de magnésia Philips®

$Mg(OH)_2(s) + 2\ HCl(aq) \rightarrow MgCl_2(aq) + 2\ H_2O(l)$

c) Di-Gel®

$Al(OH)_3 + 3\ HCl(aq) \rightarrow AlCl_3(aq) + 3\ H_2O(l)$

d) Tiralac®

$CaCO_3(s) + 2\ HCl(aq) \rightarrow CaCl_2(aq) + H_2O(l) + CO_2(g)$

2

Enquanto o comprimido não entra em contato com a água, temos os bicarbonatos de sódio e de potássio sólidos, e o ácido cítrico, que representaremos por H_3Cit, também sólido. Eles naturalmente não reagem. Quando o comprimido é dissolvido em água, ocorre a reação de efervescência:

$HCO_3^-(aq) + H_3Cit(aq) \rightarrow H_2Cit^-(aq) + H_2O(l) + CO_2(g)$

3

Situação "ácida": $[HCl] = [H^+] = 5{,}3 \times 10^{-2}$ mol dm^{-3} (pH = 1,28)

Situação "normal": pH = 2,3 $\Rightarrow [H^+] = 5{,}01 \times 10^{-3} \cong 5 \times 10^{-3}$ mol dm^{-3}

Para que haja este aumento de pH, há a necessidade de serem neutralizados $53 \times 10^{-3} - 5 \times 10^{-3} = 48 \times 10^{-3}$ mol = 48 mmols de H^+ (HCl). A estequiometria nos mostra que 1 mol de $CaCO_3$ é capaz de neutralizar 2 mols de H^+. Logo, são necessários 24 mmols de carbonato de cálcio, ou seja, 2400 mg de $CaCO_3$. Como cada comprimido de Tiralac® contém 0,6 g = 600 mg de $CaCO_3$, 4 comprimidos deste medicamento são necessários para fazer o aumento de pH desejado em 1 litro de suco gástrico. Em outras palavras, um comprimido de Tiralac® é capaz de "tratar" 250 mL de suco gástrico.

43

Proporção de reação:

$2A$	+	B	→	A_2B
2 mols		1 mol		1 mol

Trabalhando com mmols e mL, temos:
100 mL de solução 1,0 M de A ⇒ 100 mmols de A
100 mL de solução 0,5 M de B ⇒ 50 mmols de B

Como houve a precipitação de 3 g de A_2B, ou seja, $\frac{3}{100}$ mol = 30 mmols de A_2B, restaram, nos 200 mL de solução, 40 mmols de A e 20 mmols de B.

Logo, $[A]=\frac{40}{200}=\frac{1}{5}$ e $[B]=\frac{20}{200}=\frac{1}{10}$.

$$K_{ps}(A_2B)=[A]^2\times[B]=\left(\frac{1}{5}\right)^2\times\frac{1}{10}=\frac{1}{250}$$

Vamos chamar de k a "verdadeira molaridade" da solução de A.
100 mL de solução k M de A ⇒ 100 k mmols de A
100 mL de solução 0,5 M de B ⇒ 50 mmols de B
Como houve a precipitação de 4 g de A_2B, ou seja, 40 mmols de A_2B, restaram nos 200 mL de solução (100 k – 80) mmols de A e 10 mmols de B. Logo:

$$[A]=\frac{100k-80}{200}=\frac{5k-4}{10}$$

$$[B]=\frac{10}{200}=\frac{1}{20}$$

Usando a expressão de K_{ps}:

$$\left(\frac{5k-4}{10}\right)^2\times\frac{1}{20}=\frac{1}{250}$$

$$k=\frac{4+2\sqrt{2}}{5}=1,37$$

A solução de A na verdade é 1,37 M.

44

Temos a formação de um tampão:

50 mL HCN 0,1 mol/L ⇒ 5 mmols de HCN

8 mL NaOH 0,1 mol/L ⇒ 0,8 mmol de NaOH

A reação completa é representável por (forma molecular):

$HCN(aq) + NaOH(aq) \rightarrow NaCN(aq) + H_2O(l)$

Fica mais bem representada por (forma iônica):

$HCN(aq) + OH^-(aq) \rightarrow CN^-(aq) + H_2O(l)$

Esta reação pode ser considerada completa, o que nos leva ao seguinte quadro:

	HCN(aq)	+	OH^-(aq)	→	CN^-(aq)	+	H_2O(l)
início	5 mmol		0,8 mmol		0		–
fim	4,2 mmol		0		0,8 mmol		–

A situação de tampão é termos um ácido fraco (HCN) e sua base conjugada (CN^-). A aproximação que será feita é o uso da equação de Henderson-Hasselbalch, considerando que todo o CN^- vem exclusivamente do sal, uma vez que o HCN é ácido muito fraco e praticamente não se ioniza. A equação de Henderson-Hasselbalch é $[H^+] = Ka \times \frac{[HCN]}{[CN^-]}$, e podemos usar o número de mols diretamente, pois os volumes se cancelam.

$$[H^+] = Ka \times \frac{[HCN]}{[CN^-]} = 6,2 \times 10^{-10} \times \frac{4,2}{0,8} = 3,26 \times 10^{-9}$$

A equação de hidrólise do ânion CN^- é:

$CN^-(aq) + H_2O(l) \rightleftarrows HCN(aq) + OH^-(aq)$

45

a) $CaCO_3(s) \rightleftarrows CaO(s) + CO_2(g)$

b) $Kp = pCO_2 = 1,34 \text{ bar} = 1,34 \times 10^5 \text{ Pa}$

c) $CaO(s) + H_2O(l) \rightarrow Ca(OH)_2(aq)$

d) $\left[Ca^{2+}\right] = \frac{1,26}{74} = 1,70 \times 10^{-2}$ mol L^{-1}

$\left[OH^{-}\right] = 2 \times \left[Ca^{2+}\right] = 3,41 \times 10^{-2}$ mol L^{-1}

pOH = 1,47 ⇒ pH = 12,53

e) $CO_2(aq) + H_2O(l) \rightleftarrows H^+(aq) + HCO_3^-(aq)$
$HCO_3^-(aq) \rightleftarrows H^+(aq) + CO_3^{2-}(aq)$
$Ca^{2+}(aq) + CO_3^{2-}(aq) \rightarrow CaCO_3(s)$

46

Os dados da questão são incongruentes, o que a prejudica grandemente. Vamos trabalhar inicialmente usando o volume de gás fornecido. A reação de dissolução do carbeto de cálcio em água é:
$CaC_2(s) + 2\ H_2O(l) \rightarrow Ca(OH)_2(aq) + C_2H_2(g)$
A proporção molar CaC_2 : $Ca(OH)_2$: C_2H_2 é 1 : 1 : 1, e o número de mols de gás produzido pode ser assim calculado:

$$n = \frac{p \times V}{R \times T} = \frac{1,125 \times 312,7 \times 10^{-3}}{0,0821 \times (24,5 + 273)} = 1,44 \times 10^{-2} \text{ mol}$$

Logo, 1,44 × 10^{-2} mol de CaC_2, o que corresponde a 0,922 g de carbeto: 92,2% de pureza e 7,8% de impurezas.
Para calcular a densidade da solução, precisamos determinar sua massa, que pode ser determinada através de "massa dos reagentes – massa do gás produzido". Como se formou 1,44 × 10^{-2} mol de C_2H_2, houve uma perda de massa de 0,374 g de acetileno. Logo, a massa da solução é (1 + 100 – 0,374) g = 100,626 g. Seu volume fornecido é 98,47 mL, logo sua densidade é:

$$d = \frac{m}{V} = \frac{100,626}{98,47} = 1,02 \text{ g/mL}$$

Se houve a formação de 1,44 × 10^{-2} mol de $Ca(OH)_2$, há 2,88 × 10^{-2} mol de OH^- na solução. Assim, a concentração de OH^- é:

$$\left[OH^{-}\right] = \frac{2,88 \times 10^{-2}}{98,47 \times 10^{-3}} = 2,93 \times 10^{-1}$$

pOH = 0,53 logo pH = 13,47

Vamos agora usar os dados do HNO_3. Para neutralizar a solução toda (250 mL após a diluição), seriam necessários:

$\frac{250}{10} \times 11{,}98 = 299{,}5$ mL de HNO_3 0,0148 mol/L, ou seja, $4{,}43 \times 10^{-3}$ mol de HNO_3 neutralizariam $1{,}44 \times 10^{-2}$ mol de $Ca(OH)_2$, o que mostra a incongruência dos dados.

Em 100 g de solução de HCl 0,440% em massa, existem 0,440 g de HCl, ou seja, $\frac{0{,}440}{36{,}5} = 1{,}21 \times 10^{-2}$ mol de HCl, quantidade insuficiente para completar a reação $CaC_2(s) + 2\ HCl(aq) \rightarrow CaCl_2(aq) + C_2H_2(g)$. A reação ocorrerá da mesma forma, gerando o mesmo volume de gás, uma vez que há um largo excesso de água para completar a dissolução do carbeto. Se devemos considerar que a densidade da solução é a mesma da anterior, chegamos à conclusão que o volume também é o mesmo, uma vez que a quantidade de gás formado será a mesma. O pH será diferente, uma vez que teremos uma concentração de OH^- menor:

$$\left[OH^-\right] = \frac{2{,}88 \times 10^{-2} - 1{,}21 \times 10^{-2}}{98{,}47 \times 10^{-3}} = 1{,}70 \times 10^{-1}$$

pOH = 0,77 logo pH = 13,23

Assim, sem usar os dados incongruentes do HNO_3, apresentamos as seguintes respostas:

a) 7,8% de impurezas
b) d = 1,02 g/mL e pH = 13,47
c) pH = 13,23

47

a) $CaCl_2(aq) + 2\ KOH(aq) \rightarrow Ca(OH)_2(s) + 2\ KCl(aq)$

A equação iônica equivalente é $Ca^{2+}(aq) + 2\ OH^-(aq) \rightarrow Ca(OH)_2(s)$

b) Há 0,2 mol de íon $Ca^{2+}(aq)$, e 0,2 mol de íon $OH^-(aq)$ num volume de 0,2 dm^3. Por outro lado, haverá precipitação, e vão se formar x mols de $Ca(OH)_2$. Logo, restarão em solução (0,2 – x) mols de Ca^{2+} e (0,2 – 2x) mols de de OH^-. Considerando algebricamente:

$$\left[OH^-\right] = \frac{0,2-2x}{0,2} = (1-10x) \rightarrow 0$$

$$10x \rightarrow 1 \Rightarrow x \rightarrow 0,1$$

$$\left[Ca^{2+}\right] = \frac{0,2-x}{0,2} = (1-5x)$$

$$\left[Ca^{2+}\right] \rightarrow 0,5$$

Usando a expressão de Kps, temos:

$$\left[Ca^{2+}\right]\times\left[OH^-\right]^2 = 0,5\times(1-10x)^2 = 6,5\times10^{-6}$$

$$1-10x = \sqrt{13\times10^{-6}} \Rightarrow x = \frac{1-\sqrt{13\times10^{-6}}}{10} = 9,96\times10^{-2}$$

Como x é o número de mols de $Ca(OH)_2$ formado, para calcular a massa basta:

$9,96 \times 10^{-2} \times 74,1 = 7,38$ g

c) Para calcular $\left[Ca^{2+}\right]$, fazemos $\left[Ca^{2+}\right] = \frac{1}{1\times111,1} = 9,00\times10^{-3}$. Se o pH é ajustado em 12, temos $\left[OH^-\right] = 1,00\times10^{-2}$. Calculando o Qps nesta situação, temos:

$Qps = \left[Ca^{2+}\right]\times\left[OH^-\right]^2 = 9,00\times10^{-7} < 6,5\times10^{-6}$

Logo, não ocorre precipitação.

48

a) Produzido comercialmente em larga escala, gasoso e básico: tudo aponta para a amônia (NH_3).

b) $4\ NH_3 + 5\ O_2 \rightarrow 4\ NO + 6\ H_2O$

$2\ NH_3 + 2\ Na \rightarrow 2\ NaNH_2 + H_2$

$2\ NH_3 + 3\ CuO \rightarrow 3\ Cu + 3\ H_2O + N_2$

$NH_3 + H_2S \rightarrow NH_4HS$

$2\ NH_3 + CO_2 \rightarrow OC(NH_2)_2 + H_2O$

c) 1 L de H_2O corresponde a 1000 g. Vamos calcular a massa de 750 L de amônia nas CNTP:

17 g	–	22,4 L
m	–	750 L

$$m = \frac{17\times750}{22,4} = 569,20\,g$$

Logo, a percentagem em massa é:

569,20	–	1569,20
m	–	100

$$\%m = \frac{569,20 \times 100}{1569,20} = 36,27$$

Calculando a concentração molar, obtemos:

$$M = \frac{\%m \times d \times 10}{\text{massa molar}} = \frac{36,27 \times 0,880 \times 10}{17} = 18,78\,\text{mol}\,L^{-1}$$

d) $\left[H^+\right] = 5,43 \times 10^{-13} \Rightarrow pH = 12,27$

e) Primeiramente vamos calcular Kb para a amônia a partir destes dados.

	NH_3	+	H_2O	$\rightleftarrows$	NH_4^+	+	OH^-
início	M		–		0		0
estequiometria	x		–		x		x
equilíbrio	M – x		–		x		x

$$Kb = \frac{\left[NH_4^+\right] \times \left[OH^-\right]}{\left[NH_3\right]}$$

Se $\left[H^+\right] = 5,43 \times 10^{-13} \Rightarrow \left[OH^-\right] = 1,84 \times 10^{-2}$.

$$Kb = \frac{1,84 \times 10^{-2} \times 1,84 \times 10^{-2}}{18,78 - 1,84 \times 10^{-2}} = 1,81 \times 10^{-5}$$

Se a solução for diluída com um volume igual de água, sua molaridade vai se reduzir à metade, ou seja, passará para 9,39 mol L^{-1}. Logo, passará a valer a seguinte relação:

$$1,81 \times 10^{-5} = \frac{x \times x}{9,39 - x} \Rightarrow x^2 = 1,70 \times 10^{-4} - 1,81 \times 10^{-5}x$$

$$10^7 x^2 + 181x - 1700 = 0$$

A raiz positiva desta equação é $1,30 \times 10^{-2}$. Logo, pOH = 1,89 e pH = 12,11.

49

74 g de ácido propanóico (74 g/mol) correspondem a 1 mol de ácido propanóico. 16 g de NaOH (40 g/mol) correspondem a 0,4 mol de NaOH.

a) $C_2H_5 - COOH + NaOH \rightarrow C_2H_5 - COONa + H_2O$

b) Haverá o consumo de 0,4 mol de NaOH e 0,4 mol de $C_2H_5 - COOH$. Logo, após a reação teremos o tampão formado por 0,6 mol de $C_2H_5 - COOH$ e 0,4 mol de $C_2H_5 - COO^-$.

c) Usando Henderson-Hasselbalch, temos:

$$[H^+] = Ka \times \frac{[C_2H_5-COOH]}{[C_2H_5-COO^-]}$$

$$\log[H^+] = \log Ka + \log\frac{[C_2H_5-COOH]}{[C_2H_5-COO^-]}$$

$$pH = pKa + \log\frac{[C_2H_5-COO^-]}{[C_2H_5-COOH]}$$

$$pH = 4{,}88 + \log\frac{0{,}4}{0{,}6} = 4{,}88 - 0{,}18 = 4{,}70$$

d) Naturalmente o pH irá aumentar um pouco (acréscimo de NaOH a um tampão).

	C_2H_5-COOH	+	OH^-	→	$C_2H_5-COO^-$	+	H_2O
início	0,6 mol		0,01 mol		0,4 mol		–
fim	0,59 mol		0		0,41 mol		–

$$pH = 4{,}88 + \log\frac{0{,}41}{0{,}59} = 4{,}88 - 0{,}16 = 4{,}72$$

Como previsto, o pH teve um pequeno aumento.

50

a) O HCl, ácido forte, se dissolve inteiramente em concentração tão baixa, gerando uma $[H^+] = 1{,}0 \times 10^{-6}$. Na verdade, esta concentração é levemente maior, como mostramos abaixo, devido à auto-ionização da água. De qualquer forma, o pH da solução é praticamente 6,0. O indicador interpreta este valor como básico (pH > 5,8), e assume coloração vermelha.

Cálculo mais exato do pH:

Contribuição do HCl:

HCl(aq)	→	H^+(aq)	+	Cl^-(aq)
		10^{-6}		10^{-6}

Contribuição da água:

$H_2O(l)$	$\rightleftarrows$	$H^+(aq)$	+	$OH^-(aq)$
		x		x

Totalizando e aplicando o produto iônico da água:

$\left[H^+\right] = \left(10^{-6} + x\right)$; $\left[OH^-\right] = x$; $\left(10^{-6} + x\right) \times x = 10^{-14}$

Resolvendo esta equação de segundo grau, obtemos $\left[OH^-\right] = 9,90 \times 10^{-9}$ e $\left[H^+\right] = 1,01 \times 10^{-6}$. O pH correspondente é 5,996.

b) A decomposição térmica do clorato de potássio ocorre da seguinte maneira: $KClO_3 \xrightarrow{\Delta} KCl + 3/2\, O_2$. Ou seja, cada mol de $KClO_3$ pode produzir 1,5 mol de O_2, que ocupará, nas condições ambientes, 1,5 × 24,4 = 36,6 dm^3.

c) Antes da mistura, temos:

$\left[Na^+\right] = \left[Cl^-\right] = 0,09\,M$

$\left[Ag^+\right] = \left[NO_3^-\right] = 0,06\,M$

No instante seguinte à mistura, teremos:

$$\left[Na^+\right] = \left[Cl^-\right] = \frac{0,01}{0,03} \times 0,09 = 0,03\,M$$

$$\left[Ag^+\right] = \left[NO_3^-\right] = \frac{0,02}{0,03} \times 0,06 = 0,04\,M$$

Logo, $Q_{PS} = 0,03 \times 0,04 = 1,2 \times 10^{-3} > 1,6 \times 10^{-10}$, o que indica que ocorrerá precipitação. Como ainda restará o íon Ag^+ na solução (diminuindo ainda mais a solubilidade do AgCl, que já é pequena, pelo efeito do íon comum), a massa de AgCl que irá se precipitar pode ser calculada estequiometricamente.

Número de mols de $Ag^+(aq)$ no instante da mistura:

0,02 × 0,06 = 12 × 10^{-4} mol

Número de mols de $Cl^-(aq)$ no instante da mistura:

0,01 × 0,09 = 9 × 10^{-4} mol

Como o limitante é o $Cl^-(aq)$, vai se formar 9 × 10^{-4} mol de AgCl(s), cuja massa molar é 143,5 g/mol.

Logo: 9 × 10^{-4} × 143,5 = 0,129 g.

O problema está completamente respondido, mas... vamos calcular a massa de AgCl que se dissolve, considerando que restou o íon comum

$Ag^+(aq)$. Restou $12 \times 10^{-4} - 9 \times 10^{-4} = 3 \times 10^{-4}$ mol de $Ag^+(aq)$ em 0,03 L de solução. Ou seja, temos $[Ag^+] = \frac{3\times10^{-4}}{0,03} = 1,0\times10^{-2}$ M. Vamos então calcular a solubilidade do AgCl numa solução $1,0 \times 10^{-2}$ M de $Ag^+(aq)$. Chamemos esta solubilidade de **s**. O AgCl(s) se dissolve:

AgCl(s)	$\rightleftarrows$	$Ag^+(aq)$	+	$Cl^-(aq)$
		s		s

Temos então:
$[Ag^+] = 1,0\times10^{-2} + s$ e $[Cl^-] = s$, com a hipótese simplificadora $[Ag^+] = 1,0\times10^{-2} + s \cong 1,0\times10^{-2}$ (s muito pequeno). Aplicando o produto de solubilidade (solução saturada), vem:
$[Ag^+]\times[Cl^-] = 1,0 \times 10^{-2} \times s = 1,6 \times 10^{-10} \Rightarrow s = 1,6 \times 10^{-8}$ M
Ou seja, em 1 L de solução nestas condições dissolve-se $1,6 \times 10^{-8}$ mol. Em 0,03 L (volume existente) dissolve-se $4,8 \times 10^{-10}$ mol de AgCl, o que corresponde à massa de $4,8 \times 10^{-10} \times 143,5 = 6,89 \times 10^{-8}$ g, massa esta absolutamente imperceptível.
Assim, a resposta que se precipitam 0,129 g de AgCl(s) está perfeitamente correta.

51

O termo chuva ácida foi primeiramente usado em 1872 por Robert Angus Smith, um químico e climatologista inglês. Ele o usou para descrever a precipitação ácida em Manchester logo após a revolução Industrial.
A água (neutra) tem pH = 7, a chuva torna-se naturalmente ácida pela dissolução de dióxido de carbono da atmosfera. O dióxido de carbono reage reversivelmente com a água para formar um ácido fraco - o "ácido carbônico":
$CO_2(aq) + H_2O(l) \rightleftarrows H^+(aq) + HCO_3^-(aq)$
No equilíbrio o pH desta solução é 5,6, assim a água de chuva é naturalmente ácida pelo dióxido de carbono. Qualquer chuva com pH abaixo de 5,6 é considerada então como chuva ácida.

Dióxido de nitrogênio, NO_2, e dióxido de enxofre, SO_2, podem se formar na poluição industrial. O SO_2 tem como principal fonte a queima de combustíveis fósseis que têm como impureza o enxofre:

$S(s) + O_2(g) \rightarrow SO_2(g)$

O $NO_2(g)$, além da poluição ambiental, pode se originar nas tempestades que tenham intensa atividade elétrica:

$N_2(g) + O_2(g) \rightarrow 2\ NO(g)$

$2\ NO(g) + O_2(g) \rightarrow 2\ NO_2(g)$

Esses gases podem reagir com a água da atmosfera, gerando ácido sulfuroso, ácido sulfúrico (em menor escala), ácido nitroso e ácido nítrico:

$SO_2(g) + H_2O(l) \rightarrow H_2SO_3(aq)$

$2\ SO_2(g) + O_2(g) \rightarrow 2\ SO_3(g)$

$SO_3(g) + H_2O(l) \rightarrow H_2SO_4(aq)$

$2\ NO_2(g) + H_2O(l) \rightarrow HNO_2(aq) + HNO_3(aq)$

Estes ácidos podem se precipitar na chuva ou na neve. Amostras de gelo da Groelândia datadas de 1900 mostram a presença de sulfatos e nitratos, o que indica que já em 1900 tínhamos chuva ácida.

O pior de tudo é que a chuva ácida pode se formar em locais distantes da produção dos óxidos de enxofre e nitrogênio. O Canadá sofre com a poluição dos Estados Unidos, e a ex-Alemanha Ocidental sofria com a poluição da Alemanha Oriental. Em algumas áreas dos Estados Unidos o pH da chuva já chegou a 1,5 (West Virginia).

52

a) O ponto de equivalência é dado pelo ponto de inflexão do gráfico de titulação. Ocorre para $V_{base} = 50$ mL, e corresponde aproximadamente ao pH = 9, o que é compatível com a titulação de um ácido fraco por uma base forte.

b) O sistema se comporta como um tampão quando existem quantidades razoáveis do ácido fraco e de seu sal (formado pela adição da base forte). As variações de pH são relativamente pequenas. Por inspeção no gráfico, $5\ mL < V_{base} < 45\ mL$.

c) Henderson-Hasselbalch:

$$[H^+] = Ka \times \frac{[HA]}{[A^-]}$$

Para que pH = pKa, é necessário $\frac{[HA]}{[A^-]} = 1$. Isto ocorre quando se adiciona ao ácido a metade do volume necessário para sua neutralização, ou seja, $V_{base} = 25$ mL.

53

a) O ácido carbônico nunca foi isolado, mas existe em solução. Dele derivam os bicarbonatos e os carbonatos. Podemos escrever H_2CO_3 como sendo a forma hidratada do CO_2. Assim considerando, teríamos:

$$H_2CO_3(aq) \rightleftarrows H^+(aq) + HCO_3^-(aq)$$

$$K1 = \frac{[H^+] \times [HCO_3^-]}{[H_2CO_3]}$$

Esta constante foi avaliada como sendo $1{,}72 \times 10^{-4}$ a 25°C. O problema desta constante é que o equilíbrio $CO_2(aq)$ e $H_2CO_3(aq)$ é muito lento, e fortemente deslocado para a esquerda. Por exemplo, a fração do CO_2 presente na forma hidratada a 25°C é de apenas 0,37%. Ou seja, em termos práticos, o equilíbrio real é $CO_2(aq) + H_2O(aq) \rightleftarrows H^+(aq) + HCO_3^-(aq)$, com uma constante a 25°C de $4{,}45 \times 10^{-7}$, típica de ácido fraco.

b) Os ácidos fortes citados são o ácido sulfúrico, H_2SO_4, e o ácido nítrico, HNO_3. O ácido sulfúrico é um ácido diprótico forte. O primeiro hidrogênio ioniza-se quase completamente, em soluções de concentrações moderadas. Para o segundo hidrogênio, tem-se $K2 = 1{,}29 \times 10^{-2}$ a 18°C. O ácido nítrico em solução aquosa ioniza-se quase completamente, é um dos ácidos mais fortes.

c) $SO_2(g) + ½\, O_2(g) \rightleftarrows SO_3(g)$
$SO_3(g) + H_2O(l) \rightleftarrows H_2SO_4(l)$

d) Tal como está colocado, o problema não tem solução exata, uma vez que não foram fornecidas as constantes do ácido sulfúrico. No entanto, para pH = 3, precisamos "no máximo" de uma solução 0,001 M deste ácido, fazendo a suposição, obviamente falsa, de que a primeira ionização fosse total (como efetivamente é) e a segunda ionização fosse ausente (um absurdo em tal diluição, 1 milimol por litro, ou seja, 98 mg por litro). Assim, é aceitável a aproximação para 0,0005 M (5×10^{-4} M), supondo que as duas ionizações sejam praticamente completas em tal diluição. Provaremos a validade de tal aproximação ao final do exercício.

$50\ km^2 = 5 \times 10^9\ dm^2$; 100 mm = 1 dm. Logo, o volume de chuva será de $5 \times 10^9\ dm^3$. O número de mols de H_2SO_4 necessário (e conseqüentemente o número de mols de SO_2) é de:

nº de mols = $V \times M = 5 \times 10^9 \times 5 \times 10^{-4} = 2,5 \times 10^6$ mol

Massa de SO_2 necessária: $2,5 \times 10^6$ mol $\times$ 64 g/mol = $1,60 \times 10^8$ g = 160 toneladas.

e) Sim, devido à dissolução dos carbonatos:

$CaCO_3(s) + H^+(aq) \rightarrow Ca^{2+}(aq) + HCO_3^-(aq)$

$CaCO_3(s) + 2\ H^+(aq) \rightarrow Ca^{2+}(aq) + H_2O(l) + CO_2(g)$

Vamos agora à demonstração de que a aproximação feita no item d é correta, usando o valor de K2 fornecido por nós no item b.

As duas ionizações são:

PRIMEIRA:

	H_2SO_4	$\rightarrow$	H^+	+	HSO_4^-
início	M		0		0
fim	0		M		M

SEGUNDA (em cascata):

	HSO_4^-	$\rightleftarrows$	H^+	+	SO_4^{2-}
início	M		M		0
estequiometria	x		x		x
equilíbrio	M – x		M + x		x

Como $\left[H^+\right] = 10^{-3} \Rightarrow M + x = 10^{-3} \Rightarrow M = 10^{-3} - x$. Assim:

$\left[HSO_4^-\right] = M - x = 10^{-3} - x - x = 10^{-3} - 2x$

$\left[H^+\right] = 10^{-3}$

$\left[SO_4^{2-}\right] = x$

$$\frac{\left[H^+\right] \times \left[SO_4^{2-}\right]}{\left[HSO_4^-\right]} = \frac{10^{-3} \times x}{10^{-3} - 2x} = 1{,}29 \times 10^{-2}$$

A raiz desta equação é $x = 4{,}81 \times 10^{-4}$. Como $M + x = 10^{-3}$, então $M = 5{,}19 \times 10^{-4}$. Este valor conduz, para a espécie HSO_4^-, a $\alpha = \frac{4{,}81 \times 10^{-4}}{5{,}19 \times 10^{-4}} = 0{,}927\,(92{,}7\%)$. Calculando-se a massa de SO_2 com este valor, teríamos 166 toneladas.

54

a) A neutralização fornece:

$20 \times M_{ácido} = 13{,}5 \times 0{,}1 \Rightarrow M_{ácido} = 6{,}75 \times 10^{-2}$

$\left[H^+\right] = 6{,}75 \times 10^{-2} \Rightarrow pH = 1{,}17$

b)

1 mol HCl	–	1 mol $NaHCO_3$
36,5 g	–	84 g
0,35 g	–	m

$m = 0{,}805$ g

c) A origem da basicidade da solução de bicarbonato é a hidrólise, caracterizada através da reação:

$HCO_3^-(aq) + H_2O(l) \rightleftarrows H_2CO_3(aq) + OH^-(aq)$ Kh

$pH = 8{,}3 \Rightarrow \left[H^+\right] = 5{,}0 \times 10^{-9} \Rightarrow \left[OH^-\right] = 2{,}0 \times 10^{-6} = [H_2CO_3]$

Mas o bicarbonato é um íon anfótero, e também reage como ácido, através da reação $HCO_3^-(aq) \rightleftarrows H^+(aq) + CO_3^{2-}(aq)$. Seguramente, o K desta reação (K2 do H_2CO_3) é menor que o Kh da reação de hidrólise, uma vez que sabemos que o meio é básico. Assumimos que tanto $\left[H^+\right]$ quanto $\left[OH^-\right]$ são pequenas o suficiente para não afetarem apreciavelmente o balanço de cargas iônicas. Assim, a neutralidade elétrica é preservada mantendo-se a carga negativa total constante, representada pelas duas espécies de carbonato, HCO_3^- e CO_3^{2-}, uma vez que a carga positiva devida ao íon Na^+ é realmente constante (íon espectador) e totalmente independente dos equilíbrios ácido-base envolvidos. Logo, para cada carga negativa "perdida" quando um íon HCO_3^- se transforma em H_2CO_3 (na hidrólise), uma carga negativa é "recuperada" com a transformação de um íon HCO_3^- em CO_3^{2-} na reação de segunda ionização do H_2CO_3 (K2). Isto leva à seguinte igualdade:

$$[H_2CO_3] = [CO_3^{2-}]$$

Assim, para a reação $H_2CO_3(aq) \rightleftarrows 2\,H^+(aq) + CO_3^{2-}(aq)$, levando em conta as aproximações feitas:

$$K = \frac{[H^+]^2 \times [CO_3^{2-}]}{[H_2CO_3]} = \frac{(5,0\times10^{-9})^2 \times 2,0\times10^{-6}}{2,0\times10^{-6}} = 2,50\times10^{-17}$$

Buscando na literatura especializada, apesar das divergências de valores, encontramos como dados típicos $K1 = 4,3 \times 10^{-7}$ e $K2 = 5,61 \times 10^{-11}$. Este par de valores fornece para K o valor $K = K1 \times K2 = 4,3 \times 10^{-7} \times 5,61 \times 10^{-11} = 2,41 \times 10^{-17}$. Quase bruxaria...

d) A origem da basicidade da solução de carbonato é a hidrólise, caracterizada através da reação:

$$CO_3^{2-}(aq) + H_2O \rightleftarrows HCO_3^-(aq) + OH^-(aq)$$

$$pH = 9,9 \Rightarrow [H^+] = 1,26\times10^{-10} \Rightarrow [OH^-] = 7,94\times10^{-5}$$

Novamente a consideração da neutralidade elétrica impõe que para cada OH^- formado, um íon CO_3^{2-} tenha se solubilizado. Logo, a solubilidade do carbonato de cálcio é $7,94 \times 10^{-5}$ mol/L e seu Kps é $(7,94\times10^{-5})^2 = 6,31\times10^{-9}$. Encontramos na literatura, embora também haja divergências, o valor de $7,55 \times 10^{-9}$. Aproximação aceitável...

55

Equilíbrio do monoácido fraco HAc (ácido acético):

	HAc	$\rightleftarrows$	H^+	+	Ac^-
início	M		0		0
estequiometria	x		x		x
equilíbrio	M − x		x		x

O valor de x no equilíbrio é conhecido, uma vez que pH = 3,00 implica em $[H^+] = 1,00 \times 10^{-3}$ mol L^{-1}.

Usando a constante de equilíbrio:

$$K = \frac{[H^+]\times[Ac^-]}{[HAc]} = 1,75\times10^{-5}$$

$$\frac{10^{-3}\times10^{-3}}{M-10^{-3}} = 1,75\times10^{-5}$$

$$1,75 \times 10^{-5} \times M - 1,75 \times 10^{-8} = 10^{-6}$$

$$M = \frac{(100+1,75)\times10^{-8}}{1,75\times10^{-5}} = 5,81\times10^{-2} \text{ mol L}^{-1}$$

56

a) $KH_2PO_4 + KOH \rightarrow K_2HPO_4 + H_2O$
A reação iônica é mais esclarecedora, observe que K^+ é íon espectador:
$H_2PO_4^- + OH^- \rightarrow HPO_4^{2-} + H_2O$

b) Antes da reação, temos:

$H_2PO_4^-$	$\Rightarrow$	0,05 mol
OH^-	$\Rightarrow$	$0,3 \text{ L} \times 0,1 \text{ mol L}^{-1} = 0,03 \text{ mol}$

Logo, OH^- é o reagente limitante:

	$H_2PO_4^-$	+	OH^-	$\rightarrow$	HPO_4^{2-}	+	H_2O
antes	0,05 mol		0,03 mol		0		
depois	0,02 mol		0		0,03 mol		

Temos assim estabelecido um sitema tampão, pelo equilíbrio entre quantidades apreciáveis do ácido fraco $H_2PO_4^-$ ($pK_a = 7,2 \Rightarrow K_a = 6,31 \times 10^{-8}$), e de sua base conjugada HPO_4^{2-}. Usaremos a equação de Henderson-Hasselbalch:

$$H_2PO_4^- \rightleftarrows H^+ + HPO_4^{2-}$$

$$K_a = \frac{[H^+]\times[HPO_4^{2-}]}{[H_2PO_4^-]}$$

$$[H^+] = K_a \times \frac{[H_2PO_4^-]}{[HPO_4^{2-}]}$$

$$\left[H^+\right] = K_a \times \frac{0,02}{0,03} = K_a \times \frac{2}{3}$$

$$\log\left[H^+\right] = \log K_a + \log\frac{2}{3}$$

$$-\log\left[H^+\right] = -\log K_a + \log\frac{3}{2}$$

$$pH = pK_a + \log\frac{3}{2}$$

Como é lastimavelmente comum, log 2 e log 3 não foram fornecidos – usaremos os conhecidos valores 0,30 e 0,48.

$$pH = 7,20 + 0,48 - 0,30 = 7,38$$

c) De antemão, nos itens c) e d) as variações de pH serão bastante pequenas, pois se trata de acréscimo de pouca quantidade de ácido forte (c) ou de base forte (d) a um sistema tampão. Faremos os cálculos, incluindo os logaritmos. Os novos valores de pH não poderiam ser calculados na prova.
Em 100 mL da solução tampão existem 2 mmols de $H_2PO_4^-$ e 3 mmols de HPO_4^{2-}. Haverá adição de 1 mL de HCl 0,1 mol L^{-1}, ou seja, de 0,1 mmol de H^+. Se há acréscimo de H^+, reage a base do tampão:

	HPO_4^{2-}	+	H^+	→	$H_2PO_4^-$
antes	3 mmols		0,1 mmol		2 mmols
depois	2,9 mmols		0		2,1 mmols

$$pH = pK_a + \log\frac{2,9}{2,1} = 7,2 + 0,46 - 0,32 = 7,34$$

Como era de se esperar, o pH tem uma pequena diminuição, de 7,38 para 7,34.

d) Em 100 mL da solução tampão existem 2 mmols de $H_2PO_4^-$ e 3 mmols de HPO_4^{2-}. Haverá adição de 1 mL de KOH 0,1 mol L^{-1}, ou seja, de 0,1 mmol de OH^-. Se há acréscimo de OH^-, reage o ácido do tampão:

	$H_2PO_4^-$	+	OH^-	→	HPO_4^{2-}	+	H_2O
antes	2 mmols		0,1 mmol		3 mmols		
depois	1,9 mmols		0		3,1 mmols		

$$pH = pK_a + \log\frac{3,1}{1,9} = 7,2 + 0,49 - 0,28 = 7,41$$

Como era de se esperar, o pH tem um pequeno aumento: 7,38 para 7,41.

57

a) Podemos considerar a água pura como uma solução neutra, contendo íons H^+ e OH^- em concentrações iguais provenientes da auto-ionização. Se o pH é 7, então $[H^+]=[OH^-]=1,0\times10^{-7}$. Logo, a constante $Kw=[H^+]\times[OH^-]=1,0\times10^{-14}$.

b) Podemos dizer (como de hábito) que $[H^+]=M\times\alpha$. Logo:

$$\alpha=\frac{[H^+]}{M}$$

$$M=\frac{m}{V\times \text{massa molar}}=\frac{1000}{18}$$

$$\alpha=\frac{1,0\times10^{-7}\times18}{1000}=1,8\times10^{-9}$$

c) Calculando a molaridade da solução:

$$M=\frac{m}{V\times \text{massa molar}}=\frac{0,125}{0,25\times40}=1,25\times10^{-2}$$

$$[OH^-]=1,25\times10^{-2}\Rightarrow pOH=1,90\Rightarrow pH=12,10$$

d) Diluindo um milhão de vezes, a concentração de OH^- devida ao NaOH passa a ser $\frac{1,25\times10^{-2}}{10^6}=1,25\times10^{-8}$, o que torna a água fonte importante de OH^-. Da água virá então $[H^+]=[OH^-]=x$ (e não 10^{-7}, uma vez que a presença dos ânions hidróxido da base inibe a auto-ionização da água – Le Chatelier). A situação então é $[H^+]=x$ e $[OH^-]=x+1,25\times10^{-8}$, originando a equação $x\times(x+1,25\times10^{-8})=10^{-14}$, equivalente a $10^{14}x^2+125\times10^4x-1=0$. Resolvendo, obtém-se $x=9,38\times10^{-8}$. Logo, o pH desta solução básica extremamente diluída é 7,03.

58

a) $CaCO_3 \xrightarrow{900\,°C-1000\,°C} CaO + CO_2$

b) $Kp = pCO_2 = 1,34\ bar = 1,34\times10^5\ Pa$

c) $CaO + H_2O \rightarrow Ca(OH)_2$

d) Calculando a molaridade da solução saturada de $Ca(OH)_2$:

$$M = \frac{1,26}{1 \times 74} = 1,70 \times 10^{-2} \text{ mol/L}$$

$$[OH^-] = 2 \times 1,70 \times 10^{-2} = 3,41 \times 10^{-2}$$

$pOH = 1,47 \Rightarrow pH = 12,53$

e) $CO_2(g) \rightleftarrows CO_2(aq)$

$CO_2(aq) + OH^-(aq) \rightleftarrows HCO_3^-(aq)$

$HCO_3^-(aq) \rightleftarrows H^+(aq) + CO_3^{2-}(aq)$

$Ca^{2+}(aq) + CO_3^{2-}(aq) \rightarrow CaCO_3(s)$

59

o que contém enxofre	sulfato	SO_4^{2-}
o que contém manganês	permanganato	MnO_4^-
o que contém nitrogênio e oxigênio	nitrato	NO_3^-
o que tem carga -3	fosfato	PO_4^{3-}
o que é anfotérico	hidrogenocarbonato	HCO_3^-
o que tem 2 átomos	cianeto	CN^-
o ânion que falta	cloreto	Cl^-

O teste mais comum para o ânion cloreto é a precipitação com o cátion prata, formando AgCl, precipitado branco:

$Cl^-(aq) + Ag^+(s) \rightarrow AgCl(s)$

60

a) Fórmulas e nomes:

ácido di-hidrogeno fosfato	base conjugada mono-hidrogeno fosfato
$H_2PO_4^-$	HPO_4^{2-}

Constantes de equilíbrio:

		$H_2PO_4^-(aq)$	$\rightleftarrows$	$H^+(aq)$	+	$HPO_4^{2-}(aq)$	Ka (Ka2)
$HPO_4^{2-}(aq)$	+	$H_2O(l)$	$\rightleftarrows$	$H_2PO_4^-(aq)$	+	$OH^-(aq)$	Kb
		$H_2O(l)$	$\rightleftarrows$	$H^+(aq)$	+	$OH^-(aq)$	Kw

$Kw = Ka \times Kb \Rightarrow pKw = pKa + pKb \Rightarrow pKb = pKw - pKa \Rightarrow$
$pKb = 14 - 7,21 = 6,79$

b) Cálculos preliminares:

$$M = \frac{\%m \times d \times 10}{\text{massa molar}} = \frac{0,05 \times 1 \times 10}{98} = 5,10 \times 10^{-3}\ \text{mol L}^{-1}$$

$pKa1 = 2,12 \Rightarrow Ka1 = 7,59 \times 10^{-3}$

	$H_3PO_4(aq)$	$\rightleftarrows$	$H^+(aq)$	+	$H_2PO_4^-(aq)$
início	M		0		0
estequiometria	x		x		x
equilíbrio	M – x		x		x

$$Ka1 = \frac{[H^+] \times [H_2PO_4^-]}{[H_3PO_4]} = \frac{x \times x}{M - x} = \frac{x^2}{5,10 \times 10^{-3}} = 7,59 \times 10^{-3}$$

A raiz de interesse desta equação é $3,49 \times 10^{-3}$.
Se $[H^+] = 3,49 \times 10^{-3}$, então pH = 2,46.

c) $pKa2 = 7,21 \Rightarrow Ka2 = 6,17 \times 10^{-8}$
$pKa3 = 12,32 \Rightarrow Ka3 = 4,79 \times 10^{-13}$

$$Ka1 = \frac{[H^+] \times [H_2PO_4^-]}{[H_3PO_4]} \Rightarrow \frac{[H_2PO_4^-]}{[H_3PO_4]} = \frac{7,59 \times 10^{-3}}{10^{-7}} = 7,59 \times 10^4$$

$$Ka2 = \frac{[H^+] \times [HPO_4^{2-}]}{[H_2PO_4^-]} \Rightarrow \frac{[HPO_4^{2-}]}{[H_2PO_4^-]} = \frac{6,17 \times 10^{-8}}{10^{-7}} = 0,617$$

$$Ka3 = \frac{[H^+] \times [PO_4^{3-}]}{[HPO_4^{2-}]} \Rightarrow \frac{[PO_4^{3-}]}{[HPO_4^{2-}]} = \frac{4,79 \times 10^{-13}}{10^{-7}} = 4,79 \times 10^{-6}$$

Estabelecendo uma proporção onde $[PO_4^{3-}]$ receba o valor 1, temos

$[PO_4^{3-}]$	$[H_3PO_4]$	$[HPO_4^{2-}]$	$[H_2PO_4^-]$
1	4,5	$2,1 \times 10^5$	$3,4 \times 10^5$

A espécie mais abundante é o $H_2PO_4^-$, di-hidrogeno fosfato.

61

$$[Pb^{2+}]\times[Cl^-]^2 = 2,4\times10^{-4}$$

$$[Cl^-] = \sqrt{\frac{2,4\times10^{-4}}{2,4\times10^{-7}}} = 31,62\,\text{mol dm}^{-3}$$

Tal concentração é inatingível com NaCl (aproximadamente 1850 g dm^{-3}). E, se fosse atingível, esta água seria obviamente imprópria para consumo humano.

62

Em termos de massas, as duas situações são exatamente iguais (NaBr tem massa molar 103 g/mol). No entanto, na situação proposta pelo aprendiz, o volume é menor (metade) e, conseqüentemente, o número de mols de Ag^+ que fica em solução será menor (metade). A justificativa teórica é que a solubilidade molar do AgBr é dada por $\sqrt{Kps}$.
Uma boa sugestão para diminuir a massa de Ag^+ que resta em solução é trabalhar com uma massa de NaBr maior (aumentando a $[Br^-]$) e numa temperatura menor (diminuindo a solubilidade).

63

a) $HCN(aq) + H_2O(l) \rightleftarrows H_3O^+(aq) + CN^-(aq)$
b) Há dois pares de ácido / base conjugados: HCN / CN^- e H_3O^+ / H_2O.
c) $[H^+] = [CN^-] = 7,0\times10^{-6}$
$[OH^-] = 1,43\times10^{-9}$
$[HCN] = 0,1 - 7,0\times10^{-6} \cong 0,1$
d) $[H^+] = 7,0\times10^{-6} \Rightarrow pH = 5,15$

64

a) Aplicando Clapeyron, temos:

$$V = \frac{n\times R\times T}{p} = \frac{0,0752\times0,082057\times273,15}{1} = 1,686\,L$$

b) A diferença entre Ka1 ($pKa1 = 6,630 \Rightarrow Ka1 = 2,344 \times 10^{-7}$) e Ka2 ($pKa2 = 10,640 \Rightarrow Ka2 = 2,291 \times 10^{-11}$) permite tratar o CO_2 como um ácido monoprótico (a segunda ionização altera muito pouco os valores de $[H^+]$ e $[CO_2]$).

	$CO_2(aq)$	+	$H_2O(l)$	$\rightleftarrows$	$HCO_3^-(aq)$	+	$H^+(aq)$
início	M		-		0		0
estequiometria	x		-		x		x
equilíbrio	M – x		-		x		x

$$\frac{x^2}{M-x} = Ka1 \Rightarrow x^2 = 2,2344 \times 10^{-7} \times (0,0752 - x)$$

A raiz de interesse desta equação é $1,327 \times 10^{-4}$. Logo:
$[H^+] = 1,327 \times 10^{-4}$ mol L^{-1} e $[CO_2] = 0,0752 - 1,327 \times 10^{-4} = 7,507 \times 10^{-2}$ mol L^{-1}.

65

"Todos têm solução e primeiro vem o cátion,	Hg^{2+} é o único cátion presente.	Mercúrio(II)
depois a espécie anfotérica é arrumada	HSO_4^- pode funcionar como ácido: $HSO_4^- + H_2O \rightleftarrows SO_4^{2-} + H_3O^+$ HSO_4^- pode funcionar como base: $HSO_4^- + H_3O^+ \rightleftarrows H_2SO_4 + H_2O$	Hidrogenossulfato
logo seguida da sua base conjugada.	HSO_4^- funcionando como ácido gera a base SO_4^{2-}, ver acima	Sulfato
Os dois seguintes contêm iodo na sua composição. Mas o primeiro é poliatômico,	IO_3^- é poliatômico	Iodato
o segundo não.	I^- é monoatômico	Iodeto
Dos restantes, um liberta CO_2 quando por ácido atacado,	$CO_3^{2-} + 2\,H^+ \rightarrow CO_2$	Carbonato
e depois vem outro que com $Ag^+(aq)$ forma precipitado.	$Ag^+(aq) + Cl^-(aq) \rightarrow AgCl(s)$	Cloreto
Sobra um que com nada disto se importa, Mas por ser o último abre a porta."	Só restou o nitrato	Nitrato

66

$NH_4^+(aq) + OH^-(aq) \xrightarrow{\Delta} NH_3(g) + H_2O(l)$

A amônia produzida se dissolve na água que umedece o papel vermelho de tornassol. Como a amônia é básica, o papel vermelho de tornassol torna-se vermelho.

O odor inconfundível da amônia formada e a troca de cor de vermelho para azul do papel de tornassol evidenciam a presença do cátion amônio na solução.

67

Molaridade da solução de NaOH titulante:

$$M = \frac{m}{V \times \text{massa molar}} = \frac{27,28}{1 \times 40} = 0,682 \text{ mol/L}$$

Reação de titulação:

$H_2SO_4(aq) + 2\ NaOH(aq) \rightarrow Na_2SO_4(aq) + 2\ H_2O(l)$

$H_2SO_4(aq)$	–	$NaOH(aq)$
1 mol	–	2 mols
$25 \times M_{dil}$	–	$20,23 \times 0,682$

$$M_{dil} = \frac{20,23 \times 0,682}{2 \times 25} = 0,276 \text{ mol/L}$$

Logo, a molaridade da solução concentrada inicial é:

$V_{conc} \times M_{conc} = V_{dil} \times M_{dil}$

$$M_{conc} = \frac{500 \times 0,276}{10} = 13,80 \text{ mol/L}$$

$$M = \frac{10 \times \%m \times d}{\text{massa molar}} \Rightarrow \%m = \frac{M \times \text{massa molar}}{10 \times d}$$

$$\%m = \frac{13,80 \times 98}{10 \times 1,728} = 78,25\%m$$

A rigor, não há dados que permitam calcular o pH da solução diluída, uma vez que não foram fornecidas as constantes de ionização do ácido sulfúrico.

Se a molaridade da solução diluída é 0,276, a $[H^+]$ fica entre 0,276 (ausência da segunda ionização) e 0,552 (segunda ionização total).

Resumindo: $0,276 < [H^+] \leq 0,552$ e $0,258 < pH < 0,559$.

Equação de neutralização:

$MgO + H_2SO_4 \rightarrow MgSO_4 + H_2O$

MgO	-	H_2SO_4
1 mol	-	1 mol
40,30 g	-	1 mol
0,85 × 5 g	-	V × 0,276

$$V = \frac{0{,}85 \times 5}{0{,}276 \times 40{,}30} = 0{,}382 \text{ L} = 382{,}2 \text{ mL}$$

Reunindo as respostas:

a) 13,80 mol/L

b) 78,25%m

c) 0,258 < pH < 0,559 (faltam dados)

d) 382,2 mL

68

pKa(HAc) = 4,77 leva a Ka(HAc) = 1,70 × 10^{-5}; pKa(HB) = 4,77 leva a Ka(HB) = 6,31 × 10^{-5}. Para a reação em questão:

$K = \frac{[HB] \times [Ac^-]}{[B^-] \times [HAc]}$. Multiplicando por $\frac{[H^+]}{[H^+]}$ e rearranjando, temos:

$$K = \frac{[HB]}{[B^-] \times [H^+]} \times \frac{[H^+] \times [Ac^-]}{[HAc]} = \frac{Ka(HAc)}{Ka(HB)}$$

Calculando, Ka = 0,269.

As concentrações iniciais do íon benzoato e do ácido acético são $\frac{0{,}05\,\text{mol}}{0{,}5\,\text{L}} = 0{,}1\,\text{mol/L}$. Teríamos então o seguinte quadro de equilíbrio:

	$[B^-]$	[HAc]	[HB]	$[Ac^-]$
início	0,1	0,1	0	0
estequiometria	x	x	x	x
equilíbrio	0,1 - x	0,1 - x	x	x

$$K = \frac{[HB] \times [Ac^-]}{[B^-] \times [HAc]} = \frac{x \times x}{(0{,}1 - x) \times (0{,}1 - x)} = 0{,}269$$

$$\frac{x}{0{,}1 - x} = \sqrt{0{,}269} = 0{,}519 \Rightarrow x = 0{,}0519 - 0{,}519x$$

$$1{,}519x = 0{,}0519 \Rightarrow x = 0{,}0342 > 0{,}020$$

Tal cálculo garante que haverá precipitação, o que nos leva à montagem de um quadro de equilíbrio diferente, uma vez que [HB] permanecerá "estacionada" em 0,020 mol/L.

	$[B^-]$	[HAc]	[HB]	$[Ac^-]$
início	0,1	0,1	0	0
estequiometria	x	x	x	x
equilíbrio	0,1 - x	0,1 - x	0,020	x

$$K = \frac{0,020 \times x}{(0,1 - x)^2} = 0,269 \Rightarrow (x^2 - 0,2x + 0,01) \times 0,269 = 0,020x$$

$$269x^2 - 53,8x + 2,69 = 20x \Rightarrow 269x^2 - 73,8x + 2,69 = 0$$

$$x = \frac{73,8 \pm \sqrt{5446,44 - 2894,44}}{538} = \frac{73,8 - \sqrt{2552}}{538} = 0,0433$$

(a outra raiz é "fora de faixa")

Este resultado tem que ser criteriosamente interpretado. A solução de benzoato era inicialmente 0,1 mol/L (50 mmols em 500 mL) e tornou-se 0,1 – 0,0433 = 0,0567 mol/L (28,36 mmols em 500 mL). Ou seja, 21,64 mmols de ácido benzóico se formaram: 10 mmols nos 500 mL formando a solução saturada 0,02 mol/L, e 11,64 mmols se precipitaram.

Há dois caminhos para determinação do pH: pelo equilíbrio do ácido benzóico ou pelo equilíbrio do ácido acético. Os dois caminhos devem levar ao mesmo resultado, ressalvados os erros cometidos nas aproximações. Resolveremos pelos dois caminhos.

Pelo ácido acético:

$$Ka(HAc) = \frac{[H^+] \times [Ac^-]}{[HAc]} \Rightarrow [H^+] = Ka(HAc) \times \frac{[HAc]}{[Ac^-]}$$

$$[H^+] = 1,70 \times 10^{-5} \times \frac{0,0567}{0,0433} = 2,23 \times 10^{-5} \Rightarrow pH = 4,65$$

Pelo ácido benzóico:

$$[H^+] = Ka(HB) \times \frac{[HB]}{[B^-]}$$

$$\left[H^+\right] = 6,31\times10^{-5}\times\frac{0,020}{0,0567} = 2,22\times10^{-5} \Rightarrow pH = 4,65$$

69

As concentrações iniciais de todos os íons são:

$$\left[Ag^+\right] = 0,005 \text{ mol/L}$$
$$\left[Na^+\right] = 0,010 \text{ mol/L}$$
$$\left[NO_3^-\right] = 0,005 \text{ mol/L}$$
$$\left[Cl^-\right] = 0,005 \text{ mol/L}$$
$$\left[Br^-\right] = 0,005 \text{ mol/L}$$

É importante observar que Na^+ e NO_3^- são íon espectadores nas reações de precipitação que ocorrerão. Assim sendo, a neutralidade elétrica é garantida pela equação $[Ag^+] + [Na^+] = [NO_3^-] + [Cl^-] + [Br^-]$.
Como $[Na^+]$ e $[NO_3^-]$ não irão variar, temos:
$[Ag^+] + 0,010 = 0,005 + [Cl^-] + [Br^-]$.
É necessário estabelecer se Cl^- precipita ou não, uma vez que a primeira precipitação é de AgBr. Após a integral precipitação do AgBr, teríamos as seguintes concentrações remanescentes:

$$\left[Ag^+\right] = \left[Br^-\right] = \sqrt{5,0\times10^{-13}} = 7,071\times10^{-7}$$

Esta $\left[Ag^+\right]$ é suficiente para precipitar $\left[Cl^-\right]$, pois $7,071\times 10^{-7} \times 0,005 = 3,536 \times 10^{-9} > 1,8 \times 10^{-10}$.
Assim sendo, como brometo de prata e cloreto de prata irão precipitar, é necessário atender aos dois Kps e à neutralidade elétrica:

$$\begin{cases} \left[Ag^+\right]\times\left[Cl^-\right] = 1,8\times10^{-10} \\ \left[Ag^+\right]\times\left[Br^-\right] = 5,0\times10^{-13} \\ \left[Cl^-\right]+\left[Br^-\right]-\left[Ag^+\right] = 0,005 \end{cases}$$

Há agora uma hipótese simplificadora, eminentemente química, que reduz bastante o trabalho matemático. Consideraremos que $\left[Ag^+\right]$ é muito pequena quando comparada com as outras concentrações, pois o íon Ag^+ foi praticamente removido da solução pela precipitação de AgBr e de AgCl.

Dividindo a primeira equação pela segunda, temos:

$$\begin{cases} \dfrac{[Cl^-]}{[Br^-]} = 360 \\ [Cl^-] + [Br^-] = 0,005 \end{cases}$$

Logo:

$$[Br^-] = \frac{0,005}{361} = 1,385 \times 10^{-5}$$

$$[Cl^-] = 360 \times 1,385 \times 10^{-5} = 4,986 \times 10^{-3}$$

$$[Ag^+] = \frac{1,8 \times 10^{-10}}{4,986 \times 10^{-3}} = 3,610 \times 10^{-8}$$

Este último valor justifica nossa hipótese simplificadora.

70

1 Representaremos o ácido acético por HAc e o íon acetato por Ac^-, como usual. O tampão deverá conter um ácido fraco fraco (HAc) e sua base conjugada (Ac^-) através do sal (NaAc, acetato de sódio). Logo, deve-se reagir o ácido acético com o NaOH sólido, sendo o NaOH adicionado o reagente limitante, para que sobre HAc. A reação pedida é

$HAc + NaOH \rightarrow NaAc + H_2O$

que é melhor escrita na forma iônica:

$HAc(aq) + OH^-(aq) \rightarrow Ac^-(aq) + H_2O(l)$

Esta reação pode, para finalidades de cálculo, ser considerada como completa. Observe:

$$K = \frac{[Ac^-]}{[HAc] \times [OH^-]} \times \frac{[H^+]}{[H^+]} = \frac{Ka}{Kw} = \frac{1,75 \times 10^{-5}}{1,0 \times 10^{-14}} = 1,75 \times 10^9$$

2 Se pH = 4, então $[H^+] = 1,0 \times 10^{-4}$.

Nos 100 mL de solução 0,5 mol/L de HAc há 100×0,5 = 50 mmols de HAc. Logo, para a reação:

	HAc(aq)	+	OH^-(aq)	→	Ac^-(aq)	+	H_2O(l)
início	50 mmols		x		0		-
fim	50 – x		0		x		-

Usando Henderson-Hasselbalch, temos:

$$\left[H^+\right] = Ka \times \frac{[HAc]}{\left[Ac^-\right]}.$$

Como o volume em [HAc] e [Ac^-] é o mesmo, podemos escrever:

$$1,0\times10^{-4} = 1,75\times10^{-5}\times\frac{50-x}{x}$$

$$1000 = 175\times\frac{50-x}{x}$$

$$\frac{1000}{175} = \frac{50-x}{x} \Rightarrow x = \frac{350}{47} \cong 7,45 \text{ mmols de NaOH.}$$

Em massa: 297,87 mg de NaOH ≅ 0,2979 g

3

$$[HAc] = \frac{50-x}{100} = \frac{50-\frac{350}{47}}{100} = \frac{\frac{2000}{47}}{100} = \frac{20}{47} \cong 0,4255 \text{ mol/L}$$

$$\left[Ac^-\right] = \frac{x}{100} = \frac{\frac{350}{47}}{100} \cong 7,4468\times10^{-2} \text{ mol/L}$$

4.1 O tampão é constituído por HAc e Ac^-. A adição de H^+ (HCl) ao tampão provoca:

H^+(aq) + Ac^-(aq) → HAc(aq)

Esta reação, para finalidades de cálculo, pode ser considerada completa:

$$K = \frac{[HAc]}{\left[H^+\right]\times\left[Ac^-\right]} = \frac{1}{Ka} = \frac{1}{1,75\times10^{-5}} = 5,71\times10^4$$

Em 5,0 mL de HCl 1,0 × 10^{-2} mol/L há 5 × 1,0 × 10^{-2} = 0,05 mmol de H^+.

Em 20,0 mL de solução tampão há $\frac{20}{100}\times\frac{350}{47} = 1,49$ mmol de Ac^-, e $\frac{20}{100}\times\frac{2000}{47} = 8,51$ mmol de HAc.

	$H^+(aq)$	+	$Ac^-(aq)$	→	HAc(aq)
início	0,05 mmol		1,49 mmol		8,51 mmol
fim	0		1,44 mmol		8,56 mmol

Aplicando Henderson-Hasselbalch, temos:

$$[H^+] = 1,75 \times 10^{-5} \times \frac{8,56}{1,44} = 1,04 \times 10^{-4}$$

pH = 3,98 (como esperado, há uma pequena diminuição do pH). $|\Delta pH| = 4 - 3,98 = 0,02$. Usando uma calculadora científica, encontramos $|\Delta pH| = 1,74 \times 10^{-2}$.

4.2 Este item apresenta uma situação cuidadosamente preparada pelo examinador. Vai se formar uma solução com dois solutos: uma quantidade menor de um ácido forte (HCl), que consideraremos totalmente ionizado, e uma quantidade maior de um ácido fraco (HAc), que tem sua ionização inibida pela presença do H^+ proveniente do ácido forte. Mas nenhuma das contribuições à concentração de $[H^+]$ pode ser desprezada, como veremos pelos cálculos.

Cálculo do pH da solução inicial de HAc – método "exato":

	HAc(aq)	⇄	$H^+(aq)$	+	$Ac^-(aq)$
início	0,50		0		0
estequiometria	x		x		x
equilíbrio	0,50 – x		x		x

$$Ka = \frac{[H^+] \times [Ac^-]}{[HAc]} = \frac{x \times x}{0,50 - x} = 1,75 \times 10^{-5}$$

$10^7 x^2 + 175x - 87,5 = 0$, a raiz de interesse é:

$$x = \frac{-175 + \sqrt{30625 + 350 \times 10^7}}{2 \times 10^7} = 2,95 \times 10^{-3}$$

$$[H^+] = 2,95 \times 10^{-3} \Rightarrow pH = 2,53$$

Cálculo do pH da solução inicial de HAc – método "aproximado":

Nesta situação, solução razoavelmente concentrada (0,5 M) de ácido fraco, podemos sem qualquer problema usar o cálculo aproximado, através de $\alpha = \sqrt{\frac{Ka}{M}}$ e $[H^+] = M\alpha = \sqrt{Ka \times M}$. Obtemos:

$\alpha = 5{,}92 \times 10^{-3}$, ou seja, 0,592% e $[H^+] = 2{,}96 \times 10^{-3}$.

$[H^+] = 2{,}96 \times 10^{-3} \Rightarrow pH = 2{,}53$

5,0 mL de HCl 1 × 10^{-2} mol/L são misturados com 20,0 mL de de HAc 0,5 mol/L.

$\frac{5}{25} \times 1{,}0 \times 10^{-2}$ mol/L de HCl = 2,0 × 10^{-3} mol/L de HCl (ou seja, 2,0 × 10^{-3} mol/L de H^+)

$\frac{20}{25} \times 0{,}5$ mol/L de HAc = 0,4 mol/L de HAc

Montamos então o quadro de equilíbrio:

	HAc	⇄	H^+	+	Ac^-
início	0,40 mol/L		2,0 × 10^{-3} mol/L		0
estequiometria	x		x		x
equilíbrio	0,40 – x		2,0 × 10^{-3} + x		x

$\frac{(2 \times 10^{-3} + x) \times x}{0{,}40 - x} = 1{,}75 \times 10^{-5}$ conduz à equação

$10^7 x^2 + 20175x - 70 = 0$, cuja raiz de interesse é

$$x = \frac{-20175 + \sqrt{407030625 + 280 \times 10^7}}{2 \times 10^7} = 1{,}82 \times 10^{-3}$$

Observe que as contribuições do HCl e do HAc para a $[H^+]$ são praticamente iguais:

$[H^+] = 2 \times 10^{-3} + 1{,}82 \times 10^{-3} = 3{,}82 \times 10^{-3}$

$[H^+] = 3{,}82 \times 10^{-3} \rightarrow pH = 2{,}42$

$|\Delta pH| = 2{,}53 - 2{,}42 = 0{,}11$. Usando uma calculadora científica, encontramos $|\Delta pH| = 1{,}12 \times 10^{-1}$.

5.1 O tampão é constituído por HAc e Ac^-. A adição de OH^- (NaOH) ao tampão provoca:

$HAc(aq) + OH^-(aq) \rightarrow Ac^-(aq) + H_2O(l)$

Como já mostramos em 1, esta reação, para finalidades de cálculo, pode ser considerada completa.

Em 5,0 mL de NaOH $1{,}0 \times 10^{-2}$ mol/L há $5 \times 1{,}0 \times 10^{-2} = 0{,}05$ mmol de OH^-.

Em 20,0 mL de solução tampão há $\frac{20}{100} \times \frac{350}{47} = 1{,}49$ mmol de Ac^-, e $\frac{20}{100} \times \frac{2000}{47} = 8{,}51$ mmol de HAc.

	HAc(aq)	+	OH^-(aq)	$\rightarrow$	Ac^-(aq)	+	H_2O(l)
início	8,51 mmol		0,05 mmol		1,49 mmol		–
fim	8,46 mmol		0		1,54 mmol		–

Aplicando Henderson-Hasselbalch, temos:

$$\left[H^+\right] = 1{,}75 \times 10^{-5} \times \frac{8{,}46}{1{,}54} = 9{,}62 \times 10^{-5}$$

pH = 4,02 (como esperado, há um pequeno aumento do pH.

$|\Delta pH| = 4{,}02 - 4 = 0{,}02$. Usando uma calculadora científica, encontramos $|\Delta pH| = 1{,}69 \times 10^{-2}$.

5.2 A adição de 5 mL de NaOH $1{,}0 \times 10^{-2}$ mol/L a 25 mL (0,05 mmol de OH^-) a 20 mL de HAc 0,5 mol/L (10 mmols de HAc) produz a reação $HAc(aq) + OH^-(aq) \rightarrow Ac^-(aq) + H_2O(l)$:

	HAc(aq)	+	OH^-(aq)	$\rightarrow$	Ac^-(aq)	+	H_2O(l)
início	10 mmol		0,05 mmol		0 mmol		-
fim	9,95 mmol		0		0,05 mmol		-

No volume de 25 mL, teremos as seguintes concentrações iniciais:

$$[HAc] = \frac{9{,}95}{25} = 0{,}398 \text{ mol/L}$$

$$\left[Ac^-\right] = \frac{0{,}05}{25} = 0{,}002 \text{ mol/L}$$

Montamos então o quadro de equilíbrio:

	HAc	$\rightleftarrows$	H^+	+	Ac^-
início	0,398 mol/L		0		$2{,}0 \times 10^{-3}$ mol/L
estequiometria	x		x		x
equilíbrio	0,398 – x		x		$2{,}0 \times 10^{-3}$ + x

$$\frac{x \times (2\times10^{-3}+x)}{0,398-x}=1,75\times10^{-5}$$ conduz à equação

$10^7x^2+20175x-69,65=0$, cuja raiz de interesse é

$$x=\frac{-20175+\sqrt{407030625+278,6\times10^7}}{2\times10^7}=1,82\times10^{-3}$$

$$[H^+]=1,82\times10^{-3} \Rightarrow pH=2,74$$

$|\Delta pH|=2,10\times10^{-1}$. Usando uma calculadora científica, encontramos $|\Delta pH|=2,10\times10^{-1}$.

6 Um tampão é (usualmente) considerado eficiente quando a razão entre as concentrações do ácido e da base conjugada está entre 0,1 e 10. No caso,

$$\frac{[HAc]}{[Ac^-]}=\frac{\frac{20}{47}}{\frac{3,5}{47}}=\frac{40}{7}=5,71.$$

Ou seja, o tampão tem boa qualidade.

Capítulo 9 • *Eletroquímica*

01

01) $2\ Na + \mathbf{2\ H_2O} \rightarrow 2\ NaOH + H_2$
02) $\mathbf{2}\ FeCl_3 + SnCl_2 \rightarrow \mathbf{2}\ FeCl_2 + SnCl_4$
03) $\mathbf{5}\ H_2O_2 + \mathbf{2}\ KMnO_4 + \mathbf{6}\ HCl \rightarrow \mathbf{5}\ O_2 + \mathbf{2}\ KCl + \mathbf{2}\ MnCl_2 + \mathbf{8}\ H_2O$
04) $\mathbf{2}\ NaCl + Hg(NO_3)_2 \rightarrow HgCl_2 + \mathbf{2}\ NaNO_3$
05) $HCl + NaHCO_3 \rightarrow NaCl + H_2O + \mathbf{CO_2}$
06) $\mathbf{3}\ Ba(OH)_2 + \mathbf{2}\ H_3PO_4 \rightarrow Ba_3(PO_4)_2 + \mathbf{6}\ H_2O$
07) $Ti(SO_4)_2 + H_2O \rightarrow \mathbf{H_2SO_4} + TiOSO_4$
08) $\mathbf{2}\ Na_2S_2O_3 + I_2 \rightarrow \mathbf{2}\ NaI + Na_2S_4O_6$
09) $KI + \mathbf{AgNO_3} \rightarrow AgI + KNO_3$
10) $\mathbf{3}\ ZnSO_4 + \mathbf{2}\ K_4[Fe(CN)_6] \rightarrow K_2Zn_3[Fe(CN)_6]_2 + \mathbf{3}\ K_2SO_4$
11) $FeSO_4 + 2\ NaOH \rightarrow Fe(OH)_2 + \mathbf{Na_2SO_4}$
12) $\mathbf{2}\ MnO_2 + H_2C_2O_4 + \mathbf{3}\ H_2SO_4 \rightarrow Mn_2(SO_4)_3 + \mathbf{4}\ H_2O + \mathbf{2}\ CO_2$

02 2

Os metais que reagem com a água em temperatura ambiente são os metais alcalinos e os metais alcalino-terrosos.

03 a

Na estrutura de um agente oxidante, um elemento se reduz. No íon cloreto, o cloro está em seu menor estado de oxidação (1-), logo não pode se reduzir.

04 (1)

H	0 a +1	oxidado
Cl	0 a –1	reduzido
Na	0 a +1	oxidado
Mg	0 a +2	oxidado
Zn	0 a +2	oxidado

05 e

I.	errada	Al^{3+} é diamagnético (todos os elétrons emparelhados).
II.	CORRETA	Al^{3+} é pequeno e tem carga elevada (alta densidade de carga), o que o torna um forte polarizador.
III.	CORRETA	Este é o processo de produção industrial de alumínio.
IV.	CORRETA	$AlCl_3$ é catalisador de diversas sínteses orgânicas exatamente por este motivo. Uma reação típica é: $AlCl_3 + Cl^- \rightarrow AlCl_4^-$.

06 b

I. Reação redox, na qual S varia de -2 para 0, H_2S é o agente redutor.
II. Reação redox, na qual S varia de -2 para 0, H_2S é o agente redutor.
III. Reação redox na qual S não varia (Pb se oxida, H se reduz).
IV. Reação redox na qual S não varia (Ag se oxida, O se reduz).

07

I.	CORRETA	Potencial de ionização: Na < S < Cl
II.	CORRETA	Oxidante: Na < S < Cl
III.	errada	Redutor: Cl < S < Na
IV.	CORRETA	Raio atômico: Cl < S < Na

08

a) $_{27}Co$ [Ar] $4s^2\ 3d^7$
$_{27}Co^+$ [Ar] $4s^1\ 3d^7$
$_{27}Co^{2+}$ [Ar] $3d^7$
$_{27}Co^{3+}$ [Ar] $3d^6$

b) Extraímos os textos a seguir de OHLWEILER, Otto Alcides. Vide bibliografia.
Compostos de cobalto(II). A maior parte dos compostos simples de cobalto são compostos de cobalto dipositivo. Os compostos simples incluem os haletos, o óxido, o hidróxido e numerosos sais com oxoácidos. Os sais de cobalto(II) são perfeitamente estáveis. O cobalto(II) exibe relativamente fraca capacidade para a formação de complexos.
Compostos de cobalto(III). Os compostos simples de cobalto(III) envolvem uma forma hidratada do óxido Co_2O_3 e uns poucos sais (p. ex., fluoreto, sulfato e acetato). Os sais simples de cobalto(III) são obtidos a partir dos sais de cobalto(II) pela ação de fortes agentes oxidantes. São muito instáveis. O potencial padrão de $Co^{+2} \rightleftarrows Co^{+3} + e$ é igual a –1,842 volts; conseqüentemente, o íon Co^{+3} oxida rapidamente a água a oxigênio. Em contrapartida, os complexos de cobalto(III) são estáveis e extraordinariamente numerosos.

c) $CoSO_4 + 2\ NaOH \rightarrow Co(OH)_2 + Na_2SO_4$ (precipita hidróxido de cobalto(II))
$2\ Co(OH)_2 + H_2O_2 \rightarrow 2\ Co(OH)_3$ (transforma o precipitado em hidróxido de cobalto(III))
$2\ Co(OH)_3 + 3\ H_2SO_4 \rightarrow Co_2(SO_4)_3 + 6\ H_2O$ (solubiliza de maneira razoavelmente estável o íon Co^{+3})

d) 12,305 g de $Co(OH)_2$ correspondem a $\frac{12,305\,g}{92,94\,g/mol} = 0,132\,mol$ de Co(II), e são produzidos 0,125 mol de Co(III). Logo, a percentagem em massa de $Co(OH)_2$ que foi oxidado corresponde a $\frac{0,125}{0,132} \times 100\% = 94,41\%$.

09

Os compostos de hidrogênio A e B dos elementos X e Y que têm a mesma massa molar são, não respectivamente, H_2S e PH_3 (cujas massas molares são 34,07 e 33,99 g/mol, nesta ordem). Oxidados, produzem H_2SO_4 e H_3PO_4, que poderiam ser produzidos a partir de SO_3 e P_4O_{10} $\left(\frac{10}{3} \cong 3,5\right)$. Logo:

a)

X:	P	⇒	A:	PH_3	⇒	C:	H_3PO_4	⇒	E:	P_4O_{10}
	fósforo			fosfina			ácido fosfórico			óxido de fósforo(V)
Y:	S	⇒	B:	H_2S	⇒	D:	H_2SO_4	⇒	F:	SO_3
	enxofre			sulfeto de hidrogênio			ácido sulfúrico			óxido de enxofre(VI)

b) $3\ PH_3 + 8\ HNO_3 \rightarrow 8\ NO + 3\ H_3PO_4 + 4\ H_2O$

$3\ H_2S + 8\ HNO_3 \rightarrow 8\ NO + 3\ H_2SO_4 + 4\ H_2O$

$P_4O_{10} + 6\ H_2O \rightarrow 4\ H_3PO_4$

$SO_3 + H_2O \rightarrow H_2SO_4$

c) A molaridade da solução $\frac{10 \times 64,0 \times 1,387}{63} = 14,09$ é mol L^{-1}. A proporção molar na reação é de 1 mol de NO produzido para cada mol de HNO_3 utilizado. Logo, serão produzidos 14,09 mols de NO. Como não foram especificadas condições de temperatura e pressão, suporemos CNTP. Assim, $14,09 \times 22,4 = 315,62$ L.

10

1) Basta pesá-las. Uma solução de NaCl tem densidade superior à da água pura (por exemplo, a densidade média da água do mar é 1,025).
2) Fechando bem o frasco. Se o $O_2(g)$ não escapar para o exterior, o sistema atingirá o equilíbrio:
   $2\ H_2O_2(aq) \rightleftarrows 2\ H_2O(l) + O_2(g)$
3) Pela diferença no grau de corrosão (vulgarmente ferrugem), já que esta não pode ter ocorrido na Lua. Uma equação possível é:
   $2\ Fe(s) + 3/2\ O_2(g) + x\ H_2O(l) \rightarrow Fe_2O_3 \,.\, x\ H_2O(s)$.

11

1) Usaremos palha-de-aço, para produzir sulfato ferroso, o que retirará a cor azul-marinho da solução, mas não produzirá verdadeiramente uma solução incolor – as soluções de $Fe^{2+}(aq)$ são normalmente verdes.
   $Cu^{2+}(aq) + Fe(c) \rightarrow Cu^0 + Fe^{2+}(aq)$
2) Se a solução aquosa de fenolftaleína está rosa-choque, está alcalinizada. Basta acrescentar vinagre para acidificar o meio e obter uma solução incolor.
3) Precisamos fazer este bromo ser consumido, e isto pode ser facilmente conseguido com o uso do óleo vegetal insaturado, que tem duplas ligações, às quais o bromo se adicionará. Esquematicamente:

$$>C=C< + Br_2 \longrightarrow -\underset{|}{\overset{Br}{\overset{|}{C}}}-\underset{|}{\overset{Br}{\overset{|}{C}}}-$$

4) A única forma é consumir o iodo, para quebrar o complexo I_2 • amido, responsável pela coloração azul. Se a vitamina C é um anti-oxidante, é um redutor, e transformará iodo em iodeto:

$$I_2 + 2\,e^- \rightarrow 2\,I^-$$

12 c

A condutividade elétrica de um metal no estado sólido é inversamente proporcional à temperatura. De fato, a condutividade de um material é o inverso da sua resistividade (ρ), a qual varia com a temperatura conforme a expressão $\rho = \rho_0(1+\alpha\Delta T)$, onde ρ_0 é resistividade na temperatura inicial T_0 e ρ é a resistividade na temperatura final, T, sendo $\Delta T = T - T_0$ e α um fator que depende do material.
Quando o material é aquecido, $\alpha\Delta T$ é um número real positivo, e a resistividade aumenta com a temperatura, ao mesmo tempo em que a condutividade diminui.

13 e

Comparando o poder oxidante caso a caso temos:

I. $Q^{q+} < P^{p+}$

II. $R^{r+} < P^{p+}$
III. $S^{s+} < R^{r+}$
IV. $Q^{q+} < S^{s+}$

Logo, a ordenação correta do poder oxidante dos íons está na opção **e**: $Q^{q+} < S^{s+} < R^{r+} < P^{p+}$.

14

1

$S(s) + O_2(g) \rightarrow \mathbf{SO_2(g)}$	**A: SO_2**
$SO_2(g) + H_2O(l) \rightarrow \mathbf{H_2SO_3(aq)}$	**B: H_2SO_3**
$H_2SO_3(aq) + H_2O_2(l) \rightarrow \mathbf{H_2SO_4(aq)} + H_2O(l)$	**C: H_2SO_4**
$H_2SO_4(aq) + Ba^{2+}(aq) \rightarrow \mathbf{BaSO_4(s)}$	**D: $BaSO_4$**
$BaSO_4(s) + 2\,C(s) \rightarrow BaS(s) + 2\,CO_2(g)$	
$BaS(s) + 2\,HCl(aq) \rightarrow BaCl_2(aq) + \mathbf{H_2S(g)}$	**E: H_2S**
$H_2S(g) + Cd^{2+}(aq) \rightarrow 2\,H^+(aq) + \mathbf{CdS(s)}$	**F: CdS**
$2\,H_2S(g) + SO_2(g) \rightarrow \mathbf{3\,S(s)} + 2\,H_2O(g)$	

2

Podem-se escolher duas destas quatro equações:

$S(s) + O_2(g) \rightarrow SO_2(g)$	oxida-se: S, reduz-se: O
$H_2SO_3(aq) + H_2O_2(l) \rightarrow H_2SO_4(aq) + H_2O(l)$	oxida-se: S, reduz-se: O
$BaSO_4(s) + 2\,C(s) \rightarrow BaS(s) + 2\,CO_2(g)$	oxida-se: C, reduz-se: S
$2\,H_2S(g) + SO_2(g) \rightarrow 3\,S(s) + 2\,H_2O(g)$	oxida-se: S, reduz-se: S

3

$$2\,H_2S(g) + SO_2(g) \rightarrow 3\,S(s) + 2\,H_2O(g)$$

0,96 g de enxofre correspondem a $\dfrac{0,96\,\text{g}}{32\,\text{g mol}^{-1}} = 0,03\,\text{mol}$ de S(s); 0,36 g de água correspondem a $\dfrac{0,36\,\text{g}}{18\,\text{g mol}^{-1}} = 0,02\,\text{mol}$ de $H_2O(g)$.

Logo, reagiram **0,02 mol de H_2S** com **0,01 mol de SO_2**.

15 e

Fazendo uma adaptação do método do íon elétron, podemos escrever:

$$\begin{array}{rcll} 2\,NaN_3 & \rightarrow & 3\,N_2 + 2\,e^- + 2\,Na^+ & \times 3 \\ 6\,e^- + Fe_2O_3 & \rightarrow & 2\,Fe + 3\,O^{2-} & \\ \hline 6\,NaN_3 + Fe_2O_3 & \rightarrow & 9\,N_2 + 2\,Fe + 3\,Na_2O & \end{array}$$

Assim, a proporção $N_2(g) : Fe_2O_3(c)$ é 9 : 1.

16

a) $SO_2(g) + 2\ Cl_2(g) \rightarrow OSCl_2(g) + 2\ Cl_2O(g)$

b) A reação se passa sem variação de volume (3 mols : 3 mols). Logo, uma redução do volume do recipiente não terá nenhuma influência na produção de $Cl_2O(g)$.

c) O cloro se oxida (de 0 a +1) e o cloro se reduz (de 0 a –1).

d) As massas molares são:

SO_2	Cl_2	$OSCl_2$	Cl_2O
64,05 g/mol	70,90 g/mol	118,96 g/mol	86,90 g/mol

Como as velocidades de efusão são inversamente proporcionais às massas molares (na verdade às suas raízes quadradas – lei de Graham), as velocidades de efusão em ordem crescente assim se ordenam:

$OSCl_2 < Cl_2O < Cl_2 < SO_2$

17

a)

I

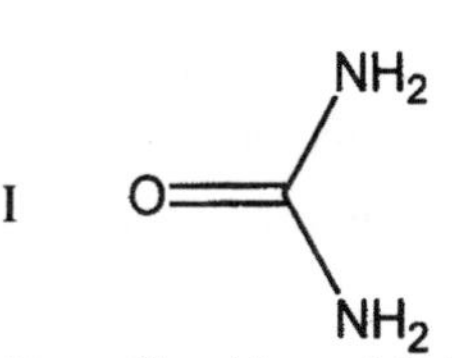

II diamida carbônica

b)

N	35%	$\frac{35}{14} = 2{,}5$	$\frac{2{,}5}{2{,}5} = 1$	$1 \times 2 = 2$
O	60%	$\frac{60}{16} = 3{,}75$	$\frac{3{,}75}{2{,}5} = 1{,}5$	$1{,}5 \times 2 = 3$
H	5%	$\frac{5}{1} = 5$	$\frac{5}{2{,}5} = 2$	$2 \times 2 = 4$

$N_2O_3H_4$ fica bem mais compreensível se reescrito como NH_4NO_3.

III NH_4NO_3

IV nitrato de amônio

c)

$NH_4NO_3 \xrightarrow{\Delta} N_2O + 2\ H_2O$

V $N \equiv N = O$ H—O—H

VI óxido nitroso água

d)

VII $OC(NH_2)_2 + H_2O + 2\ HCl \rightarrow 2\ NH_4Cl + CO_2$

VIII $NH_4Cl + AgNO_3 \rightarrow \underbrace{AgCl}_{B} + \underbrace{NH_4NO_3}_{A}$

IX $NH_4NO_3 \xrightarrow{\Delta} N_2O + 2\ H_2O$

e) 1 mol de uréia $\Rightarrow$ 2 mols de NH_4Cl $\Rightarrow$ 2 mols de NH_4NO_3
Levando em conta o rendimento de 40%, cada mol de uréia produzirá 0,8 mol de nitrato de amônio.

60 g	–	0,8 × 80 g
m	–	um quarto de onça

$$m = \frac{60 \times \frac{1}{4}}{0{,}8 \times 80} = \frac{15}{64} = 0{,}234375 \text{ onça}$$

Naturalmente esta resposta não respeita os algarismos significativos, mas sem dúvida (conhecendo Severus Snape como conhecemos) agradaria ao professor de Poções.

f) Não, o caldeirão de estanho não pode ser usado, pois o estanho é um metal mais ativo que a prata, como mostram as semi-equações de redução:

$Ag^+ + e^- \rightarrow Ag^o$ $E^o = 0{,}80\ V$

$Sn^{2+} + 2\ e^- \rightarrow Sn^o$ $E^o = -0{,}14\ V$

Quando o lunar caustic ($AgNO_3$) fosse adicionado à solução contendo NH_4Cl no caldeirão de estanho, teríamos (além da reação desejada) a reação

$2\ Ag^+ + Sn^o \rightarrow 2\ Ag^o + Sn^{2+}$ $E^o = 0{,}94\ V$

que estragaria o caldeirão de Harry (corroendo o estanho), fato este que, dependendo do humor de Severus, poderia levar até a perda de preciosos pontos para Gryffindor.

g) Para evitar a fotólise do cloreto de prata obtido:

$AgCl \xrightarrow{luz} Ag^o + \frac{1}{2}Cl_2$.

18 e

Trabalhando através do método do íon-elétron, e retirando o cátion Na^+, que é espectador, temos:

oxidação	$2\ CN^- + Au(s)$	$\rightarrow$	$Au(CN)_2^- + e^-$	× 4
redução	$2\ H^+ + 4\ e^- + O_2$	$\rightarrow$	$2\ OH^-$	
global	$4\ Au + 8\ CN^- + O_2 + 2\ H^+$	$\rightarrow$	$4\ Au(CN)_2^- + 2\ OH^-$	

Somando 2 OH^- a cada membro e, finalmente, introduzindo o Na^+, espectador na reação, temos sucessivamente:

$4\ Au + 8\ CN^- + O_2 + 2\ H_2O \rightarrow 4\ Au(CN)_2^- + 4\ OH^-$

$4\ Au(s) + 8\ NaCN(aq) + O_2(g) + 2\ H_2O(l) \rightarrow 4\ NaAu(CN)_2(aq) + 4\ NaOH(aq)$

A soma dos coeficientes de balanceamento desta equação é 23.

19 b

O $KClO_3$ aquecido fornece o oxigênio necessário para a queima da glicose:

$KClO_3(l)$	$\xrightarrow{\Delta}$	$KCl(s) + 3/2\ O_2(g)$	× 4
$C_6H_{12}O_6(s) + 6\ O_2(g)$	$\rightarrow$	$6\ CO_2(g) + 6\ H_2O(g)$	
$C_6H_{12}O_6(s) + 4\ KClO_3(l)$	$\rightarrow$	$4\ KCl(s) + 6\ CO_2(g) + 6\ H_2O(g)$	

Observe que o $CO_2(g)$ acidifica a solução, tornando incolor a fenolftaleína, e que o KCl conduz corrente, tanto fundido quanto em solução aquosa.

20

a) Q = hidrogênio

b)

A	H_2O	água
B	H_2O_2	peróxido de hidrogênio
C	KOH	hidróxido de potássio
D	NaOH	hidróxido de sódio (por exemplo)
X	H_2	hidrogênio
Y	O_2	oxigênio
Z	I_2	iodo

c i) $H_2(g) + \frac{1}{2} O_2(g) \rightarrow H_2O(g)$

c ii) $H_2O + Na_2O \rightarrow 2\,NaOH$

c iii) $H_2O + SO_3 \rightarrow H_2SO_4$

c iv) $NaOH + HCl \rightarrow NaCl + H_2O$

c v) $NaOH + SO_3 \rightarrow NaHSO_4$

d i) $H_2O_2 \xrightarrow{MnO_2} \frac{1}{2} O_2 + H_2O$

d ii) $H_2O + Na \rightarrow NaOH + \frac{1}{2} H_2$

d iii) $H_2O_2 + 2\,KI \rightarrow 2\,KOH + I_2$

21 a

A camada escura que se forma sobre objetos de prata é constituída de sulfeto de prata (Ag_2S). Quando o sulfeto de prata entra em contato com o alumínio, ocorre a redução da prata ($Ag^+ \rightarrow Ag$) e a oxidação do alumínio ($Al \rightarrow Al^{3+}$). A equação química que melhor representa a reação é:

$3\,Ag_2S(s) + 2Al\,(s) \rightarrow 6\,Ag(s) + Al_2S_3(s)$

22 e

+1	+3	-2	+2	+1	-1	+2	+5	-2	+2	+7	-2
K	Cl	O_2	Ca	(Cl	$O)_2$	Mg	(Cl	$O_3)_2$	Ba	(Cl	$O_4)_2$

23

a) $N_2(g) + O_2(g) \rightarrow 2\,NO(g)$

$2\,NO(g) + O_2(g) \rightarrow 2\,NO_2(g)$

$2\,NO_2(g) + H_2O(l) \rightarrow HNO_3(aq) + HNO_2(aq)$

b) Matéria-prima utilizada na obtenção do ácido nítrico: ar atmosférico e água.

ar atmosférico $\xrightarrow[\text{destilação fracionada}]{\text{liquefação}} N_2(g) + O_2(g)$

$H_2O(l) \xrightarrow{\text{eletrólise}} H_2(g) + \frac{1}{2} O_2(g)$

$N_2(g) + 3\,H_2(g) \rightarrow 2\,NH_3(g)$

$4\,NH_3(g) + 5\,O_2(g) \rightarrow 4\,NO(g) + 6\,H_2O(g)$

$2\,NO(g) + O_2(g) \rightarrow 2\,NO_2(g)$

$2\,NO_2(g) + H_2O(l) \rightarrow HNO_3(aq) + HNO_2(aq)$

$3\,HNO_2(aq) \rightarrow HNO_3(aq) + 2\,NO(g) + H_2O(l)$

A concentração do ácido nítrico vendido no comércio é de aproximadamente 65% em massa.

c) Aplicações para o ácido nítrico:
- produção de explosivos;
- fabricação de fertilizantes;
- produção de remédios, como por exemplo vasodilatadores coronários.

24

1 Acrescentar hidróxido de sódio: como o hidróxido de cobre é insolúvel, esta ação precipitaria o cobre(II), descorando a solução.
$CuSO_4 + 2\,NaOH \rightarrow Cu(OH)_2 + Na_2SO_4$

2 Acrescentar à solução zinco sólido. O Zn, por ter maior poder redutor que o Cu, reduziria o Cu^{2+}, formando-se Cu(s) e Zn^{2+}(aq).

3 Diluir a solução com muita água.

25

O enunciado da questão indica que a reação a ocorrer é a formação do clorato a partir do cloreto. Portanto a semi-reação descrita no eletrodo I está escrita na direção em que ocorre. Vale ressaltar que os potenciais dados são os de redução, apesar de as semi-reações serem de oxidação. Os itens a, b e c estão respondidos no esquema a seguir.

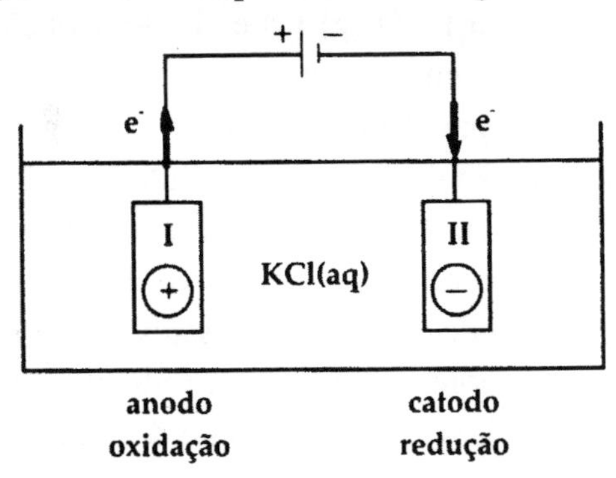

	semi-equação anódica	I)	$Cl^-(aq) + 3\,H_2O(l)$	$\rightarrow$	$ClO_3^-(aq) + 6\,H^+(aq) + 6\,e^-$
d)	semi-equação catódica	II)	$6\,H_2O(l) + 6\,e^-$	$\rightarrow$	$6\,OH^-(aq) + 3\,H_2(g)$
	equação global		$Cl^-(aq) + 3\,H_2O(l)$	$\rightarrow$	$ClO_3^-(aq) + 3\,H_2(g)$

26 2 e 5 (respectivamente)

A reação anódica (oxidação) é a oxidação da hidroxila gerando oxigênio, e a reação catódica (redução) é a redução da água gerando hidrogênio. É importante "resistir à tentação" de escrever esta redução como se fosse a redução do $H^+(aq)$ a $H_2(g)$: não há $[H^+]$ suficiente para ser $H^+(aq)$ a espécie a se reduzir. Em resumo, temos a eletrólise da água.

semi-equação anódica	2	$4\,OH^-(aq) \rightarrow O_2(g) + 2\,H_2O(l) + 4\,e^-$	
semi- equação catódica	5	$2\,H_2O(l) + 2\,e^- \rightarrow H_2(g) + 2\,OH^-(aq)$	× 2
equação global		$4\,OH^-(aq) + 4\,H_2O(l) \rightarrow O_2(g) + 2\,H_2O(l) + 2\,H_2(g) + 4\,OH^-(aq)$	
simplificando		$2\,H_2O(l) \rightarrow O_2(g) + 2\,H_2(g)$	

27 c

O eletrodo **Ia** está conectado ao pólo negativo da bateria. Trata-se, portanto, do pólo negativo, ou catodo, para onde migram os cátions. Neste caso, o cátion que descarrega é Ag^+, que se reduz a Ag^0 e se deposita sobre o catodo, provocando aumento de massa. Logo, a opção **b** é verdadeira.

Ib é o anodo na célula **I**, onde se oxida a água, antes do íon sulfato: $2\,H_2O(l) \rightarrow 4\,H^+(aq) + O_2(g) + 4\,e^-$. Logo, a opção **a** é verdadeira.

A opção **c** é falsa, uma vez que os íons Ag^+ se reduzem no catodo, e deixam a solução para formar o depósito de Ag sobre o eletrodo. Com isso, a concentração de $Ag^+(aq)$ na célula **I** diminui.

Na célula **II**, ocorre um processo semelhante ao refino eletrolítico do cobre. **IIb** está ligado ao pólo positivo, logo é o anodo, onde ocorre oxidação. A placa de cobre irá se dissolver: $Cu(s) \rightarrow Cu^{2+}(aq) + 2\,e^-$. No eletrodo **IIa**, íons cobre irão se reduzir e se depositar: $Cu^{2+}(aq) + 2\,e^- \rightarrow Cu(s)$. Logo, tanto a opção **d** quanto a opção **e** são verdadeiras.

28

(A) **(2)**

Nunca é demais lembrar que quantidade é número de mols.

96500 C	–	1 mol de e^-
$863 \times 10^{-3} \times 3600$ C	–	x

$$x = \frac{863 \times 10^{-3} \times 3600}{96500} = 3,22 \times 10^{-2} \text{ mol}$$

(B) **(3)**

O gás gerado no anodo é o oxigênio, como mostra a semi-reação:

$2\ H_2O(l) \rightarrow H_2O(l) + 2\ H^+(aq) + \frac{1}{2}\ O_2(g) + 2\ e^-$

O número de mols de O_2 pode ser então determinado por:

2 mols de e^-	–	0,5 mol de O_2
$3,22 \times 10^{-2}$ mol de e^-	–	n

$$n = \frac{3,22 \times 10^{-2} \times 0,5}{2} = 8,05 \times 10^{-3}$$

E o volume de O_2 se calcula por:

$$V = \frac{n \times R \times T}{p} = \frac{8,05 \times 10^{-3} \times 0,082 \times 298}{0,9} = 0,219\,L = 219\,mL$$

(C) **(2)**

A reação catódica é:

$Cu^{2+}(aq) + 2\ e^- \rightarrow Cu^0(s)$

Logo, a perda de Cu^{2+} em mols é $\frac{3,22 \times 10^{-2}}{2} = 1,61 \times 10^{-2}\ \text{mol} = 16,1\ \text{mmols}$.

Como havia 30 mmols de Cu^{2+}, restam 13,90 mmols de Cu^{2+} nos 300 mL de solução. A nova concentração é $4,63 \times 10^{-2}$ mol/L.

29 **d**

$Mg^{2+} + 2\ e^- \rightarrow Mg^0$

2 mols de e^-	–	1 mol de Mg^0
2×96500	–	24,3 g
$i \times 100 \times 3600$	–	1000 g

$$i = \frac{2 \times 96500 \times 1000}{100 \times 3600 \times 24,3} = 22,06\,A$$

30 a

Nas três cubas, a reação catódica é a mesma: $2\,H^+(aq) + 2\,e^- \rightarrow H_2(g)$. Se as três cubas estão em série, a corrente e o tempo são os mesmos. Logo, a mesma quantidade de hidrogênio será gerada nas três cubas.

31 c

O vanádio se oxida: $V^0 \rightarrow V^{n+} + n\,e^-$. Logo:

1 mol V	–	n mols de e^-
50,94 g	–	n × 96500 C
114×10^{-3} g	–	650 C

$$n = \frac{50,94 \times 650}{114 \times 10^{-3} \times 96500} = 3,01 \cong 3$$

32 e

A eletrólise aquosa do NaCl pode ser assim esquematizada:

semi-equação catódica	$2\,H_2O(l) + 2\,e^-$	$\rightarrow$	$H_2(g) + 2\,OH^-(aq)$
semi-equação anódica	$2\,Cl^-(aq)$	$\rightarrow$	$Cl_2(g) + 2\,e^-$
equação global	$2\,NaCl(aq) + 2\,H_2O(l)$	$\xrightarrow{\text{eletrólise}}$	$H_2(g) + Cl_2(g) + 2\,NaOH(aq)$

33

Na eletrólise de uma solução de ácido sulfúrico, na verdade teremos a eletrólise da água, que será consumida e a solução irá se concentrando. Assim o mostram as equações das semi-reações anódica, catódica e global:

catódica	$2\,H^+(aq) + 2\,e^-$	$\rightarrow$	$H_2(g)$
anódica	$2\,H_2O(l)$	$\rightarrow$	$H_2O(l) + 2\,H^+(aq) + \frac{1}{2}\,O_2(g) + 2\,e^-$
global	$H_2O(l)$	$\rightarrow$	$H_2(g) + \frac{1}{2}\,O_2(g)$

Percebemos então que a reação $H_2O(l) \xrightarrow{\text{eletrólise}} H_2(g) + \frac{1}{2}\,O_2(g)$ é um processo de 2 elétrons. Como a densidade da água é tomada como $1,00\ g/cm^3$, cada mol de água consumido corresponde a uma diminuição de 18 mL no volume da solução. Podemos então esquematizar:

$2\,e^-$	–	$1\,H_2O(l)$
2 mols de e^-	–	1 mol de $H_2O(l)$
2 × 96500 C	–	18 mL de $H_2O(l)$
i × 965 × 60 C	–	V

onde V é o volume, em mL, "perdido" por 1 L da solução de H_2SO_4 inicial.

Relacionando i e V temos $i = \frac{2 \times 96500 \times V}{965 \times 60 \times 18} = \frac{5 \times V}{27}$.

A molaridade da solução inicial pode ser assim calculada:

$$M_{inicial} = \frac{10 \times \%m \times d}{\text{massa molar}} = \frac{10 \times 30 \times 1,22}{98} = 3,73\ \text{mol/L}$$

A molaridade da solução final é obtida através dos dados da tilulação:

$H_2SO_4(aq) + 2\ NaOH(aq) \rightarrow Na_2SO_4(aq) + 2\ H_2O(l)$

1 mol de H_2SO_4	–	2 mols de NaOH
Va × Ma	–	Vb × Mb
2 × M_{final}	–	418 × 0,40

$$M_{final} = \frac{41,8 \times 0,40}{2 \times 2} = 4,18\ \text{mol/L}$$

Logo, a concentração da solução que ocorreu pode ser assim esquematizada:

$V_{inicial} \times M_{inicial} = V_{final} \times M_{final}$

$1000 \times 3,73 = V_{final} \times 4,18$

$$V_{final} = \frac{1000 \times 3,73}{4,18} = 893,47\ \text{mL}$$

Logo, o volume "perdido" é de 106,53 mL, o que conduz a uma corrente de $i = \frac{5 \times 106,53}{27} = 19,73\ A$.

34 d

$8\ h = 8 \times 3600 = 2,88 \times 10^4\ s$

3 mols de e^-	–	1 mol de Al
3 × 96500 C	–	27 g
$1,0 \times 10^5\ A \times 2,88 \times 10^4\ s$	–	m

$$m = \frac{27 \times 1,0 \times 10^5 \times 2,88 \times 10^4}{3 \times 98500} = 2,69 \times 10^5\ g = 268,60\ kg$$

35

O manômetro tem que marcar uma pressão 1,64 atm acima da pressão inicial. Aplicando Clapeyron, tem-se: $p \times V = n \times R \times T$, onde n é o número total de mols de H_2 e O_2 que serão produzidos na eletrólise.

$$n = \frac{p \times V}{R \times T} = \frac{1,64 \times 4,5}{0,082 \times 300} = 0,30\ \text{mol}.$$

A eletrólise de uma solução diluída de hidróxido de sódio corresponde à eletrólise da água:

semi-equação catódica	$2\ H_2O(l) + 2\ e^-$	$\rightarrow$	$H_2(g) + 2\ OH^-(aq)$
semi-equação anódica	$2\ OH^-(aq)$	$\rightarrow$	$H_2O + \frac{1}{2}\ O_2(g) + 2\ e^-$
equação global	$H_2O(l)$	$\xrightarrow{\text{eletrólise}}$	$H_2(g) + \frac{1}{2}\ O_2(g)$

Nunca é demais enfatizar: a eletrólise da água, tal como escrita, é um processo de 2 elétrons.

$2\ e^-$	–	$H_2(g) + \frac{1}{2}\ O_2(g)$
2 mols de e^-	–	1,5 mol de gases
2×96500 C	–	1,5 mol de gases
$30 \times t$	–	0,3 mol de gases

$$t = \frac{2 \times 96500 \times 0,3}{30 \times 1,5} = 1286,67\ \text{s} = 21,44\ \text{min (aproximadamente 21 min 27 s)}$$

36

Durante a operação da célula, forma-se iodo, através da reação anódica $2\ I^-(aq) \rightarrow I_2(aq) + 2\ e^-$. Para determinar quanto $I_2(aq)$ foi formado, faz-se a titulação com tiossulfato, através da reação:

$I_2(aq) + 2\ S_2O_3^{2-}(aq) \rightarrow 2\ I^-(aq) + S_4O_6^{2-}(aq)$

Observe que esta reação é espontânea, com $\Delta E^0 = 0,46$ V.

1 mol $I_2(aq)$	–	2 mols de $S_2O_3^{2-}(aq)$
n	–	$25 \times 10^{-3} \times 0,1$

$$n = \frac{25 \times 10^{-3} \times 0,1}{2} = 1,25 \times 10^{-3}\ \text{mol}$$

Este iodo foi formado através da eletrólise:

$2\ e^-$	–	$I_2(aq)$
2 mols de e^-	–	1 mol de $I_2(aq)$
2×96500 C	–	1 mol de $I_2(aq)$
$0,2 \times t$	–	$1,25 \times 10^{-3}$ mol de $I_2(aq)$

$$t = \frac{2 \times 96500 \times 1,25 \times 10^{-3}}{0,2} = 1206,25\ \text{s}.$$

Este tempo corresponde a aproximadamente 20 min 6 s.

37 b

A 60°C, $K_w = 9{,}6 \times 10^{-14}$, ou seja: $[H^+]\times[OH^-] = 9{,}6\times10^{-14}$.

Logo, a neutralidade é caracterizada por $[H^+]=[OH^-]=\sqrt{9{,}6\times10^{-14}}$.

Expressando através de pH e pOH, temos para a neutralidade pH = pOH = $7-\log\sqrt{9{,}6} = 7-\frac{\log 9{,}6}{2}$.

Usando os tradicionais log 2 = 0,30 e log 3 = 0,48, temos:

$$\log 9{,}6 = \log\frac{96}{10} = \log\frac{2^5\times3}{10} = 5\times0{,}30+0{,}48-1 = 0{,}98$$

Logo, a neutralidade a 60°C é pH = pOH = 7 – 0,49 = 6,51.

Se o pH a 60°C é 7, é mais alto que o pH neutro, logo a solução é alcalina, o que era absolutamente esperável, uma vez que:

$$2\ NaCl(aq) + 2\ H_2O(l) \xrightarrow{\text{eletrólise}} H_2(g) + Cl_2(g) + 2\ NaOH(aq)$$

38

b) CORRETA, ver questão anterior.

c) FALSA, a reação anódica (oxidação) é $2\ Cl^-(aq) \rightarrow Cl_2(g) + 2\ e^-$.

39 a

I	$I_2(aq) + Zn(s) \rightarrow$ $2\ I^-(aq) + Zn^{2+}(aq)$	ΔE^0 = +0,54 + 0,76 = +1,30 V	espontânea	descolora	CORRETA
II	$I_2(aq) + 2\ Ag(s) \rightarrow$ $2\ I^-(aq) + 2\ Ag^+(aq)$	ΔE^0 = +0,54 – 0,80 = –0,26 V	não espontânea	não descolora	CORRETA
III	$2\ I^-(aq) + Ni(s) \rightarrow$ impossível	–	nada ocorre	permanece incolor	CORRETA
IV	$2\ I^-(aq) + Ag(s) \rightarrow$ impossível	–	nada ocorre	permanece incolor	errada
V	$I_2(aq) + Ni(s) \rightarrow$ $2\ I^-(aq) + Ni^{2+}(aq)$	ΔE^0 = +0,54 + 0,20 = +0,74 V	espontânea	descolora	errada
VI	$2\ I^-(aq) + ClO^-(aq) + H_2O(l) \rightarrow$ $I_2(aq) + Cl^-(aq) + 2\ OH^-(aq)$	ΔE^0 = +0,54 + 0,84 = +0,30 V	espontânea	fica colorida	CORRETA

40 b

É conhecimento corrente (pelo menos entre os candidatos ao IME) que cobre não é atacado por HCl, a reação apresenta E° = -0,34 V (não-espontânea).

41 b

Na placa X, o zinco é metal de sacrifício:

$Zn(s) \rightarrow Zn^{2+} + 2\ e^-$

Na placa Y, o ferro se oxida antes do cobre. Em água aerada, é possível a formação de Fe^{2+} e Fe^{3+}.

$Fe(s) \rightarrow Fe^{2+}(aq) + 2\ e^-$

$Fe^{2+}(aq) \rightarrow Fe^{3+}(aq) + e^-$

Logo, estão corretas as opções I, III e IV.

42 e

As células estão em série. Se as células estivessem separadas, cada uma teria os seguintes potenciais:

Célula I:

$A^+(aq) + e^-$	$\rightarrow$	$A(c)$	$E^0 = +0,400\ V$
$B(c)$	$\rightarrow$	$B^+(aq) + e^-$	$E^0 = +0,700\ V$
$A^+(aq) + B(c)$	$\rightarrow$	$A(c) + B^+(aq)$	$\Delta E^0 = +1,100\ V$

Célula II:

$B(c)$	$\rightarrow$	$B^+(aq) + e^-$	$E^0 = +0,700\ V$
$C^+ + e^-$	$\rightarrow$	$C(c)$	$E^0 = +0,800\ V$
$B(c) + C^+(aq)$	$\rightarrow$	$B^+(aq) + C(c)$	$\Delta E^0 = +1,500\ V$

As semi-células interligadas têm que ter pólos opostos, o que não ocorre com as semi-células B's acima. Teremos que inverter uma delas. A célula II tem uma d.d.p. maior, e portanto predomina sobre a célula I. Teremos, portanto, o seguinte esquema:

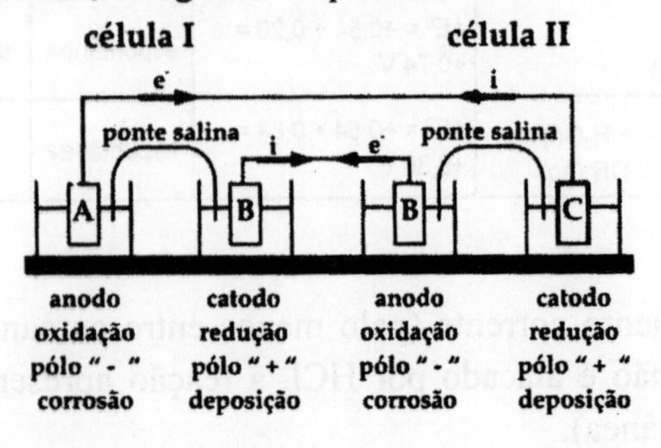

Comentamos então item por item:

a) Há formação de C(c), e por isso um aumento da massa da placa C. **CERTA**

b) Na célula II a polaridade da semi-célula B | B^+(aq) é negativa, já que nesta ocorrerá uma oxidação. **CERTA**

c) A semi-reação A | A^+(aq) indica que a placa A é consumida. **CERTA**

d) Na célula I, há a semi-reação B^+(aq) | B, levando a um consumo de B^+(aq). **CERTA**

e) Como A | A^+(aq) indica a semi-reação de oxidação, esta semi-célula será o ANODO. **ERRADA**

43 a

Consideremos a equação de Nernst, $E = E^0 - \frac{0,0592}{n} \times \log Qc$.

Primeiramente determinamos que n = 4, uma vez que é possível desmembrar a equação fornecida em:

redução	$O_2(g) + 4\ H^+(aq) + 4\ e^-$	$\rightleftarrows$	$2\ H_2O(l)$
oxidação	$4\ Br^-(aq)$	$\rightleftarrows$	$2\ Br_2(g) + 4\ e^-$

Mas $Qc = \frac{p^2 Br_2}{pO_2 \times [H^+]^4 \times [Br^-]^4}$. Como se desejam todas as concentrações unitárias, exceto $[H^+]$, segue-se $Qc = \frac{1}{[H^+]^4}$.

Para que a equação seja espontânea, necessitamos E > 0. Desenvolvendo, temos:

$$E = 0,20 - \frac{0,0592}{4} \times 4 \times pH$$

$$E = 0,20 - 0,0592\ \ pH$$

$$0,20 - 0,0592\ \ pH > 0$$

$$pH < \frac{0,20}{0,0592}$$

$$pH < 3,38$$

44 c

A pilha de Daniell (criada em 1836 por John Frederic Daniell, 1790 – 1845, nascido em Londres) é conhecimento obrigatório. Usa zinco e cobre, e soluções dos sulfatos destes metais, provocando a oxidação do Zn e a redução do cátion Cu^{2+}. Podemos assim esquematizar:

semi-reação catódica	$Cu^{2+} + 2\,e^- \rightarrow Cu$	E° = +0,34 V
semi-reação anódica	$Zn \rightarrow Zn^{2+} + 2\,e^-$	E° = +0,76 V
reação global	$Cu^{2+} + Zn \rightarrow Cu + Zn^{2+}$	ΔE° = +1,10 V

Na célula desenhada na prova, zinco está à esquerda e cobre à direita. O fluxo de elétrons se dá do anodo para o catodo, ou seja, da barra de zinco para a barra de cobre, ou seja, da esquerda para a direita (letra **b** correta). O sentido convencional da corrente é o inverso, do cobre para o zinco, ou seja, sentido anti-horário (letra **a** correta). Há corrosão da barra de zinco e deposição de metal na barra de cobre (letras **d** e **e** corretas). Como há perda de carga positiva na semi-célula de cobre, é necessário que haja perda e carga negativa também, para garantir a neutralidade; na semi-célula de zinco há ganho de carga positiva. Logo, íons sulfato migrarão da semi-célula de cobre para a semi-célula de zinco, ou seja, da direita para a esquerda (letra **c** falsa).

45 c

A pilha pode ser esquematizada através de $Zn^0 \mid Zn^{2+} \parallel Cu^{2+} \mid Cu^0$. Ou seja:

- o Zn se oxida, Zn^0 é o agente redutor, a barra de zinco é o anodo da pilha;
- o Cu se reduz, Cu^{2+} é o agente oxidante, a barra de cobre é o catodo da pilha;
- o fluxo de elétrons se dá do zinco para o cobre (do anodo para o catodo, do pólo negativo para o pólo positivo.

Vale ainda lembrar a brincadeira mnemônica comum entre os estudantes: **P Ã O**: na **P**ilha o **A**nodo é onde ocorre **O**xidação, e é o pólo negativo (o til como sinal de menos...).

46

Observamos que tanto o processo anódico ($Pb \mid PbSO_4$) quanto o processo catódico ($PbO_2 \mid PbSO_4$) são processos de 2 elétrons.

Pb / PbO_2	–	$2 e^-$
2 mols de Pb	–	$2 \times 9{,}65 \times 10^4$ C
n	–	$38{,}6 \times 10^4$ C

$$n = \frac{2 \times 38{,}6 \times 10^4}{2 \times 9{,}65 \times 10^4} = 4 \text{ mols}$$

Como há um "coeficiente de uso" de 25%, são necessários 16 mols, ou seja, $16 \times 207 = 3312$ g de chumbo.
Para o cálculo de ΔG, usamos a expressão $\Delta G = -nF\Delta E^0$.
$\Delta G = -2 \times 9{,}65 \times 10^4 \times 2{,}00 = -3{,}86 \times 10^5$ J.
Respostas:
a) 3312 g
b) $\Delta G = -3{,}86 \times 10^5$ J

47 a

Note-se que estão indicados processos de oxidação, mas os potenciais fornecidos são os de redução, conforme aliás recomenda a IUPAC. Dentre os metais, o maior potencial de redução é o do chumbo. Portanto, é o níquel que se oxida, e a pilha formada por eles tem ddp = – 0,13 – (–0,25) = 0,12V, sendo a equação de funcionamento:

$Pb^{2+}(aq) + 2e^-$	$\rightarrow$	Pb	$E^0 = -0{,}13$ V	semi-equação catódica
Ni	$\rightarrow$	$Ni^{2+}(aq) + 2e^-$	$E^0 = +0{,}25$ V	semi-equação anódica
$Pb^{2+}(aq) + Ni$	$\rightarrow$	$Pb + Ni^{2+}(aq)$	$\Delta E^0 = +0{,}12$ V	equação global

A adição de KI(s) ao eletrodo a leva à precipitação de PbI_2(s), diminuindo drasticamente a concentração de Pb^{2+}, originalmente 1 mol L^{-1}. Para ocorrer a inversão de polaridade, é necessário antes "zerar" a ddp. A equação de Nernst permite calcular as concentrações em que isso acontece. Teremos:

$$\Delta E = \Delta E^0 - \frac{0{,}0592}{n} \log \frac{[Ni^{2+}]}{[Pb^{2+}]}$$

Aplicando os valores numéricos, tem-se:

$$0 = 0,12 - \frac{0,0592}{2}\log\frac{1}{\left[Pb^{2+}\right]}$$

$$\log\frac{1}{\left[Pb^{2+}\right]} = \frac{0,24}{0,0592} \cong 4$$

$$\left[Pb^{2+}\right] = 10^{-4}\,M$$

Vamos agora calcular a concentração de iodeto para que isto ocorra. Como a solução de PbI_2 será saturada:

$$K_{ps}(PbI_2) = \left[Pb^{2+}\right]\times\left[I^-\right]^2 = 8,5\times10^{-9}$$

$$\left[I^-\right]^2 = \frac{8,5\times10^{-9}}{10^{-4}}$$

$$\left[I^-\right] = \sqrt{85\times10^{-6}} = 9,22\times10^{-3} \cong 1\times10^{-2}\,M$$

Esta será, conseqüentemente, a concentração de KI: aproximadamente 1×10^{-2} M.

48 e

Antes de mais nada, lembremos que as reações espontâneas tem ΔE positivo.

Trabalhando as semi-equações I e IV:

$Cl_2(g) + 2\,e^- \rightarrow 2\,Cl^-(aq)$		$E^0 = +1,358$ V
$2\,Fe^{2+}(aq) \rightarrow 2\,Fe^{3+}(aq) + 2\,e^-$		$E^0 = -0,771$ V
$Cl_2(g) + 2\,Fe^{2+}(aq) \rightarrow 2\,Cl^-(aq) + 2\,Fe^{3+}(aq)$		$\Delta E^0 = +0,587$ V

A relação estequiométrica é de 2 mols de Fe^{3+} para 2 mols de Cl^-, o que corresponde a 1 para 1. Desse modo, a alternativa **d** parece ser correta.

Trabalhando as semi-equações IV e V:

$4\,Fe^{2+}(aq)$	$\rightarrow 4\,Fe^{3+}(aq) + 4\,e^-$	$E^0 = -0,771$ V
$O_2(g) + 4\,H^+(aq) + 4\,e^-$	$\rightarrow 2\,H_2O(l)$	$E^0 = +1,229$ V
$4\,Fe^{2+}(aq) + O_2(g) + 4\,H^+(aq)$	$\rightarrow 4\,Fe^{3+}(aq) + 2\,H_2O(l)$	$\Delta E^0 = +0,458$ V

Conclui-se que $Fe^{2+}(aq)$ é oxidado a $Fe^{3+}(aq)$ pela solução aquosa ácida em meio aerado. E a alternativa **e** está correta.

Reexaminando a alternativa **d**, verificamos que a relação estequiométrica não é rigorosamente de 1 para 1, porque haverá duas fontes de íons cloreto no sistema:

I. Os Cl^- formados na redução do Cl_2, graças à oxidação do Fe^{2+} a Fe^{3+}

II. Os Cl^- resultantes da ionização do ácido forte HCl, formado na reação entre Cl_2 e a água:

$Cl_2(aq) + H_2O(l) \rightleftarrows HCl(aq) + HClO(aq)$ ou melhor, em forma iônica:

$Cl_2(aq) + H_2O(l) \rightleftarrows H^+(aq) + Cl^-(aq) + HClO(aq)$

Então, a resposta é a alternativa **e**.

49

Na equação $CuI(s) + e^-$ (CM) $\rightleftarrows Cu(s) + I^-(aq)$, o iodo não sofre oxidação nem redução. Portanto, a equação líquida é:

$Cu^+(aq) + e^- \rightarrow Cu(s)$.

$K_{ps}(CuI) = [Cu^+]\times[I^-] = 1{,}0\times10^{-12}$

Logo, $[Cu^+] = [I^-] = 1{,}0\times10^{-6}$

Substituindo na equação de Nernst, $E = E^0 - \dfrac{0{,}0592}{n}\times\log Q$, as letras pelos valores numéricos, tem-se:

$E^0 = 0{,}52$ V

n = 1 (mol de elétrons transferidos na redução do íon cuproso)

$Q = \dfrac{1}{[Cu^+]} = \dfrac{1}{1{,}0\times10^{-6}} = 1{,}0\times10^{6}$, onde o numerador é 1 porque o produto na equação desejada é Cu(s).

$$E = 0{,}52 - \frac{0{,}0592}{1}\times\log10^6 = 0{,}52 - 0{,}0592\times6$$

$E = 0{,}52 - 0{,}355 = 0{,}165$ V

50 a

Digamos que a equação eletroquímica não está escrita da maneira mais amistosa. Vamos melhorar:

semi-equação anódica	$Pb(s) + HSO_4^-(aq)$	$\rightarrow$	$PbSO_4(s) + H^+(aq) + 2\ e^-$
semi-equação catódica	$PbO_2(s) + 3\ H^+(aq) + HSO_4^-(aq) + 2\ e^-$	$\rightarrow$	$PbSO_4(s) + 2\ H_2O(l)$
equação global	$Pb(s) + PbO_2(s) + 2\ H_2SO_4(aq)$	$\rightarrow$	$2\ PbSO_4(s) + 2\ H_2O(l)$

O anodo é uma placa de chumbo, o catodo é uma placa de chumbo revestida de PbO_2, ambos mergulhados em uma solução de ácido sulfúrico com densidade aproximada de 1,30 g/mL. Assim analisamos:

I. correta.

II. correta.

III. errada, uma vez que pilha primária é uma pilha eletroquímica na qual os materiais reagentes devem ser substituídos depois de a mesma ter fornecido determinada quantidade de energia ao circuito externo; a bateria de automóvel é essencialmente uma pilha secundária, uma vez que é recarregável.

IV. errada, baterias automotivas são totalmente recicláveis (naturalmente o ácido tem que ser neutralizado; são recuperados o chumbo e materiais plásticos, principalmente). Sugerimos uma visita ao site da ABINEE – Associação Brasileira da Indústria Elétrica e Eletrônica: http://www.abinee.org.br/programas/prog07c.htm.

51 b

Deseja-se evitar que o Ni^{2+} se reduza a Ni^0 (-0,25 V), o que seria provocado pelas oxidações do Zn^0 a Zn^{2+} (+0,76 V), do Fe^0 a Fe^{2+} (+0,44 V) e do Cr^0 a Cr^{3+} (+0,74 V). Logo, só podem ser usados os tanques X e W.

52 b

Num primeiro momento, nada ocorre no copo A, e no copo B temos a reação $Cu^0 + 2\ Ag^+(aq) \rightarrow Cu^{2+}(aq) + 2\ Ag^0$. Esta reação tem dois efeitos importantes:

- diminui a concentração de Ag^+ no copo B, e
- recobre de prata o fio metálico de cobre.

Cria-se então uma pilha de concentração com eletrodos de prata. No copo A a concentração de Ag^+ não foi alterada (permanece 1 mol L^{-1}), e no copo B está menor. Logo, no copo A teremos $Ag^+ \rightarrow Ag^0$, para diminuir a concentração de Ag^+, e no copo B teremos $Ag^0 \rightarrow Ag^+$ para aumentar a concentração de Ag^+: com o tempo, a Natureza iguala as concentrações de Ag^+ e a pilha deixa de funcionar, atingindo ddp igual a zero.

53

Antes de mais nada, vamos representar todas as semi-reações, tal como é preconizado pela IUPAC, como reduções.

a) O lado direito do elemento galvânico pode ser representado pela redução fora das condições-padrão:
$Hg_2Cl_2(s) + 2\ e^- \rightarrow 2\ Hg(l) + 2\ Cl^-(aq)$
Nas condições-padrão, $[Cl^-] = 1$ mol/L. Uma solução saturada de KCl, um sal alcalino, tem certamente $[Cl^-] > 1$.
(O que é percebido "no sentimento" é confirmado pelo handbook: uma solução saturada de KCl, a 0°C, tem solubilidade de 27,6 g / 100 g de água, ou seja, é aproximadamente 3,7 molal.)
Para esta semi-reação, $Kc = [Cl^-]^2$.
Aplicando Nernst, $E = E^0 - \frac{RT}{nF} \ln [Cl^-]^2$.
Como $[Cl^-] > 1$, então $E < E^0$. Logo, menor.

b) O lado esquerdo do elemento galvânico pode ser representado pela redução fora das condições-padrão:
$Hg^{2+}(aq) + 2\ e^- \rightarrow Hg^0(l)$.
Para esta semi-reação, $Kc = \frac{1}{[Hg^{2+}]}$.
Aplicando Nernst, $E = E^0 - \frac{RT}{nF} \ln \frac{1}{[Hg^{2+}]}$.
Como $\frac{1}{[Hg^{2+}]} = \frac{1}{0{,}002} = 500 > 1$, então $E < E^0$. Logo, menor.

c) Se o eletrodo do lado esquerdo é igual ao eletrodo do lado direito nas condições-padrão, então temos uma pilha de concentração, na qual a solução 1 mol/L está do lado esquerdo e a solução saturada está do lado direito. Logo, do lado esquerdo teremos:

$Hg_2Cl_2(s) + 2\ e^- \rightarrow 2\ Hg(l) + 2\ Cl^-(aq)$ (para aumentar a $[Cl^-]$), e do lado direito teremos $2\ Hg(l) + 2\ Cl^-(aq) \rightarrow Hg_2Cl_2(s) + 2\ e^-$ (para diminuir a $[Cl^-]$).

Ou seja, a reação global é nenhuma, mas podemos escrever $Kc = \frac{[Cl^-]_{padrão}}{[Cl^-]_{saturado}} < 1$. Como o logaritmo neperiano de um número menor que 1 é negativo, $\frac{RT}{nF}\ln Kc$ é positivo, e temos $E = E^0 + k\,T$, onde k $= \left|\frac{R\ln Kc}{nF}\right|$. Este gráfico é retilíneo e "passaria" pela origem. Assim:

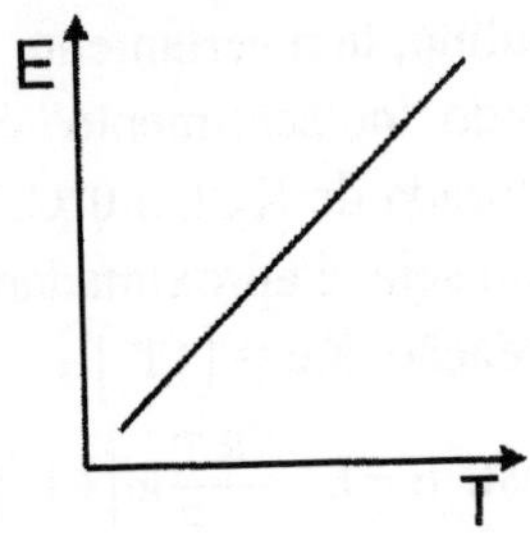

54

a)

$$Fe \rightarrow Fe^{2+}(aq) + 2\ e^- \quad \times 2$$
$$O_2 + 2\ H_2O + 4\ e^- \rightarrow 4\ OH^-(aq)$$
$$2\ Fe + O_2 + H_2O \rightarrow 2\ Fe(OH)_2$$

b) A posição do alumínio na série dos potenciais eletroquímicos levaria a pensar que deveria deslocar o hidrogênio da água quente, não servindo para o fabrico de utensílios de cozinha. No entanto o alumínio só reage quando sua superfície está limpa, ou seja, quando sua superfície só contém átomos de alumínio. Ou seja, a reação só prossegue se a superfície fica sempre livre de materiais insolúveis que impediriam o contato entre a solução e o metal. Assim, com a água quente, a superfície se recobre de óxido e de hidróxido (insolúveis) e a reação não prossegue.

c)

$$Al \rightarrow Al^{3+}$$
$$Fe \rightarrow Fe^{2+}$$
$$Ag \rightarrow Ag^{+}$$

d) A associação é imediata, mas deve ter havido um erro de digitação, uma vez que o valor de literatura para o potencial padrão de redução da prata é +0,799 V, usualmente tomado como +0,80 V.

$Al^{3+} + 3\,e^- \rightarrow Al^0 \quad E^0 = -1{,}662\ V$

$Fe^{2+} + 2\,e^- \rightarrow Fe^0 \quad E^0 = -0{,}440\ V$

$Ag^+ + e^- \rightarrow Ag^0 \quad E^0 = +0{,}799\ V$

e) Melhorar a condutividade da solução, facilitando a passagem de elétrons do Al para o íon Ag^+.

f) $Al^0 + 3\,Ag^+ \rightarrow Al^{3+} + 3\,Ag^0$

55 e

Multiplicar-se uma semi-equação eletroquímica não faz seu potencial variar.

56

a) Em ordem, as equações da semi-reação anódica, semi-reação catódica e reação global:

$H_2(g)$	$\rightarrow$	$2H^+(aq) + 2e^-$	$E^0 = 0{,}00\ V$
$\frac{1}{2}O_2(g) + 2H^+(aq) + 2e^-$	$\rightarrow$	$H_2O(l)$	$E^0 = +1{,}20\ V$
$H_2(g) + \frac{1}{2}O_2(g)$	$\rightarrow$	$H_2O(l)$	$\Delta E^0 = +1{,}20\ V$

$\Delta G^0 = -n\ F\ E^0$

$\Delta G^0 = -2 \times 9{,}65 \times 10^4 \times 1{,}20 = -23{,}2 \times 10^4\ J$

$\Delta G^0 = \Delta H^0 - T \times \Delta S^0$

$\Delta G^0 = -232 \times 10^3\ J$

$\Delta H^0 = -285{,}9 \times 10^3\ J$

Condições padrão: 298 K

$-232 \times 10^3 = -285{,}9 \times 10^3 - 298 \times \Delta S^0$

$\Delta G^0 = -180{,}87\ J/K$

b) A reação é espontânea, uma vez que $\Delta G < 0$.

c) A entropia do universo é crescente, ou seja, $\Delta S_U > 0$. Mas:

$\Delta S_U = \Delta S_{sistema} + \Delta S_{vizinhanças}$

Logo, $-180{,}87 + \Delta S_{vizinhanças} > 0$. Nas vizinhanças do sistema teremos uma variação de entropia $\Delta S > 180{,}87\ J / K$.

57

(ΔE^0)s não são aditivos, mas (ΔG^0)s o são. A relação é $\Delta G^0 = -n\,F\Delta E^0$. Há dois caminhos para a resolução do problema.

1° caminho:

$In^{3+}(aq) + 2\,e^-$	$\rightleftarrows$	$In^+(aq)$	$\Delta G^0 = -2\,F\,(-0{,}44)$
$In^+(aq) + e^-$	$\rightleftarrows$	$In(s)$	$\Delta G^0 = -1\,F\,(-0{,}14)$
$In^{3+}(aq) + 3\,e^-$	$\rightleftarrows$	$In(s)$	$\Delta G^0 = -3\,F\,(\Delta E^0)$

$$\Delta E^0 = -\frac{0{,}88+0{,}14}{3} = -0{,}34\,V$$

2° caminho:

$In^{3+}(aq) + e^-$	$\rightleftarrows$	$In^{2+}(aq)$	$\Delta G^0 = -1\,F\,(-0{,}49)$
$In^{2+}(aq) + e^-$	$\rightleftarrows$	$In^+(aq)$	$\Delta G^0 = -1\,F\,(-0{,}40)$
$In^+(aq) + e^-$	$\rightleftarrows$	$In(s)$	$\Delta G^0 = -1\,F\,(-0{,}14)$
$In^{3+}(aq) + 3\,e^-$	$\rightleftarrows$	$In(s)$	$\Delta G^0 = -3\,F\,(\Delta E^0)$

$$\Delta E^0 = -\frac{0{,}49+0{,}40+0{,}14}{3} = -0{,}34\,V$$

58 d

Lembrando: não importa como venha "escrita" a semi-equação, se como oxidação ou redução, os potenciais apresentados são **sempre** de redução. No caso em questão, F_2 e MnO_4^- são excelentes oxidantes, reduzindo-se, respectivamente, a F^- e Mn^{2+}. Logo:

$10\,e^- + 5\,F_2(g)$	$\rightarrow$	$10\,F^-(aq)$	$E^0 = 2{,}87\,V$
$2\,Mn^{2+}(aq) + 8\,H_2O(l)$	$\rightarrow$	$2\,MnO_4^-(aq) + 16\,H^+(aq) + 10\,e^-$	$E^0 = -1{,}51\,V$
$5\,F_2(g) + 2\,Mn^{2+}(aq) + 8\,H_2O(l)$	$\rightarrow$	$10\,F^-(aq) + 2\,MnO_4^-(aq) + 16\,H^+(aq)$	$E^0 = 1{,}36\,V$

59

a) Dois béqueres, uma ponte salina (gelatina com eletrólito), uma lâmina de cobre, uma placa de platina, um tubo com saída lateral, um voltímetro, fio metálico condutor, solução aquosa 1 mol/L de um sal de cobre II, solução ácida 1 mol/L e gás hidrogênio a 1 atm e 25°C.

b)

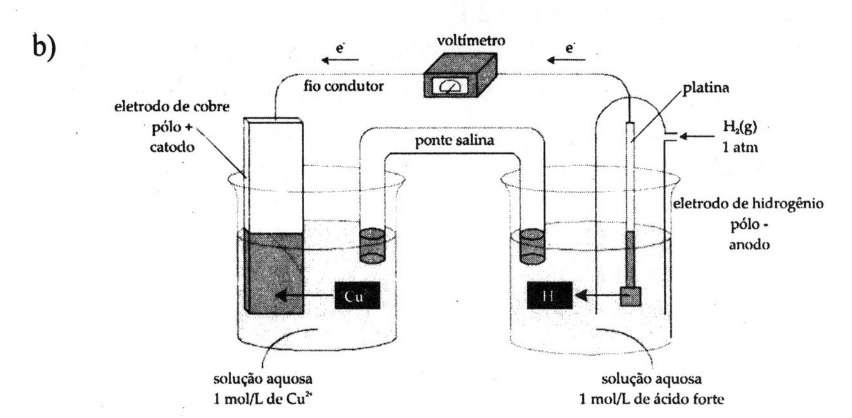

semi-reação catódica: $Cu^{2+}(aq) + 2\ e^- \rightarrow Cu(s)$

semi-reação anódica: $H_2(g) \rightarrow 2\ H^+(aq)$

reação global: $Cu^{2+}(aq) + H_2(g) \rightarrow Cu(s) + 2\ H^+(aq)$

c) A variação do potencial do eletrodo de cobre será avaliada através da equação de Nernst:

$$E = E^0 - \frac{R\,T}{n\,F} \times \ln Q\text{, onde } Q = \frac{1}{[Cu^{2+}]}.$$

- área do eletrodo – em nada afeta o potencial do eletrodo de cobre;
- concentração de cobre no condutor metálico – em nada afeta o potencial do eletrodo de cobre;
- concentração de íons cobre no condutor eletrolítico – o aumento da concentração de íons cobre diminui Q, o que faz o potencial do eletrodo de cobre aumentar;
- temperatura – o aumento da temperatura diminui o potencial do eletrodo de cobre.

60

a) $I_2 + 2\ e^- \rightleftarrows 2\ I^-$ $E^0 = -0{,}53$ V

Se ao potencial padrão desta reação de redução é atribuído o valor zero, seu potencial foi aumentado em 0,53 V. Logo, todos os potenciais de redução têm que sofrer o mesmo aumento. Ou seja, todos os potenciais de redução serão aumentados em 0,53 V.

b) $Na^+ + e^- \rightleftarrows Na^0$ $E^0 = -2{,}71$ V

Novo potencial: $-2{,}71 + 0{,}53 = -2{,}18$ V

c) $2\ Na^0 + I_2 \rightleftarrows 2\ Na^+ + 2\ I^-$
O potencial desta (e de qualquer outra) reação "completa" (não uma semi-reação) não sofreria nenhuma alteração. Observe:
Potenciais não-alterados: $-(-2{,}71) + (-0{,}53) = +2{,}18$ V
Potenciais alterados: $-(-2{,}18) + 0 = +2{,}18$ V

61 a

Esquema da pilha de concentração:

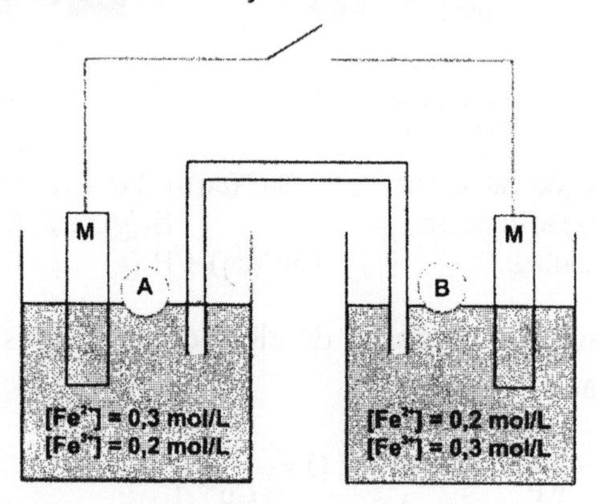

Esta pilha funcionará (depois de fechada a chave, naturalmente) até que se igualem as concentrações nos dois "lados" da pilha, ou seja, no semi-elemento A, $[Fe^{2+}]$ deve diminuir e $[Fe^{3+}]$ deve aumentar. Logo, no semi-elemento A, a semi-reação deve ser $[Fe^{2+}] \rightarrow [Fe^{3+}] + e^-$, que é uma semi-reação de oxidação. Conseqüentemente, o semi-elemento A é o anodo (pólo negativo) da pilha. No semi-elemento B, $[Fe^{2+}]$ deve aumentar e $[Fe^{3+}]$ deve diminuir. Logo, no semi-elemento B, a semi-reação deve ser $[Fe^{3+}] + e^- \rightarrow [Fe^{2+}]$, que é uma semi-reação de redução. Conseqüentemente, o semi-elemento B é o catodo (pólo positivo) da pilha. O fluxo de elétrons será do semi-elemento A para o semi-elemento B, ou seja, do anodo para o catodo. O sentido convencional da corrente elétrica é o oposto, de B para A.

Estas observações permitem analisar:

I	CORRETA
II	CORRETA
III	CORRETA
V	errada

E a resposta já é a opção **a.** A análise mais interessante é a da afirmação IV:

A reação desta pilha de concentração é $Fe^{2+}(A) + Fe^{3+}(B) \rightarrow Fe^{3+}(A) + Fe^{2+}(B)$. Aplicando a equação de Nernst, temos:

$$E = E^0 - \frac{0,0592}{n} \times \log Q$$

Mas $E^0 = 0$, $n = 1$ e $Q = \frac{[Fe^{3+}(A)] \times [Fe^{2+}(B)]}{[Fe^{2+}(A)] \times [Fe^{3+}(B)]}$. No instante inicial, Q vale $\frac{0,2 \times 0,2}{0,3 \times 0,3} = \frac{2^2}{3^2}$.

Logo, $E = 0 - 0,0592 \times \log \frac{2^2}{3^2} = 0,1184 \log \frac{3}{2}$ (no instante inicial). Como a ddp desta pilha (e de qualquer outra) é decrescente (tende a 0), ela nunca será maior que $0,1184 \log \frac{3}{2}$, e a afirmação IV é errada.

62

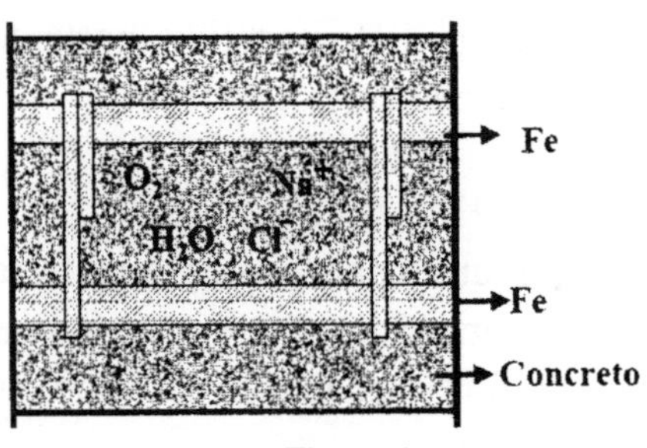

Figura A

i) Anodo: estrutura de Fe
Catodo: concreto
Na verdade, dependendo da concentração de oxigênio e impurezas, serão formadas áreas de oxidação e redução ao longo da estrutura de Fe.
Áreas anódicas: baixa concentração de $O_2(g)$ e alta concentração de íons.
Áreas catódicas: alta concentração de $O_2(g)$ e baixa concentração de íons.
Anodo: $Fe(s) \rightarrow Fe^{2+}(aq) + 2\,e^-$
Catodo: $H_2O(l) + \frac{1}{2}\,O_2(g) + 2\,e^- \rightarrow 2\,OH^-(aq)$

Somando-se as semi-reações, tem-se:

$Fe(s) + H_2O(l) + \frac{1}{2} O_2 \rightarrow Fe^{2+}(aq) + 2\ OH^-(aq)$

Forma-se $Fe(OH)_2(s)$, que pode se oxidar num meio aerado:

$Fe^{2+}(aq) + 2\ OH^-(aq) \rightarrow Fe(OH)_2(s)$

$2\ Fe(OH)_2(s) + H_2O + \frac{1}{2} O_2 \rightarrow 2\ Fe(OH)_3(s)$ (ferrugem, que também se pode representar por $Fe_2O_3 . n\ H_2O$).

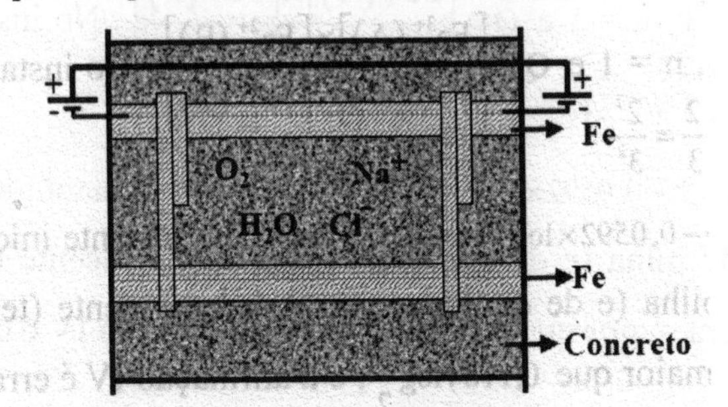

Figura B

ii) O ferro está ligado ao pólo negativo, portanto vai funcionar como catodo da célula, e não sofre corrosão:

Catodo: $Fe^{2+} + 2\ e^- \rightarrow Fe(s)$

Anodo: $H_2O \rightarrow 2\ H^+ + \frac{1}{2} O_2(g) + 2\ e^-$

Um método alternativo para proteção da ferragem de estruturas de concreto contra corrosão pode ser o uso de eletrodo de sacrifício, por exemplo, na forma de placas de zinco ou de magnésio fixadas na superfície do ferro.

63

i) O esquema:

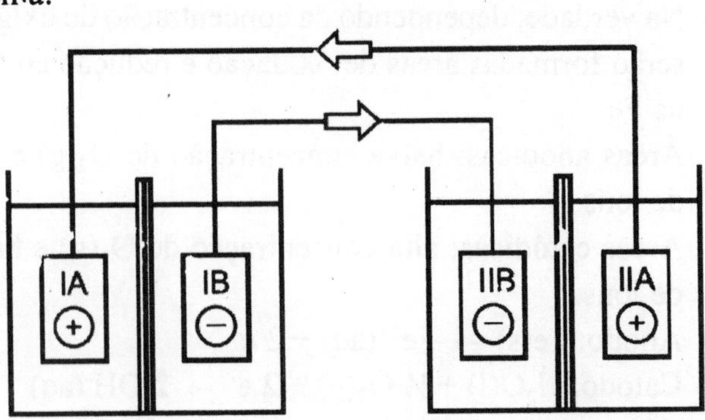

ii) O elemento I (esquerda) é ativo, o elemento II (direita) é passivo, uma vez que a diferença de potencial de redução da prata é maior que o potencial de redução do cobre.

iii) As setas indicam o sentido de fluxo de elétrons.

iv) As polaridades estão indicadas no desenho pelos sinais de + e de –.

v) IA $Ag^{+}(aq) + e^{-} \rightarrow Ag(s)$

IB $Zn(s) \rightarrow Zn^{2+}(aq) + 2\,e^{-}$

IIB $Zn^{2+}(aq) + 2\,e^{-} \rightarrow Zn(s)$

IIA $Cu(s) \rightarrow Cu^{2+}(aq) + 2e^{-}$

64

A equação global da pilha é:

$Zn + 2\,NH_4^{+} + 2\,MnO_2 \rightarrow Zn^{2+} + Mn_2O_3 + 2\,NH_3 + H_2O$

Logo, a proporção reacional é 1 mol de Zn, 2 mols de NH_4Cl e 2 mols de MnO_2. Com isso, vamos determinar o reagente limitante:

Zn	–	$\frac{80\,g}{65,4\,g/mol} = 1,22$ mol
NH_4Cl	–	$\frac{9,2\,g}{53,5\,g/mol} = 0,172$ mol
MnO_2	–	$\frac{5,87}{86,9} = 0,0675$ mol

O reagente limitante é o MnO_2.

Relacionando com a carga, e considerando o consumo de metade da quantidade de MnO_2:

1 mol de MnO_2	–	96500 C
86,9 g	–	96500 C
0,5 × 5,87 g	–	0,08 × t

$t = \frac{0,5 \times 5,87 \times 96500}{0,08 \times 86,9} \cong 40740$ s. Este tempo corresponde a aproximadamente 11 h 19 min.

65 a

catodo	eletrodo I	$Pb^{2+}(aq) + 2\,e^-$	$\rightarrow$	$Pb(s)$	$E^0 = -0{,}1264$ V
anodo	eletrodo II	$Pb(s) + SO_4^{2-}(aq)$	$\rightarrow$	$PbSO_4(s) + 2\,e^-$	$E^0 = +0{,}3546$ V
		$Pb^{2+}(aq) + SO_4^{2-}(aq)$	$\rightarrow$	$PbSO_4(s)$	$\Delta E^0 = 0{,}2282$ V

Haverá aumento da massa de sulfato de chumbo na superfície do eletrodo II.

66

Eletrodo I, escrito como redução:

$Pb^{2+}(aq) + 2\,e^- \rightarrow Pb(s)$ $E^0 = -0{,}1264$ V

$$E = E^0 - \frac{0,0592}{n} \times \log Q \Rightarrow E = -0,1264 - \frac{0,0592}{2} \times \log \frac{1}{[Pb^{2+}]}$$

$$E = -0,1264 - \frac{0,0592}{2} \times \log \frac{1}{10^{-5}} = -0,2744\text{ V}$$

Eletrodo II, escrito como redução:

$PbSO_4(s) + 2\,e^- \rightarrow Pb(s) + SO_4^{2-}(aq)$ $E^0 = -0{,}3546$ V

$$E = E^0 - \frac{0,0592}{n} \times \log Q \Rightarrow E = -0,3546 - \frac{0,0592}{2} \times \log [SO_4^{2-}]$$

$$E = -0,3546 - \frac{0,0592}{2} \times \log 10^{-5} = -0,2066\text{ V}$$

a) A força eletromotriz será 0,2744 – 0,2066 = 0,0678 V
b) O eletrodo I será o anodo, pólo negativo, onde ocorrerá oxidação.
c) O eletrodo II será o catodo, pólo positivo, onde ocorrerá redução.
d) O fluxo de elétrons ocorre do eletrodo I para o eletrodo II, ou seja, como sempre, do anodo para o catodo.
e) $PbSO_4(s) \rightarrow Pb^{2+}(aq) + SO_4^{2-}(aq)$

67 c

Mais uma vez lembrando... No enunciado as equações foram escritas como oxidações, e os potenciais apresentados são de redução.

$1/3\ I^-(aq) + 2\,OH^-(aq)$	$\rightarrow$	$1/3\ IO_3^-(aq) + H_2O(l) + 2\,e^-$	$E^0 = -0{,}26$ V
$2\,Ag^+(aq) + 2\,e^-$	$\rightarrow$	$2\,Ag(c)$	$E^0 = 0{,}80$ V
$1/3\ I^-(aq) + 2\,OH^-(aq) + 2\,Ag^+(aq)$	$\rightarrow$	$1/3\ IO_3^-(aq) + H_2O(l) + 2\,Ag(c)$	$E^0 = 0{,}54$ V

68

a) $4\ Fe(s) + 3\ O_2(g) + 2x\ H_2O(l) \rightarrow 2\ Fe_2O_3 \cdot x\ H_2O(s)$ (1 e 4)
$Fe_2O_3 \cdot x\ H_2O(s)$, óxido de ferro(III), corresponde ao sólido marrom-alaranjado descrito no sistema 1 e à ferrugem descrita no sistema 4.
$Mg(s) + H_2O(l) + \frac{1}{2}\ O_2(g) \rightarrow Mg(OH)_2(s)$ (3)
$Mg(OH)_2(s)$, hidróxido de magnésio, é a substância branca descrita no sistema 3.

b) Um modo de evitar que o prego enferruge é recobri-lo com graxa ou outro material inerte, que não reaja com o oxigênio ou a água, como tinta ou outro material impermeável. Outra forma é utilizar um metal de sacrifício acoplado ao prego, ou seja, um metal que se oxide mais facilmente que o ferro (tenha um potencial de oxidação maior que o do ferro), como por exemplo o zinco ou o magnésio. Pode-se inclusive utilizar os dois processos juntos, tal como nos estaleiros: pintura e metal de sacrifício.

c) A ordem crescente de poder redutor é Sn < Fe < Mg. Os melhores redutores são os que se oxidam com mais facilidade. O sistema 4 mostra claramente que o ferro se oxida mais facilmente que o estanho, e o sistema 3, que o magnésio se oxida mais facilmente que o ferro.

69

a) O consumo de Zn é dado por $Zn(s) \rightarrow Zn^{2+}(aq) + 2\ e^-$. Assim:

2 mols de e^-	–	1 mol de Zn
2×96485 C	–	65,4 g
$0{,}15$ A $\times$ 1,5 h $\times$ 3600 s/h	–	m

$$m = \frac{0{,}15 \times 1{,}5 \times 3600 \times 65{,}4}{2 \times 96485} = 0{,}275\,g$$

b) A equação de Nernst nos fornece $E = E^0 - \frac{0{,}0592}{n} \times \log Q$. Os valores são:

$E^0 = 1{,}56$ V; n = 2 (2 elétrons transferidos de Zn para Ag^+);
$Q = \frac{[Zn^{2+}]}{[Ag^+]^2} = \frac{0{,}1}{0{,}01^2} = 1{,}00 \times 10^3$; log Q = 3.

Substituindo, temos $E = 1,56 - \frac{0,0592}{2} \times 3 = 1,47\,V$.

c)

$MnO_2(s) + 4\,H^+(aq) + 2\,e^-$	$\rightarrow$	$Mn^{2+}(aq) + 2\,H_2O(l)$		$E^0 = 1,21\,V$
$Ag(s)$	$\rightarrow$	$Ag^+(aq)$	$\times 2$	$E^0 = -0,80\,V$
$MnO_2(s) + 4\,H^+(aq) + 2\,Ag(s)$	$\rightarrow$	$Mn^{2+}(aq) + 2\,Ag^+(aq) + 2\,H_2O(l)$		$\Delta E0 = 0,41\,V$

70

semi–equação anódica	Al^0	$\rightarrow$	$Al^{3+} + 3\,e^-$	$E^0 = +1,66\,V$	$\times 2$
semi–equação catódica	$Cl_2 + 2\,e^-$	$\rightarrow$	$2\,Cl^-$	$E0 = +1,36\,V$	$\times 3$
equação global	$2\,Al^0 + 3\,Cl_2$	$\rightarrow$	$2\,AlCl_3$	$\Delta E^0 = +3,02\,V$	

Determinação do tempo:

$3\,e^-$	–	Al
3 mols de e^-	–	1 mol de Al
3×96500 C	–	26,98 g
$0,75 \times t$	–	30 g

$$t = \frac{3 \times 96500 \times 30}{0,75 \times 26,98} = 4,29 \times 10^5\,s \cong 119\,h\,13\,min\,27\,s$$

71

a)

$Au(s)$	$\rightarrow$	$Au^{3+}(aq) + 3\,e^-$	$E^0 = -1,498\,V$
$NO_3^-(aq) + 4\,H^+(aq) + 3\,e^-$	$\rightarrow$	$NO(g) + 2\,H_2O(l)$	$E^0 = +0,96\,V$
$Au(s) + NO_3^-(aq) + 4\,H^+(aq)$	$\rightarrow$	$Au^{3+}(aq) + NO(g) + 2\,H_2O(l)$	$\Delta E^0 = -0,538\,V$

A reação não é espontânea em condições padrão.

b)

$Au(s) + 4\,Cl^-(aq)$	$\rightarrow$	$AuCl_4^-(aq) + 3\,e^-$	$\times 2$	$E^0 = -1,002\,V$
$2\,H^+(aq) + 2\,e^-$	$\rightarrow$	$H_2(g)$	$\times 3$	$E^0 = 0,00\,V$
$2\,Au(s) + 8\,Cl^-(aq) + 6\,H^+(aq)$	$\rightarrow$	$2\,AuCl_4^-(aq) + 3\,H_2(g)$		$\Delta E^0 = 1,002\,V$

A reação não é espontânea em condições padrão.

c)

$Au(s) + 4\,Cl^-(aq)$	$\rightarrow$	$AuCl_4^-(aq) + 3\,e^-$	$E^0 = -1,002\,V$
$NO_3^-(aq) + 4\,H^+(aq) + 3\,e^-$	$\rightarrow$	$NO(g) + 2\,H_2O(l)$	$E^0 = +0,96\,V$
$Au(s) + 4\,Cl^-(aq) + NO_3^-(aq) + 4\,H^+(aq)$	$\rightarrow$	$AuCl_4^-(aq) + NO(g) + 2\,H_2O(l)$	$\Delta E^0 = -0,042\,V$

A reação não é espontânea em condições padrão.

A equação de Nernst mostra que $\Delta E = \Delta E^0 - \frac{0,0592}{n} \times \log Q$, com $\Delta E^0 = -0,042\,V$, n = 3 e $Q = \frac{[AuCl_4^-] \times [NO]}{[Cl^-]^4 \times [NO_3^-] \times [H^+]^4}$. Se trabalhamos com os ácidos clorídrico e nítrico concentrados, é fácil ver que o denominador de Q vai se tornar "grande" (observe os expoentes), e teremos Q < 1 e log Q < 0, fazendo com que $\Delta E^0 > 0$ (reação espontânea).

CAPÍTULO 10 • *Radioatividade*

01 a

As duas primeiras afirmações podem ser assim resumidas: ${}^{y}_{x}P$ e ${}^{y}_{x+2}Q$.
A segunda informação assim se equaciona: ${}^{y}_{x+2}Q \rightarrow {}^{4}_{2}\alpha + {}^{y-4}_{x}Q^*$.
Logo, P e Q* são isótopos. A lamentar a duvidosa redação "elementos isóbaros" (elementos não podem ser isóbaros, átomos sim; defendemos o uso da expressão nuclídeos).

02

a) Vamos determinar a fórmula mínima do óxido U_aO_b:

U	83,22	/238	= 0,35	/0,35	= 1
O	16,78	/16	= 1,05	/0,35	= 3

Logo, UO_3, óxido de urânio VI ou trióxido de urânio.

b) Agora, a fórmula mínima do óxido U_mO_n:

U	84,8	/238	= 0,356	/0,356	= 1
O	15,2	/16	= 0,950	/0,356	= 2,67

A proporção 1 : 2,67 é bem expressa por 3 : 8. Logo, U_3O_8 é a fórmula mínima procurada.

c) Para resolver este item, vamos fazer a consideração (totalmente justificável) de que, na seqüência reacional dada, não haja perda de urânio. E que, como se formam 0,742 g do óxido U_3O_8, o que corresponde a 0,848 × 0,742 = 0,629 g de urânio, esta é a massa de urânio presente nos três compostos. Assim, podemos estabelecer:

$UO_x(NO_3)_y \cdot z\,H_2O$	–	$UO_x(NO_3)_y$	–	U_3O_8	–	U
1,328 g	–	1,042 g	–	0,742 g	–	0,629 g
r	–	s	–	–	–	238 g

Resolvendo, obtém-se:

$$r = \frac{1,328 \times 238}{0,629} = 502,49 \cong 502$$

$$s = \frac{1,042 \times 238}{0,629} = 394,27 \cong 394$$

A diferença entre 502 g/mol e 394 g/mol é a água de hidratação.

Logo, como $\frac{502-394}{18} = \frac{108}{18} = 6$, concluímos que z = 6.

Por um raciocínio semelhante, concluímos que a diferença entre 394 g/mol e 238 g/mol corresponde a "x oxigênios" e "y nitratos". Logo, 156 = 16 x + 62 y, com x e y inteiros. É fácil ver que x = 2 e y = 2.

Logo, o composto pedido é $UO_2(NO_3)_2 \cdot 6\,H_2O$.

d) Como não foi solicitado nenhum resultado intermediário, podemos escrever:

$${}^{235}_{92}U \rightarrow 7\,{}^{4}_{2}\alpha + 4\,{}^{0}_{-1}\beta + {}^{207}_{82}Pb$$

Vale observar que, a rigor, ${}^{207}_{82}Pb$ não é um radioisótopo, uma vez que não é radioativo (é um dos isótopos estáveis do chumbo).

03

1) ${}^{14}_{7}N + {}^{1}_{0}n \rightarrow {}^{14}_{6}C + {}^{1}_{1}p$
2) ${}^{18}_{7}N \rightarrow {}^{18}_{8}O + {}^{0}_{-1}e$
3) ${}^{232}_{90}Th \rightarrow 6\,{}^{4}_{2}He + 4\,{}^{0}_{-1}e + {}^{208}_{82}Pb$
4) ${}^{209}_{83}Bi + {}^{4}_{2}He \rightarrow {}^{211}_{85}At + 2\,{}^{1}_{0}n$
5) ${}^{242}_{94}Pu \rightarrow {}^{238}_{92}U + {}^{4}_{2}He$

04 e

Vamos analisar opção por opção:

a) $mf = \frac{mi}{2^{\frac{t}{T}}} = \frac{mi}{2^{\frac{9}{3}}} = \frac{mi}{2^3} = \frac{mi}{8}$

b) Só dependem da presença do nuclídeo, não importando como ele está combinado.

c) $\alpha = {}^{4}_{2}He^{2+}$

d) ${}^{A}_{Z}X \rightarrow {}^{4}_{2}\alpha + {}^{A-4}_{Z-2}Y$

e) ${}^{A}_{Z}X \rightarrow {}^{0}_{-1}\alpha + {}^{A}_{Z+1}Y$, X e Y são isóbaros.

05 a

Passaram-se $\frac{2\,\text{dias}\ 16\,\text{horas}}{12,8\,\text{horas}} = 5$ meias-vidas. Logo, a massa de acetato de cobre (II) restante será: $\frac{15,0\,\text{mg}}{2^5} = 0,469$ mg (observe que não há necessidade de se fazer o cálculo)

06

No instante inicial há $\frac{4,200}{210} = 0,02$ mol de ^{210}Po. 276 dias correspondem a 2 meias-vidas, logo restará $\frac{0,02}{2^2} = 0,005$ mol de ^{210}Po, e terá havido a formação de 0,015 mol de ^{206}Pb e 0,015 mol de ^{4}He.

a) Em termos de massas de sólidos, há 0,005 × 210 = 1,05 g de ^{210}Po e 0,015 × 206 = 3,09 g de ^{206}Pb. A massa total de sólidos será de 1,05 + 3,09 = 4,14 g. Em termos percentuais, $\frac{1,05}{4,14} \times 100\% = 25,36\%$ de ^{210}Po e 74,64% de ^{206}Pb.

b) Havia no frasco $\frac{672\,\text{mL}}{22400\,\text{mL/mol}} = 0,030$ mol de gás, e agora há 0,03 + 0,015 = 0,045 mol de gás. Ou seja, a quantidade de gás aumentou em 50%, e assim também a pressão. Logo, 1,5 atm é a nova pressão.

c) ^{210}Po e ^{206}Pb pertencem ambos ao sexto período.

d) A tendência geral é que o raio atômico aumente da direita para a esquerda num período. Logo, o raio atômico do chumbo deve ser maior que o raio atômico do polônio. A literatura aponta 135 pm para o polônio e 154 pm para o chumbo.

07 d

A relação entre a constante radioativa (**C**) e a meia-vida (**T**) é:

$$\frac{N_0}{2} = N_0 \times e^{-CT} \Rightarrow \frac{1}{2} = e^{-CT} \Rightarrow T = \frac{\ln 2}{C}$$

É fácil calcular **C** com os dados do problema:

$$99 = 100 \times e^{-C\times 25} \Rightarrow e^{C\times 25} = \frac{100}{99}$$

$$C \times 25 = \ln 100 - \ln 99 \Rightarrow C = \frac{\ln 100 - \ln 99}{25} = 4,02 \times 10^{-4}$$

$$T = \frac{\ln 2}{C} = \frac{0,693}{4,02 \times 10^{-4}} = 1724,19\,\text{anos}$$

Obs.: Os valores dos logaritmos neperianos necessários (e outros desnecessários) eram fornecidos na prova. O valor encontrado na literatura para a meia-vida do ^{226}Ra é 1602 anos.

08

1) $^{127}_{53}I$ → 53 prótons, 74 nêutrons, 53 elétrons (este é o único isótopo estável do iodo)

$^{131}_{53}I$ → 53 prótons, 78 nêutrons, 53 elétrons

Como sempre ocorre entre átomos isótopos, estes diferem no número de nêutrons e no número de massa.

Cumpre-nos observar que não encontramos apoio na literatura especializada à afirmação de que o elemento iodo apresenta 37 isótopos. Nossas referências vão de ^{119}I até ^{139}I, sem "saltos", ou seja, 21 isótopos.

2) Precisamos determinar o tempo necessário para que 100 mg se reduzam a 1 mg.

Esquematizando, $100\,mg \xrightarrow{t} 1\,mg$. Vamos chamar de n o "número de meias-vidas" para que isto ocorra. Logo:

$1 = \frac{100}{2^n} \Rightarrow 2^n = 100$. Como $2^6 = 64$ e $2^7 = 128$, o número de meias-vidas está entre 6 e 7. Ou seja, a massa de 100 mg se reduzirá a 1 mg num tempo entre 48 e 56 dias. Resolvendo por logaritmos a equação exponencial $2^n = 100$, temos que n log 2 = log 100.

$n = \frac{2}{\log 2} = 6,64$. A massa de 100 mg se reduzirá a 1 mg em 6,64 × 8 dias = 53,15 dias (pouco menos de 53 dias e 4 horas).

09

O que se pede é, partindo de uma massa inicial m, o tempo necessário para atingir a relação entre as massas Mg : Na = 1 : 3. Ou seja, deseja-se que a massa de Mg seja $\frac{m}{4}$ e que a massa de Na seja $\frac{3m}{4}$, uma vez que na desintegração β a massa total se mantém, já que é muito pequena a transformação matéria-energia.

Esquematizando, $m \xrightarrow{t} \frac{3m}{4}$. Seja n o "número de meias-vidas" (naturalmente menor que 1) para que isto ocorra. Logo:

$$\frac{3m}{4} = \frac{m}{2^n} \Rightarrow 2^n = \frac{4}{3}$$

$$n = \frac{\log 4 - \log 3}{\log 2} = 0,415$$

Assim, o tempo decorrido será de 0,415 × 15 h = 6,23 h (aproximadamente 6 h 13 min 32 s).

10

Hoje, as abundâncias naturais são: ^{235}U = 0,72% e ^{238}U = 99,28%. É importante ressaltar que estas porcentagens são em número de átomos, e conseqüentemente em número de mols – não são porcentagens em massa. Logo, podemos criar como base de cálculo uma amostra hipotética de 100 mols de átomos de urânio natural: 0,72 mols de ^{235}U e 99,28 mols de ^{238}U hoje.

Há $4,50 \times 10^9$ anos atrás, haveria exatamente o dobro em mols de ^{238}U, ou seja, 198,56 mols. O número de mols de ^{235}U seria tal que:

número de meias-vidas decorridas: $\frac{4,50 \times 10^9}{7,07 \times 10^8} = 6,36$ meias-vidas

$$0,72 = \frac{n}{2^{6,36}} \rightarrow n = 0,72 \times 82,42 = 59,34 \text{ mols}$$

Logo, por ocasião da formação da Terra, a amostra que deu origem aos 100 mols dos dias de hoje era formada por 59,34 mols de ^{235}U e 198,56 mols de ^{238}U, num total de 257,90 mols. Logo, a abundância natural de ^{235}U seria de $\frac{59,34}{257,90} \times 100\% = 23,01\%$ quando da formação da Terra.

11

Coincidências, coincidências... Observe a questão do IME 2002 / 2003 sobre o mesmo assunto.

a) Hoje, as abundâncias naturais são: $^{235}U = 0{,}72\%$ e $^{238}U = 99{,}28\%$. É importante ressaltar que estas porcentagens são em número de átomos, e conseqüentemente em número de mols – não são porcentagens em massa. Logo, podemos criar como base de cálculo uma amostra hipotética de 100 mols de átomos de urânio natural: 0,72 mols de ^{235}U e 99,28 mols de ^{238}U hoje.
Há $4{,}50 \times 10^9$ anos atrás, haveria exatamente o dobro em mols de ^{238}U, ou seja, 198,56 mols. O número de mols de ^{235}U seria tal que:
número de meias-vidas decorridas: $\frac{4{,}50\times10^9}{7\times10^8} = 6{,}43$ meias-vidas
$0{,}72 = \frac{n}{2^{6{,}43}} \Rightarrow n = 0{,}72\times86{,}14 = 62{,}02\,\text{mols}$
Logo, por ocasião da formação da Terra, a amostra que deu origem aos 100 mols dos dias de hoje era formada por 62,02 mols de ^{235}U e 198,56 mols de ^{238}U, num total de 260,58 mols. Logo, a abundância natural de ^{235}U seria de $\frac{62{,}02}{260{,}58}\times100\% = 23{,}80\%$ quando da formação da Terra.

b) $^{238}_{92}U \rightarrow 8\,^{4}_{2}\alpha + b\,^{0}_{-1}\beta + ^{206}_{82}Pb$
$92 = 16 - b + 82$
Logo, são 6 partículas beta e o isótopo do chumbo formado é o $^{206}_{82}Pb$.

c) O urânio tem 4 elétrons desemparelhados ($5f^3\,6d^1$) e seu número de oxidação máximo é +6, através da perda dos elétrons $5f^3\,6d^1\,7s^2$.

d) A reação balanceada é $2\,ClF_3 + 3\,UF_4 \rightarrow 3\,UF_6 + Cl_2$; usando VSEPR, UF_6E_0 e ClF_3E_2, o que conduz às geometrias octaédrica e "em T".

e) $^{235}_{92}U + ^{1}_{0}n \rightarrow ^{95}_{36}Kr + ^{b}_{a}X + 2\,^{1}_{0}n$, determinando a e b chegamos ao $^{139}_{56}Ba$.

12

Seja $\mathbf{N_0}$ o número inicial de átomos de ^{40}K, e **x** o número de meias-vidas decorridas. O número de átomos de ^{40}K restantes após decorridas as **x** meias-vidas é dado por $N = \frac{N_0}{2^x}$ **(I)**.
Logo, $N_0 - N$ é o número de átomos de ^{40}K desintegrados:

$$N_0 - N = N_0 - \frac{N_0}{2^x} = N_0\left(1 - \frac{1}{2^x}\right) = N_0\left(\frac{2^x - 1}{2^x}\right)$$

Destes átomos, 10,7% se transformam em ^{40}Ar. Ou seja, o número de átomos de ^{40}Ar após x meias-vidas é dado por:

$$0,107 \times N_0 \left(\frac{2^x - 1}{2^x} \right) \text{ (II)}$$

Como a razão em massa $\frac{^{40}_{18}Ar}{^{40}_{19}K}$ é igual à razão em número de átomos, temos:

$$\frac{0,107 \times N_0 \left(\frac{2^x - 1}{2^x} \right)}{\frac{N_0}{2^x}} = 0,95$$

$$0,107\left(2^x - 1\right) = 0,95$$

Desenvolvendo, temos $2^x = 9,88$. Usando logaritmos (não fornecidos na prova) para resolver esta equação exponencial, obtemos que o número de meias-vidas decorridas é 3,30. Logo, o tempo decorrido (idade da rocha) é $3,30 \times 1,27 \times 10^9 = 4,20 \times 10^9$ anos.

13

Para facilitar a visualização, representaremos $\tau_{1/2}$ como T. A equação geral de desintegração fornece $m(t) = \frac{m_x}{2^{\frac{t}{T}}}$.

O número de mols de He produzido é $\frac{m_x}{M_x} - \frac{m(t)}{M_x}$.

Considerando a expressão de m(t), e levando em conta a porcentagem (vamos considerar p como um número entre 0 e 1), o número de mols de He que se difunde é:

$$\left(\frac{m_x}{M_x} - \frac{m_x}{M_x \times 2^{\frac{t}{T}}} \right) \times p = \frac{m_x}{M_x} \left(1 - \frac{1}{2^{\frac{t}{T}}} \right) \times p$$

O acréscimo de pressão, calculado por Clapeyron, é:

$$\Delta p \times V_b = \Delta n \times R \times T_b$$

$$\Delta p = \frac{\Delta n \times R \times T_b}{V_b}$$

O acréscimo de pressão, calculado pela coluna de mercúrio, é $\Delta p = \rho \times g \times h$. Igualando as expressões e explicitando h, vem:

$$\frac{\Delta n \times R \times T_b}{V_b} = \rho \times g \times h$$

$$h = \frac{\Delta n \times R \times T_b}{V_b \times \rho \times g}$$

$$h = \frac{m_x \times \left(1 - \frac{1}{2^{\frac{t}{T}}}\right) \times p \times R \times T_b}{M_x \times V_b \times \rho \times g}$$, onde T está representando $\tau_{1/2}$.

14 a

São analisados dois processos radioativos:

I. $^{214}_{82}Pb \rightarrow ^{0}_{-1}\beta + ^{214}_{83}Bi$

II. $^{214}_{83}Bi \rightarrow ^{0}_{-1}\beta + ^{214}_{84}Po$

Marcamos no gráfico dois pontos importantíssimos: o que nos permite determinar a meia-vida do $^{214}_{82}Pb$ e o instante em que o número de átomos de $^{214}_{82}Pb$ se torna igual ao número de átomos de $^{214}_{83}Bi$.

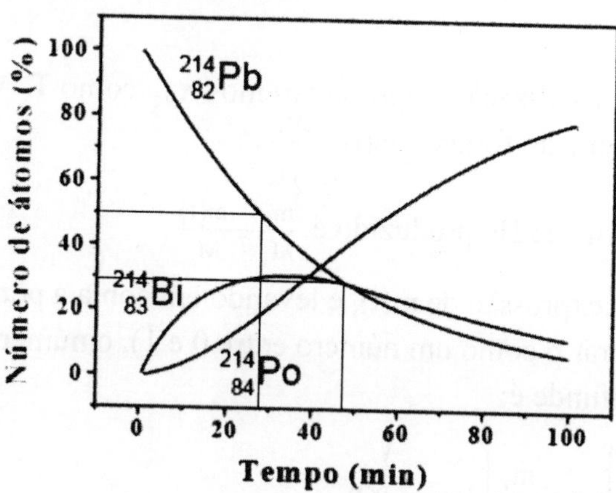

I. Observando o gráfico vê-se que a porcentagem de átomos de chumbo decai de 100 para 50 em aproximadamente 27 min. O handbook que consultamos [Lange] fornece meia-vida de 26,8 minutos. **Correta.**

II. $T_{1/2} \times k = \ln 2 = 0,69 \Rightarrow k = \frac{0,69}{27\,\text{min}} = 2,56 \times 10^{-2}\ \text{min}^{-1} \simeq 3 \times 10^{-2}\ \text{min}^{-1}$

Talvez $2,6 \times 10^{-2}\ \text{min}^{-1}$ seja uma resposta mais adequada. **Correta.**

III. Para cada átomo de $^{214}_{83}Bi$ que se desintegra forma-se, no mesmo intervalo de tempo, um átomo de $^{214}_{84}Po$. **Correta**.

IV. A comparação das constantes de desintegração pode se feita a partir do instante que o número de átomos de $^{214}_{82}Pb$ se torna igual ao número de átomos de $^{214}_{83}Bi$. A análise do gráfico a partir desse instante nos mostra que o número de átomos de $^{214}_{83}Bi$ diminui. Uma vez que o $^{214}_{83}Bi$ se forma no processo (I) e é consumido no processo (II), está sendo consumido mais rapidamente do que é formado. Este fato demonstra que a velocidade de desintegração do $^{214}_{83}Bi$ é maior que a do $^{214}_{82}Pb$. **Incorreta**.

V. Se a velocidade de desintegração do $^{214}_{83}Bi$ é maior que a do $^{214}_{82}Pb$, sua meia-vida é menor e sua constante radioativa é maior. Logo, tem que ser maior que $2,56 \times 10^{-2}$ min^{-1}, não podendo valer 1×10^{-2} min^{-1}. O dado de handbook é que a meia-vida do $^{214}_{83}Bi$ é de 19,7 minutos, ou seja, apresenta uma constante radioativa de $3,52 \times 10^{-2}$ min^{-1}. **Incorreta**.

15

Vamos partir de uma suposição inicial: o lago é suficientemente grande para que $V_L >> V_s$, ou seja, $V_L + Vs \cong V_L$.

Como o item **b** conduz a uma solução mais simples, vamos iniciar por ela. Se $t_{1/2} >> D$, então em D dias não há alteração apreciável da atividade dos V_s litros de solução radioativa dissolvidos na água do lago. Logo, o acréscimo de atividade A_A é devido aos V_s litros de solução de sal radioativo. Lembrando que a atividade é proporcional ao número de átomos do radioisótopo presente (e consequentemente ao número de mols), temos:

$$V_s \times A_s = V_L \times A_A$$

$$V_L = V_s \times \frac{A_s}{A_A}$$

Para responder à letra **a**, devemos levar em conta a perda de atividade devida aos D dias de desintegração. A forma mais simples de fazer isto é $A_s^D = \dfrac{A_s}{2^{\frac{D}{t_{1/2}}}}$.

Logo:

$V_L = V_s \times \dfrac{A_s}{A_A \times 2^{\frac{D}{t_{1/2}}}}$. Assim, as respostas pedidas são:

a) $V_L = V_s \times \dfrac{A_s}{A_A \times 2^{\frac{D}{t_{1/2}}}}$

b) $V_L = V_s \times \dfrac{A_s}{A_A}$

Vale a observação que, na expressão obtida para a letra **a**, se $t_{1/2} >> D$, $\dfrac{D}{t_{1/2}} \rightarrow 0$ e $2^{\frac{D}{t_{1/2}}} \rightarrow 1$, obtendo-se a expressão da letra **b**.

16

Por inspeção do gráfico, a meia-vida é 3 min, ou seja, 180 segundos.
Determinação da constante radioativa C:

$$C = \frac{\ln 2}{t_{1/2}} = \frac{\ln 2}{180\,s} = 3,85 \times 10^{-3}\ s^{-1}$$

Determinação da atividade em becquerels:

$$2,50\,\mu Ci = 2,50 \times 10^{-6} \times 3,70 \times 10^{10} = 9,25 \times 10^4\ Bq$$

Como atividade = C × número de átomos, número de átomos = $\dfrac{\text{atividade}}{C}$

$$\text{número de átomos} = \frac{9,25 \times 10^4}{3,85 \times 10^{-3}} = 2,40 \times 10^7\ \text{átomos.}$$

17

Considerações iniciais:
Massa do balão em si: desprezível
Massa molar do hélio: M_{He}
Massa total do balão: $m + m_{He}$, onde m_{He} é a massa inicial de hélio. Esta soma é constante, uma vez que a perda de massa do radionuclídeo X, que se transforma no elemento (na verdade um nuclídeo) Y estável é compensada pelo aumento da massa de hélio. Chamemos esta massa de m': $m' = m + m_{He}$.

O balão estará na iminência de perder contato com o solo no instante em que seu peso igualar o empuxo, ou seja: $m' \times g = \mu_{ar} \times V' \times g \rightarrow m' = \mu_{ar} \times V'$, onde μ_{ar} é a massa específica do ar nas condições dadas.
Uma vez que esta equação resolve o problema, devemos expressar cada um destes termos em função dos dados.
Determinação de m':
A massa inicial de He pode ser calculada através de

$$P \times V = \frac{m_{He}}{M_{He}} \times R \times T \Rightarrow m_{He} = \frac{P \times V \times M_{He}}{R \times T}.$$

Assim, $m' = m + \dfrac{P \times V \times M_{He}}{R \times T}$.

Determinação de μ_{ar}:

$$P \times V = \frac{m_{ar}}{M_{ar}} \times R \times T. \text{ Mas } \mu_{ar} = \frac{m_{ar}}{V}. \text{ Logo, } \mu_{ar} = \frac{P \times M_{ar}}{R \times T}.$$

Determinação de V':
A equação de desintegração radioativa é em geral escrita como $N = N_0 \times e^{-C \times t}$, onde N é o número de átomos do radionuclídeo decorrido o tempo t, N_0 é o número inicial de átomos e C a constante radioativa do material. Vamos reescrever esta equação, usando número de mols em vez de número de átomos e o fato de que $C = \dfrac{1}{\tau}$. Assim: $n = \dfrac{m}{M} \times e^{-\frac{t}{\tau}}$. Logo, o número de mols de X decomposto, e conseqüentemente o número de mols de hélio formado por desintegração radioativa é $\dfrac{m}{M} - \dfrac{m}{M} \times e^{-\frac{t}{\tau}} = \dfrac{m}{M} \times \left(1 - e^{-\frac{t}{\tau}}\right)$. Assim, o número de mols de hélio no interior do balão após decorrido o tempo t é $\dfrac{P \times V}{R \times T} + \dfrac{m}{M} \times \left(1 - e^{-\frac{t}{\tau}}\right)$.
Podemos então determinar V':

$$V' = \frac{\left(\frac{P \times V}{R \times T} + \frac{m}{M} \times \left(1 - e^{-\frac{t}{\tau}}\right)\right) \times R \times T}{P} = V + \frac{\frac{m}{M} \times \left(1 - e^{-\frac{t}{\tau}}\right) \times R \times T}{P}.$$

Como V' está em função de t, vamos explicitar V':

$$m' = \mu_{ar} \times V' \Rightarrow V' = \frac{m'}{\mu_{ar}}$$

$$V+\frac{\frac{m}{M}\times\left(1-e^{-\frac{t}{\tau}}\right)\times R\times T}{P}=\frac{m+\frac{P\times V\times M_{He}}{R\times T}}{\frac{P\times M_{ar}}{R\times T}}=\frac{m\times R\times T+P\times V\times M_{He}}{P\times M_{ar}}$$

$$P\times V+\frac{m}{M}\times\left(1-e^{-\frac{t}{\tau}}\right)\times R\times T=\frac{m\times R\times T+P\times V\times M_{He}}{M_{ar}}$$

$$P\times V+\frac{m}{M}\times R\times T-\frac{m}{M}\times R\times T\times e^{-\frac{t}{\tau}}=\frac{m\times R\times T+P\times V\times M_{He}}{M_{ar}}$$

$$P\times V+\frac{m}{M}\times R\times T-\frac{m\times R\times T+P\times V\times M_{He}}{M_{ar}}=\frac{m}{M}\times R\times T\times e^{-\frac{t}{\tau}}$$

$$e^{-\frac{t}{\tau}}=\frac{P\times V\times M}{m\times R\times T}+1-\frac{m\times R\times T\times M}{M_{ar}\times m\times R\times T}-\frac{P\times V\times M_{He}\times M}{M_{ar}\times m\times R\times T}$$

$$e^{-\frac{t}{\tau}}=1+\frac{P\times V\times M}{m\times R\times T}-\frac{M}{M_{ar}}-\frac{P\times V\times M_{He}\times M}{M_{ar}\times m\times R\times T}$$

$$e^{-\frac{t}{\tau}}=1+\frac{P\times V\times M\times M_{ar}-m\times R\times T\times M-P\times V\times M_{He}\times M}{m\times R\times T\times M_{ar}}$$

$$e^{-\frac{t}{\tau}}=1+\frac{M}{m\times R\times T\times M_{ar}}\times(P\times V\times M_{ar}-m\times R\times T\times-P\times V\times M_{He})$$

$$e^{-\frac{t}{\tau}}=1+\frac{M}{m\times R\times T\times M_{ar}}\times\left(P\times V\times(M_{ar}-M_{He})-m\times R\times T\right)$$

$$-\frac{t}{\tau}=\ln\left(1+\frac{M}{m\times R\times T\times M_{ar}}\times\left(P\times V\times(M_{ar}-M_{He})-m\times R\times T\right)\right)$$

$$t=-\tau\times\ln\left(1+\frac{M}{m\times R\times T\times M_{ar}}\times\left(P\times V\times(M_{ar}-M_{He})-m\times R\times T\right)\right)$$

Como consta dos dados a massa atômica do hélio, podemos substituir:

$$t=-\tau\times\ln\left(1+\frac{M}{m\times R\times T\times M_{ar}}\times\left(P\times V\times(M_{ar}-4,00)-m\times R\times T\right)\right)$$

18

a) Na prática, muito pouca atividade radioativa resta para ser medida após decorridas 10 meia-vidas. A atividade se torna aproximadamente 0,1% da original: $\frac{100\%}{2^{10}} = 9,77 \times 10^{-2}\%$. Assim, a adequação é:

material a datar	radioisótopo	meia-vida	idade a determinar
rocha	^{238}U	$4,5 \times 10^9$ anos	milhões de anos
vegetal fossilizado	^{14}C	5730 anos	milhares de anos
vinho	^{3}H	12,3 anos	algumas décadas

b) Foram decorridas 3 meias-vidas, uma vez que $\frac{1}{8} = \frac{1}{2^3}$. Logo, a idade é 3 × 5730 anos = 17190 anos.

c) $^{14}_{7}N + ^{1}_{0}n \rightarrow ^{14}_{6}C + ^{1}_{1}p$

d) $^{15}_{8}O \rightarrow ^{0}_{+1}\beta + ^{15}_{7}N$

eI) **Meia-vida** é o tempo necessário para que metade dos átomos radioativos de uma amostra se desintegrem.

eII) Na **fusão**, átomos leves são "jogados uns contra os outros" e se juntam, produzindo um átomo mais pesado. Na **fissão**, um átomo pesado se "quebra" quando atingido por um nêutron, produzindo átomos mais leves (normalmente dois) e nêutrons. Em ambos os processos, a liberação de energia é muito grande.

eIII) **Transmutação artificial** é a transformação de um elemento em outro através de "bombardeamento" de partículas radioativas. Em 1919, Rutherford descobriu que era possível transformar artificialmente átomos de um elemento em átomos de outros elementos. Para isso, ele bombardeou átomos de nitrogênio com partículas alfa, obtendo átomos de oxigênio e prótons:

$$^{14}_{7}N + ^{4}_{2}\alpha \rightarrow ^{17}_{8}O + ^{1}_{1}p$$

Foi através de transmutações artificiais que o nêutron foi descoberto em 1932 por James Chadwick:

$$^{9}_{4}Be + ^{4}_{2}\alpha \rightarrow ^{12}_{6}C + ^{1}_{0}n$$

e que a radioatividade artificial com emissão de pósitron foi descoberta em 1932 por Felipe Joliot e Irene Joliot-Curie (o pósitron em si tinha sido descoberto em 1930 por Carl David Anderson):

$$^{27}_{13}Al + ^{4}_{2}\alpha \rightarrow ^{30}_{15}P + ^{1}_{0}n$$

$$^{30}_{15}P \rightarrow ^{0}_{+1}\beta + ^{30}_{14}Si$$

19

a) Elementos transurânicos são elementos de número atômico maior que 92, ou seja, na tabela periódica vêm após o urânio.

b) As equações são:

I)	${}^{238}_{92}U + {}^{14}_{7}N \rightarrow {}^{247}_{99}Es + 5\,{}^{1}_{0}n$	
II)	${}^{238}_{92}U + {}^{16}_{8}O \rightarrow {}^{249}_{100}Fm + 5\,{}^{1}_{0}n$	
III)	${}^{253}_{99}Es + {}^{4}_{2}\alpha \rightarrow {}^{256}_{101}Md + {}^{1}_{0}n$	
IV)	${}^{241}_{96}Cm + {}^{17}_{6}C \rightarrow {}^{254}_{102}No + 4\,{}^{1}_{0}n$	ver observação ao final do exercício
V)	${}^{246}_{98}Cf + {}^{16}_{5}B \rightarrow {}^{257}_{103}Lr + 5\,{}^{1}_{0}n$	ver observação ao final do exercício

c) Aplicando a lei de Graham, estabelecemos que

$$\frac{MM(UF_x)}{MM(I_2)} = \left(\frac{17,7}{15}\right)^2 = 1,39.$$

Usando o valor 126,9 para a massa atômica do iodo, temos $MM(UF_x) = 1,39 \times 253,8 = 353,39$.

Logo, $238 + 19\,x = 353,29$, ou seja, $x = 6,07$. Assim, temos o UF_6, hexafluoreto de urânio.

d) A bomba atômica é uma bomba de fissão (do urânio ou do plutônio). A bomba de hidrogênio é uma bomba de fissão (de átomos de hidrogênio). Pensando como numa reação química, a fusão tem uma elevada "energia de ativação", necessitando de um estopim (uma bomba atômica).

NOTA DO AUTOR: *As equações IV e V não encontram nenhum apoio na literatura, principalmente pelos nuclídeos* ${}^{17}_{6}C$ *e* ${}^{16}_{5}B$, *o que nos leva novamente a suspeitar de erro de digitação. A reação de produção do nobélio a partir do cúrio que encontramos foi* ${}^{244}_{96}Cm + {}^{12}_{6}C \rightarrow {}^{254}_{102}No + 2\,{}^{1}_{0}n$, *sem dúvida semelhante à apresentada. Já a obtenção do califórnio em laurêncio da qual temos referência é* ${}^{246}_{98}Cf + {}^{11}_{5}B \rightarrow {}^{257}_{103}Lr$.

20

a) No processo de **fusão**, átomos leves são "jogados uns contra os outros" e se juntam, produzindo um átomo mais pesado. No processo de **fissão**, um átomo pesado se "quebra" quando atingido por um nêutron, produzindo átomos mais leves (normalmente dois) e nêutrons. Em ambos os processos, a liberação de energia é muito grande. O termo "limpo", quando aqui aplicado, se refere ao fato de o processo de fissão produzir átomos radioativos, o tristemente célebre "lixo atômico". Assim, o processo de fusão é mais limpo.

b) As equações referenciadas no texto são as seguintes:

I) $4\,{}^{1}_{1}H \rightarrow {}^{4}_{2}He + 2\,{}^{0}_{+1}\beta$

II) ${}^{2}_{1}H + {}^{3}_{1}H \rightarrow {}^{4}_{2}He + {}^{1}_{0}n$

III) ${}^{6}_{3}Li + {}^{1}_{0}n \rightarrow {}^{4}_{2}He + {}^{3}_{1}H$

IV) ${}^{238}_{92}U + {}^{1}_{0}n \rightarrow {}^{239}_{92}U$

${}^{239}_{92}U \rightarrow {}^{0}_{-1}\beta + {}^{239}_{93}Np$

${}^{239}_{93}Np \rightarrow {}^{0}_{-1}\beta + {}^{239}_{94}Pu$

c) $\dfrac{v({}^{235}UF_6)}{v({}^{238}UF_6)} = \sqrt{\dfrac{352}{349}} = 1,0043$

d) Urânio enriquecido é urânio processado para ter maior percentual de ^{235}U que o urânio natural.

21 c

A perda de massa por átomo de urânio fissionado é:

$|\Delta m| = |141,92 + 91,92 + 1,0087 - 235,04| = |-0,1913| = 0,1913\,u$

Logo, a perda de massa para 1 mol de urânio fissionado é 0,1913 g (1 g = N u, onde N é o número de Avogadro). Esta perda é transformada em energia, e vale $E = m \times c^2 = 0,1913 \times 10^{-3} \times (3 \times 10^8)^2 = 1,72 \times 10^{13}$ J.

Calculando o pedido:

Massa de urânio fissionado	Perda de massa	Energia liberada
235,04 g	0,1913 g	$1,72 \times 10^{13}$ J
1 g	–	x

$x = \dfrac{1,72 \times 10^{13}\ J}{235,04} = 7,33 \times 10^{10}\ J/g.$

Em ordem de grandeza, 10^{11} J/g.

22

a) Vamos calcular Δm, a perda de massa por empacotamento:

$\Delta m = 4 \times 1{,}007278 - 4{,}001506 = 0{,}027606$ u

Para um mol de átomos de hélio, haveria então a perda de 0,027606 g, convertidos em energia pela equação de Einstein:

$$\Delta E = \Delta m \times c^2 = 0{,}027606 \times 10^{-3} \times (3{,}00 \times 10^8)^2 = 2{,}48 \times 10^{12} \text{ J}$$

b) Quadro de equilíbrio:

	$H_2(g)$	+	$I_2(g)$	⇄	2 HI(g)
início	2 mols		2 mols		0
estequiometria	x		x		2 x
fim	2 – x		2 – x		2 x

Como $\Delta n = 0$, o volume do reator não interfere nos cálculos:

$$Kc = \frac{[HI]^2}{[H_2] \times [I_2]} = \frac{(2x)^2}{(2-x)^2} = 55$$

Resolvendo, obtemos x = 1,575 mols. Ou seja, são produzidos 3,150 mols de HI(g). Como esta reação é endotérmica, seriam absorvidos $26 \times 10^3 \times 3{,}150 = 8{,}19 \times 10^4$ J, que seriam armazenados na forma de massa.

$$\Delta m = \frac{\Delta E}{c^2} = \frac{8{,}19 \times 10^4}{(3{,}00 \times 10^8)^2} = 9{,}10 \times 10^{-13} \text{ kg.}$$

Se você chegou até aqui, eu tenho uma palavra para você. Vamos falar sobre desafio e vitória. Tenho a mais absoluta certeza de que você conhece a história bíblica de Davi e Golias. Mas, provavelmente, você não conhece a história da segunda luta entre Evander Holyfied e Mike Tyson. Sim, a luta em que Tyson mordeu a orelha de Holyfield e teve sua carreira praticamente encerrada.

Tyson era considerado imbatível. Era o Golias daquela noite. Era o Ameaçador. Holyfield tinha o maior desafio de sua vida. Mas ele o encarou como oportunidade!

Você sabe o que significa entusiasmo? A palavra entusiasmo tem origem grega. Vem de ***en Theos mos***, ou seja, ***ter Deus dentro***. Deve ser por isso que as pessoas entusiasmadas pela vida, pelo trabalho e por aprender parecem irradiar uma certa luz...

Holyfied entrou no ring com sua equipe cantando:

Se o espírito de Deus está em mim,
Eu luto como Davi.
Se o espírito de Deus está em mim,
Eu venço como Davi.

O resultado da luta, todos sabemos.

Eu não sei qual é o seu Ameaçador, qual é o seu Golias. O que sei é que você chegou até aqui, fez seu trabalho, fez seu sacrifício (não há vitória sem sacrifício), deu seu melhor esforço pessoal com todo o entusiasmo (Theos!!!)

Qual é o seu Golias? O IME? O ITA? Outro concurso? Não importa. Se você tem entusiasmo, tem Deus dentro de você: SUA É A VITÓRIA.

P.S. Evander Holyfield subiu ao ringue vestindo uma jaqueta roxa citando Filipenses 4:13: *"Posso todas as coisas naquele que me fortalece."*

APÊNDICE 1

O Sistema Internacional de Unidades. Outras Unidades. Normas Gerais. Tabelas

A FONTE DAS INFORMAÇÕES contidas neste apêndice é o INMETRO – Instituto Nacional de Metrologia, Normalização e Qualidade Industrial, órgão responsável pelas unidades de medida legais no Brasil, que são aquelas do Sistema Internacional de Unidades – SI, adotado pela Conferência Geral de Pesos e Medidas, cuja adesão pelo Brasil foi formalizada através do Decreto Legislativo nº 57, de 27 de junho de 1953.

O texto é fortemente apoiado em ***Quadro Geral de Unidades De Medida***, publicado pelo INMETRO em 1989, e incorpora as atualizações apresentadas em ***Sistema Internacional de Unidades – SI***, 8ª edição, publicado em 2003, e disponível no site do INMETRO: http://www.inmetro.gov.br. Este último trabalho é uma tradução da 7ª edição do original francês "Le Système International d'Unités", elaborado pelo Bureau International des Poids et Mesures – BIPM.

Serão aqui empregadas as seguintes siglas e abreviaturas:

- CGPM – Conferência Geral de Pesos e Medidas (precedida pelo número de ordem e seguida pelo ano de sua realização)
- QGU – Quadro Geral de Unidades
- SI – Sistema Internacional de Unidades
- Unidade SI – unidade compreendida no Sistema Internacional de Unidades

1. O Sistema Internacional de Unidades

O Sistema Internacional de Unidades, ratificado pela 11ª CGPM/1960 e atualizado até a 22ª CGPM/2003, compreende:

a) sete unidades de base:

Unidade	Símbolo	**Grandeza**
metro	m	comprimento
quilograma	kg	massa
segundo	s	tempo
ampère	A	corrente elétrica
kelvin	K	temperatura termodinâmica
mol	mol	quantidade de matéria
candela	cd	intensidade luminosa

b) unidades derivadas, deduzidas direta ou indiretamente das unidades de base;

c) os múltiplos e submúltiplos das unidades acima, cujos nomes são formados pelo emprego dos prefixos SI da Tabela I.

2. Outras Unidades

As unidades fora do SI admitidas no QGU são de duas espécies:

a) unidades aceitas para uso com o SI, isoladamente ou combinadas entre si e/ou com unidades SI, sem restrição de prazo (ver tabela VII);

b) unidades admitidas temporariamente (ver tabela VIII).

3. Normas Gerais

3.1 GRAFIA DOS NOMES DE UNIDADES

Quando escritos por extenso, os nomes de unidades começam por letra minúscula, mesmo quando têm o nome de um cientista (por exemplo, ampère, kelvin, newton etc.), exceto o grau Celsius.

Na expressão do valor numérico de uma grandeza, a respectiva unidade pode ser escrita por extenso ou representada por seu símbolo (por exemplo, quilovolts por milímetro ou kV/mm), não sendo admitidas combinações de partes escritas por extenso com partes expressas por símbolo.

3.2 PLURAL DOS NOMES DE UNIDADES

Quando os nomes de unidades são escritos ou pronunciados por extenso, a formação do plural obedece às seguintes regras básicas:

a) os prefixos SI são invariáveis;

b) os nomes de unidades recebem a letra "**s**" no final de cada palavra, exceto nos casos do item "**c**",.

- quando são palavras simples. Por exemplo, ampères, candelas, curies, farads, grays, joules, kelvins, quilogramas, parsecs, roentgens, volts, webers etc.;
- quando são palavras compostas em que o elemento complementar de um nome de unidade não é ligado a este por hífen. Por exemplo, metros quadrados, milhas marítimas, unidades astronômicas etc.;
- quando são termos compostos por multiplicação, em que os componentes podem variar independentemente um do outro. Por exemplo, ampères-horas, newtons-metros, ohms-metros, pascals-segundos, watts-horas etc.;

> **NOTA** – *Segundo esta regra, e a menos que o nome da unidade entre no uso vulgar, o plural não desfigura o nome que a unidade tem no singular (por exemplo, becquerels, decibels, henrys, mols, pascals etc.), não se aplicando aos nomes de unidades certas regras usuais de formação do plural de palavras.*

c) Os nomes ou partes dos nomes de unidades não recebem a letra "**s**" no final

- quando terminam pelas letras "**s**", "**x**"ou "**z**". Por exemplo, siemens, lux, hertz etc.;
- quando correspondem ao denominador de unidades compostas por divisão. Por exemplo, mols por metro cúbico, quilômetros por hora, lumens por watt, watts por esterradiano etc.;
- quando, em palavras compostas, são elementos complementares de nomes de unidades e ligados a estes por hífen ou preposição. Por exemplo, anos-luz, elétron-volts, quilogramas-força, unidades de massa atômica etc.

3.3 GRAFIA DOS SÍMBOLOS DE UNIDADES

A grafia dos símbolos de unidades obedece às seguintes regras básicas:

a) os símbolos são invariáveis, não sendo admitido colocar, após o símbolo, seja ponto de abreviatura, seja "s" de plural, sejam sinais, letras ou índices. Por exemplo, o símbolo do watt é sempre W, qualquer que seja o tipo de potência a que se refira: mecânica, elétrica, térmica, acústica etc.;

b) os prefixos SI nunca são justapostos no mesmo símbolo. Por exemplo, unidades como GWh, nm, pF, etc., não devem ser substituídas por expressões em que se justaponham, respectivamente, os prefixos mega e quilo, mili e micro, micro e micro etc. (MkWh, mμm, μμF, etc.);

c) os prefixos SI podem coexistir num símbolo composto por multiplicação ou divisão. Por exemplo, kN.cm, kΩ..mA, kV/μs, $\mu W/cm^2$ etc.;

d) os símbolos de uma mesma unidade podem coexistir num símbolo composto por divisão. Por exemplo, $\Omega.mm^2/m$, kWh/h, etc.;

e) o símbolo é escrito no mesmo alinhamento do número a que se refere, e não como expoente ou índice. São exceções os símbolos das unidades não SI de ângulo plano (° ' ''), os expoentes dos símbolos que têm expoente, o sinal ° do símbolo do grau Celsius e os símbolos que tem divisão indicada por traço de fração horizontal;

f) o símbolo de uma unidade composta por multiplicação pode ser formado pela justaposição dos símbolos componentes, desde que não cause ambigüidade, ou mediante a colocação de um ponto entre os símbolos componentes, na base da linha ou à meia altura (Nm ou N.m ou N·m, ms^{-1} ou $m.s^{-1}$ ou $m{\cdot}s^{-1}$ etc.)

g) o símbolo de uma unidade que contém divisão de ser formado por uma qualquer das três maneiras exemplificadas a seguir:

$$J/(mol.K) \quad , \quad J.mol^{-1}.K^{-1} \quad , \quad \frac{J}{mol.K}$$

não devendo ser empregada esta última forma quando o símbolo escrito em duas linhas diferentes puder causar confusão.

Quando um símbolo com prefixo tem expoente, deve-se entender que esse expoente afeta o conjunto prefixo-unidade, como se esse conjunto estivesse entre parênteses. Por exemplo:

$$dm^3 = 10^{-3}\ m^3 \quad , \quad mm^3 = 10^{-9}\ m^3$$

3.4 GRAFIA DOS NÚMEROS

As normas deste item não se aplicam aos números que não representam quantidades (por exemplo, numeração de elementos em seqüência, códigos de identificação, datas, números de telefones etc.).

Para separar a parte inteira da parte decimal de um número, é empregada sempre uma vírgula, quando o valor absoluto do número é menor que 1, coloca-se 0 à esquerda da vírgula.

Os números que representam quantias em dinheiro, ou quantidades de mercadorias, bens ou serviços em documentos para efeitos fiscais, jurídicos e/ou comerciais, devem ser escritos com os algarismos separados em grupos de três, a contar da vírgula para a esquerda e para a direita, com pontos separando esses grupos entre si.

Nos demais casos, é recomendado que os algarismos da parte inteira e os da parte decimal do número sejam separados em grupos de três a contar da vírgula para a esquerda e para a direita, com pequenos espaços entre esses grupos (por exemplo, em trabalhos de caráter técnico ou científico), mas é também admitido que os algarismos da parte inteira e os da parte decimal sejam escritos seguidamente (isto é, sem separação em grupos).

Para exprimir números sem escrever ou pronunciar todos os seus algarismos:

a) para os números que representam quantias em dinheiro, ou quantidades de mercadorias, bens ou serviços, são empregadas, de uma maneira geral, as palavras:

mil	=	10^3	=	1 000
milhão	=	10^6	=	1 000 000
bilhão	=	10^9	=	1 000 000 000
trilhão	=	10^{12}	=	1 000 000 000 000

podendo ser opcionalmente empregados os prefixos SI ou os fatores decimais da Tabela I, em casos especiais (por exemplo, em cabeçalhos de tabelas);

b) para trabalhos de caráter técnico ou científico, é recomendado o emprego dos prefixos SI ou fatores decimais da Tabela I.

3.5 Espaçamento entre número e símbolo

O espaçamento entre um número e o símbolo da unidade correspondente deve atender à conveniência de cada caso, assim, por exemplo:

a) em frases de textos correntes, é dado normalmente o espaçamento correspondente a uma ou a meia letra, mas não se deve dar espaçamento quando há possibilidade de fraude;
b) em colunas de tabelas, é facultado utilizar espaçamentos diversos entre os números e os símbolos das unidades correspondentes.

3.6 Pronúncia dos múltiplos e submúltiplos decimais das unidades

Na forma oral, os nomes dos múltiplos e submúltiplos decimais das unidades são pronunciados por extenso, prevalecendo a sílaba tônica da unidade. As palavras quilômetro, decímetro, centímetro e milímetro, consagradas pelo uso com o acento tônico deslocado para o prefixo, são as únicas exceções a esta regra; assim sendo, os outros múltiplos e submúltiplos decimais do metro devem ser pronunciados com acento tônico na penúltima sílaba (mé), por exemplo, megametro, micrometro (distinto de micrômetro, instrumento de medição), nanometro etc.

3.7 Grandezas expressas em valores relativos

É aceitável exprimir, quando conveniente, os valores de certas grandezas em relação a um valor determinado da mesma grandeza tomado como referência, na forma de fração ou percentagem. Tais são, dentre outras, a massa específica, a massa atômica ou molecular, a condutividade etc.

4. Tabelas

Tabela I - Prefixos SI

Prefixo a ser anteposto ao nome da unidade	Símbolo a ser anteposto ao da unidade	Fator pelo qual é multiplicada a unidade
yotta	Y	10^{24}
zetta	Z	10^{21}
exa	E	10^{18}
peta	P	10^{15}
tera	T	10^{12}
giga	G	10^{9}
mega	M	10^{6}
quilo	k	10^{3}
hecto	h	10^{2}
deca	da	10^{1}
deci	d	10^{-1}
centi	c	10^{-2}
mili	m	10^{-3}
micro	µ	10^{-6}
nano	n	10^{-9}
pico	p	10^{-12}
femto	f	10^{-15}
atto	a	10^{-18}
zepto	z	10^{-21}
yocto	y	10^{-24}

Observações:

a) Por motivos históricos, o nome da unidade SI de massa contém um prefixo; excepcionalmente e por convenção, os múltiplos e submúltiplos dessa unidade são formados pela adjunção de outros prefixos SI à palavra ***grama*** e ao símbolo ***g***.

b) Os prefixos desta Tabela podem ser também empregados com unidades que não pertencem ao SI.

c) As grafias ***fento*** e ***ato*** são admitidas em obras sem caráter técnico.

TABELA II - UNIDADE GEOMÉTRICAS E MECÂNICAS

GRANDEZA	UNIDADE			
	Nome	Símbolo	Definição	Observações
comprimento	metro	m	Metro é o comprimento do trajeto percorrido pela luz no vácuo, durante um intervalo de tempo de 1/299792458 de segundo.	Unidade de base – definição adotada pela 17ª CGPM/1983.
área	metro quadrado	m^2	Área de um quadrado cujo lado tem 1 metro de comprimento.	
volume	metro cúbico	m^3	Volume de um cubo cuja aresta tem 1 metro de comprimento.	
ângulo plano	radiano	rad	Ângulo central que subtende um arco de círculo de comprimento igual ao do respectivo raio.	
ângulo sólido	esterradiano	sr	Ângulo sólido que, tendo vértice no centro de uma esfera, subtende na superfície uma área igual ao quadrado do raio da esfera.	
tempo	segundo	s	Duração de 9192631770 períodos da radiação correspondente à transição entre os dois níveis hiperfinos do estado fundamental do átomo de césio 133.	Unidade de base – definição ratificada pela 13ª CGPM/1967.
freqüência	hertz	Hz	Freqüência de um fenômeno periódico cujo período é de 1 segundo.	
velocidade	metro por segundo	m/s	Velocidade de um móvel que, em movimento uniforme, percorre a distância de 1 metro em 1 segundo.	
velocidade angular	radiano por segundo	rad/s	Velocidade angular de um móvel que, em movimento de rotação uniforme, descreve 1 radiano em 1 segundo.	

GRANDEZA	UNIDADE			
	Nome	Símbolo	Definição	Observações
aceleração	metro por segundo, por segundo	m/s^2	Aceleração de um móvel em movimento retilíneo uniformemente variado, cuja velocidade varia de 1 metro por segundo em 1 segundo.	
aceleração angular	radiano por segundo, por segundo	rad/s^2	Aceleração angular de um móvel em movimento de rotação uniformemente variado, cuja velocidade angular varia de 1 radiano por segundo em 1 segundo.	
massa	quilograma	kg	Massa do protótipo internacional do quilograma.	1) Unidade de base – definição ratificada pela 3ª CGPM/1901. 2) Esse protótipo é conservado no Bureau Internacional de Pesos e Medidas em Sèvres, na França.
massa específica	quilograma por metro cúbico	kg/m^3	Massa específica de um corpo homogêneo, em que um volume igual a 1 metro cúbico contém massa igual a 1 quilograma.	
vazão	metro cúbico por segundo	m^3/s	Vazão de um fluido que, em regime permanente através de uma superfície determinada, escoa o volume de 1 metro cúbico de fluido em 1 segundo.	
fluxo de massa	quilograma por segundo	kg/s	Fluxo de massa de um material que, em regime permanente através de uma superfície determinada, escoa a massa de 1 quilograma do material em 1 segundo.	Essa grandeza é designada pelo nome do material cujo escoamento está sendo considerado (por exemplo, fluxo de vapor).
momento de inércia	quilograma-metro quadrado	$kg.m^2$	Momento de inércia, em relação a um eixo, de um ponto material de massa igual a 1 quilograma, distante 1 metro do eixo.	

GRANDEZA	UNIDADE			
	Nome	Símbolo	Definição	Observações
momento linear	quilograma-metro por segundo	kg.m/s	Momento linear de um corpo de massa igual a 1 quilograma que se desloca com velocidade de 1 metro por segundo.	Essa grandeza é também chamada *quantidade de movimento linear.*
momento angular	quilograma-metro quadrado por segundo	$kg.m^2/s$	Momento angular, em relação a um eixo, de um corpo que gira em torno desse eixo com velocidade angular uniforme de 1 radiano por segundo, e cujo momento de inércia, em relação ao mesmo eixo, é de 1 quilograma-metro quadrado.	Essa grandeza é também chamada *quantidade de movimento angular.*
quantidade de matéria	mol	mol	Quantidade de matéria de um sistema que contém tantas entidades elementares quantos são os átomos contidos em 0,012 quilograma de carbono 12.	1) Unidade de base – definição ratificada pela 14ª CGPM/1971. 2) Quando se utiliza o mol, as entidades elementares devem ser especificadas, podendo ser átomos, moléculas, íons, elétrons ou outras partículas, bem como agrupamentos especificados de partículas.
força	newton	N	Força que comunica à massa de 1 quilograma a aceleração de 1 metro por segundo, por segundo.	
momento de uma força, torque	newton-metro	N.m	Momento de uma força de 1 newton, em relação a um ponto distante 1 metro de sua linha de ação.	
pressão	pascal	Pa	Pressão exercida por uma força de 1 newton, uniformemente distribuída sobre uma superfície plana de 1 metro quadrado de área, perpendicular à direção da força.	Pascal é também unidade de tensão mecânica (tração, compressão, cisalhamento, tensão tangencial e suas combinações).

GRANDEZA	UNIDADE			
	Nome	Símbolo	Definição	Observações
viscosidade dinâmica	pascal-segundo	Pa.s	Viscosidade dinâmica de um fluido que se escoa de forma tal que sua velocidade varia de 1 metro por segundo, por metro de afastamento na direção perpendicular ao plano de deslizamento, quando a tensão tangencial ao longo desse plano é constante e igual a 1 pascal.	
trabalho, energia, quantidade de calor	joule	J	Trabalho realizado por uma força constante de 1 newton que desloca seu ponto de aplicação de 1 metro na sua direção.	
potência, fluxo de energia	watt	W	Potência desenvolvida quando se realiza, de maneira contínua e uniforme, o trabalho de 1 joule em 1 segundo.	
densidade de fluxo de energia	watt por metro quadrado	W/m^2	Densidade de um fluxo de energia uniforme de 1 watt, através de uma superfície plana de 1 metro quadrado de área, perpendicular à direção de propagação da energia.	

TABELA III - UNIDADE GEOMÉTRICAS E MECÂNICAS

Para as unidades elétricas e magnéticas, o SI é um sistema de unidades racionalizado, para o qual foi definido a o valor da constante magnética $\mu_0 = 4\pi \times 10^{-7}$ henry por metro.

GRANDEZA	UNIDADE			
	Nome	**Símbolo**	**Definição**	**Observações**
corrente elétrica	ampère	A	Corrente elétrica invariável que, mantida em dois condutores retilíneos, paralelos, de comprimento infinito e de área de seção transversal desprezível e situados no vácuo a 1 metro de distância um do outro, produz entre esses condutores uma força igual a 2×10^{-7} newton, por metro de comprimento desses condutores.	1) Unidade de base – definição adotada pela 9ª CGPM/1948. 2) O ampère é também unidade de força magnetomotriz; nesses casos, se houver possibilidade de confusão, poderá ser chamado de ampère-espira, porém sem alterar o símbolo A.
carga elétrica (quantidade de eletricidade)	coulomb	C	Carga elétrica que atravessa em 1 segundo uma seção transversal de um condutor percorrido por uma corrente invariável de 1 ampère.	
tensão elétrica, diferença de potencial, força eletromotriz	volt	V	Tensão elétrica entre os terminais de um elemento passivo de circuito que dissipa a potência de 1 watt quando percorrido por uma corrente invariável de 1 ampère.	
gradiente de potencial, intensidade de campo elétrico	volt por metro	V/m	Gradiente de potencial uniforme que se verifica em um meio homogêneo e isótropo, quando é de 1 volt a diferença de potencial entre dois planos equipotenciais situados a 1 metro de distância um do outro.	A intensidade de campo elétrico pode ser também expressa em newtons por coulomb.

GRANDEZA	UNIDADE			
	Nome	Símbolo	Definição	Observações
resistência elétrica	ohm	Ω	Resistência elétrica de um elemento passivo de um circuito que é percorrido por uma corrente invariável de 1 ampère, quando uma tensão elétrica constante de 1 volt é aplicada aos seus terminais.	O ohm e também unidade de impedância e de reatância em elementos de circuito percorridos por corrente alternada.
resistividade	ohm-metro	Ω.m	Resistividade de um material homogêneo e isótropo, do qual um cubo com 1 metro de aresta apresenta uma resistência elétrica de 1 ohm entre faces opostas.	
condutância	siemens	S	Condutância de um elemento passivo de circuito cuja resistência elétrica é de 1 ohm.	O siemens é também unidade de admitância e de susceptância em elementos de circuito percorridos por corrente alternada.
condutividade	siemens por metro	S/m	Condutividade de um material homogêneo e isótropo cuja resistividade é de 1 ohm-metro.	
capacitância	farad	F	Capacitância de um elemento passivo de circuito entre cujos terminais a tensão elétrica varia uniformemente à razão de 1 volt por segundo, quando percorrido por uma corrente invariável de 1 ampère.	
indutância	henry	H	Indutância de um elemento passivo de circuito entre cujos terminais se induz uma tensão constante de 1 volt, quando percorrido por uma corrente que varia uniformemente à razão de 1 ampère por segundo.	
potência aparente	volt-ampère	V.A	Potência aparente de um circuito percorrido por uma corrente alternada senoidal com valor eficaz de 1 ampère, sob uma tensão elétrica com valor eficaz de 1 volt.	

GRANDEZA	UNIDADE			
	Nome	Símbolo	Definição	Observações
potência reativa	var	var	Potência reativa de um circuito percorrido por uma corrente alternada senoidal com valor eficaz de 1 ampère, sob uma tensão elétrica com valor eficaz de 1 volt, defasada de $\pi/2$ radianos em relação à corrente.	
indução magnética	tesla	T	Indução magnética uniforme que produz uma força constante de 1 newton por metro de um condutor retilíneo situado no vácuo e percorrido por uma corrente invariável de 1 ampère, sendo perpendiculares entre si as direções da indução magnética, da força e da corrente.	
fluxo magnético	weber	Wb	Fluxo magnético uniforme através de uma superfície plana de área igual a 1 metro quadrado, perpendicular à direção de uma indução magnética uniforme de 1 tesla.	
intensidade de campo magnético	ampère por metro	A/m	Intensidade de um campo magnético uniforme, criado por uma corrente invariável de 1 ampère, que percorre um condutor retilíneo, de comprimento infinito e de área de seção transversal desprezível, em qualquer ponto de uma superfície cilíndrica de diretriz circular com 1 metro de circunferência e que tem como eixo o referido condutor.	
relutância	ampère por weber	A/Wb	Relutância de um elemento de circuito magnético, no qual uma força magnetomotriz invariável de 1 ampère produz um fluxo magnético uniforme de 1 weber.	

TABELA IV - UNIDADE TÉRMICAS

GRANDEZA	UNIDADE			
	Nome	Símbolo	Definição	Observações
temperatura termodinâmica	kelvin	K	Fração 1/273,16 da temperatura termodinâmica do ponto tríplice da água.	Unidade de base – definição ratificada pela 13ª CGPM/1967.
temperatura Celsius	grau Celsius	°C	Intervalo de temperatura unitário igual a 1 kelvin, numa escala de temperaturas em que o ponto 0 coincide com 273,15 kelvins.	1) Kelvin e grau Celsius são também unidades de intervalo de temperaturas. 2) t (em grau Celsius) = T (em kelvins) – 273,15.
gradiente de temperatura	kelvin por metro	K/m	Gradiente de temperatura uniforme que se verifica em um meio homogêneo e isótropo, quando é de 1 kelvin a diferença de temperatura entre dois planos isotérmicos situados à distância de 1 metro um do outro.	
capacidade térmica	joule por kelvin	J/K	Capacidade térmica de um sistema homogêneo e isótropo, cuja temperatura aumenta de 1 kelvin quando se lhe adiciona 1 joule de quantidade de calor.	
calor específico	joule por quilograma e por kelvin	J/(kg.K)	Calor específico de uma substância cuja temperatura aumenta de 1 kelvin quando se lhe adiciona 1 joule de quantidade de calor por quilograma de sua massa.	
condutividade térmica	watt por metro e por kelvin	W/(m.K)	Condutividade térmica de um material homogêneo e isótropo, no qual se verifica um gradiente de temperatura uniforme de 1 kelvin por metro, quando existe um fluxo de calor constante com densidade de 1 watt por metro quadrado.	

TABELA IV - UNIDADE TÉRMICAS

GRANDEZA	UNIDADE			
	Nome	Símbolo	Definição	Observações
intensidade luminosa	candela	cd	Intensidade luminosa, numa direção dada, de *uma fonte que emite uma* radiação monocromática de freqüência 540 × 10^{12} hertz e cuja intensidade energética naquela direção é 1/683 watt por esterradiano.	Unidade de base – definição ratificada pela 16ª CGPM/1979.
fluxo luminoso	lúmen	lm	Fluxo luminoso emitido por uma fonte puntiforme e invariável de 1 candela, de mesmo valor em todas as direções, no interior de um ângulo sólido de 1 esterradiano.	
iluminamento	lux	lx	Iluminamento de uma superfície plana de 1 metro quadrado de área, sobre a qual incide perpendicularmente um fluxo luminoso de 1 lúmen, uniformemente distribuído.	
luminância	candela por metro quadrado	cd/m^2	Luminância de uma fonte com 1 metro quadrado de área e com intensidade luminosa de 1 candela.	
exitância luminosa	lúmen por metro quadrado	lm/m^2	Exitância luminosa de uma superfície plana de 1 metro quadrado de área, que emite uniformemente um fluxo luminoso de 1 lúmen.	Esta grandeza era denominada emitância luminosa.
exposição luminosa, excitação luminosa	lux-segundo	lx.s	Exposição (excitação) luminosa de uma superfície com iluminamento de 1 lux, durante 1 segundo.	
eficiência luminosa	lúmen por watt	lm/W	Eficiência luminosa de uma fonte que consome 1 watt para cada lúmen emitido.	

GRANDEZA	UNIDADE			
	Nome	Símbolo	Definição	Observações
número de onda	1 por metro	m^{-1}	Número de onda de uma radiação monocromática cujo comprimento de onda é igual a 1 metro.	
intensidade energética	watt por esterradiano	W/sr	Intensidade energética, de mesmo valor em todas as direções, de uma fonte que emite um fluxo de energia uniforme de 1 watt, no interior de uma ângulo sólido de 1 esterradiano.	
luminância energética	watt por esterradiano e por metro quadrado	$W/(sr.m^2)$	Luminância energética em uma direção determinada de uma fonte superficial de intensidade energética igual a 1 watt por esterradiano, por metro quadrado de sua área projetada sobre um plano perpendicular à direção considerada.	
convergência	dioptria	di	Convergência de um sistema óptico com distância focal de 1 metro, no meio considerado.	

TABELA VI - UNIDADE DE RADIOATIVIDADE

GRANDEZA	UNIDADE			
	Nome	Símbolo	Definição	Observações
atividade	becquerel	Bq	Atividade de um material radiativo no qual se produz uma desintegração nuclear por segundo.	
exposição	coulomb por quilograma	C/kg	Exposição a uma radiação X ou gama tal que a carga total dos íons de mesmo sinal produzidos em 1 quilograma de ar quando todos os elétrons liberados por fótons são completamente detidos no ar é de 1 coulomb em valor absoluto.	
dose absorvida	gray	Gy	Dose de radiação ionizante absorvida uniformemente por uma porção de matéria, à razão de 1 joule por quilograma de sua massa.	
equivalente de dose	sievert	Sv	Equivalente de dose de uma radiação igual a 1 joule por quilograma.	Nome especial para a unidade SI de equivalente de dose adotado pela 16ª CGPM/1979.

TABELA VII - OUTRAS UNIDADES ACEITAS PARA USO COM SI, SEM RESTRIÇÃO DE PRAZO

São implicitamente incluídas nesta tabela outras unidades de comprimento e de tempo estabelecidas pela Astronomia para seu próprio campo de aplicação, e as outras unidades de tempo usuais do calendário civil.

GRANDEZA	UNIDADE				
	Nome	Símbolo	Definição	Valor em unidades SI	Observações
comprimento	unidade astronômica	UA	Distância média da Terra ao Sol	149600×10^6 m	Valor adotado pela União Astronômica Internacional.
comprimento	parsec	pc	Comprimento do raio de um círculo no qual o ângulo central de 1 segundo subtende uma corda igual a 1 unidade astronômica.	$3{,}0857 \times 10^{16}$ m (aproximado)	A União Astronômica Internacional adota como exato o valor 1 pc = 206265 UA

GRANDEZA	UNIDADE				
	Nome	Símbolo	Definição	Valor em unidades SI	Observações
volume	litro	l ou L	Volume igual a 1 dm^3.	0,001 m^3	A título excepcional a 16ª CGPM/1979 adotou os dois símbolos l (letra ele minúscula) e L (letra ele maiúscula) como símbolos utilizáveis para o litro. O símbolo L será empregado sempre que as máquinas de impressão não apresentem distinção entre o algarismo um e a letra ele minúscula, e que tal coincidência acarrete possibilidade de confusão.
ângulo plano	grau	°	Ângulo plano igual à fração 1/360 do ângulo central de um círculo completo.	π/180 rad	
ângulo plano	minuto		Ângulo plano igual à fração 1/60 de 1 grau.	π/10800 rad	
ângulo plano	segundo		Ângulo plano igual à fração 1/60 de 1 minuto.	π/648000 rad	
intervalo de freqüências	oitava		Intervalo de duas freqüências cuja relação é igual a 2.		O número de oitavas de um intervalo de freqüências é igual ao logaritmo na base 2 da relação entre as freqüências do intervalo.
massa	unidade de massa atômica	u	Massa igual à fração 1/12 da massa de um átomo de carbono 12.	$1{,}66057 \times 10^{-27}$ kg aproximadamente	
massa	tonelada	t	Massa igual a 1000 quilogramas	10^3 kg	
tempo	minuto	min	Intervalo de tempo igual a 60 segundos.	60 s	
tempo	hora	h	Intervalo de tempo igual a 60 minutos.	3600 s	
tempo	dia	d	Intervalo de tempo igual a 24 horas.	86400 s	
velocidade angular	rotação por minuto	rpm	Velocidade angular de um móvel que, em movimento de rotação uniforme, a partir de uma posição inicial, retorna à mesma posição após 1 minuto.	π/30 rad/s	

GRANDEZA	UNIDADE				
	Nome	Símbolo	Definição	Valor em unidades SI	Observações
energia	elétron-volt	eV	Energia adquirida por um elétron ao atravessar, no vácuo, uma diferença de potencial igual a 1 volt.	1,60219 × 10^{-19} J aproximadamente	
nível de potência	decibel	dB	Divisão de uma escala logarítmica cujos valores são 10 vezes o logaritmo decimal da relação entre o valor de potência considerado, e um valor de potência especificado, tomado como referência e expresso na mesma unidade.		$N = 10 \log_{10} (P/P_0)$ dB
decremento logarítmico	neper	Np	Divisão de uma escala logarítmica cujos valores são os logaritmos neperianos da relação entre dois valores de tensões elétricas, ou entre dois valores de correntes elétricas.		$N = \log_e (V_1/V_2)$ Np ou $N = \log_e (I_1/I_2)$ Np

TABELA VII - OUTRAS UNIDADES FORA DO SI ADMITIDAS TEMPORARIAMENTE

Nome da Unidade		Símbolo	Valor em Unidades SI	Observações
angstrom		Å	10^{-10} m	
atmosfera	•	atm	101325 Pa	
bar		bar	10^5 Pa	
barn		b	10^{-28} m²	
caloria	•	cal	4,184 J	Esta é a caloria dita termodinâmica.
cavalo-vapor	•	cv	735,5 W	
curie		Ci	3,7 × 10^{10} Bq	
gal		Gal	0,01 m/s²	
gauss	•	Gs	10^{-4} T	
hectare		ha	10^4 m²	
quilograma-força	•	kgf	9,80665 N	
milímetro de mercúrio	•	mmHg	(101325/760) Pa	Aproximadamente 133,322 Pa.
milha marítima			1852 m	

Nome da Unidade		Símbolo	Valor em Unidades SI	Observações
nó			(1852/3600) m/s	Velocidade igual a 1 milha marítima por hora.
quilate	•		2×10^{-4} kg	Não confundir esta unidade com o "quilate" da escala numérica convencional do teor em ouro das ligas de ouro.
rad		rad	1 cGy = 10^{-2} Gy	
roentgen		R	$2{,}58 \times 10^{-4}$ C/kg	
rem		rem	1 cSv = 10^{-2} Sv	
torr	•	Torr	(101325/760) Pa	Aproximadamente 133,322 Pa.

• = *A evitar e substituir pela unidade SI correspondente.*

Fonte: 

Instituto Nacional de Metrologia, Normalização e Qualidade Industrial

APÊNDICE 2

Dados Úteis

CONSTANTES

Constante de Avogadro	=	$6{,}02 \times 10^{23}$ mol^{-1}
Constante de Faraday (F)	=	$9{,}65 \times 10^{4}$ C mol^{-1}
Volume molar de gás ideal	=	22,4 L (CNTP)
Carga elementar	=	$1{,}602 \times 10^{-19}$ C
Constante dos gases (R)	=	$8{,}21 \times 10^{-2}$ atm L K^{-1} mol^{-1} 8,314 J K^{-1} mol^{-1} 62,36 mmHg L K^{-1} mol^{-1} 1,99 cal K^{-1} mol^{-1}
Constante de Planck (h)	=	$6{,}626 \times 10^{-34}$ J . s
Velocidade da luz (c)	=	$3{,}00 \times 10^{8}$ m s^{-1}
$K_c(H_2O)$	=	1,86 °C kg mol^{-1}
$K_e(H_2O)$	=	0,513 °C kg mol^{-1}

CONVERSÕES

1 Å	=	10^{-10} m
1 atm	=	101325 Pa 760 mmHg
1 cal	=	4,184 J
T(K)	=	T(C) + 273,15

DEFINIÇÕES

Condições normais de temperatura e pressão (CNTP): 0 °C e 760 mmHg.
Condições ambientes: 25 °C e 1 atm.
Condições-padrão: 25 °C, 1 atm, concentração das soluções: 1 mol L^{-1} (rigorosamente: atividade unitária das espécies), sólido com estrutura cristalina mais estável nas condições de pressão e temperatura em questão.

ABREVIATURAS

(s) ou (c) = sólido cristalino;
(l) = líquido;
(g) = gás;
(aq) = aquoso;
(graf) = grafite;
(CM) = circuito metálico;
(conc) = concentrado;
(ua) = unidades arbitrárias;
[A] = concentração da espécie química A em mol L^{-1}.

FÓRMULAS

$v = \lambda f$
$\Delta E = \Delta m\, c^2$
$E = hf$
$\Delta G = \Delta H - T\,\Delta S$
$\Delta G^0 = \begin{matrix} R\,T \ln K \\ -n\,F\,E^0 \end{matrix}$

APÊNDICE 3

Referências Bibliográficas

BABOR, Joseph A. e IBARZ AZNÁREZ, José. Química General Moderna. Barcelona: Editorial Marín, 1964.

BORAGE, Libatius. Advanced Potion-Making. London: Obscurus Books, 2005.

BRADY, James E. e HUMISTON, Gerard. E. Química Geral. Rio de Janeiro: LTC – Livros Técnicos e Científicos, 1994.

GENTIL, Vicente. Corrosão. Rio de Janeiro: Editora Gunabara, 1987.

GOMIDE, Reynaldo. Problemas de Química e Físico-Química. São Paulo, 1965.

HARVEY, Kenneth B. e PORTER, Gerald B. Introduction to Physical Inorganic Chemistry. Reading: Addison-Wesley Publishing Company, 1963.

HOFFMANN, Roald e TORRENCE, Vivian. Chemistry imagined: reflections on Science. Washington: Smithsonian Institution Press, 1993.

JIGGER, Arsenius. Magical Drafts and Potions. London: Obscurus Books, 1997.

KAPLAN, Irving. Nuclear Physics. Reading: Addison-Wesley Publishing Company, 1969.

LANGE, Norbert A. Handbook of Chemistry. New York: McGraw-Hill Book Company, 1966.

MAHAN, Bruce H. University Chemistry. Palo Alto: Addison-Wesley Publishing Company, 1966.

OHLWEILER, Otto Alcides. Química Inorgânica, volumes I e II. São Paulo: Editora Edgard Blücher, 1971.

PAULING, Linus. Química Geral. Rio de Janeiro: Ao Livro Técnico, 1972.

PAULING, Linus. Uniones Químicas. Buenos Aires: Editorial Kapelusz, 1965.

RODGERS, Glen E. Química Inorgânica. Madrid: McGraw-Hill, 1994.

ROSENBERG, Jerome L. e EPSTEIN, Lawrence M. Química Geral. Porto Alegre: Bookman, 2003.

SIENKO, Michell J. e PLANE, Robert A. Química. São Paulo: Companhia Editora Nacional, 1972.

UCKO, David A. Química para as Ciências da Saúde. São Paulo: Editora Manole, 1992.

WOLKE, Robert L. O que Einstein disse a seu cozinheiro. Rio de Janeiro: Jorge Zahar Editor, 2003.

Impressão e Acabamento
Gráfica Editora Ciência Moderna Ltda.
Tel.: (21) 2201-6662